Projekt

Physik betreiben heißt, etwas zu tun. Auf den Projektseiten findet ihr viele Tipps und Anregungen – um etwas zu machen, das sich am Ende sehen lassen kann.

Pro

Umwelt

Ein Blick in die Technik

Kraft als Wechselwirkungsgröße

AUFGABEN

1. Nenne fünf Beispiele, bei denen eine Kraft eine Bewegungsänderung hervorruft, und fünf Beispiele, bei denen eine Kraft eine Verformung hervorruft!
2. In der Umgangssprache wird das Wort Kraft häufig anders verwendet als im Sinne der Mechanik. Nenne Beispiele dafür!
3. Eine Schraubenfeder, für die das Hooke'sche Gesetz gilt, wird durch eine Kraft von 1 N um 2 cm gedehnt. Zeichne dazu ein Diagramm! Um wie viel verlängert sich die Feder durch eine Gewichtskraft von 0,2 N, 0,5 N, 2 N? Welchen Wert hat die Federkonstante D?
4. a) Zwei Schraubenfedern mit $D = 2$ N/cm werden aneinandergehängt. Wie groß ist die Verlängerung insgesamt, wenn man ein Massestück von $m = 400$ g an die untere Feder hängt?
   b) Wie groß ist die Verlängerung, wenn die Federn parallel aufgehängt und unten verknüpft werden?
5. Um die Wagen A, B und C einzeln zu ziehen, muss der Traktor auf ebener Straße jeweils folgende Kräfte aufbringen: $F_A = 1\,500$ N, $F_B = 2\,000$ N und $F_C = 4\,000$ N. Welche Kraft muss er für den Dreierzug für die gleiche Bewegung aufbringen? Stelle die Kräfte grafisch dar!

1

6. Ein Mensch (70 kg) setzt sich auf den Kotflügel eines Autos und drückt die Schraubenfeder um 1 cm zusammen. Berechne die Federkonstante!
7. Beschreibe den Unterschied zwischen Gewichtskraft und Masse eines Körpers! Wie hängen Gewichtskraft und Masse zusammen?
8. Am Äquator beträgt die Gewichtskraft eines Beutels mit Sand 100 N. Muss man am Nordpol Sand herausnehmen oder hinzufügen, damit der Federkraftmesser ebenfalls 100 N anzeigt?
9. Die Ausrüstung eines Astronauten hat eine Masse von 90 kg. Wie groß ist deren Gewichtskraft auf der Erde, auf dem Mond und in der Raumstation?
10. Zwei Personen ziehen an einem Seil, das an einem Baum festgebunden ist. Warum fallen sie um, wenn man das Seil durchschneidet? Was geschieht in diesem Augenblick mit dem Baum?
11. Nenne Beispiele, wie man den Zustand der „Schwerelosigkeit" erreichen kann und erkläre sie!
12. Nenne Beispiele, in denen Kräfte dadurch eine andere Wirkung zeigen, dass man ihren Angriffspunkt verändert.
    Werden sie in diesen Fällen entlang ihrer Wirkungslinie verschoben?
13. In einem Buch steht: „Wenn man von einem Tisch springt, dann hüpft die Erde im selben Moment auch ein kleines Stück hoch."
    Äußere dich dazu!
14. Was hältst du von der Aussage „Ich drücke mit 15 Kilo gegen die Tür"?

ZUSAMMENFASSUNG

Ändert ein Körper seine Bewegung, so ist die Ursache dafür eine Kraft. Wird ein Körper verformt, so ist die Ursache dafür eine Kraft.

Formelzeichen für die Kraft: F
Einheit der Kraft: Newton (N)
Eine Kraft hat einen Betrag, einen Angriffspunktund eine Richtung.

Die **Gewichtskraft** ist die Kraft, mit der ein Körper an seiner Aufhängung zieht oder auf seine Unterlage drückt.
In Mitteleuropa gilt:
1 N ist die Gewichtskraft eines Körpers, der die Masse 102 g hat. Ein Körper mit der Masse 1 kg hat die Gewichtskraft 9,81 N.

Hooke'sches Gesetz: $F = D \cdot s$ (D: Federkonstante)

Wechselwirkungsprinzip: Übt ein Körper eine Kraft auf einen zweiten aus, so wirkt stets auch eine Kraft vom zweiten auf den ersten Körper. Beide Kräfte haben denselben Betrag und sind entgegengesetzt gerichtet.

Themenseiten

Hier kannst du dich gründlich informieren über *Umwelt, Energie*, und *Gesundheit* – Themen, die jeden von uns direkt berühren.
Wie entsteht das Wetter? Wie können wir Energie sparen, um unsere Umwelt zu schonen? Welche Rolle spielt die Elektrizität in unserem Körper?
Diese Fragen tauchen nicht nur im Physikunterricht auf, sondern auch in anderen Fächern, wie z. B. Erdkunde, Biologie oder Chemie.

Aufgaben

Sie dienen nicht nur zur Wiederholung und zur Übung. Sie sollen dir ebenso helfen, mit dem Gelernten Neues zu entdecken oder Altbekanntes neu zu verstehen. Daher sind auch hier oft kleine Experimente auszuführen.

Zusammenfassung

Am Ende des Kapitels wird das Wichtigste noch einmal auf den Punkt gebracht.

Ein Blick in ...

Auf diesen Seiten wird über den Tellerrand geschaut – denn der Physik begegnest du nicht nur im Physikraum. Ein *Blick in die Natur* und ein *Blick in die Technik* verrät, wo die Physik, die ihr gerade behandelt, eine besondere Rolle spielt.
Beim *Blick in die Geschichte* erfährst du, was die Menschen früher schon über die Physik wussten und wie diese Wissenschaft langsam entstanden ist.

Physik *plus*

Gymnasium Klassen 7/8
Sachsen

Von
Klaus Liebers, Helmut F. Mikelskis, Rolf Otto,
Lutz-Helmut Schön, Hans-Joachim Wilke

Herausgegeben von
Helmut F. Mikelskis und Hans-Joachim Wilke

Volk und Wissen Verlag

Autoren:
Prof. Dr. Klaus Liebers (Mechanik der Flüssigkeiten und Gase)
Prof. Dr. Helmut F. Mikelskis (Mechanik)
Dr. Rolf Otto (Das Ohm'sche Gesetz; Elektrische Leistung – elektrische Arbeit;
Der elektrische Widerstand; Widerstände in Stromkreisen)
Prof. Dr. Lutz-Helmut Schön (Thermodynamik)
Prof. Dr. Hans-Joachim Wilke (Der elektrische Strom; Elektrische Ladungen;
Die elektrische Stromstärke; Die elektrische Spannung; Energie in Natur und Technik)

Herausgeber:
Prof. Dr. Helmut F. Mikelskis, Prof. Dr. Hans-Joachim Wilke

Unter Planung und Mitarbeit der Verlagsredaktion
Lutz Kasper
Dr. Andreas Palmer
Bettina Rosenkranz

Dieses Werk folgt der reformierten Rechtschreibung und Zeichensetzung.

Umweltschonendes Papier chlorfrei

ISBN 3-06-020741-0

1. Auflage
5 4 3 2 1 / 03 02 01 00 99
Alle Drucke dieser Auflage sind unverändert und im Unterricht parallel nutzbar.
Die letzte Zahl bedeutet das Jahr dieses Druckes.

Printed in Germany
Satz: VWV DTP
Reproduktion: CRIS GmbH, Berlin
Druck und Binden: H. Heenemann GmbH & Co., Berlin
Technische Zeichnungen: Peter Hesse
Illustrationen: Roland Jäger, Karl-Heinz Wieland, Hans Wunderlich
Layout: Wladimir Perlin
Typografie: Manfred Behrendt, Wolfgang Lorenz
Einband: Wolfgang Lorenz

Inhalt

Mechanik

Kräfte finden wir in unserer Umgebung überall. Sie wirken in Maschinen, im Straßenverkehr oder beim Sport. Kräfte kann man handgreiflich spüren. Oft kann man die Wirkung von Kräften auch sehen. In der Mechanik werden Kräfte genau untersucht und gemessen. Bei vielen mechanischen Vorgängen spielt die Reibung eine wichtige Rolle. Manchmal ist sie für uns ungünstig, oft aber auch unbedingt notwendig. Die Menschen haben viele Geräte erfunden, mit denen man Kraft einsparen kann.

Kraft als Wechselwirkungsgröße

1

Zwei Personen ziehen an den beiden Enden eines Seils.
Wer ist stärker?
Was passiert, wenn nur eine zieht?
Und was spürt dann die andere, die nur festhält?
Fällt der Schwächere um?

Wirkungen von Kräften

Wenn man Kräfte, die beim Sport auftreten, genau auf ihre Wirkungen hin beobachtet, lassen sich folgende Fälle unterscheiden. Man kann:

2

Körper in Bewegung versetzen …

3

… abbremsen …

4

… ihre Bewegungsrichtung ändern.

5

Körper zeitweilig verformen …

6

… dauerhaft verformen …

7

… verformen und ablenken.

Näherst du dich mit einem Eisenkörper in der Hand einem starken an einem Tisch befestigten Magneten, so spürst du, wie der Magnet den Eisenkörper anzieht (Bild 1a). Auf den Eisenkörper wirkt eine magnetische Kraft. Löst du die Befestigung des Magneten, bewegt sich der Magnet auf den Eisenkörper zu (Bild 1b). Nimmst du den Magneten in die eine Hand und den Eisenkörper in die andere, kannst du das Kräftespiel spüren.
Offensichtlich zieht der Magnet mit einer Kraft den Eisenkörper an und gleichzeitig wirkt der Eisenkörper mit einer Kraft auf den Magneten zurück. Die auftretenden Kräfte wirken wechselseitig. Man spricht dann von einer *Wechselwirkung* zwischen Körpern.
Diese Erfahrungen mit Kräften lassen sich zusammenfassen:

> Ändert ein Körper seine Bewegung, so ist die Ursache dafür eine Kraft. Wird ein Körper verformt, so ist die Ursache dafür eine Kraft. Wirkt ein Körper A auf einen Körper B mit einer Kraft, so wirkt auch B auf A mit einer Kraft.

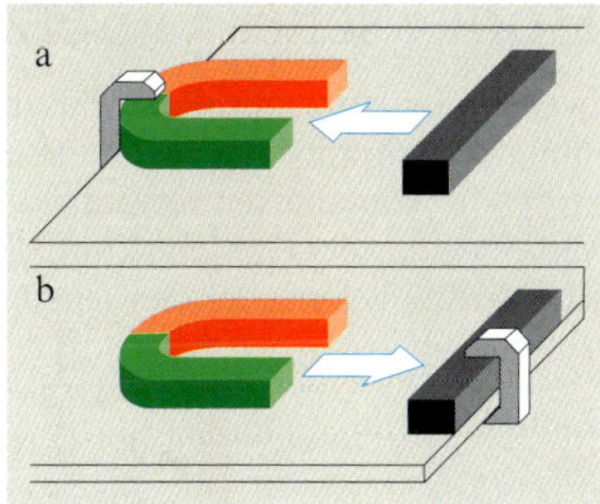

1 Wechselwirkung zwischen Magnet und Eisenkörper

Kräfte können Körper verformen. Manche Körper, wie Expander, machen solche Verformungen rückgängig, nachdem die Wirkung der Kraft nachgelassen hat. Diese Körper nennt man *elastisch.*
Elastische Eigenschaften von festen Körpern werden vielfach angewendet: bei der Federung von Autos (Bild 2), bei Matratzen oder beim Bogenschießen (Bild 3).
Die von Kräften hervorgerufenen Verformungen von Körpern lassen sich ausnutzen, um Kräfte miteinander zu vergleichen.
Ein Expander, wie ihn Sportler zum Training verwenden, hat im entspannten Zustand eine bestimmte Länge (Bild 4a). Eine Schülerin kann den Expander bis zum Punkt A dehnen (Bild 4b). Eine Mitschülerin schafft das bis zum Punkt B (Bild 4c). Man sagt dann: Die Zweite ist stärker als die Erste.
Physiker sagen: Sie kann eine größere Kraft aufbringen.
Die gleichen Kräfte können auch durch angehängte Körper erzeugt werden (Bilder 4d und 4e).
Die Kraft, die zum Beispiel angehängte Wägestücke aufbringen, nennt man Gewichtskraft (Näheres auf S. 13).

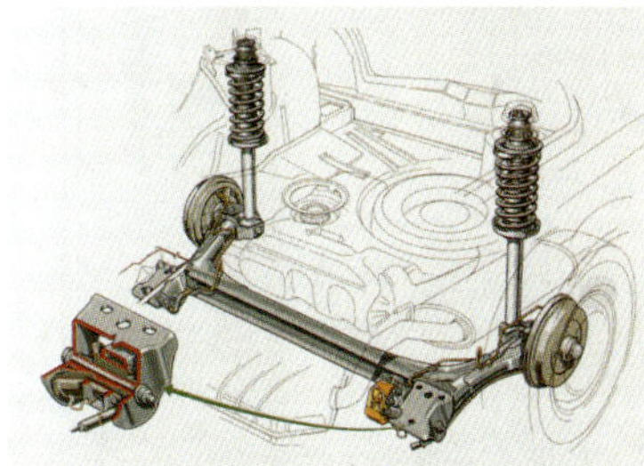

2 Zwischen Karosserie und Radaufhängung befinden sich Stahlfedern

3 Elastische Verformung eines Bogens

4

Hooke'sches Gesetz

In einem Experiment soll der Zusammenhang zwischen Kraft und Verformung bei Schraubenfedern untersucht werden. Dabei wird die Gewichtskraft von Wägestücken verwendet. Eine Verdoppelung der Masse hat eine Verdoppelung der Gewichtskraft zur Folge, eine Verdreifachung der Masse eine Verdreifachung der Gewichtskraft usw.

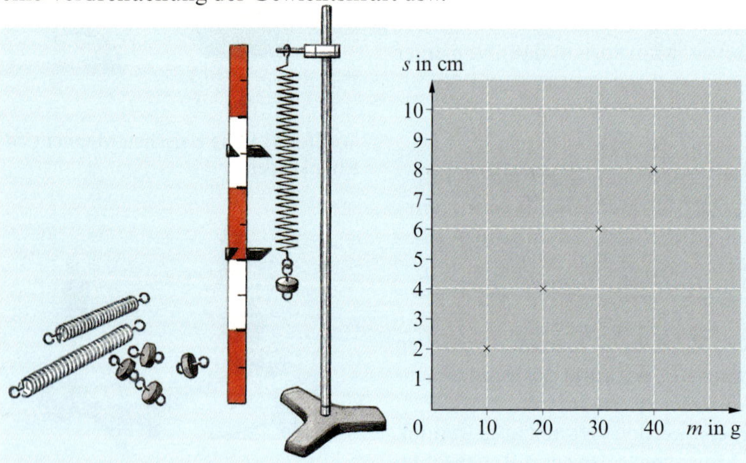

2

EXPERIMENT 1

1. Hänge nacheinander Körper mit der Masse 10 g, 20 g, 30 g usw. an eine Schraubenfeder. Miss die dazugehörigen Verlängerungen s!
2. Trage die Messergebnisse in ein Diagramm ein!
3. Wiederhole solche Messungen mit anderen Schraubenfedern und stelle die Messergebnisse grafisch dar!

Bei den Messungen bewirkt eine Verdoppelung der Kraft in der Regel, dass auch die Verlängerung der Schraubenfeder sich verdoppelt. Eine Verdreifachung der Kraft bewirkt eine Verdreifachung der Verlängerung. Im Diagramm liegen die Messpunkte für eine Feder auf einer Geraden.
Daraus erkennt man:

Die Verlängerung einer Schraubenfeder ist proportional zur wirkenden Kraft.

Das Formelzeichen für die Kraft ist F (vom englischen Wort *force*).
Der Zusammenhang zwischen Kraft F und Verlängerung s ist in Bild 3 für unterschiedliche Schraubenfedern dargestellt. Für eine harte Feder ist die Gerade steiler als für eine weiche Feder. Bei der gleichen Kraft dehnen sich harte Federn weniger aus als weiche.
Ein Maß für die Härte der Feder ist die Federkonstante D.

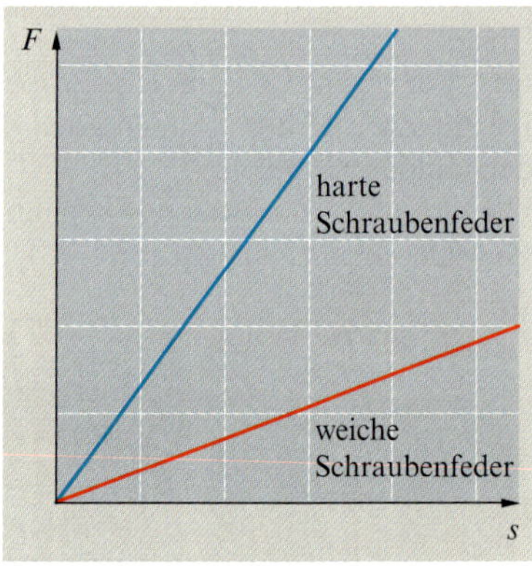

3

Der englische Wissenschaftler Robert Hooke (1635–1703) hat erkannt, dass für viele elastische Körper der folgende Zusammenhang gilt:

$F = D \cdot s$ (Hooke'sches Gesetz)

Für Schraubenfedern gilt das Hooke'sche Gesetz nicht unbegrenzt. Wird die Kraft zu groß, verformt sich die Feder unelastisch. Sie kehrt nicht mehr in ihren Ausgangszustand zurück.

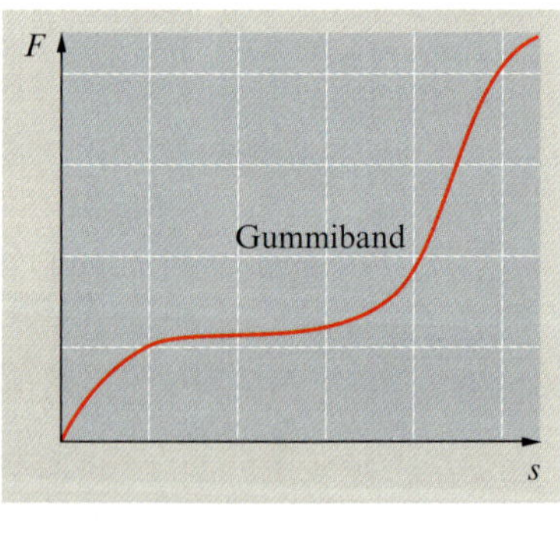

4

Wenn man Experiment 1 mit Gummibändern durchführt, ergibt sich kein proportionaler Zusammenhang zwischen Kraft und Verlängerung (Bild 4). Das Hooke'sche Gesetz gilt also nicht für alle Fälle, sondern nur für manche elastische Körper.

Federkraftmesser

Das Prinzip, eine Kraftmessung auf eine Längenmessung zurückzuführen, wird beim Bau von Federkraftmessern genutzt. In Bild 1 erkennt man als wichtigsten Teil des Kraftmessers eine Schraubenfeder. Durch Einwirken einer Kraft dehnt sie sich aus.
Zu Ehren des englischen Physikers ISAAC NEWTON (1643–1727) wurde als Einheit der Kraft das Newton mit der Abkürzung N gewählt.
Zum Festlegen der Skala in N lässt sich ein Körper mit der Masse 102 g verwenden. (Das entspricht ziemlich genau einer Tafel Schokolade mit Verpackung.) Die Gewichtskraft eines solchen Körpers beträgt 1 N.

Die Einheit der Kraft ist Newton (N).
1 N ist die Gewichtskraft eines Körpers, der die Masse 102 g hat.

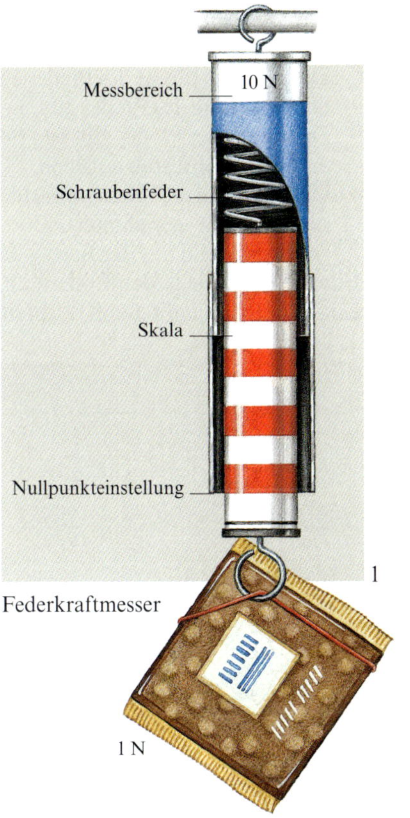

1 Federkraftmesser

Selbstverständlich ist die Einheit 1 N nicht nach der Tafel Schokolade festgelegt worden. Aber so kann man es sich gut merken. Hängt man zwei Körper mit der Masse von je 102 g an den Federkraftmesser, so ist seine Verlängerung doppelt so groß, es werden 2 N angezeigt. Voraussetzung hierfür ist, dass für die Schraubenfeder das Hooke'sche Gesetz gilt.

Darstellen von Kräften

Will man ein elastisches Stahlblatt um eine vorgegebene Strecke verbiegen, so ist dazu eine bestimmte Kraft notwendig. Im Bild 2a zeigt der Federkraftmesser 1 N an. Vergrößert man den **Betrag** der Kraft, so vergrößert sich auch die Wirkung (Bild 2b).

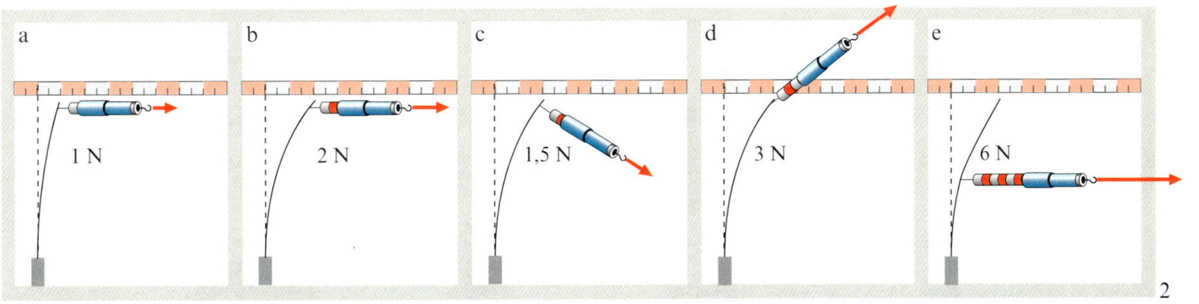

2

Die gleiche Verformung ist auch möglich, wenn man statt in waagerechter **Richtung** mehr nach unten (Bild 2c) oder mehr nach oben (Bild 2d) zieht. Obwohl die Kräfte unterschiedliche Beträge haben (Bilder 2b, 2c, 2d), ist ihre Wirkung immer gleich. Verändert man den **Angriffspunkt** der Kraft, so erfordert die gleiche Wirkung auch eine andere Kraft (Bild 2e).

Die Wirkung einer Kraft hängt von ihrem Betrag, ihrer Richtung und von ihrem Angriffspunkt ab.

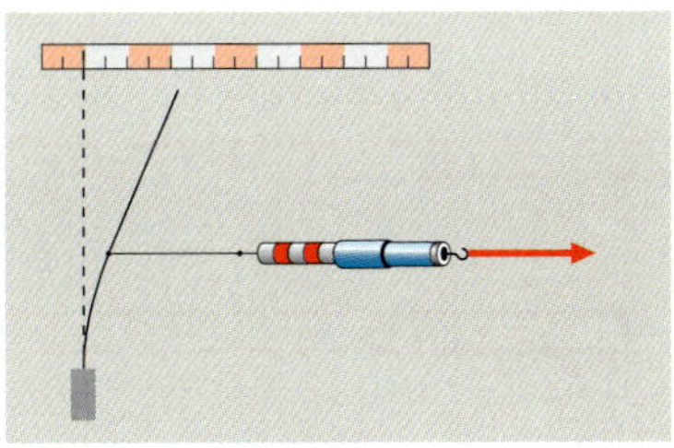
3

Wenn man zwischen den Angriffspunkt am Stahlblatt und den Federkraftmesser einen Faden bindet, aber die Richtung beibehält, so ändert sich nichts an der Wirkung der Kraft (Bild 3). Die **Wirkungslinie** der Kraft bleibt dieselbe.

Kräfte sind gerichtete Größen. Solche Größen kann man mithilfe von Pfeilen darstellen (Bild 1):
- Der Anfangspunkt des Pfeiles entspricht dem Angriffspunkt der Kraft.
- Die Richtung des Pfeiles gibt die Richtung der Kraft an.
- Die Länge des Pfeiles gibt den Betrag der Kraft an. Beim Zeichnen muss man einen Maßstab angeben.
- Über das Formelzeichen für die Kraft schreibt man einen Pfeil, weil es sich um eine gerichtete Größe handelt. Der Pfeil wird jedoch weggelassen, wenn nur der Betrag der Kraft gemeint ist.

Für die Beispiele in den Bildern 2b, 2c und 2d auf Seite 11 kann man nun eine Darstellung mit den Kraftpfeilen vornehmen:

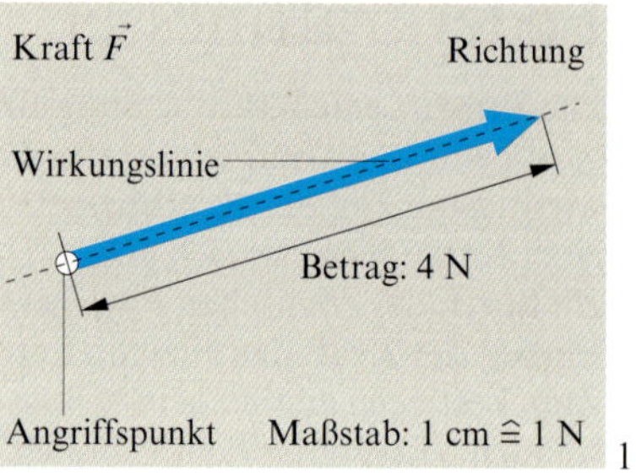

1

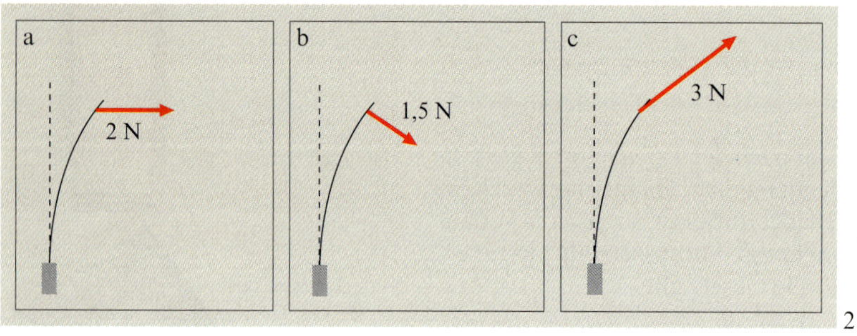

2

Addition von Kräften. Wenn zwei Personen in einer Richtung an einem Wagen ziehen (Bild 3), ist die Kraft auf den Wagen größer, als wenn nur eine zieht. Die Kräfte addieren sich zu einer resultierenden Kraft $\vec{F}_{res}$. In der zeichnerischen Darstellung erhält man $\vec{F}_{res}$ indem man den Fußpunkt des einen Kraftpfeils an die Spitze des anderen setzt (Bild 5).
Auch wenn zwei Kräfte in entgegengesetze Richtung wirken (Bild 4), lässt sich so verfahren. Der Betrag der resultierenden Kraft entspricht dann dem Betrag der Differenz der einzelnen Kräfte (Bild 6).

3

4

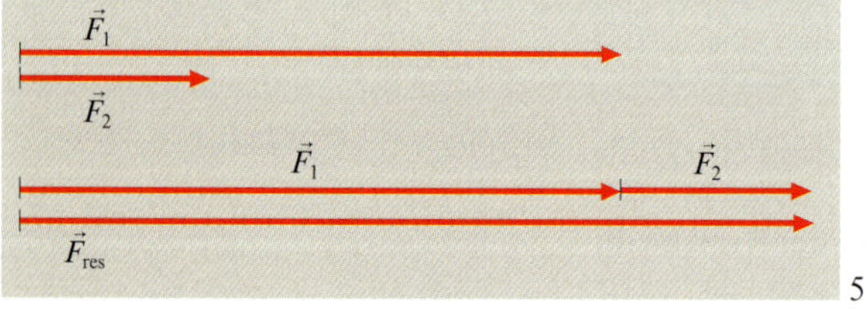

5

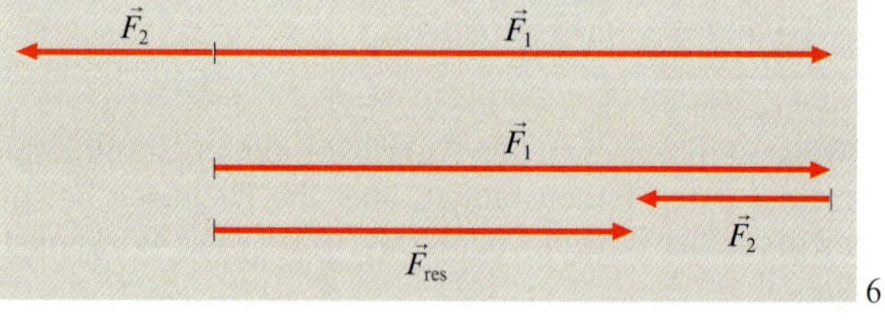

6

Gewichtskraft

Wer einen Gegenstand in der Hand hält, spürt eine Kraft, die senkrecht nach unten wirkt. Stellt man diesen Gegenstand ab, so drückt er mit derselben Kraft auf die Unterlage. Diese Kraft heißt Gewichtskraft $\vec{F}_G$.
Man kann die Gewichtskraft eines Körpers mit einem Federkraftmesser messen.
Ein Körper mit der Masse m = 1 kg übt die Gewichtskraft F_G = 9,81 N aus (Bild 1).

> Die Gewichtskraft F_G ist die Kraft, mit der ein Körper an seiner Aufhängung zieht oder auf seine Unterlage drückt.
> Auf der Erde übt ein Körper mit der Masse 1 kg die Gewichtskraft 9,81 N aus.

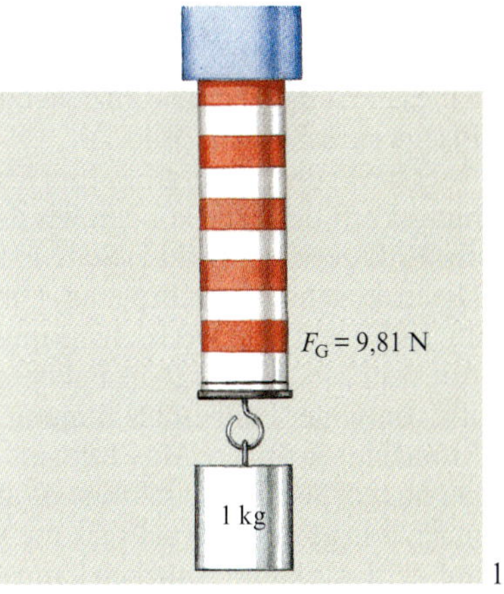

1
Zusammenhang von Masse und Gewichtskraft

Streng genommen gilt der letzte Satz nur für bestimmte Regionen der Erde, z. B. für Mitteleuropa. Würde man mit einem Körper der Masse 1 kg um die Erde reisen und genaue Messungen durchführen, so erhielte man andere Werte für die Gewichtskraft:
- am Nord- und Südpol der Erde: 9,83 N,
- am Äquator und auf dem Mount Everest: 9,78 N.

Das Verhältnis von Gewichtskraft und Masse ist für alle Körper an einem bestimmten Ort (auf der Erde wie auf dem Mond oder anderswo) dasselbe. Dieses Verhältnis heißt **Fallbeschleunigung** $\boldsymbol{g}$:

$$g = \frac{F_G}{m}.$$

Die Erscheinung, dass alle Körper eine Gewichtskraft ausüben, oder dass sie nach unten fallen, wenn man sie hochhebt und loslässt, hat die gleiche Ursache. Sie werden von der Erde angezogen.
Die Anziehungskraft der Erde auf alle Körper bezeichnet man als **Schwerkraft.** Und weil „schwer" lateinisch *gravis* heißt, nennen die Physiker sie auch **Gravitationskraft.**
Was heißt eigentlich „unten"? Immerhin fällt in Australien und Südafrika auch alles nach unten. Unten bedeutet überall auf der Erde die Richtung zum Erdmittelpunkt. Jeder hat also sein eigenes „Unten" (Bild 2).

Fallbeschleunigungen	
Ort	g in N/kg
Erdoberfläche	9,78 bis 9,83
in 1 000 km Höhe	7,33
auf dem Mond	1,62
auf dem Jupiter	26

2

Schon gewusst?

Die Bezeichnung „Fallbeschleunigung" für die Größe g hat ihre Ursache darin, dass fallende Körper für gewöhnlich immer schneller werden. Man nennt g auch Erdbeschleunigung oder Ortsfaktor.

Alle Körper ziehen einander an, da sie eine Masse haben: Das Fahrrad das Auto, der Lehrer die Tafel, der Tisch den Schüler. Das klingt unsinnig, weil wir es nicht merken. Die anziehenden Kräfte sind auch bei den genannten Beispielen sehr klein (Bild 1).
Aber die Erde ist sehr groß. Ihre Masse beträgt etwa $6 \cdot 10^{24}$ kg. Die Anziehungskraft der Erde können wir deutlich spüren. Sie ist zum Mittelpunkt der Erde gerichtet (Bild 2, Seite 13).
Die Erde zieht jeden Körper an. Umgekehrt ziehen die Körper auch die Erde an. Es besteht eine Wechselwirkung zwischen der Erde und den Körpern.
Auf dem Mond beträgt die Fallbeschleunigung eines Körpers nur ein Sechstel von seiner Fallbeschleunigung auf der Erde. Das liegt daran, dass der Mond eine geringere Masse hat als die Erde. Auf dem Mond sind alle Körper nur ein Sechstel so schwer wie auf der Erde, d. h., ihre Gewichtskraft ist nur 1/6 so groß. Ein Rucksack mit Geräten mit der Masse 102 kg, den man auf der Erde kaum Anheben kann (Bild 2), lässt sich auf dem Mond mühelos tragen (Bild 3). Statt einer irdischen Gewichtskraft von 1 000 N, wirken auf dem Mond nur etwa 167 N.

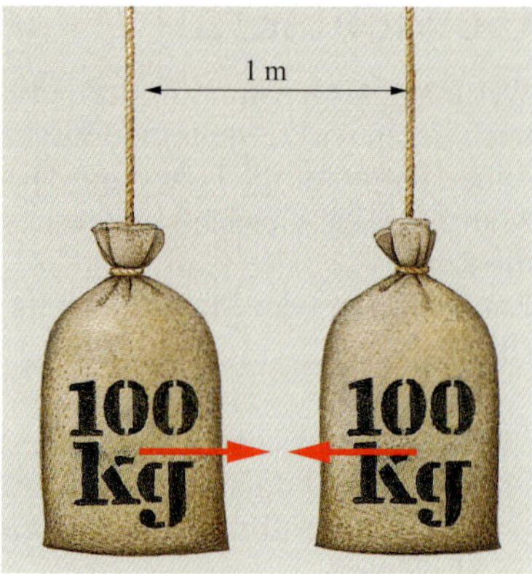

1

Diese Körper ziehen sich mit einer Kraft von 0,000 000 7 N an.

2

3

Während sich also die Gewichtskraft eines Körpers von Ort zu Ort ändert, bleibt seine Masse überall gleich. Die Masse ist eine Körpereigenschaft, die Gewichtskraft ist ortsabhängig. Ein Körper der Masse 1 kg zeigt am Federkraftmesser von Ort zu Ort ganz unterschiedliche Werte an.
Findet ein Astronaut auf dem Mond einen Stein, so kann er mit dem Federkraftmesser seine Gewichtskraft bestimmen. Die Masse des Steins könnte er mithilfe der Fallbeschleunigung berechnen (Bild 4b). Die Masse lässt sich aber auch direkt messen, nämlich mit einer Balkenwaage (Bild 4a). Die Messung mit der Balkenwaage funktioniert, weil Körper gleicher Masse am selben Ort gleich stark vom Mond oder von der Erde angezogen werden. Mithilfe von Wägestücken, deren Masse bekannt ist, kann man die unbekannte Masse von Körpern an jedem Ort bestimmen.

a b 4

Wechselwirkung von Kräften

Paul und Tina ziehen an einem Seil (Bild 1). Die wirkenden Kräfte werden mit zwei Federkraftmessern gemessen. Egal wer „zieht" und wer „festhält", beide Federkraftmesser zeigen immer denselben Betrag an.
Paul zieht an Tina mit der Kraft $\vec{F}_1$. Tina zieht an Paul mit der Kraft $\vec{F}_2$. Die Kräfte $\vec{F}_1$ und $\vec{F}_2$ haben denselben Betrag. Sie sind aber entgegengesetzt gerichtet.

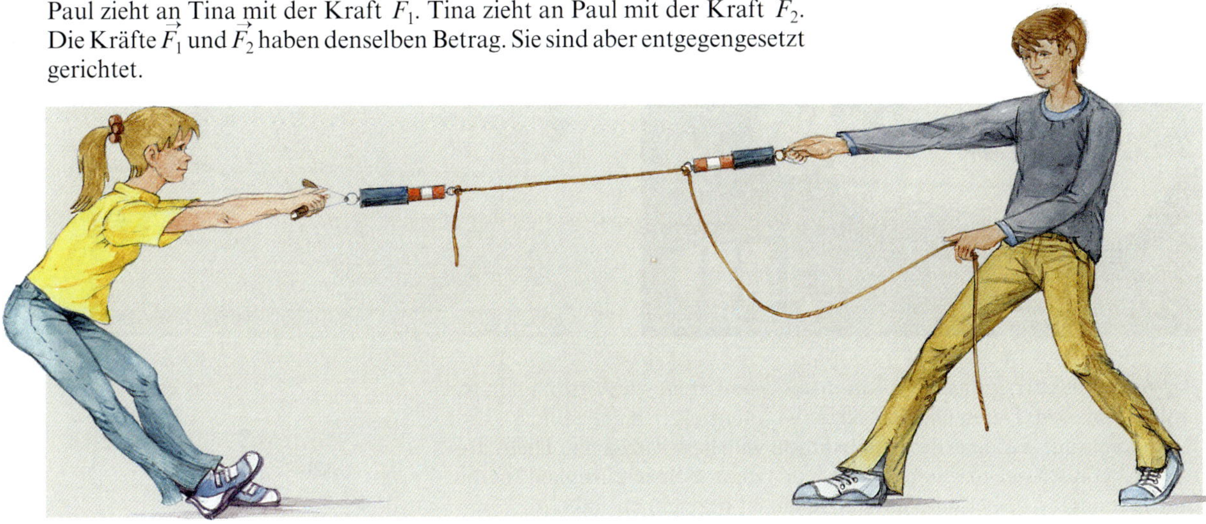
1

Die Erfahrung, dass jede Kraft nur wirken kann, wenn eine gleich große Kraft zurückwirkt, nennt man **Wechselwirkungsprinzip:**

> Übt ein Körper eine Kraft auf einen zweiten aus, so wirkt stets auch eine Kraft vom zweiten auf den ersten Körper.
> Beide Kräfte haben denselben Betrag und sind einander entgegengesetzt gerichtet.

Das gilt im Übrigen auch, wenn du an einem Baum ziehst oder gegen eine Wand drückst. Ohne das Wechselwirkungsprinzip, auch bezeichnet als Gesetz von Kraft und Gegenkraft, wären viele Vorgänge im täglichen Leben nicht möglich.
Beim Start eines Läufers etwa wirkt dieser mit der Kraft $\vec{F}_1$ auf den Startblock und der Startblock wirkt mit der Kraft $\vec{F}_2$ auf den Sprinter zurück (Bild 2). Der Startblock muss fest mit der Erde verankert sein, damit diese ihre Gegenkraft auf den Läufer ausüben kann. Sie beträgt bis zu 1 200 N.

2

Wechselwirkungsprinzip und Kräftegleichgewicht. Das Wechselwirkungsprinzip handelt von zwei Kräften, die an verschiedenen Körpern angreifen. Oft greifen gleich große, aber entgegengesetzt gerichtete Kräfte auch am selben Körper an. Dies ist z. B. der Fall, wenn man einen Koffer trägt (Bild 3). Die Gewichtskraft $\vec{F}_G$ des Koffers wirkt senkrecht nach unten und greift an der Hand an. Dass der Koffer in Ruhe ist und trotz dieser Kraft nicht nach unten fällt, liegt an der „Haltekraft" $\vec{F}_{Halte}$ des Kofferträgers. Sie ist senkrecht nach oben gerichtet und ihr Betrag ist gleich dem Betrag der Gewichtskraft. Der Koffer befindet sich im Kräftegleichgewicht.
Es gibt hier zwei Paare von Kräften, die auf die Wechselwirkung zwischen verschiedenen Körpern zurückzuführen sind: Die Erde zieht den Koffer an ($\vec{F}_{Schwer}$) und der Koffer die Erde ($\vec{F}_K$). Außerdem zieht der Koffer an der Hand ($\vec{F}_G$) und die Hand am Koffer ($\vec{F}_{Halte}$).

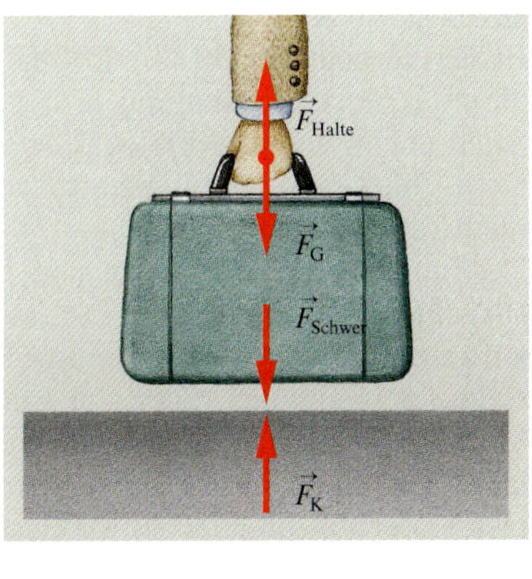

3

Ein Blick in die Technik

In der „Schwerelosigkeit“

1

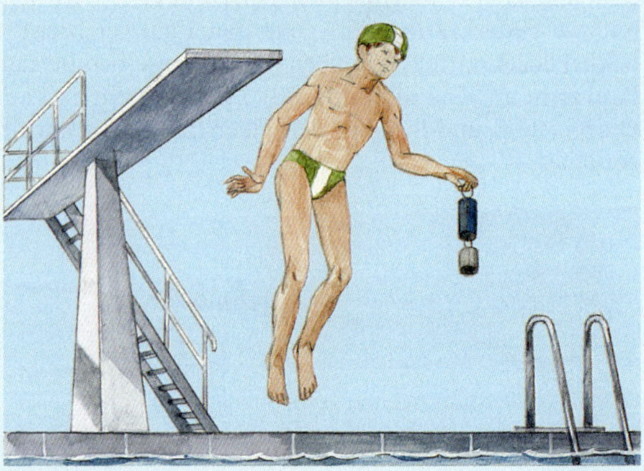
2

Bei Fernsehübertragungen aus Raumstationen sehen wir Astronauten frei umherschweben. Deren Gewichtskraft ist offensichtlich null (Bild 1). Eine Personenwaage würde in der Raumstation wirklich 0 anzeigen. Die Astronauten befinden sich in einem Zustand, den man „Schwerelosigkeit“ nennt, obwohl man ihn besser mit Gewichtslosigkeit bezeichnen sollte.
Selbstverständlich besitzen die Astronauten auch im All eine Masse und so werden sie auch von der Erde angezogen. Warum spüren die Astronauten von der Anziehung aber nichts?
Auf der Erde bewirkt die Schwerkraft das Fallen aller Körper. Nun kann man aber jene Körper, die die Erde umkreisen – den Mond genauso wie Raumstationen –, ebenso als fallende Körper betrachten.
Um eine Raumstation in eine Umlaufbahn zu bringen, muss sie mit großer Geschwindigkeit in den Weltraum befördert werden. Ist die Geschwindigkeit zu gering, fällt die Raumstation aufgrund der Schwerkraft, wie ein geworfener Stein, auf die Erde zurück. Ist die Geschwindigkeit zu groß, verschwindet sie ins All (Bild 3).
Bei einer bestimmten Geschwindigkeit fällt die Raumstation nicht auf die Erde zurück, sondern „um die Erde herum“. Alle Geräte und Menschen in ihr fallen mit.
Um den Zustand der Gewichtslosigkeit zu erfahren, muss man jedoch nicht in den Weltraum. Wenn ein Flugzeug sich für eine gewisse Zeit frei fallen lässt, herrscht im Inneren Gewichtslosigkeit.
Es reicht auch, mit einem Federkraftmesser und einem angehängten Massestück von einem Dreimeterbrett zu springen (Bild 2) und die Gewichtskraft abzulesen: 0 N.
In der Gewichtslosigkeit funktionieren manche technischen Geräte anders als unter Normalbedingungen, Werkstoffe zeigen abweichendes Verhalten. Auch chemische und biologische Vorgänge verlaufen oft überraschend. Dazu führt man in Raumstationen zahlreiche wissenschaftliche Experimente durch.
Da Raumflüge ziemlich teuer sind, haben die Physiker nach Möglichkeiten gesucht, Experimente unter Schwerelosigkeit auch auf der Erde durchzuführen. Es wurden sogenannte Falltürme entwickelt. Bild 4 zeigt den Fallturm in Bremen. Dieses in Europa einzigartige Großlabor wird von Wissenschaftlern aus aller Welt genutzt. Im Turm befindet sich eine 110 m lange Fallröhre. In den herabfallenden Experimentier-Kapseln wird für fast 5 s der Zustand der Schwerelosigkeit erreicht.

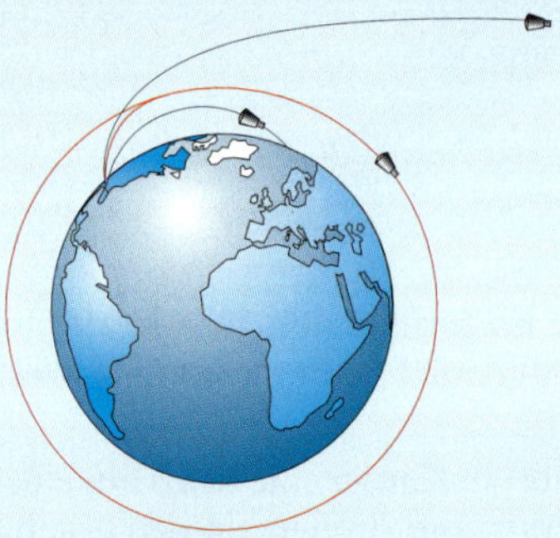
3

4

AUFGABEN

1. Nenne fünf Beispiele, bei denen eine Kraft eine Bewegungsänderung hervorruft, und fünf Beispiele, bei denen eine Kraft eine Verformung hervorruft!
2. In der Umgangssprache wird das Wort Kraft häufig anders verwendet als im Sinne der Mechanik. Nenne Beispiele dafür!
3. Eine Schraubenfeder, für die das Hooke'sche Gesetz gilt, wird durch eine Kraft von 1 N um 2 cm gedehnt. Zeichne dazu ein Diagramm! Um wie viel verlängert sich die Feder durch eine Gewichtskraft von 0,2 N, 0,5 N, 2 N? Welchen Wert hat die Federkonstante D?
4. a) Zwei Schraubenfedern mit $D = 2$ N/cm werden aneinandergehängt. Wie groß ist die Verlängerung insgesamt, wenn man ein Massestück von $m = 400$ g an die untere Feder hängt?
   b) Wie groß ist die Verlängerung, wenn die Federn parallel aufgehängt und unten verknüpft werden?
5. Um die Wagen A, B und C einzeln zu ziehen, muss der Traktor auf ebener Straße jeweils folgende Kräfte aufbringen: $F_A = 1\,500$ N, $F_B = 2\,000$ N und $F_C = 4\,000$ N. Welche Kraft muss er für den Dreierzug für die gleiche Bewegung aufbringen? Stelle die Kräfte grafisch dar!

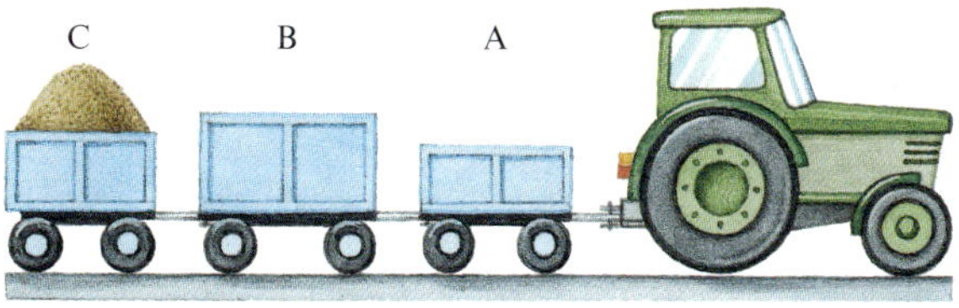

1

6. Ein Mensch (70 kg) setzt sich auf den Kotflügel eines Autos und drückt die Schraubenfeder um 1 cm zusammen. Berechne die Federkonstante!
7. Beschreibe den Unterschied zwischen Gewichtskraft und Masse eines Körpers! Wie hängen Gewichtskraft und Masse zusammen?
8. Am Äquator beträgt die Gewichtskraft eines Beutels mit Sand 100 N. Muss man am Nordpol Sand herausnehmen oder hinzufügen, damit der Federkraftmesser ebenfalls 100 N anzeigt?
9. Die Ausrüstung eines Astronauten hat eine Masse von 90 kg. Wie groß ist deren Gewichtskraft auf der Erde, auf dem Mond und in der Raumstation?
10. Zwei Personen ziehen an einem Seil, das an einem Baum festgebunden ist. Warum fallen sie um, wenn man das Seil durchschneidet? Was geschieht in diesem Augenblick mit dem Baum?
11. Nenne Beispiele, wie man den Zustand der „Schwerelosigkeit" erreichen kann und erkläre sie!
12. Nenne Beispiele, in denen Kräfte dadurch eine andere Wirkung zeigen, dass man ihren Angriffspunkt verändert.
    Werden sie in diesen Fällen entlang ihrer Wirkungslinie verschoben?
13. In einem Buch steht: „Wenn man von einem Tisch springt, dann hüpft die Erde im selben Moment auch ein kleines Stück hoch."
    Äußere dich dazu!
14. Was hältst du von der Aussage „Ich drücke mit 15 Kilo gegen die Tür"?

ZUSAMMENFASSUNG

Ändert ein Körper seine Bewegung, so ist die Ursache dafür eine Kraft.
Wird ein Körper verformt, so ist die Ursache dafür eine Kraft.

Formelzeichen für die Kraft: F
Einheit der Kraft: Newton (N)
Eine Kraft hat einen Betrag, einen Angriffspunktund eine Richtung.

Die **Gewichtskraft** ist die Kraft, mit der ein Körper an seiner Aufhängung zieht oder auf seine Unterlage drückt.
In Mitteleuropa gilt:
1 N ist die Gewichtskraft eines Körpers, der die Masse 102 g hat. Ein Körper mit der Masse 1 kg hat die Gewichtskraft 9,81 N.

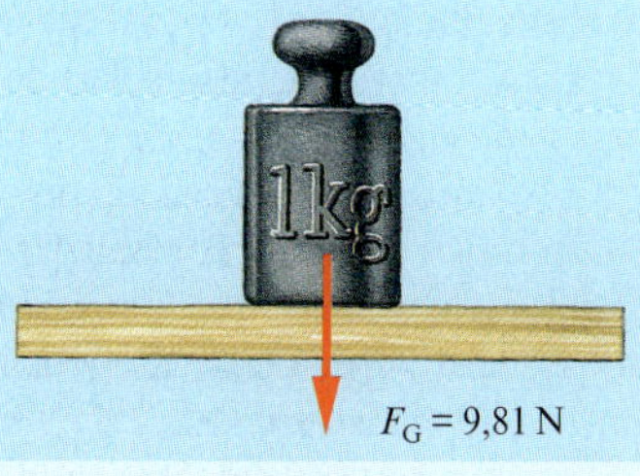

Hooke'sches Gesetz: $F = D \cdot s$ (D: Federkonstante)

Wechselwirkungsprinzip: Übt ein Körper eine Kraft auf einen zweiten aus, so wirkt stets auch eine Kraft vom zweiten auf den ersten Körper. Beide Kräfte haben denselben Betrag und sind entgegengesetzt gerichtet.

Ein schwerer Schrank soll in einem Zimmer mit Fliesenfußboden von einer Wand an die andere verschoben werden. Der erste Versuch ist zunächst vergeblich. Nachdem trockene Tücher unter die Schrankfüße gelegt worden sind, lässt er sich nun leicht verschieben. Umzugsfirmen nutzen kleine Wagen mit Rollen („Hund" genannt). Damit geht es noch leichter.

1

Reibungskräfte

Beim Schlittschuhlaufen gleiten deine Kufen über das Eis. Kommst du aber plötzlich auf eine stumpfe Stelle, werden die Kufen stark gebremst und du gerätst ins Stolpern. Deine Bewegung wird durch eine Kraft gehemmt. Kräfte, die eine Bewegung hemmen, kennst du auch vom Fahrradfahren: Auf einer glatten, asphaltierten Straße musst du dich viel weniger anstrengen als auf einem sandigen Waldweg. Diese **bewegungshemmenden** Kräfte heißen Reibungskräfte.

Reibung tritt an den Grenzflächen zweier Körper auf, die sich gegeneinander bewegen, zum Beispiel zwischen Schrankfüßen und Fußboden. Die Reibung entsteht durch die Rauheit der Oberflächen. Die Flächen verhaken sich, wenn sie eng aneinander liegen. Selbst glatt polierte Oberflächen können sich etwas ineinander verhaken. Unter dem Mikroskop sieht man auch bei diesen noch richtige Oberflächengebirge (Bild 3).

2

Haftreibung

Wenn du vorsichtig versuchst, einen ruhenden Körper wegzuziehen, dann muss deine Zugkraft einen bestimmten Betrag erreichen, bevor sich der Körper in Bewegung setzt. Es tritt eine zur **Zugkraft** $\vec{F}_Z$ entgegengesetzt gerichtete Reibungskraft auf, die die Bewegung verhindert.

Die **Haftreibungskraft** $\vec{F}_{HR}$ ist die maximale Reibungskraft eines ruhenden Körpers. Ist die Zugkraft größer als die Haftreibungskraft, so setzt sich der Körper in Bewegung.

Nun soll untersucht werden, bis zu welchem Wert die Zugkraft erhöht werden muss, ehe sich ein Körper in Bewegung setzt. Dafür ist auch diejenige Kraft von Bedeutung, mit der der Körper senkrecht auf seine Unterlage gepresst wird. Diese Kraft bezeichnet man auch als **Normalkraft** $\vec{F}_N$. Wenn ein Gegenstand auf einer waagerechten Fläche liegt, ist die Normalkraft gleich seiner Gewichtskraft.

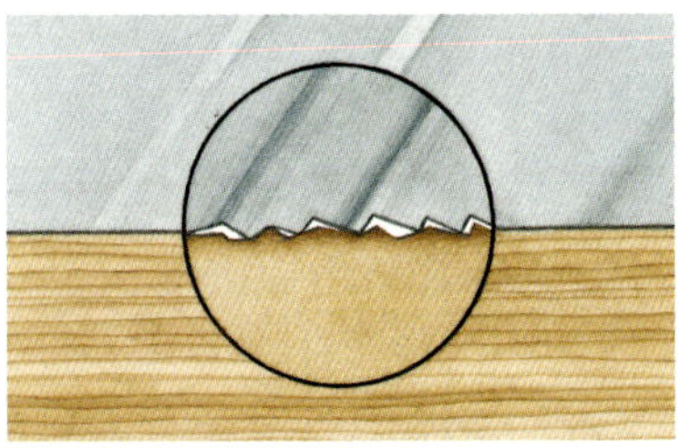

3

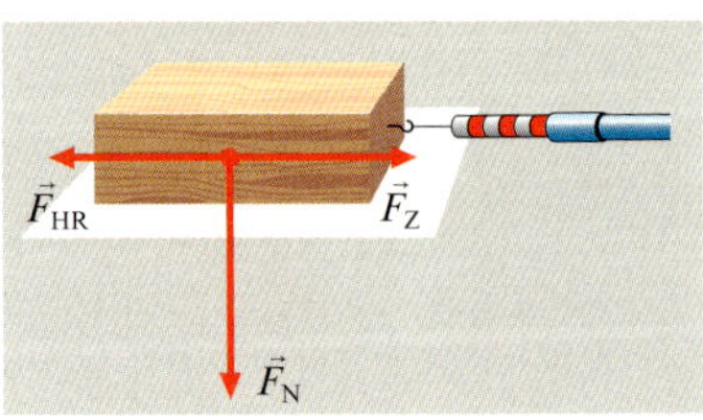

4

EXPERIMENT 1
1. Bestimme die Haftreibungskraft eines Holzquaders (m = 100 g) auf einem Tisch. Ziehe den Quader langsam und miss die Zugkraft, die notwendig ist, um ihn gerade in Bewegung zu versetzen!
2. Erhöhe die Normalkraft auf 2 N, 3 N und 4 N, indem du zusätzliche 100-g-Wägestücke auf den Holzquader stellst und ermittle die jeweils dazugehörige Haftreibungskraft!
3. Trage alle Messergebnisse in eine Tabelle ein!
4. Wiederhole die Messungen auf anderen Unterlagen (Glas, Sandpapier) und trage die Ergebnisse ebenfalls in die Tabelle ein!

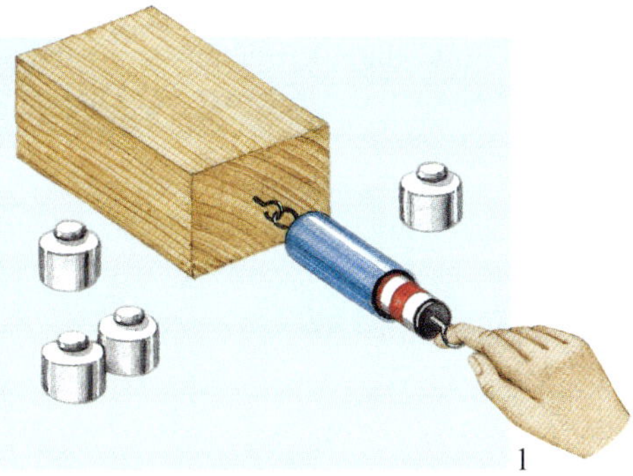
1

Je größer die Normalkraft ist, desto mehr Kraft ist erforderlich, um den Körper in Bewegung zu versetzen. Der Quotient aus Haftreibungskraft F_{HR} und Normalkraft F_N ist konstant. Man nennt ihn Haftreibungszahl μ_{HR} (sprich: mü): $\mu_{HR} = \frac{F_{HR}}{F_N}$.
Die Haftreibungszahl ist umso größer, je rauer die Oberflächen sind.

Haftreibungskraft und Normalkraft sind einander proportional:
$F_{HR} \sim F_N$.
$F_{HR} = \mu_{HR} \cdot F_N$. Bei rauen Oberflächen ist μ_{HR} größer als bei glatten.

Typische Werte für Haftreibungszahlen

Oberflächen	μ_{HR}
Holz auf Stein	0,7
Holz auf Holz	0,5
Stahl auf Stahl	0,2

Gleitreibung

Wird die Zugkraft größer als die Haftreibungskraft eines Körpers, setzt sich der Körper in Bewegung und rutscht, man sagt auch: er gleitet. Die Reibungskraft, die das Gleiten hemmt, heißt **Gleitreibungskraft $\vec{F}_{GR}$**.
Zieht man einen Holzquader mit gleich bleibender Geschwindigkeit über einen Tisch und bestimmt die Zugkraft, so erhält man den Betrag der Gleitreibungskraft (Bild 2). Auf die Größe der Geschwindigkeit kommt es dabei nicht an.
Wird Experiment 1 weitergeführt, so ergibt sich:
1. Die Gleitreibungskraft ist kleiner als die Haftreibungskraft. Die Oberflächen verzahnen sich beim Haften. Man muss zum „Angleiten" eine größere Kraft aufwenden, als zum Aufrechterhalten des Gleitens (Bild 3).
2. Je größer die Normalkraft F_N ist, desto größer ist auch die Gleitreibungskraft F_{GR}.
   F_{GR} und F_N sind einander proportional: $F_{GR} \sim F_N$.
3. Die Gleitreibungskraft hängt von der Oberflächenbeschaffenheit der beteiligten Körper ab. Für jede Kombination von Oberflächen ist der Quotient $\frac{F_{GR}}{F_N}$ eine Konstante.

Man nennt $\mu_{GR} = \frac{F_{GR}}{F_N}$ Gleitreibungszahl. Die Gleitreibungszahl ist umso größer, je rauer die Oberflächen sind.
Für einen Körper auf einer bestimmten Unterlage ist μ_{GR} kleiner als μ_{HR}.

Die Gleitreibungskraft hemmt die Bewegung zwischen aufeinander gleitenden Körpern. Gleitreibungskraft und Normalkraft sind einander proportional: $F_{GR} \sim F_N$.
$F_{GR} = \mu_{GR} \cdot F_N$. Bei rauen Oberflächen ist μ_{GR} größer als bei glatten.

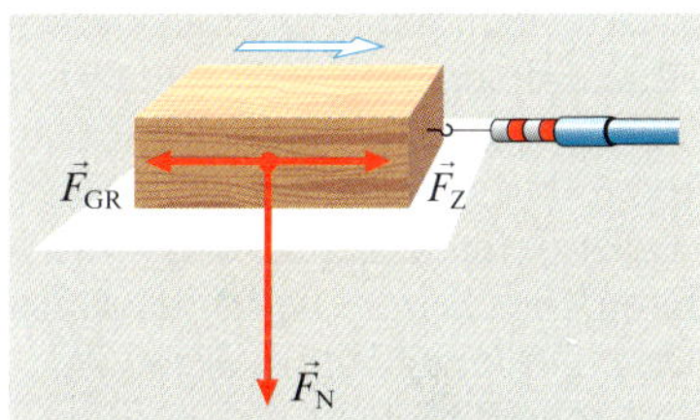

2

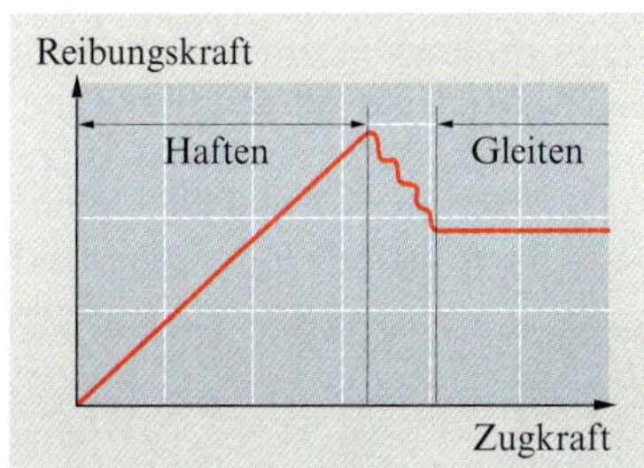

3

Typische Werte für Gleitreibungszahlen

Oberflächen	μ_{GR}
Holz auf Stein	0,4
Holz auf Holz	0,3
Stahl auf Stahl	0,1

Hängt die Gleitreibungskraft davon ab, wie groß die Berührungsfläche zwischen den Körpern ist? Dies soll im folgenden Experiment untersucht werden.

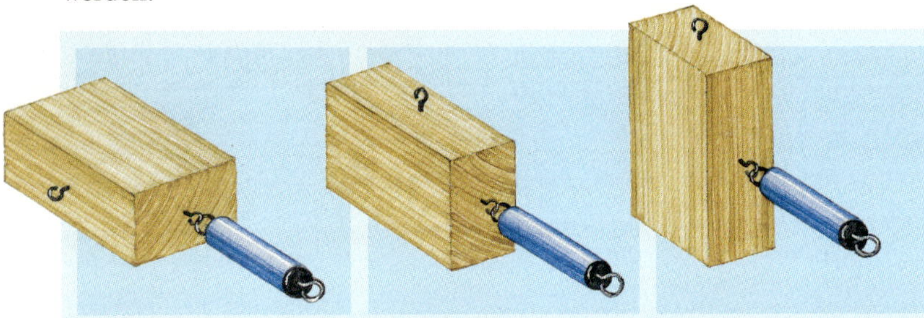
1

EXPERIMENT 2
1. Ziehe einen Quader mit gleich bleibender Geschwindigkeit über den Tisch. Miss die Zugkraft, die dafür notwendig ist!
2. Stelle den Quader auf die anderen Seitenflächen und wiederhole das Experiment!

In allen drei Fällen ist die Gleitreibungskraft gleich groß. Allgemein gilt:

Die Gleitreibungskraft ist unabhängig von der Größe der Auflagefläche eines Körpers.

Rollreibung

Häufig stört Reibung, wie beim Verrücken von Möbeln, und soll verringert werden. Eine Möglichkeit ist die Lagerung auf Rollen, auf Walzen oder das Anbringen von Rädern (Bild 2).
Da beim Abrollen eines Rades kein Gleiten gegenüber der Unterlage auftritt, erwartet man zunächst gar keine Reibung. Betrachtet man ein rollendes Rad jedoch genauer, so stellt man fest, dass sich die Unterlage unsymmetrisch verformt (Bild 3). Dadurch entsteht eine bewegungshemmende Kraft. Das Rad rollt sozusagen immer etwas bergauf.
Die auftretende Rollreibungskraft ist im Allgemeinen erheblich kleiner als die entsprechende Gleitreibungskraft. Die Rollreibungskraft ist umso größer, je größer die Normalkraft ist.
Da kleine Räder auf gleicher Unterlage tiefer einsinken, erfahren sie eine größere Reibung als entsprechende große Räder.
Bei Auto- und Fahrradreifen tritt auch eine Verformung des Reifens selbst ein, der Reifen wird „gewalkt" (Bild 4). Auch hierfür ist ständig Kraft erforderlich. Je weniger ein Reifen aufgepumpt ist, desto mehr wird er gewalkt.
In Achslagern will man Gleitreibung vermeiden. Deshalb verwendet man Kugellager (Bild 5). Dort rollen die Flächen aufeinander ab ohne zu gleiten.

2

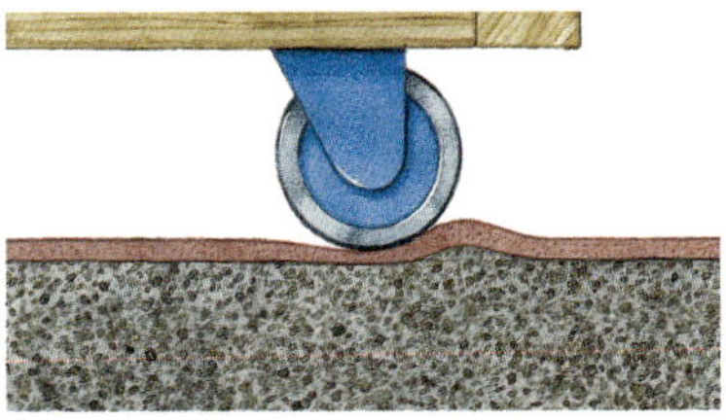
3

4

Gewalkter Reifen

5

Kugellager

Reibung im Straßenverkehr

Reifen. Sicheres Autofahren setzt einen festen Halt der Reifen auf der Fahrbahn voraus. Bei nassem oder eisigem Untergrund drehen die Antriebsräder beim Anfahren durch. Und beim Bremsen fehlt der Halt zum Stehenbleiben.
Im Bild 2 sind die Haftreibungszahlen μ_{HR} eines Autoreifens bei unterschiedlichen Fahrbahnen abzulesen. Außerdem ist der dazugehörige Bremsweg s_B dargestellt, den ein Fahrzeug bei einer Anfangsgeschwindigkeit von $v_0 = 50$ km/h (mit ABS) benötigen würde.

1

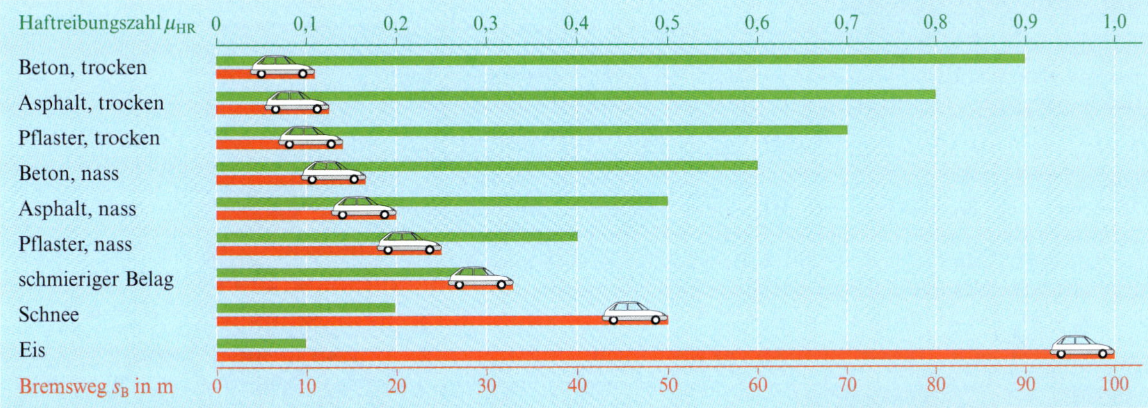

2

Rennwagen fahren mit weichem Reifenmaterial mit wenig Profil (Bild 1). Solche Reifen haben einen sehr hohen Verschleiß, ermöglichen jedoch extremes Bremsen, Beschleunigen und Kurvenfahren. Allerdings sind sie nur für trockene Straßen geeignet. Denn bei Regen müssen Profile dafür sorgen, dass das Wasser durch die Rillen nach außen abfließen kann. Steht zu viel Wasser auf der Straße und ist das Profil abgefahren, so bildet sich bei hoher Geschwindigkeit zwischen Fahrbahn und Reifen ein Wasserkeil. Das Auto schwimmt auf einer Wasserschicht. Es ist weder zu lenken noch zu bremsen. Diese gefährliche Wasserglätte heißt **Aquaplaning** (Bild 3).

3

Bremsen. Bei einem Auto mit Scheibenbremsen befindet sich an den Rädern eine Stahlscheibe, die sich mitdreht (Bild 4). An diese Bremsscheibe werden beim Bremsen von beiden Seiten mit großer Kraft die Bremsbeläge gepresst. Durch die Gleitreibung zwischen Scheibe und Belag wird das Rad abgebremst. Gleichzeitig bewirkt die Haftreibung zwischen Straße und Reifen, dass das Auto langsamer wird und zum Stillstand kommt.
Wenn die Räder bei starkem Bremsen blockieren, wird das Fahrzeug durch Gleitreibung zwischen Reifen und Straße abgebremst. Die Gleitreibungskraft ist aber geringer als die Haftreibungskraft, die Bremswirkung also nicht mehr so groß. Außerdem lässt sich das Fahrzeug nicht mehr lenken. Man muss die Bremse loslassen, damit die Räder wieder rollen und lenkbar werden. Das **Anti-Blockier-System (ABS)** regelt solch stotterndes Bremsen mit einem Computer. Hiermit lässt sich auch auf nassen oder vereisten Straßen ein Blockieren der Räder verhindern.
Wer im Gebirge auf einer langen Strecke mit starkem Gefälle häufig bremst, kann die Bremsscheiben dadurch zum Glühen bringen (Bild 5). Um das zu verhindern, müssen Auto- und Lastwagenfahrer auch den Motor zum Bremsen einsetzen, d. h., in einem kleinen Gang bergab fahren.

4

5

Projekt

Sicheres Radfahren

Als Fahrradfahrer lebt ihr im Straßenverkehr immer stark gefährdet. Ihr werdet oft übersehen und habt kein schützendes Blech um euch herum. Daher müsst ihr versuchen, euch durch reflektierende Kleidung bemerkbar zu machen und Schutzhelme tragen. Auf jeden Fall muss die Bremsanlage an eurem Fahrrad intakt sein. Aber manchmal schützt auch das beste Fahrrad nicht vor einer Gefahr: Der Straßenbelag kann einen Strich durch die Rechnung machen – und man muss schnell reagieren können!

AUFTRAG 1

Untersucht auf dem Schulhof oder auf dem Sportplatz, wovon der Bremsweg abhängt!

Ein Radfahrer (mit Helm, Arm- und Knieschützern!) fährt mit unterschiedlichen Geschwindigkeiten: 5 km/h, 10 km/h, 15 km/h, 20 km/h auf verschiedenen Belägen: Asphalt, Sand, Rasen (u. a. auch mit Wasser befeuchtet) bis zu einer Markierung und bremst dann voll mit der Hinterradbremse. Vorher alles absperren und üben!

Messt jeweils den Bremsweg s_B. Tragt die Geschwindigkeiten und die zugehörigen Bremswege in eine Tabelle ein und stellt ein Diagramm her. Zeichnet nun Kurven für die unterschiedlichen Bodenbeläge. Verwendet für weitere Messungen auch Fahrräder mit anderen Reifen (Slicks, Stollenreifen) und vergleicht!

1

Anhalteweg ist nicht gleich Bremsweg. Wenn ein Kind plötzlich auf eine Fahrbahn läuft, ist der Weg bis zum Anhalten des ankommenden Fahrzeuges länger als der Bremsweg. Man muss die Reaktionszeit einkalkulieren. Bis man auf die Bremse tritt, rollt das Fahrzeug mit unverminderter Geschwindigkeit weiter: bei 36 km/h sind das 10 Meter in der Sekunde!

AUFTRAG 2

Messt eure eigene Reaktionszeit! Einer lässt ein Lineal fallen und die Testperson muss es fangen (Bild 2).

Aus dem Fallweg könnt ihr die Fallzeit gemäß der Tabelle bestimmen.

Wie weit rollt ihr bei 36 km/h während eurer Reaktionszeit?

Fallweg	Fallzeit
5 cm	0,10 s
10 cm	0,14 s
15 cm	0,17 s
20 cm	0,20 s
25 cm	0,23 s
30 cm	0,25 s

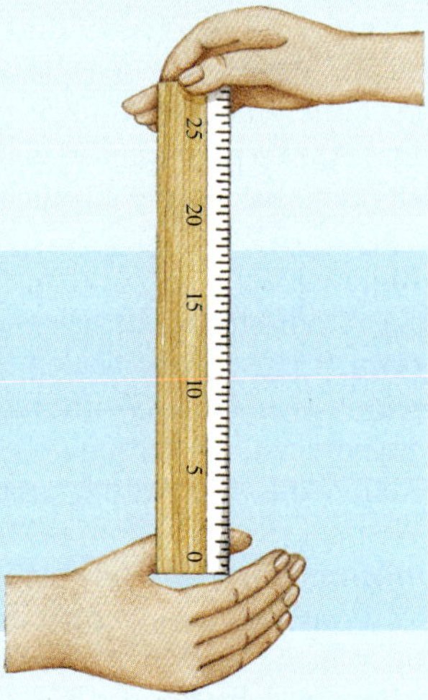

2

Weitere Aufträge

- Die Haftreibung spielt auch eine Rolle, wenn man sich in die Kurve legt. Probiert auf unterschiedlich rutschigen Belägen, wie kurvensicher sie sind!
- Wo befinden sich auf eurem Schulweg Stellen mit gefährlich niedriger Haftreibung? Wo befinden sich andere Gefahrenstellen in der Nähe der Schule? Lässt sich Abhilfe schaffen?
- Überprüft einmal eure Bremsanlage! Sind die Bremsen schwer zu betätigen, herrscht eventuell zu viel Reibung in den Bremszügen. Wie kann man sich helfen? Sind die Vorderbremsen intakt? – Beim Schieben des Fahrrades sollten sie das Vorderrad leicht blockieren können. Wie ist der Zustand der Bremsgummis? Wie kann man sie auswechseln?

AUFGABEN

1. Beschreibe eine Situation, in der die Zugkraft kleiner ist als die Gleitreibungskraft! Wie verändert sich die Bewegung des Körpers?
2. Ein Metallklotz ($m = 1$ kg) wird gleichmäßig über einen Holztisch gezogen. Die Zugkraft beträgt 2 N. Berechne die Gleitreibungszahl μ_{GR} !
3. Ein Schlitten ($m = 4$ kg) mit Stahlkufen mit einem Kind darauf ($m = 36$ kg) wird über das Eis eines Sees gezogen. Die Gleitreibungszahl für Stahl auf Eis beträgt $\mu_{GR} = 0{,}01$.
   Wie groß muss die Zugkraft am Schlitten mindestens sein?
4. Ein Körper drückt mit der Normalkraft $F_N = 200$ N auf seine Unterlage. Die Haftreibungszahl beträgt $\mu_{HR} = 0{,}6$.
   a) Welche Zugkraft ist notwendig, um den Körper in Bewegung zu setzen?
   b) Wie groß ist die Reibungskraft bei einer Zugkraft von 80 N? Fertige hierzu eine Skizze mit Kraftpfeilen an!
5. Im täglichen Leben und in der Technik ist Gleitreibung meist unerwünscht. Haftreibung hingegen ist häufig nützlich oder sogar lebenswichtig.
   Erläutere den Unterschied der Reibungsarten an Beispielen!
6. Versuche eine Erklärung dafür zu finden, warum bei gleicher Oberflächenbeschaffenheit μ_{GR} kleiner ist als μ_{HR} !
7. Wozu reiben sich Turner vor ihrer Reckübung die Hände mit Magnesiapulver ein?
8. Warum tragen Sprinter Spikes und Fußballspieler Noppen oder Stollenschuhe?
9. Beim Geigespielen nehmen die Haare des Bogens die Saite mithilfe der Haftreibung mit. Warum gleitet die Saite bei einer bestimmten Auslenkung wieder zurück?
10. Beim Fahrradfahren spielt Reibung an mehreren Stellen eine Rolle. Wo ist sie von Vorteil und wo von Nachteil?
11. Erkläre, warum ein schwach aufgepumpter Mountainbike-Reifen die Bewegung stärker hemmt als ein harter Rennradreifen!
12. Erläutere die Wirkungsweise eines Anti-Blockier-Systems (ABS)!
13. Begründe anhand deiner Kenntnisse über Temperatur und Aufbau der Stoffe, dass die Reibung zur Erwärmung der beteiligten Körper führt!
14. Warum fahren Rennwagen meist mit Slicks? Wann nicht und warum?
15. Erläutere die Funktionsweise von Scheibenbremsen am Auto!
16. Das Auto sitzt im Schnee fest. Die Hinterräder drehen durch. Tim schlägt vor, sich auf den Kofferraum zu setzen. Julia will Sand unter die Räder bringen.
    Was bewirken die beiden Methoden?
17. Die Oberflächen in Kugellagern werden bei der Herstellung besonders behandelt. Sollten sie möglichst hart oder lieber etwas weicher sein? Begründe!

ZUSAMMENFASSUNG

Reibung tritt an Grenzflächen zwischen Körpern auf. Man unterscheidet dabei:

Haftreibung
hält einen Körper gegen Zugkräfte auf der Unterlage fest.

Gleitreibung
hemmt die Bewegung eines Körpers, der auf seiner Unterlage gleitet.

Rollreibung
tritt beim Rollen eines Körpers auf.

Für die Reibungskraft F_R gilt: $F_R = \mu \cdot F_N$.

Unter vergleichbaren Bedingungen ist die Gleitreibungskraft kleiner als die Haftreibungskraft.

Mechanische Arbeit – mechanische Leistung

Kräftig bläst der Wind in die Segel. Mit großer Anstrengung hält der Segler das Seil des Großsegels, die Schot.
Er reguliert, bei ständig wechselnden Winden, durch Nachgeben und Anziehen die Segelstellung. So kann er jeweils eine optimale Geschwindigkeit des Bootes erreichen.
Die Schot wird mehrmals an Rollen umgelenkt.
Warum ist die Schot nicht direkt mit dem Segel verbunden?

1

Rollen

Kräfte braucht man oft an Stellen, die nur schwer zugänglich sind. Vielfach werden dann Seile und Rollen eingesetzt.
Um die Wirkung von Rollen zu verstehen, kann man versuchen, einen schweren Körper, einen Stein oder eine Kiste, auf unterschiedliche Weise anzuheben. Der Stein im Bild 2 hat eine Masse von 20,4 kg. Um den Stein anzuheben, muss eine Kraft von 200 N aufgewandt werden.
Über eine feste Rolle an der Decke kann man nun nach unten statt nach oben ziehen (Bild 3). Das erscheint vielleicht bequemer. Aber obwohl die Richtung umgelenkt wird, bleibt der Betrag der aufzuwendenden Kraft der gleiche. Eine feste Rolle ist bloß eine Umlenkrolle für die Richtung der Kraft, ändert aber nichts an deren Betrag.
Den Weg, um den sich der Stein beim Ziehen nach oben bewegt, nennt man **Lastweg**.
Der Weg, den die Hand unten am Seil zurücklegt, nennt man **Kraftweg**.
Kraftweg und Lastweg sind gleich groß: Soll der Stein um 1 m gehoben werden, muss man das Seil um 1 m nach unten ziehen.

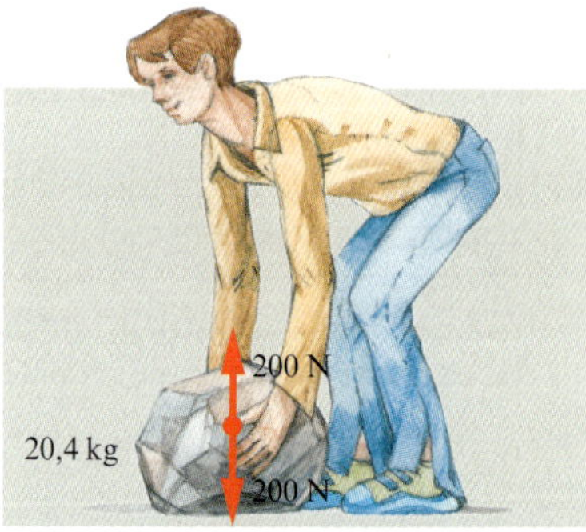

2

> Mithilfe einer festen Rolle und eines Seils kann man die Richtung einer Kraft ändern.
> Kraft und Last sind gleich groß:
> $F_1 = F_2$.
> Der Kraftweg ist gleich dem Lastweg:
> $s_1 = s_2$.

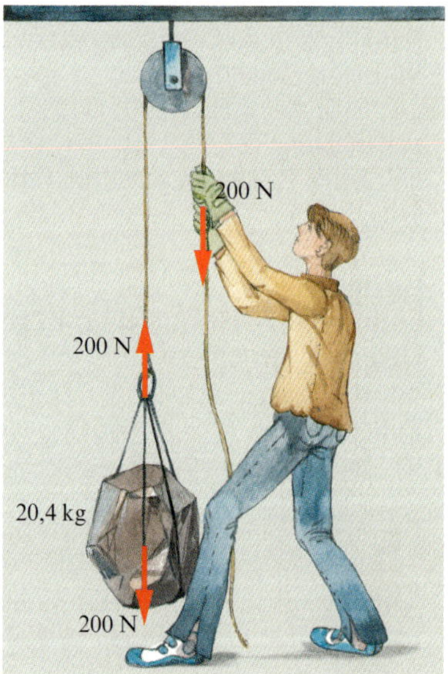

3

Mit welcher Kraft zieht die Rolle in Bild 3 an ihrer Aufhängung? Der Stein zieht mit einer Kraft von 200 N nach unten und an dem anderen Ende wird auch mit 200 N gezogen. Insgesamt wird die Rolle also mit 400 N nach unten gezogen. Sie zieht mit 400 N an ihrer Aufhängung. Genauso wäre es, wenn auf beiden Seiten je ein Stein von 20,4 kg hinge.

Bringt man nun an dem Stein eine lose Rolle an (Bild 1) und zieht nach oben, wirkt er nur noch halb so schwer.
Die Kraft zum Anheben des Steins wird auf zwei Seilstücke verteilt, wie beim gemeinsamen Tragen einer Tasche (Bild 2). Man muss nur noch die halbe Kraft aufbringen, um den gleichen Stein anzuheben.

1

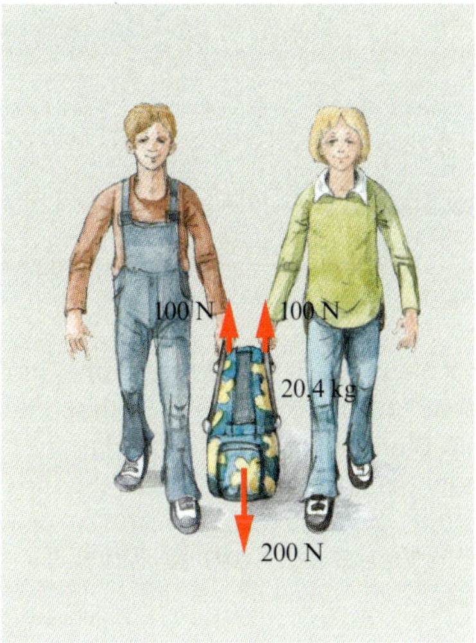

2

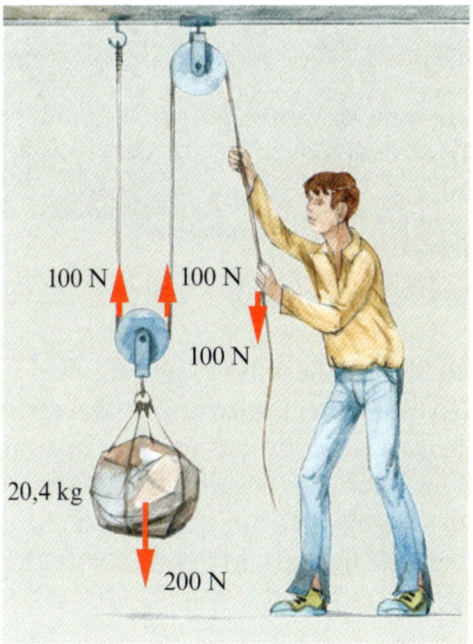

3

Etwas bequemer ist die Anordnung mit einer Umlenkrolle an der Decke in Bild 3. Mit einer nach unten gerichteten Kraft von 100 N zieht man eine Last von 200 N nach oben.
Der Zusammenhang zwischen Kraftweg und Lastweg bei der losen Rolle soll in einem Experiment untersucht werden:

EXPERIMENT 1
1. Baue die abgebildete Anordnung auf!
2. Halte das Seilende so, dass ein 1-kg-Wägestück über dem Boden hängt. Lies dabei die an den Federkraftmessern angezeigten Kräfte ab und vergleiche sie!
3. Ziehe das Wägestück nun langsam und gleichmäßig nach oben. Bestimme für einen Lastweg von 10 cm den Kraftweg!
4. Wiederhole diese Messungen für die Lastwege: 20 cm, 30 cm, 40 cm, 50 cm usw!
5. Trage alle Ergebnisse in eine Tabelle ein!

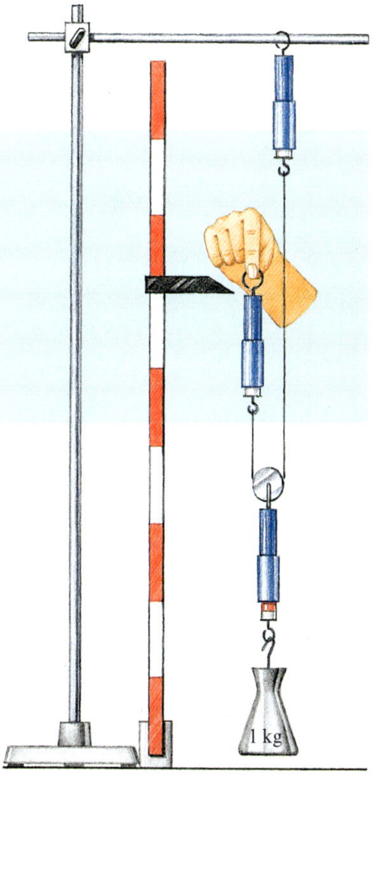

4

Die Messungen zeigen für die lose Rolle folgende allgemeine Zusammenhänge:

An einer losen Rolle verteilt sich die Last gleichmäßig auf zwei Seile.
An der losen Rolle braucht man zum Heben einer Last nur eine halb so große Kraft:

$F_1 = \frac{1}{2} \cdot F_2.$

Der Kraftweg ist doppelt so groß wie der Lastweg:

$s_1 = 2 \cdot s_2.$

Will man also wie im Bild 1 einen Stein über eine lose Rolle um 1 m anheben, so muss man das Seil um 2 m nach oben ziehen.

Flaschenzug

1

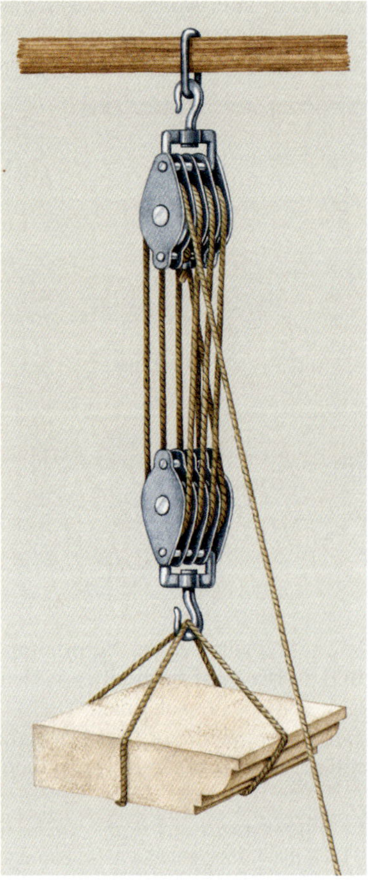
2

Bei einem Segelboot gibt es zwei feste Rollen (auch Blöcke genannt) am Schiff selbst: Eine auf der Travellerschiene und eine am Schiffsboden. Die beiden losen Rollen sind am beweglichen Baum angebracht (Bild 1).
Der Baum des Segelbootes „hängt" an vier Seilstücken. Das heißt, die Last des Segels wird auf vier Seilstücke aufgeteilt. Damit beträgt die aufzuwendende Zugkraft an der Schot auch nur ein Viertel der Kraft am Segel:
$F_1 = \frac{1}{4} \cdot F_2$.
Will man das Segel um 5 cm „dicht holen" (Lastweg), müssen alle vier Seilstücke dabei um 5 cm verkürzt werden. Man muss also die Schot um 20 cm anziehen (Kraftweg). Es gilt: $s_1 = 4 \cdot s_2$.
Im Falle einer größeren Anzahl von Rollen werden diese nicht mehr einzeln, sondern als System gebaut (Bild 2). Da diese Systeme oft die äußere Form einer Flasche haben, heißen solche Einrichtungen Flaschenzug.
Bei einem Flaschenzug mit einer Kombination von 3 losen und 3 festen Rollen gibt es 6 tragende Seilstücke (Bild 3). Zum Heben einer Last F_2 um den Weg s_2 wird nur eine Kraft $F_1 = \frac{1}{6} \cdot F_2$ benötigt. Der Kraftweg ergibt sich zu: $s_1 = 6 \cdot s_2$.

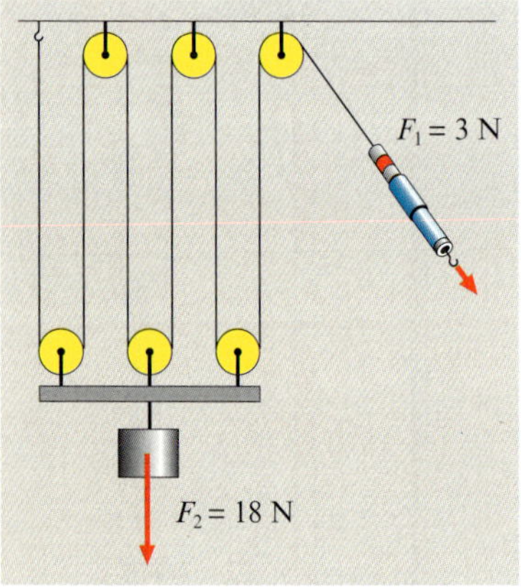

3 Hier gibt es 6 tragende Seilstücke.

4 Flaschenzug an einem Autokran

Die Gleichungen für die Kräfte gelten natürlich nur unter zwei Voraussetzungen:
– An den Rollen herrscht keine Reibung.
– Die losen Rollen tragen nicht zur Last bei.

Schon gewusst?

Die Bezeichnungen feste und lose Rolle sind eigentlich willkürlich. Die mit der Decke oder dem Schiff direkt verbundenen Rollen nennt man „fest", die anderen „lose". Wichtig ist, dass sie gegeneinander beweglich sind und so unterschiedliche Last- und Kraftwege ermöglichen.

Mechanische Arbeit

Auf einer Baustelle sollen 60 kg Steine 10 m hoch in den 3. Stock befördert werden. Hierfür stehen zwei Varianten zur Verfügung:

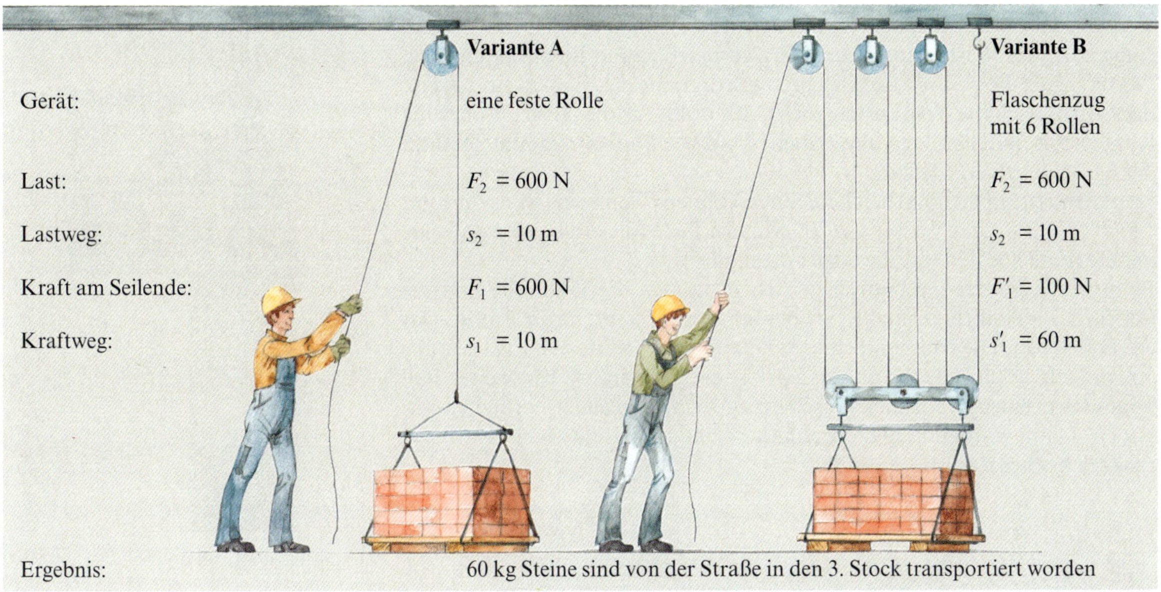

1

Nur das Ergebnis interessiert den Bauherren: In beiden Fällen werden die Steine in den 3. Stock transportiert.
Betrachtet man für die beiden Varianten jeweils Kraft und Kraftweg, so stellt man fest:
$F_1 \cdot s_1 = 600\ \text{N} \cdot 10\ \text{m} = 6\,000\ \text{N} \cdot \text{m}$
$F'_1 \cdot s'_1 = 100\ \text{N} \cdot 60\ \text{m} = 6\,000\ \text{N} \cdot \text{m}$.
Das Produkt aus der Kraft und dem Weg ist in beiden Fällen gleich. Die Physiker nennen diese Größe mechanische Arbeit W (engl. *work*).

Übrigens

Für einfache Berechnungen und Abschätzungen benutzt man häufig gerundete Werte. Die Gewichtskraft eines Körpers der Masse 1 kg kann dann mit $F_G = 10$ N angegeben werden (statt 9,81 N).

Für die mechanische Arbeit gilt: $W = F \cdot s$.
Dabei ist F die Kraft, die in Wegrichtung wirkt.

Setzt man in dieser Gleichung für die Kraft die Einheit Newton und für den Weg die Einheit Meter ein, so erhält man als Einheit für die mechanische Arbeit Newtonmeter (N · m).
Anstelle der Einheit Newtonmeter wird auch die Einheit Joule (J) verwendet, benannt nach dem englischen Physikers JAMES PRESCOTT JOULE (1818–1889). Es gilt: 1 J = 1 N · m.
Die Arbeit zum Heben eines Körpers nennt man **Hubarbeit**.
Die Hubarbeit wird berechnet als Produkt von Gewichtskraft und Hubhöhe: $W = F_G \cdot h$.

Wird ein Körper, dessen Gewichtskraft 1 N beträgt, um 1 m gehoben, so wird dabei eine mechanische Arbeit von 1 J verrichtet.

2

Hubarbeiter

Ein Gewichtheber, der 200 kg um 2 m nach oben stößt, verrichtet eine mechanische Arbeit von etwa 4 000 J (= 4 kJ).

Die Physiker verwenden das Wort Arbeit anders, als wir es im täglichen Leben gewohnt sind. Hier verrichtet auch der Büroangestellte Arbeit oder man schreibt eine Mathe-Arbeit.
Der physikalische Begriff Arbeit stammt aus jener Zeit, als man Menschenarbeit durch Maschinenarbeit ersetzte und es notwendig wurde, diese vergleichend zu berechnen. So wurden die ersten Dampfmaschinen dazu eingesetzt, um Wasser aus tiefen Bergwerksschächten herauszupumpen. Davor wurde das von Wasserknechten erledigt, die das Wasser eimerweise nach oben reichten. Was kostete mehr, der Lohn für die Arbeiter oder die Kohlen zum Befeuern der Maschinen? Und wie konnte man die Qualität der Maschinen vergleichen?
Hierzu musste man die Arbeit berechnen können. Wenn eine Maschine mit 1 kg Kohle 500 Liter Wasser aus 200 Metern Tiefe fördern konnte und eine andere nur 400 Liter, war die erste kostengünstiger.
Beim Vergleich der mechanischen Arbeit müssen die Hubhöhe und die Größe der aufzubringenden Kraft berücksichtigt werden. Ihr Produkt ist die Hubarbeit. Die Maschine unterscheidet nicht, ob sie 500 l Wasser aus 200 m Tiefe, 1 000 l aus 100 m oder 2 000 l aus 50 m fördert. Im zweiten Fall könnte man einen zweifachen Flaschenzug, im dritten einen vierfachen einbauen. Dann würden in allen drei Fällen 200 m Seil mit einer Kraft von 5 000 N hochgezogen.

1 Dampfpumpe von SAVERY (um 1700)

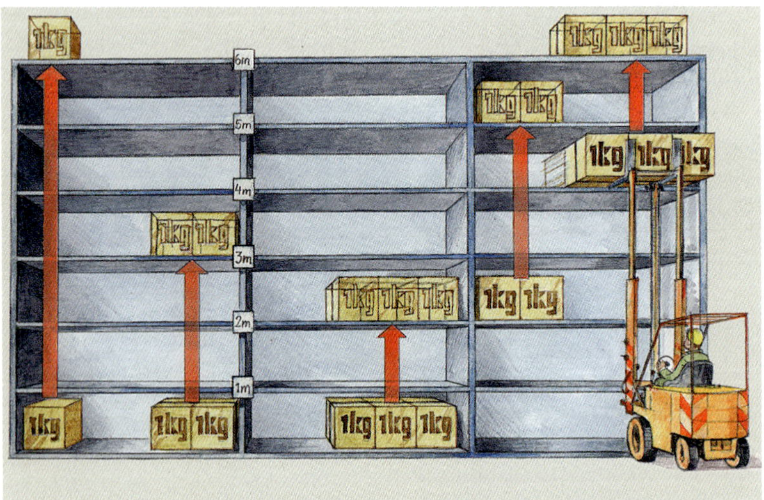

2 Die physikalische Größe Hubarbeit, am Beispiel eines Regals.
1-, 2- oder 3-kg-Stücke werden unterschiedlich hoch gehoben.
In allen Fällen beträgt die Arbeit 60 J.

Bild 3 zeigt ein Beispiel, wo mechanische Arbeit entlang einer waagerechten Strecke verrichtet wird. Auch hier gilt die Gleichung $W = F \cdot s$.

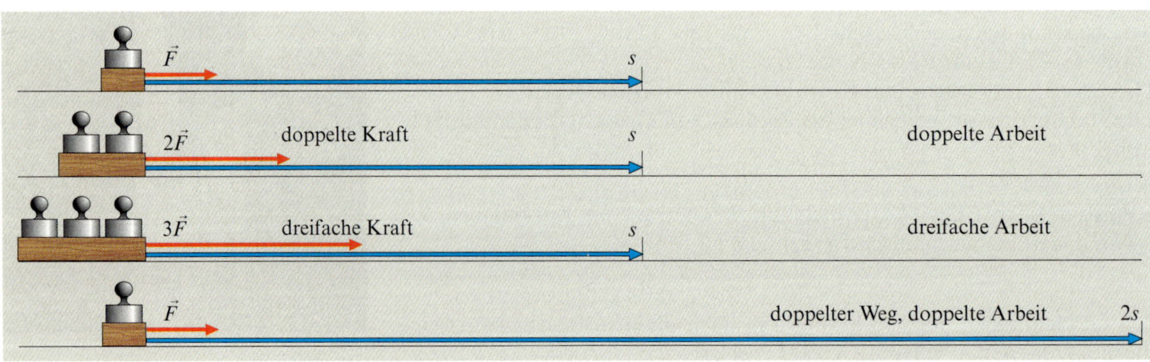

3

Geneigte Ebene

Was ist einfacher, ein schweres Getränkefass auf einen Lkw zu heben oder es eine Rampe hinaufzurollen?

1

Zum Anheben muss eine Kraft aufgebracht werden, die so groß ist wie die Gewichtskraft des Fasses. Wird das Fass die Rampe hinaufgerollt, muss weniger Kraft aufgebracht werden. Aber wie viel?
Zieht man einen Wagen einen Hang hinauf, so wirkt auf den Wagen eine Zugkraft $\vec{F}_Z$. Die gleich große aber entgegengesetzt gerichtete Kraft heißt **Hangabtriebskraft $\vec{F}_H$** (Bild 2).
Im folgenden Experiment soll untersucht werden, wie die Hangabtriebskraft an der geneigten Ebene von der **Neigung** abhängt. Die Neigung ist das Verhältnis $h : l$.

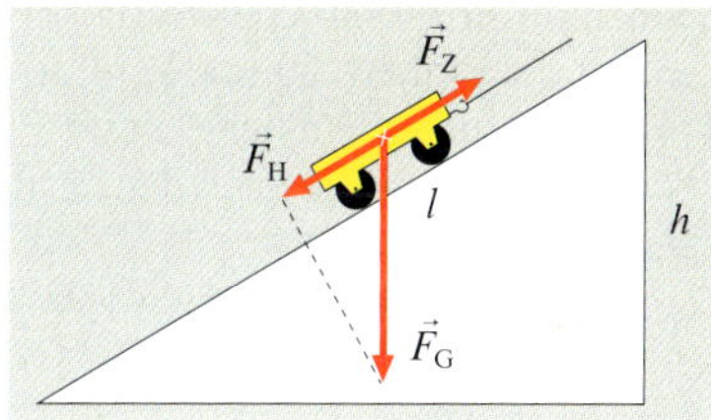

2

EXPERIMENT 2
Ziehe einen Wagen (m = 100 g) gleichmäßig eine geneigte Ebenen hinauf!
1. Verwende unterschiedliche Neigungen: $h : l = 1 : 10,\ 3 : 10,\ 5 : 10,\ 10 : 10$. Miss die jeweilige Hangabtriebskraft F_H. Notiere die Messwerte in einer Tabelle!
2. Ziehe Wagen unterschiedlicher Masse (100 g, 200 g, 300 g) auf ein und derselben geneigten Ebene hoch und miss die Hangabtriebskräfte. Trage in eine Tabelle die Messwerte und die zugehörigen Gewichtskräfte F_G ein!

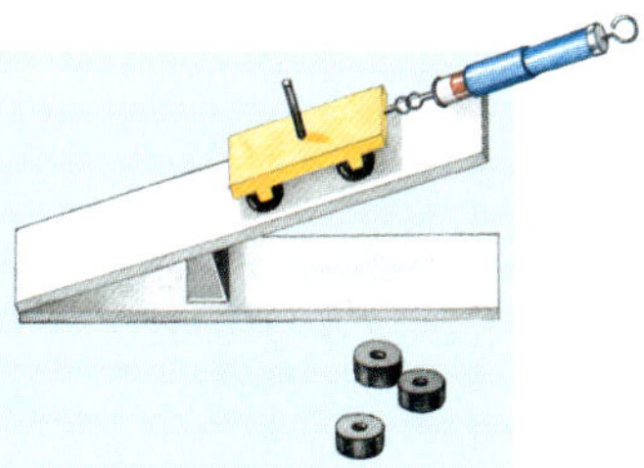

3

Bei gleicher Gewichtskraft ist die Hangabtriebskraft umso größer, je stärker die Ebene geneigt ist. Bei gleicher Neigung ist die Hangabtriebskraft umso größer, je größer die Gewichtskraft ist. Bildet man jeweils die Quotienten aus F_G und F_H so stellt man fest:

An der geneigten Ebene gilt: $\frac{F_H}{F_G} = \frac{h}{l}$ oder $F_H = F_G \cdot \frac{h}{l}$.

Damit lässt sich berechnen, wie groß die Kraft ist, die der Getränkefahrer im Bild 1b aufbringen muss: F_H = 100 N.
Die mechanische Arbeit ist aber beim Hinaufrollen genau so groß wie beim Anheben des Fasses:
Anheben: $W = F_G \cdot h$ = 500 N · 1 m = 500 N · m = 500 J,
Hinaufrollen: $W = F_H \cdot l$ = 100 N · 5 m = 500 N · m = 500 J.

Auch eine Bergstraße mit Serpentinen ist eine geneigte Ebene, auf der sich mit geringer Kraft ein Höhenunterschied überwinden lässt. Aber hier gilt ebenfalls: wer statt einer kürzeren steilen Straße die viel längere Serpentinenstrecke nimmt, muss trotzdem die gleiche Hubarbeit verrichten.

Schon gewusst?

Steigungen und Gefälle werden auf Straßenschildern in Prozent angegeben. Bei einer Steigung von 10% gewinnt man 10 m an Höhe, wenn man in waagerechter Richtung (auf der Karte gemessen) 100 m zurücklegt.

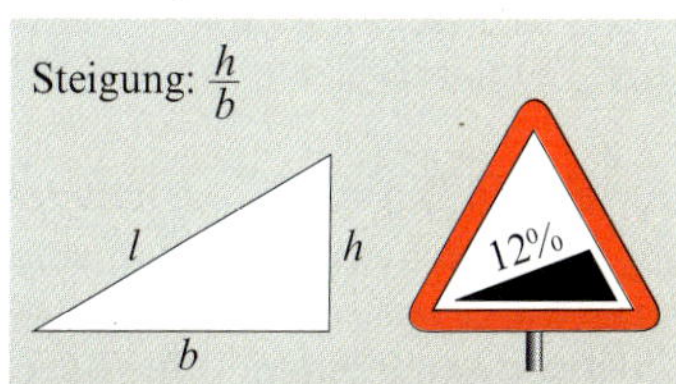

4

Bei einem Anstiegswinkel von 45° hat die Ebene eine *Steigung* von 100%. Die *Neigung* h/l beträgt dann etwa 0,7.

Mechanische Leistung

Wenn man mit einem Fahrstuhl in ein höheres Stockwerk eines Hauses fährt, wird eine mechanische Arbeit verrichtet. Benötigt man mit dem Fahrstuhl aber 10 Minuten bis man den 5. Stock erreicht, so ist das Ergebnis unbefriedigend. Zwar verrichtet der Fahrstuhl die nötige Arbeit, aber es dauert zu lange.
Die Größe, die angibt, wie schnell eine Arbeit verrichtet wird, bezeichnet man als Leistung. Das Formelzeichen der Leistung ist P (engl. *power*).

1

Die mechanische Leistung gibt an, wie viel mechanische Arbeit in einer bestimmten Zeit verrichtet wird:
$P = \frac{W}{t}$.

Setzt man in dieser Gleichung für die Arbeit die Einheit Joule und für die Zeit die Einheit Sekunde ein, so erhält man als Einheit für die Leistung Joule je Sekunde. Anstelle dieser Einheit wird auch die Einheit Watt (W) verwendet. Sie wurde nach dem Erfinder der Dampfmaschine JAMES WATT (1736–1819) benannt.

$1\,\text{W} = 1\,\frac{\text{J}}{\text{s}}$ 1 000 W = 1 kW (Kilowatt)
1 000 000 W = 1 000 kW = 1 MW (Megawatt)

Zu welcher Leistung sind Menschen fähig – physikalisch gesehen?
Wie groß ist die Leistung eines Gewichthebers, der in 2 Sekunden 200 kg 2 m hochhebt?

Gesucht: P in W
Gegeben: $m = 200\,\text{kg}$
$F_G = 2\,000\,\text{N}$
$h = 2\,\text{m}$
$t = 2\,\text{s}$

Lösung: $P = \frac{W}{t}$

$P = \frac{F \cdot s}{t}$

$P = \frac{2\,000\,\text{N} \cdot 2\,\text{m}}{2\,\text{s}}$

$P = 2\,000\,\text{W} = 2\,\text{kW}$

Ergebnis: Der Gewichtheber erbringt eine Leistung von 2 kW.

Aber das ist ein Extremwert, der nur kurzzeitig von einem Spitzensportler erreicht wird. Im Alltagsleben sind die Werte für menschliche Leistungen niedriger. Auch auf Fahrzeugen und Maschinen finden wir Leistungsangaben. Hier einige Beispiele:

Gehen	30 W	Pkw-Motor	80 kW
Bergsteigen	100 W	Lkw-Motor	300 kW
Radfahren	150 W	Schiffsmotor	100 000 kW = 100 MW
Treppensteigen	300 W	Kernkraftwerk	1 000 000 kW = 1 000 MW

2

Auf eines der höchsten Häuser der Welt, das 380 Meter hohe Empire State Building mit 102 Stockwerken und 1 575 Treppenstufen, finden Wettrennen im Treppenlaufen statt. Die Rekordzeit beträgt 647 Sekunden.

In vielen Fällen ist die verrichtete Arbeit jedoch keine Hubarbeit. Auch bei der waagerechten Bewegung eines Körpers muss wegen der Reibung eine Kraft aufgewendet werden.
Ein Traktor mit einem Pflug hat etwa die gleiche Leistung wie ein schneller Pkw. Die in einer Sekunde verrichtete Arbeit ist also bei beiden gleich groß. Der Traktor kommt in einer Sekunde aber nur 4 m weit, der Pkw dagegen 40 m. Da das Produkt aus Kraft und Weg bei beiden gleich groß ist, muss die Kraft des Traktors zehnmal so groß sein wie die des Pkw.

Ein Blick in die Geschichte

Das Heiligtum von Stonehenge

Schon vor vielen tausend Jahren haben die Menschen mithilfe einfacher Geräte monumentale Bauwerke errichtet. Ein imposantes Beispiel ist die Steinkreisanlage von Stonehenge in Südengland. Sie war vermutlich nicht nur eine Totenkultstätte, sondern auch eine Art Sonnentempel: Der Eingang weist am Tag der Sommersonnenwende genau in Richtung des Sonnenaufgangs. Die Anlage wurde in mehreren Phasen erbaut. Die letzte Phase (etwa 1700 bis 1300 v. Chr.) war die schwierigste des Unternehmens. Es wurden 30 große Steine von jeweils 25 t im Kreis aufgestellt und mit Decksteinen versehen. In der Mitte des Kreises wurden fünf große Torbögen errichtet. Ihre Pfeiler sind behauene Felsen von bis zu 50 t, ihre Decksteine Quader von etwa 7 t.

Das gesamte Material musste aus etwa 30 km Entfernung herbeigeschafft werden. Die großen Steine wurden auf Baumstämme gelegt und dann an Seilen gezogen. Für einen Stein brauchte man schätzungsweise 800 Männer zum Ziehen und 200 weitere, die die Baumstämme von hinten nach vorn transportierten und im Vorfeld den Weg ebneten.

Zum Aufrichten eines schweren Pfeilers wurde ein Erdwall aufgeschüttet und eine kleine Grube ausgehoben. Nachdem der Pfeiler in die Grube geglitten war, wurde er mit Seilen und Stangen in die senkrechte Stellung gebracht.

Zum Aufsetzen der Decksteine hat man wahrscheinlich Plattformen aus abwechselnd kreuz- und quergelegten Rundhölzern verwendet. Der Deckstein wurde immer wieder etwas angehoben und neue Hölzer untergelegt. Schließlich wurde er waagerecht auf die Pfeiler gerollt.

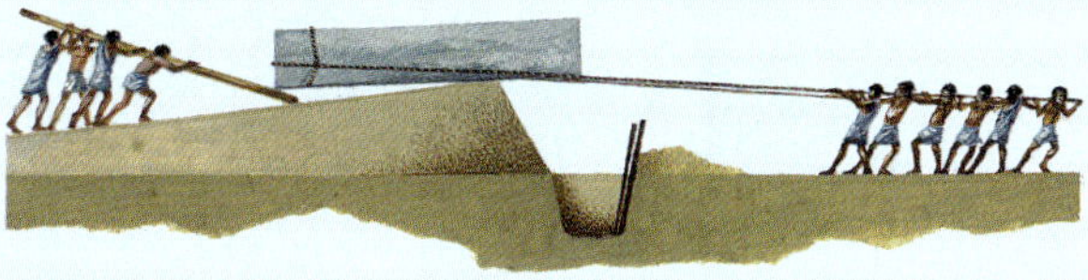

AUFGABEN

1. Welche Kraft ist notwendig, um mit einer losen Rolle einen Sack mit der Masse 60 kg zu heben?
2. Wie viele Rollen sind notwendig, um einen Körper mit der Masse 500 kg anzuheben, wenn man eine maximale Zugkraft von 400 N aufbringen kann?
3. Mit welcher Kraft muss man ziehen, um die Kiste anzuheben (Bild 1)?

1

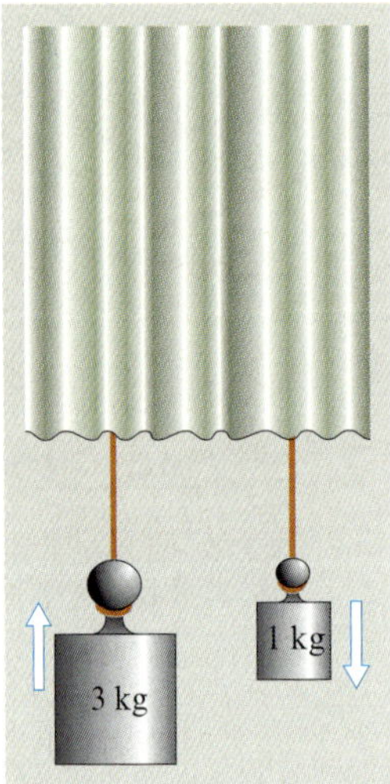

2

4. Das Bild 2 zeigt eine halb verdeckte Experimentieranordnung, bei der das kleine Wägestück das große nach oben zieht. Zeichne, was hinter dem Vorhang versteckt sein könnte!
5. Welche Last kann hier gehoben werden?

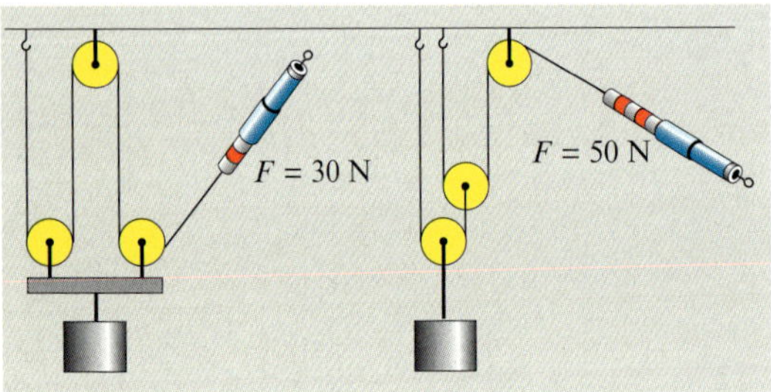

3

6. Eine elektrische Seilwinde kann eine Kraft von genau 981 N aufbringen. Ein Arbeiter versucht, mit einem Flaschenzug von 2×2 Rollen eine Palette von 400 kg mit dieser Seilwinde zu heben. Die Seilwinde schafft das aber nicht. Versuche, eine Erklärung hierfür zu finden!
7. Welche Arbeit verrichtet ein Getränkefahrer, der zum Beladen seines Lkw 100 Kisten (m = 15 kg) um jeweils 2 m nach oben hebt?
8. Nenne drei Beispiele für geneigte Ebenen in der Technik und erläutere ihre Funktion!
9. Ein Bauarbeiter will eine Kabelrolle (m = 200 kg) um 2 m nach oben transportieren. Er kann beim Rollen eine maximale Hangabtriebskraft von 500 N aufbringen. Welche Länge muss das Brett für die geneigte Ebene haben?
10. Welche Hangabtriebskraft entsteht für einen Pkw (m = 1 500 kg) an einer Rampe mit einer Neigung von 1:10. Könntest du das Auto vom Herabrollen abhalten?
11. Berechne die Hangabtriebskraft eines Fahrrades (m = 12 kg) mit Fahrer (m = 60 kg) bei einer Neigung von 0,2!
12. Begründe, dass man mit Rollen, Flaschenzügen oder geneigten Ebenen keine „Arbeit sparen" kann!
13. a) Paul (45 kg) will Tina (40 kg) hochziehen. Welche Kraft muss er aufbringen? Mit welcher Kraft zieht dann die Rolle an ihrer Aufhängung?
    b) Tina will sich selbst hochziehen. Wie groß ist die Kraft, mit der sie ziehen muss? Mit welcher Kraft zieht jetzt die Rolle an ihrer Aufhängung?

4

14. Wie lange braucht eine Pumpe mit der Leistung 4 kW, um 1 000 Liter Wasser (m = 1 000 kg) aus 20 m Tiefe zu fördern?
15. Wie groß ist die Leistung eines Bergsteigers (60 kg), wenn er einen Höhenunterschied von 500 m in 45 min überwindet?
16. Berechne die Leistung eines Hochspringers (75 kg), der seinen Körper in 0,2 s um 1,50 m anhebt!
17. Berechne die Leistung des Rekordläufers auf das Empire State Building (siehe S. 30)! (Höhe der Treppen: 315 m, m = 70 kg.)
18. Ein Radfahrer benötigt für 200 m auf waagerechter Strecke 30 s. Seine mechanische Leistung beträgt 180 W. Wie groß ist die Kraft (Luftwiderstand und Reibung), die die Bewegung des Radfahrers hemmt?
19. Messt eure Zeit für das Treppenlaufen in einem mehrstöckigen Haus. Bestimmt die Höhe der Treppe und eure Leistungen! Hat der Schnellste auch die größte Leistung?

ZUSAMMENFASSUNG

Mithilfe einer festen Rolle und eines Seils kann man die Richtung einer Kraft ändern:
Kraft F_1 und Last F_2 sind gleich groß.
Kraftweg s_1 und Lastweg s_2 sind gleich groß.

An einer losen Rolle braucht man zum Heben einer Last nur eine halb so große Kraft:
$F_1 = \frac{1}{2} \cdot F_2$.
Der Kraftweg ist doppelt so groß wie der Lastweg:
$s_1 = 2 \cdot s_2$.

Eine Kombination von losen und festen Rollen nennt man Flaschenzug.

Für die mechanische Arbeit gilt: $W = F \cdot s$.
Dabei ist F die Kraft, die in Wegrichtung wirkt.
Einheit: Joule (J), 1 J = 1 N · m.
1 J ist die Arbeit, die nötig ist, um einen Körper, auf den die Gewichtskraft 1 N wirkt, um 1 m zu heben.

In allen drei Fällen wird die gleiche mechanische Arbeit verrichtet.

Bei einer geneigten Ebene entspricht das Verhältnis von Hangabtriebskraft und Gewichtskraft der Neigung:
$\frac{F_H}{F_G} = \frac{h}{l}$.

Die mechanische Leistung gibt an, wie viel mechanische Arbeit in einer bestimmten Zeit verrichtet wird:
$P = \frac{W}{t}$.

Ihre Einheit ist Watt (W), $1\ W = 1\ \frac{J}{s}$.

Um eine festsitzende Mutter zu lösen, einen dicken Draht abzukneifen oder eine Farbdose zu öffnen, nutzt man Geräte mit einer bestimmten Eigenschaft:
Mit ihnen kann man durch eine kleine Kraft, die man aufbringt, eine größere Kraft erzeugen. Solche Geräte nennt man Kraftwandler oder Kraftverstärker.

1

Einseitiger und zweiseitiger Hebel

Die in den Bildern 1 und 2 dargestellten Kraftwandler nennt man allgemein Hebel. Wie lässt sich ein solcher Hebel zum Anheben eines schweren Steins, den man mit bloßen Händen nicht von der Stelle rühren kann, einsetzen?
Man verwendet eine stabile Eisenstange, um den Stein zu heben – ihn hoch zu „hebeln". Dafür gibt es zwei Möglichkeiten:
- man legt einen Balken oder eine Eisenschiene als Auflage daneben und drückt nach unten (Bild 3) oder
- man fasst mit der Stange unter den Stein und zieht nach oben (Bild 4).

In jedem Fall benötigt man einen Drehpunkt. Die beiden Kräfte sollen in senkrechter Richtung zum Hebel wirken.
Die Erfahrung zeigt, dass man mit der Hand am langen Hebelarm einen großen Weg zurücklegen muss, um den Stein ein klein wenig anzuheben.

2

3

Beim **zweiseitigen Hebel** liegen die beiden Hebelarme beiderseits des Drehpunktes.

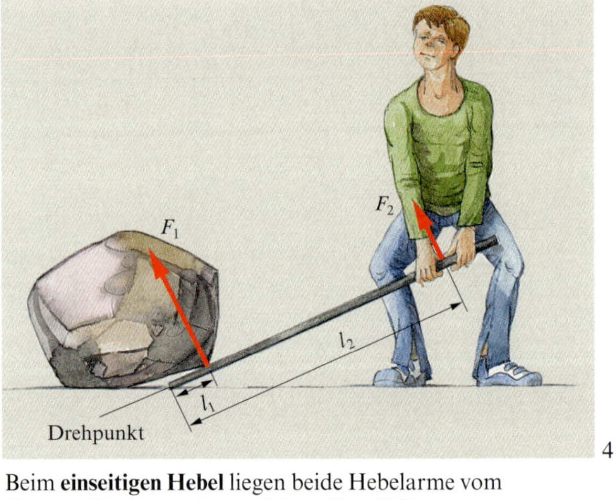

4

Beim **einseitigen Hebel** liegen beide Hebelarme vom Drehpunkt aus gesehen auf derselben Seite.

Hebelgesetz

1

Eine besondere Form des Hebels ist die Wippe. Damit machen schon Kinder die Erfahrung, dass sie selbst mit einem schweren Erwachsenen ein Gleichgewicht herstellen können. Dazu muss man den eigenen Abstand zur Drehachse verändern.
Welches physikalische Gesetz dahintersteckt, soll nun durch Messungen am zweiseitigen Hebel ermittelt werden.

EXPERIMENT 1
1. Es soll immer ein Gleichgewicht am zweiseitigen Hebel hergestellt werden. Hänge dazu rechts einen Körper mit bekannter Gewichtskraft F_1 in einem bestimmten Abstand l_1 von der Drehachse an den Hebel!
2. Miss nun mit einem Federkraftmesser am linken Hebelarm die Kraft F_2 in verschiedenen Abständen l_2, die den Hebel in horizontaler Lage im Gleichgewicht hält!
3. Trage alle deine Messergebnisse in eine Tabelle ein!
4. Bestimme für jeden Gleichgewichtszustand beim rechten und beim linken Hebelarm das Produkt aus l und F!

2

Beispiel für eine Messwertetabelle

F_1 in N	l_1 in cm	F_2 in N	l_2 in cm	$F_1 \cdot l_1$ und	$F_2 \cdot l_2$ in N · cm
1	30	1	30	30	30
1	30	1,5	20	30	30
1	30	3	10	30	30
1	30	6	5	30	30
2	20	2	20	40	40
2	20	4	10	40	40
2	20	1,3	30	40	39

Aus den Ergebnissen von Experiment 1 lässt sich das **Hebelgesetz** erkennen:

Ein Hebel ist im Gleichgewicht, wenn die Produkte aus Kraft und zugehörigem Hebelarm auf beiden Seiten gleich groß sind:
$F_1 \cdot l_1 = F_2 \cdot l_2$.

Man kann das Hebelgesetz auch anders formulieren:
Die Hebelarme verhalten sich umgekehrt wie die zugehörigen Kräfte:
$\frac{l_1}{l_2} = \frac{F_2}{F_1}$.
Das Hebelgesetz gilt auch für den einseitigen Hebel (Bild 3).

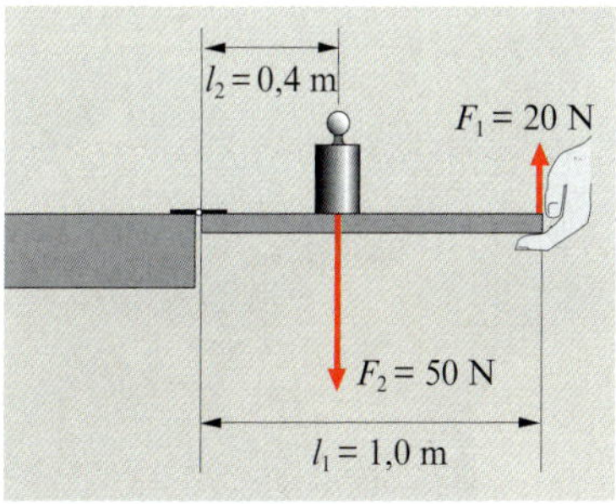

3

Beispiel für die Berechnung einer Kraft mit dem Hebelgesetz
Der Nussknacker in Bild 1 besteht aus zwei einseitigen Hebeln. Welche Kraft wird auf die Nuss ausgeübt, wenn es gelingt, mit der Hand 200 N aufzubringen?
Zunächst muss man vom Drehpunkt aus Kraftarm l_2 und Kraftarm l_1 bestimmen.

Gesucht: F_2 (in N)
Gegeben: $F_1 = 200\ \text{N}$
$l_1 = 20\ \text{cm}$
$l_2 = 4\ \text{cm}$

Lösung: $F_2 = F_1 \cdot \frac{l_1}{l_2}$

$$F_2 = 200\ \text{N} \cdot \frac{20\ \text{cm}}{4\ \text{cm}} = \underline{\underline{1\,000\ \text{N}}}$$

Ergebnis: Die Kraft auf die Nuss beträgt 1 000 N. Sie ist fünfmal so groß wie die von der Hand aufgebrachte Kraft.

Ähnlich wie beim Flaschenzug und bei der geneigten Ebene „erkauft" man sich beim Hebel den geringeren Kraftaufwand mit einem längeren Weg. Die mechanische Arbeit, also das Produkt aus Kraft und Weg, ist auf beiden Seiten des Hebels gleich groß.

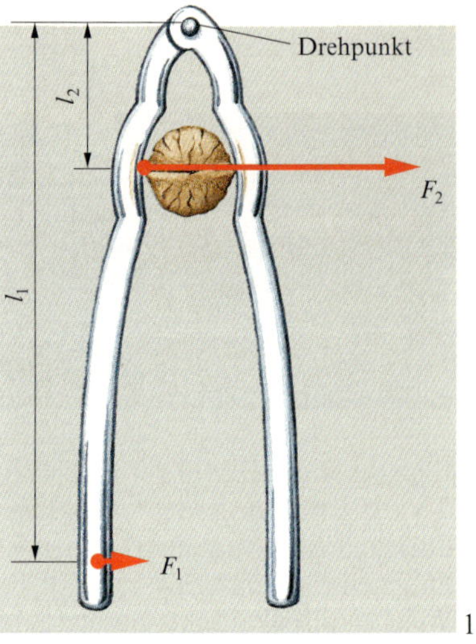

1

Drehmoment

Das Hebelgesetz gilt auch dann, wenn Hebel nicht ohne weiteres zu erkennen sind. Bild 2a zeigt ein drehbares Rad aus Holz. An zwei Nägel können Wägestücke angehängt werden. Wie kann man berechnen, ob sich das Rad nun links oder rechts herum dreht?
Dazu zeichnet man auf beiden Seiten die Hebelarme und die Kräfte ein und berechnet die Produkte $F \cdot l$ (Bild 2b). Sind sie gleich, bleibt das Rad in Ruhe. Ist eines größer, so dreht sich das Rad in die entsprechende Richtung.

> Das Produkt aus einer Kraft F und dem dazugehörigen Hebelarm l nennt man Drehmoment: $M = F \cdot l$.
> Die Einheit des Drehmoments ist N · m.

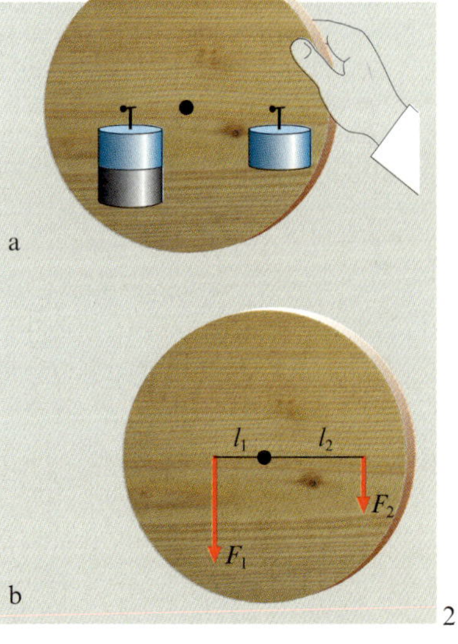

2

Das Wort Drehmoment stammt vom lateinischen *momentum*, was so viel wie Antrieb bedeutet.
In Autowerkstätten benutzt man zum Anziehen von Radmuttern einen Drehmomentschlüssel (Bild 3). An ihm kann man das Drehmoment ablesen. Aus Sicherheitsgründen dürfen z. B. Radmuttern nicht zu lose angezogen, aber auch nicht durch Überdrehen beschädigt werden. Die Pkw-Hersteller geben optimale Drehmomente für die Befestigung von Radmuttern an (z. B. 100 N · m).

3

Schon gewusst?

Wenn die Kraft nicht senkrecht zum Hebelarm wirkt, ist das Drehmoment kleiner.

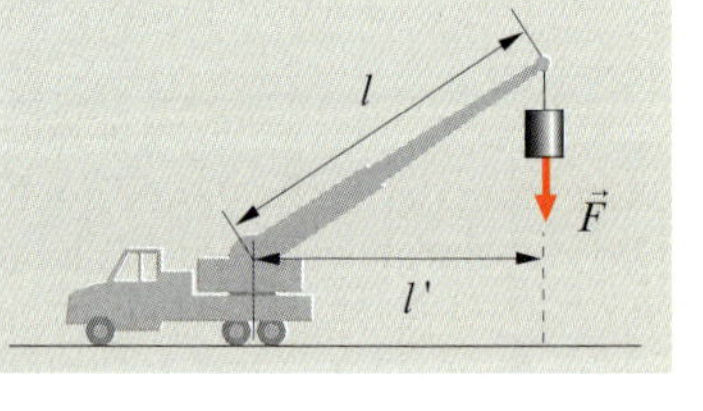

Hier ist $M = F \cdot l'$.

Hebel am Fahrrad

Auch das Fahrrad ist ein Kraftwandler. Im Gegensatz zum Nussknacker übt man hier jedoch eine Kraft auf einen kurzen Kraftarm aus. Denn die Idee des Fahrrades ist ja: Man möchte mit „einem Schritt“ einen längeren Weg zurücklegen als zu Fuß und auf diese Weise schneller vorankommen.

AUFTRAG 1

1. Testet auf dem Schulhof, wie weit ihr mit genau einer Tretkurbelumdrehung fahren könnt. Nehmt hierfür ein Rad mit Gangschaltung. Vergleicht die Wege im größten Gang (s_1) und im kleinsten Gang (s_2)!
2. Zählt die Zähne der Zahnkränze auf dem größten Kranz vorn (a), auf dem kleinsten Kranz hinten (b), auf dem kleinsten Kranz vorn (c) und auf dem größten Kranz hinten (d)!
3. Bildet die Quotienten $Q_1 = \frac{a}{b}$ und $Q_2 = \frac{c}{d}$. Vergleicht $\frac{Q_1}{Q_2}$ mit dem Verhältnis der zuvor gemessenen Wege $\frac{s_1}{s_2}$!

1

Eigentlich könnte man mit einem extrem großen Zahnkranz vorn und einem extrem kleinen Zahnkranz hinten schneller fahren als jedes Auto – wäre da nicht das Problem mit der Kraft. Ihr könnt die Kraft, die auf die Tretkurbel wirkt, einmal mit der Kraft vergleichen, die am Rand des Hinterrades wirkt, die also „auf die Straße gebracht“ wird. Verwendet dazu dasselbe Fahrrad wie zuvor!

AUFTRAG 2

1. Hängt an die Tretkurbel eines aufgebockten Fahrrades ein 5-kg-Wägestück ($F_G \approx 50$ N). Messt mit einem Federkraftmesser die Kraft am Hinterrad
   a) im größten Gang (F_1),
   b) im kleinsten Gang (F_2)!
2. Bildet das Verhältnis der beiden Kräfte $\frac{F_1}{F_2}$ und vergleicht es mit dem Verhältnis $\frac{s_2}{s_1}$ aus dem ersten Auftrag!

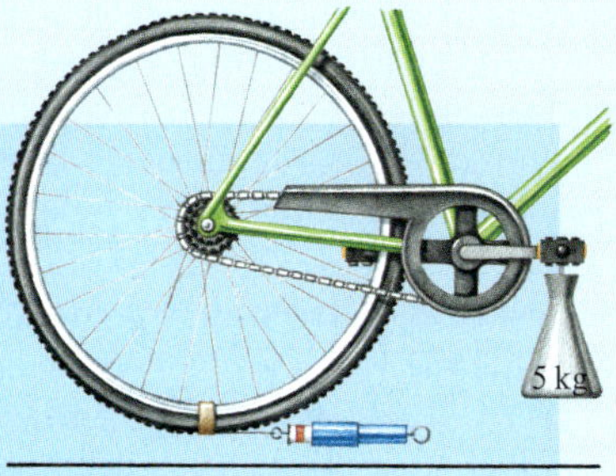

2

Wer also in einem größeren Gang fährt, muss kräftiger in die Pedale treten, um dieselbe Kraft am Hinterrad zu bewirken. Wer es sich leichter machen will, schaltet in einen kleineren Gang, muss aber dafür schneller treten.

AUFTRAG 3

1. Berechnet, wie groß in den beiden dargestellten Übersetzungen jeweils die Kraft am Hinterrad ist! Überlegt dazu der Reihe nach: Wie groß ist die Kraft am vorderen Zahnrad, in der Kette, am hinteren Zahnrad?
2. Berechnet, wie sich jeweils die Drehmomente an der Tretkurbel und am Hinterrad verhalten!

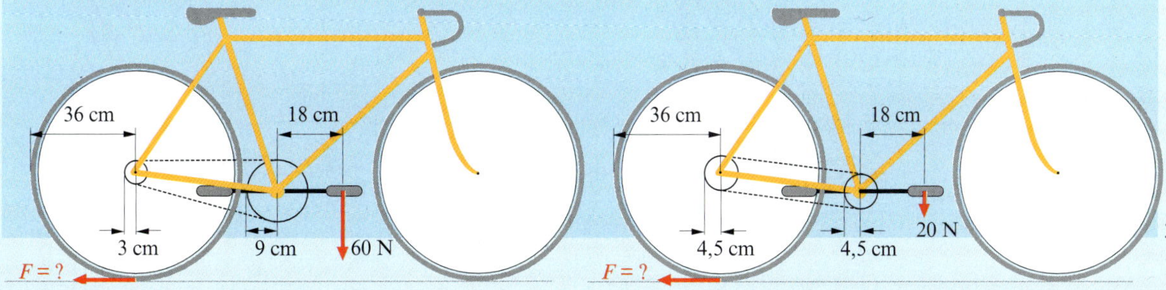

3

Biomechanik

Gehen, Stehen, Heben oder Tragen sind für uns Selbstverständlichkeiten. Erst wenn wir eine Verletzung oder Krankheit haben, merken wir, wo in unserem Körper Belastungen auftreten. Auch in unserem Körper gelten die Gesetze der Mechanik.
Die Biomechanik ist die Wissenschaft vom Bau und der mechanischen Funktion von Organismen: Menschen, Tieren oder Pflanzen. Steht der technische Gesichtspunkt im Vordergrund, so spricht man auch von Biotechnik oder Bionik.
In der Medizin beschäftigen sich die Orthopäden mit der Mechanik des Skelett- und Muskelsystems. Dazu zählt auch die Entwicklung von Prothesen.
Die Biomechanik ist auch ein wichtiges Teilgebiet der Sportwissenschaft, die sich mit der Erforschung von Bewegungsabläufen befasst: Wie zweckmäßig sind bestimmte Bewegungen und Körperhaltungen in verschiedenen Sportarten, um möglichst gute Leistungen zu erzielen?

1

ATLAS ist nach griechischem Mythos der Sohn eines Titanen. Er musste zur Strafe für seine Teilnahme am Kampf gegen ZEUS die „Säulen des Himmelsgewölbes" stützen.

Hebelwirkungen am Atlas. Wenn wir wach sind und bei voller Gesundheit, halten wir den Kopf aufrecht. Müde, betrunkene oder erkrankte Menschen lassen ihr Haupt oft nach vorne fallen. Ganz offensichtlich halten unsere Nackenmuskeln den Kopf in einer aufrechten Lage.
Während also die Gewichtskraft des Kopfes den Kopf nach vorne dreht, ziehen hinten die Nackenmuskeln den Kopf nach unten. Der Kopf ist auf dem obersten Halswirbel, dem Atlas, drehbar gelagert. Er stellt den Drehpunkt eines zweiseitigen Hebels dar (Bild 2).
Der hintere Hebelarm ist relativ lang. Der Nackenmuskel braucht nur etwa die Hälfte der Gewichtskraft des Kopfes aufzubringen, um den Kopf aufrecht zu halten.

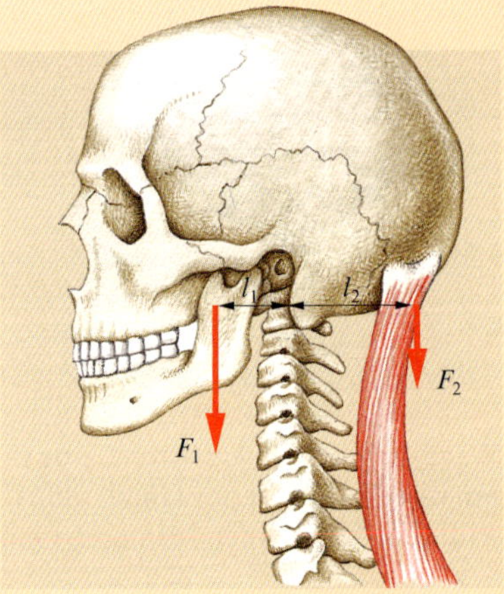

2

Der Arm als Hebel. Unser Arm lässt sich physikalisch als einseitiger Hebel auffassen (Bild 3). Drehachse ist das Ellenbogengelenk. Das Eigengewicht des Unterarms wirkt als Kraft nach unten. Der Armbeuger (Bizeps) muss eine Kraft aufbringen, um den Unterarm waagerecht zu halten. Hier wirkt der Muskel am kürzeren Hebel.
Für den Fall, dass man eine Stahlkugel in die Hand nimmt, werden die Kräfte, die der Beugemuskel aufzubringen hat, erheblich größer. Das Verhältnis der Hebelarme ist etwa 1:8. Kein Wunder also, dass der Bizeps, besonders bei Sportlern, eine erhebliche Dicke aufweist.
Das für den Muskel scheinbar ungünstige Hebelverhältnis hat einen Vorteil: Es ermöglicht eine schnelle Bewegung der Hand.

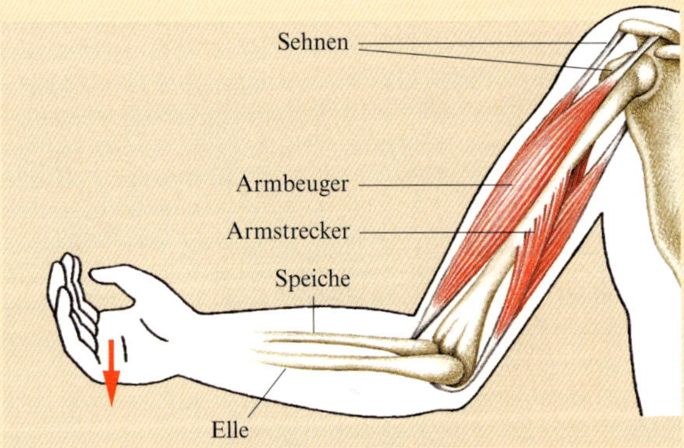

3

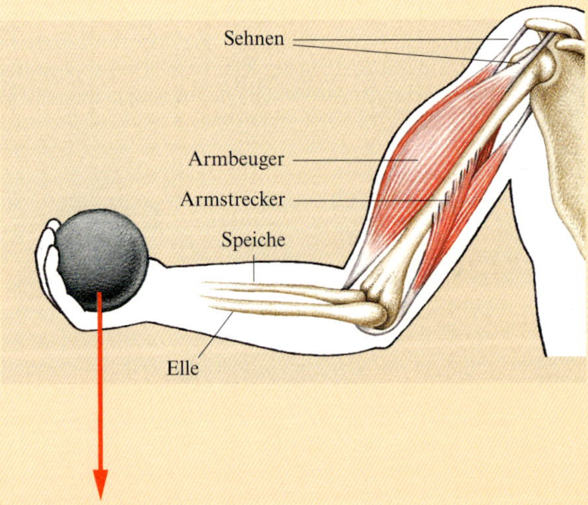

4

Richtiges und falsches Heben. Die Wirbelsäule hat eine komplizierte Aufgabe in unserem Skelett. Einerseits soll sie unsere aufrechte Haltung stützen. Andererseits muss sie flexibel sein, um uns vielfältige Bewegungen zu ermöglichen.
Beim Anheben von schweren Gegenständen wird häufig die Wirbelsäule stark belastet. Man kann diese Belastung aber durch richtige Körperhaltung vermindern. Mit gekrümmter Wirbelsäule kann man sich leicht „verheben" (Bild 1). Daher sollte man immer mit geradem Rücken heben und die Beinmuskeln arbeiten lassen (Bild 2).

1

2

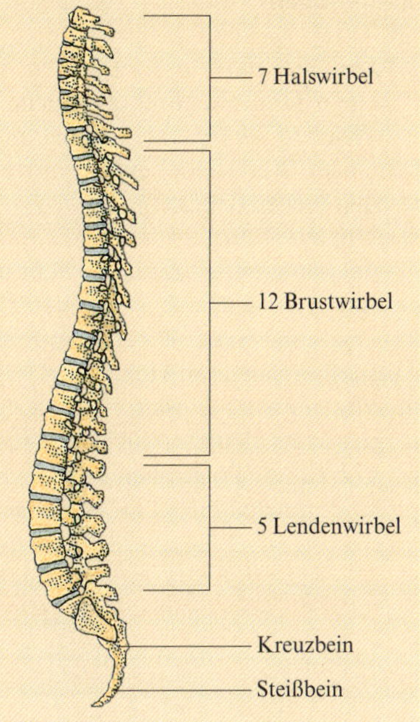

3

Wirbelsäule von der Seite

Schultasche ist nicht gleich Schultasche. Viele Menschen leiden unter Erkrankungen der Wirbelsäule. Mögliche Ursachen liegen in falschen Belastungen im frühen Jugendalter. Viele herkömmliche Schultaschen haben biomechanische Nachteile (Bild 4):
- Die gesamte Last der Schultasche ruht auf den Schultern und wird über die Schultergürtelmuskulatur weitgehend an die Halswirbelsäule angehängt. Über die Rippen wird die Last zusätzlich an die Wirbelsäule weitergeben.
- Die Tragriemen ziehen stark nach hinten und verursachen Rundrückenbildung.
- Die Unterkante der Schultasche stützt sich im Lendenwirbelbereich ab und verursacht ein Hohlkreuz.
- Schultaschen sind dick und erzeugen infolge des langen Hebelarms ein großes Drehmoment.

Wissenschaftler haben nun eine Schultasche entwickelt, die die dargestellten Mängel nicht aufweist (Bild 5):
- Durch die hohe Form, mit Fächern übereinander, kann ein Beckengurt eine Auflage im Kreuzbeinbereich günstig gestalten.
- Die Zugkräfte nach unten und nach hinten werden erheblich verringert.

So hilft eine genaue Betrachtung der Kräfteverhältnisse an der Tasche und deren Auswirkungen auf das Muskel-Skelett-System zum besseren Verstehen von medizinischen Problemen. Damit kann Schäden frühzeitig vorgebeugt werden.

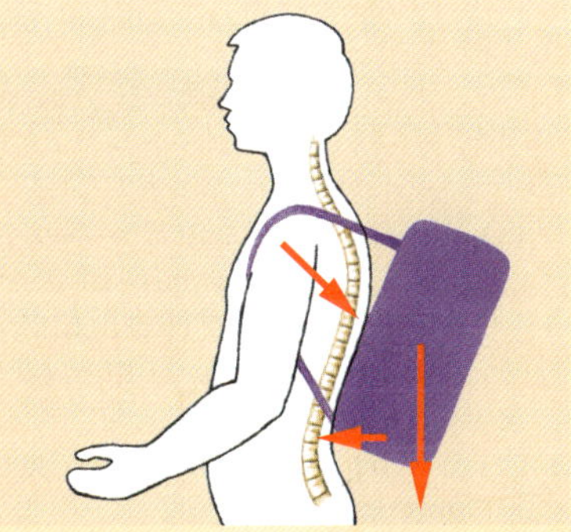
4

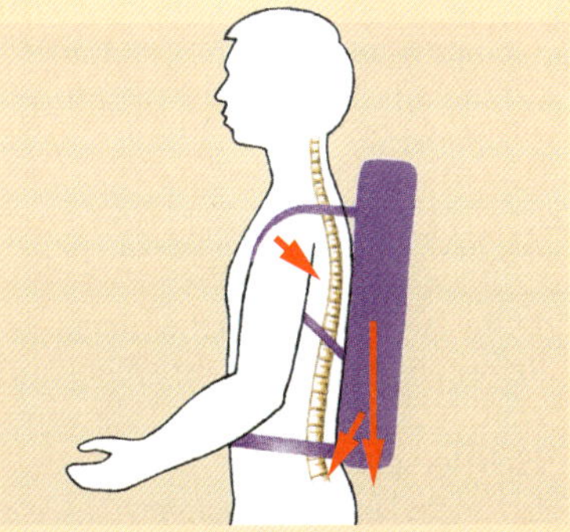
5

AUFGABEN

1. Ein Mann hält am abgewinkelten Arm eine Last von 30 kg. Mit welcher Kraft zieht sein Bizeps?
2. Der Bizeps dient zum Beugen des Arms. Versucht herauszufinden, wo der Muskel zum Strecken des Armes sitzt. Macht einmal einen „Kräftevergleich": kann man stärker beugen oder strecken?
3. Vergleiche deine Schultasche mit denen aus Bild 4 und 5! Wie kannst du beim Packen die Belastung deiner Wirbelsäule verringern?
4. Falsche Körperbelastungen können zu Haltungsschäden führen. Überlege, welche Fehler du vermeiden könntest!

AUFGABEN

1. Um eine Farbdose zu öffnen, verwendet man oft einen Schraubendreher. Welche Funktion hat er?
2. Welchen Unterschied spürt man, wenn man an einem Bremshebel eines Fahrrades an verschiedenen Stellen drückt?
3. Um eine Radmutter am Autorad zu lösen, verwendet man häufig sehr lange Schraubenschlüssel. Was ist der Vorteil?
4. Wie kann man sich das Sprichwort erklären: „Er sitzt am längeren Hebel.“?
5. Warum wird es immer schwieriger, ein Streichholz in immer kleinere Stücke zu brechen?
6. Gib für die Positionen a – e die Kräfte an, die nötig sind, um den Hebel im Gleichgewicht zu halten!

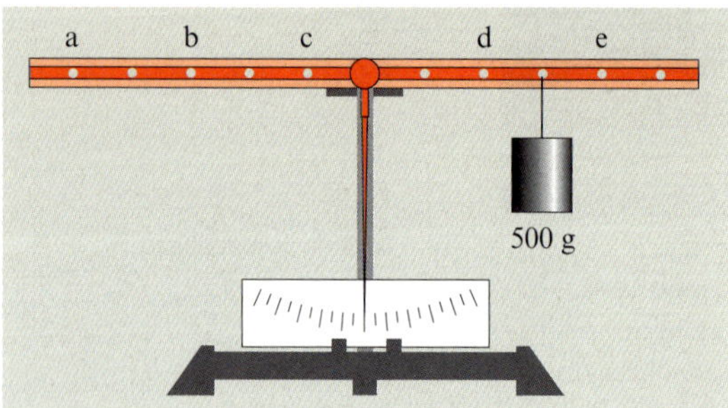

1

7. a) Welche Kraft tritt am Hinterreifen eines Fahrrades auf, wenn man an den Pedalen insgesamt 600 N aufbringt? (Radien: Pedalen 18 cm, Pedalzahnkranz 6 cm, Hinterrad 30 cm, Hinterradzahnkranz 4 cm.)
   b) Welche Drehmomente wirken an der Tretkurbel und am Hinterrad?
8. Eine Brechstange ist 1m lang. Sie wird 10 cm unter einen Stein (4 500 N) geschoben. Welche Kraft muss man am freien Ende aufbringen, um den Stein anzuheben?
9. Berechne die Kraft, die bei der Kneifzange auf den Nagel wirkt!

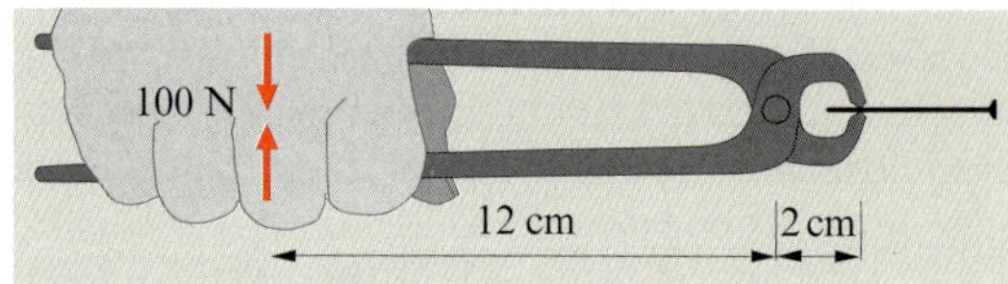

2

10. Begründe, dass man mit einem Hebel keine Arbeit sparen kann!
11. Kann man die Paddel eines Kanus als Hebel auffassen? Wo liegt der Drehpunkt? Wo greifen die Kräfte an?
12. Ein Zollstock soll zusammengeklappt werden. Wo knickt er ab? Vergleiche die Drehmomente an den verschiedenen Gelenken!

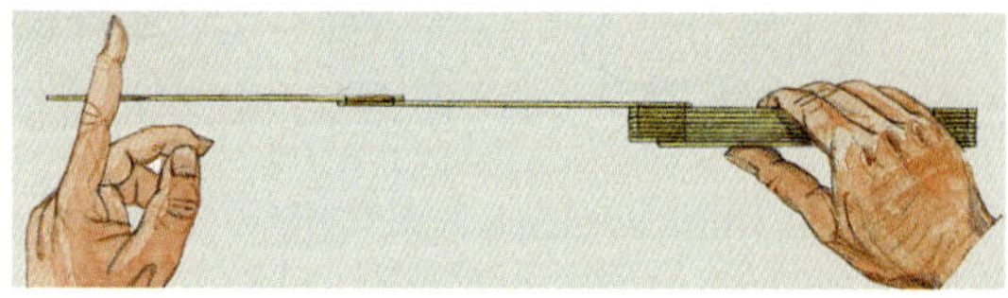

3

13. Zwei Leute wollen eine schwere Kiste heben. Mit einer langen Stange hat jeder einen langen Hebel. Geht es damit leichter? Begründe!

4

ZUSAMMENFASSUNG

Beim zweiseitigen Hebel liegen beide Hebelarme auf unterschiedlichen Seiten, beim einseitigen Hebel auf einer Seite des Drehpunktes.

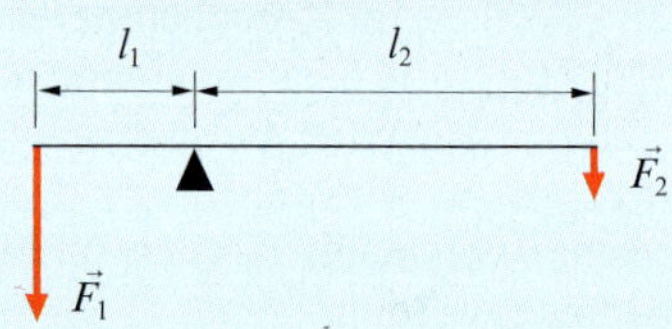

Hebelgesetz
Ein Hebel ist im Gleichgewicht, wenn die Produkte aus Kraft und zugehörigem Hebelarm auf beiden Seiten gleich groß sind:
$F_1 \cdot l_1 = F_2 \cdot l_2$.

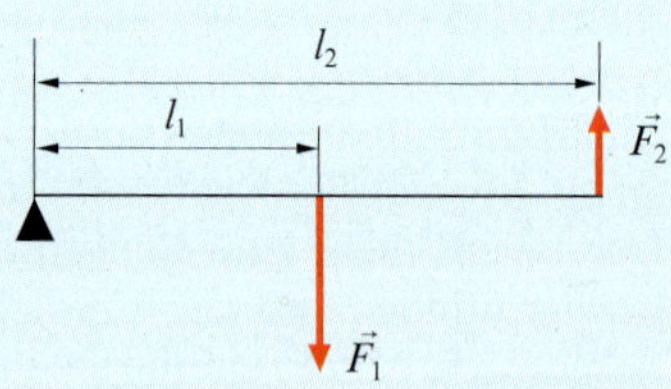

Das Produkt aus einer Kraft F und dem dazugehörigen Hebelarm l nennt man **Drehmoment:** $M = F \cdot l$.
Dabei stehen F und l immer senkrecht aufeinander. Die Einheit des Drehmoments ist N · m.

Elektrizitätslehre

Die ersten elektrischen Erscheinungen, die den Menschen begegneten, waren Blitz und Donner. Die Menschen fürchteten sich vor dem grellen Licht der Blitze und dem dumpfen Grollen des Donners. Manchmal löste ein Blitz auch einen Brand aus.
Bereits um 1170 v. Chr. wurden an ägyptischen Tempeln hohe Holzmasten mit Goldspitzen angebracht, die als Blitzableiter dienten.
1752 hat der Amerikaner BENJAMIN FRANKLIN den Blitzableiter neu erfunden. In der nachfolgenden Zeit untersuchte man die Elektrizität genauer. Das Gebiet der Physik, in dem die elektrischen Erscheinungen und ihre Gesetze untersucht werden, nennt man Elektrizitätslehre.

Viele Spielzeuge funktionieren nur, solange der elektrische Strom fließt. Wenn deine Fahrradlampe leuchten soll, muss ebenfalls elektrischer Strom fließen.
Welche Voraussetzungen müssen erfüllt sein, damit ein elektrischer Strom fließt?
Was kann der elektrische Strom alles bewirken?

1

Bedeutung der Elektrizität für unser Leben

Du hattest einen bösen Traum: Eines Morgens gab es plötzlich keinen elektrischen Strom mehr! Das Licht ließ sich nicht mehr einschalten, der Herd blieb kalt. Draußen war es ganz ruhig. Es fuhren keine Autos, denn ihre Motoren müssen mit Elektrizität angelassen werden. Die großen Geschäfte blieben geschlossen. Da sie keine Fenster haben, konnten sie ohne elektrische Beleuchtung nicht mehr benutzt werden.
Eisenbahnen und Fahrstühle waren nachts stehengeblieben, ebenso die öffentlichen Uhren. Und die wenigen Leute, die sich mit dem Fahrrad auf den Weg zur Arbeit gemacht hatten, kamen nur auf Umwegen in ihre Bürohäuser, weil die automatischen Türen versagten. In den Büros funktionierten weder Telefone noch Computer.
Auch Radio und Fernseher ließen sich nicht mehr einschalten. So wusste niemand, wann es wieder Elektrizität geben würde. Nicht einmal Zeitungen gab es an diesem Morgen, denn in der Nacht waren die Druckmaschinen ausgefallen. Was tun an einem solchen Tag – ohne Fernseher und CD-Player, ohne frische Brötchen und warmen Kakao?

2

3

Elektrizität im Büro

4

… in der Landwirtschaft,

5

… in der Industrie.

Elektrizitätsquellen

Wenn man einen elektrischen Strom erzeugen will, braucht man eine Elektrizitätsquelle. Du kennst bereits verschiedene Elektrizitätsquellen: Die Batterie in der Taschenlampe, die Monozelle in deinem Taschenrechner, die Solarzelle in der Armbanduhr, den Fahrraddynamo, den Akkumulator im Pkw und den Transformator von einer Modelleisenbahn.
Damit der Fahrraddynamo einen elektrischen Strom erzeugen kann, muss sich das Rad drehen (Bild 1). Beim Radfahren mit Licht musst du etwas kräftiger in die Pedale treten.
Eine Monozelle erzeugt den elektrischen Strom durch chemische Vorgänge (Bild 2). In dieser Zelle wird Zink in ein Zinksalz umgewandelt. An einer „verbrauchten" Taschenlampenbatterie hast du vielleicht schon einmal gesehen, dass ein Zinkbecher von der Salmiaklösung angefressen wurde. Dieser chemische Prozess ist die Voraussetzung dafür, dass diese Elektrizitätsquelle einen elektrischen Strom erzeugen kann.
Eine Flachbatterie besteht aus 3 Monozellen. Ähnlich ist es beim Akkumulator eines Pkw, wo mehrere einzelne Zellen miteinander verbunden sind (Bild 4). Dadurch kann ein stärkerer elektrischer Strom hervorgerufen werden.
Ein Solarmodul (Bild 3) liefert nur dann elektrischen Strom, wenn Licht auftrifft. Es besteht aus vielen einzelnen Solarzellen.

1

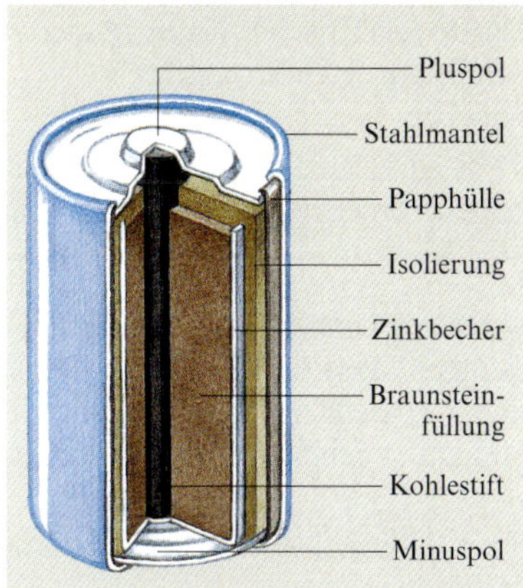

2

3

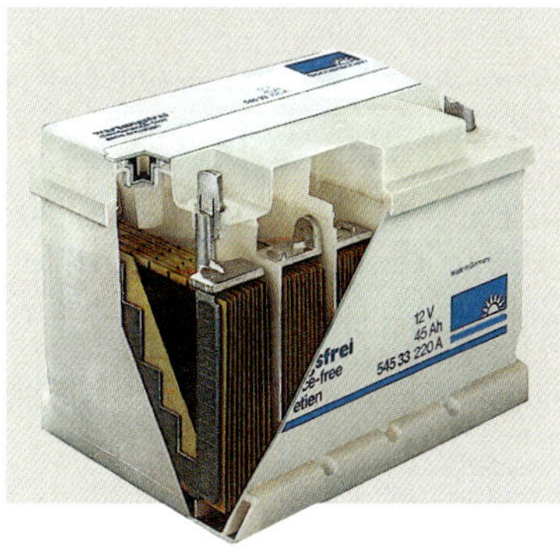
4

Bei deinen Experimenten wirst du als Elektrizitätsquelle oft ein Netzgerät (Stromversorgungsgerät) benutzen (Bild 5). Dieses Gerät wird an eine Steckdose angeschlossen. Es liefert einen elektrischen Strom, der ungefährlich und zum Experimentieren sehr gut geeignet ist.
Weil eine Elektrizitätsquelle einen elektrischen Strom erzeugen kann, nennt man sie oftmals auch „Stromquelle".

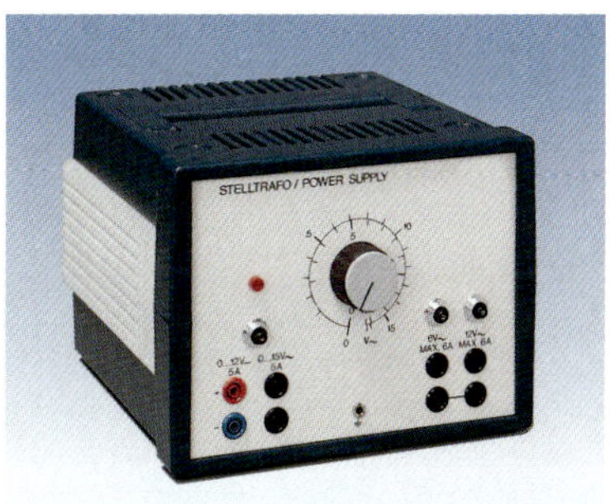

5

Pole einer Elektrizitätsquelle. Monozellen, Taschenlampenbatterien, Akkumulatoren und Solarzellen erzeugen einen Strom, der immer in gleicher Richtung fließt. Einen solchen Strom nennt man Gleichstrom. Die Anschlusskontakte einer Elektrizitätsquelle heißen Pole. Man bezeichnet sie mit „+" und „–" und nennt sie Pluspol und Minuspol.
Bei batteriebetriebenen Geräten ist meistens eine vorgesehene Polung angegeben, die beim Einsetzen der Batterien zu beachten ist. Wenn du das nicht beachtest, können die Geräte Schaden nehmen.

Der einfache elektrische Stromkreis

Du willst eine Glühlampe mit einer Flachbatterie zum Leuchten bringen. Wie musst du die Glühlampe an die Batterie anschließen (Bild 1)?
Du brauchst zwei elektrische Leitungen. Das können Kabel sein. In einem Kabel befindet sich ein Bündel dünner Metalldrähte. Der Minuspol der Batterie wird durch ein Kabel mit dem einen Anschluss der Glühlampe verbunden. Den anderen Anschluss der Glühlampe verbindest du mit dem zweiten Kabel mit dem Pluspol der Batterie (Bild 2). Der Strom fließt von dem einem Pol der Batterie durch das erste Kabel bis zur Glühlampe, durch die Glühlampe hindurch und im zweiten Kabel zum anderen Pol der Batterie zurück. Anstelle der Glühlampe kann auch ein anderes elektrisches Gerät (z. B. ein Motor) in den Stromkreis eingeschaltet werden.
Da der elektrische Strom immer „rund herum“ fließt, nennt man diese Schaltung einen Strom„kreis“.

1

> Ein einfacher elektrischer Stromkreis besteht aus einer Elektrizitätsquelle, einem elektrischen Gerät und elektrischen Leitungen.

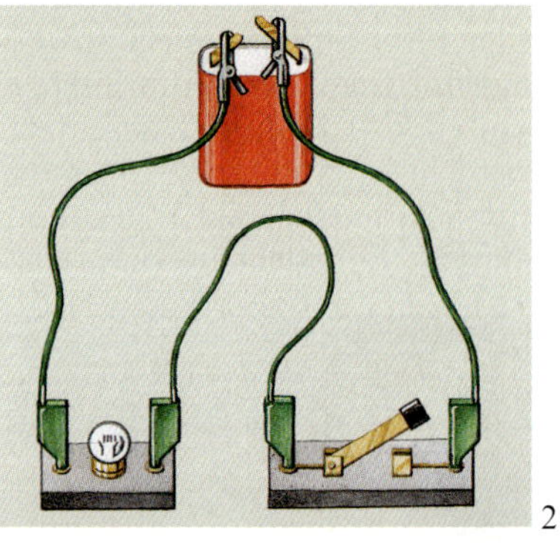
2

Meist wird noch ein Schalter in den Stromkreis eingeschaltet. Das kann so erfolgen, dass der Strom von dem einen Pol der Elektrizitätsquelle zum Schalter fließt, vom Schalter zur Glühlampe usw. Mithilfe dieses Schalters kann man den Stromkreis schließen und öffnen.

> Ein elektrischer Strom kann nur in einem geschlossenen Stromkreis fließen.

Wenn du z. B. die elektrische Beleuchtung in deinem Zimmer einschalten willst, dann musst du den Schalter betätigen. Damit schließt du den Stromkreis. Beim Ausschalten wird der Stromkreis wieder unterbrochen.
Beim Zeichnen kann man den Stromkreis vereinfacht darstellen. Man zeichnet nur einen Schaltplan (Bild 5). Dabei benutzt man für die einzelnen Bauelemente bestimmte Schaltzeichen.

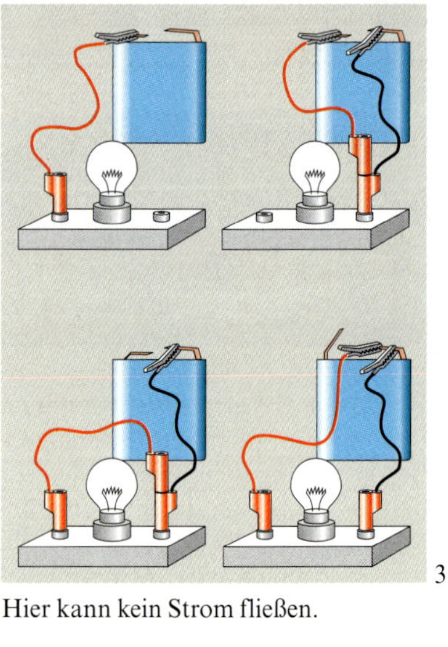
3
Hier kann kein Strom fließen.

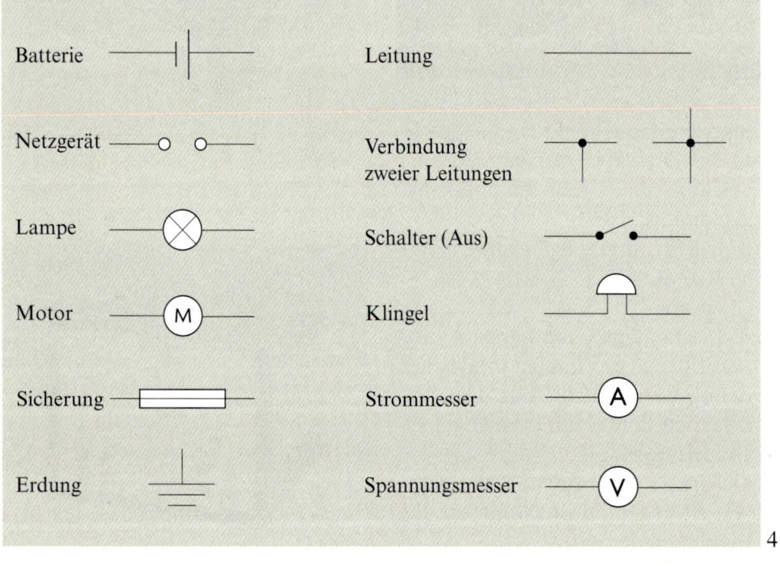

4

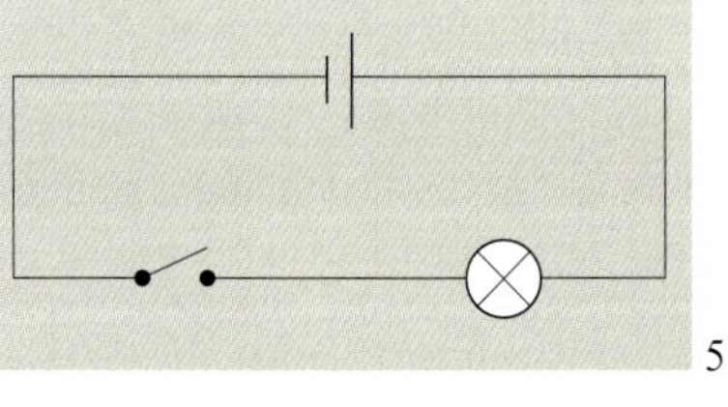
5

Elektrische Leiter und Isolatoren

Wenn der Schalter in einem Stromkreis geöffnet ist, befindet sich zwischen seinen Kontakten Luft. Es fließt kein Strom. Wenn man den Schalter schließt, bringt man einen Metallstreifen zwischen die Kontakte. Dadurch kann der Strom fließen. Das Metall leitet den elektrischen Strom. Leiten auch andere Stoffe den elektrischen Strom?

EXPERIMENT 1
Baue den abgebildeten Stromkreis auf.

1. Berühre mit den Krokodilklemmen Gegenstände aus verschiedenen Stoffen!
2. Verbinde die Krokodilklemmen mit Kohlestiften und tauche diese in Salzwasser!
3. Notiere deine Beobachtungen!

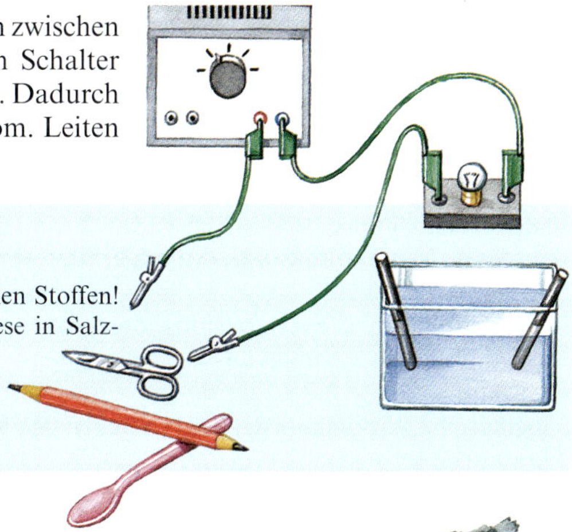
1

Aus dem Experiment ist zu erkennen:

Metalle, Kohle und salzhaltiges Wasser leiten den elektrischen Strom gut. Sie heißen elektrische Leiter.
Kunststoffe, Glas, Keramik und Luft leiten den elektrischen Strom fast gar nicht. Man nennt sie Isolatoren.

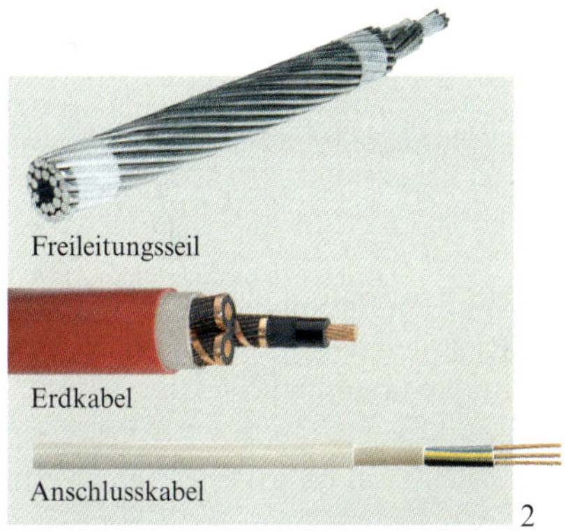

2

Kupfer ist als Leiter für den elektrischen Strom besonders gut geeignet. Deshalb wird es zur Herstellung von Kabeln und Kontakten verwendet. Die Kabel, Stecker und Schalter sind meist von einem Isolator umgeben. Auf diese Weise fließt der elektrische Strom nur entlang des gewünschten Weges. Außerdem tritt beim Berühren der isolierten Teile keine Gefahr auf.

Wirkungen des elektrischen Stromes

Ob ein elektrischer Strom fließt oder nicht, kann man nur an den Wirkungen erkennen. Du kennst bereits mehrere verschiedene Wirkungen des elektrischen Stromes. Diese Wirkungen werden in den unterschiedlichen elektrischen Geräten genutzt.

3

Wärmewirkung. Die Wärmewirkung des elektrischen Stromes hast du z. B. schon beim elektrischen Herd (Bild 3), beim Wasserkocher und beim Haartrockner beobachtet. Wie funktionieren diese Geräte?

EXPERIMENT 2
Ein dünner Eisendraht wird zwischen zwei Isolierstützen straff gespannt. Die Enden dieses Drahtes werden über einen Schalter mit den Polen einer Elektrizitätsquelle verbunden. Der Stromkreis wird geschlossen.

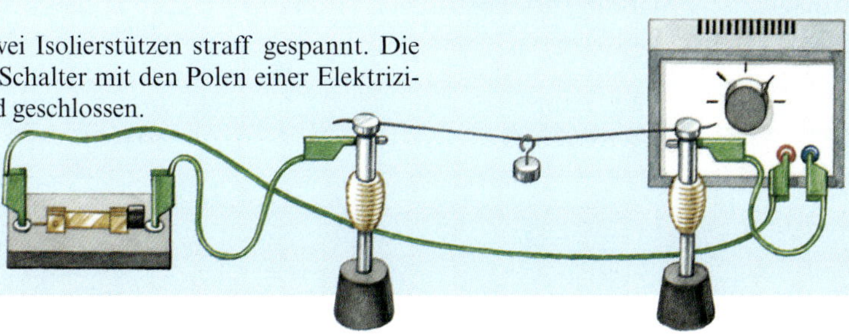
4

Der Draht hängt immer mehr durch. Daran erkennt man, dass er sich erwärmt. Schließlich glüht der Draht sogar.

Wenn man das Experiment mit einem Draht aus einem anderen Metall durchführt, erhält man dasselbe Ergebnis. Auch andere Leiter (Kohle, salzhaltiges Wasser) werden vom elektrischen Strom erwärmt.

1

Fließt ein elektrischer Strom durch einen Leiter, so wird der Leiter erwärmt.

In den Kochplatten des elektrischen Herdes und im Haartrockner befinden sich dünne Metalldrähte, die dadurch erhitzt werden, dass ein elektrischer Strom hindurchfließt.
In Glühlampen und Toastern sind diese Drähte gut zu sehen (Bild 1). Dort werden sie so stark erhitzt, dass sie hell glühen.

Magnetische Wirkung. Nach dem Drücken des Klingelknopfes ertönt der Türgong. Wie funktioniert das?

EXPERIMENT 3
Ein Kupferdraht wird straff zwischen zwei Isolierstützen gespannt. Seine Enden werden über einen Schalter mit den Polen einer Batterie verbunden. Dicht unter dem Draht befindet sich eine Magnetnadel.

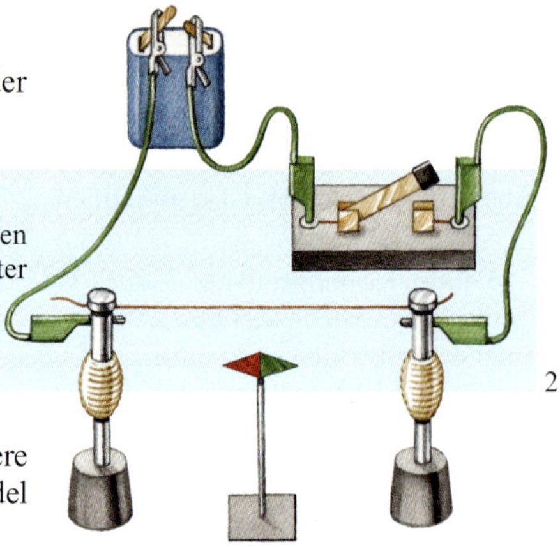
2

Wird der Stromkreis geschlossen, dreht sich die Magnetnadel in eine andere Richtung. Wenn der Stromkreis wieder geöffnet wird, bewegt sich die Nadel in ihre ursprüngliche Lage zurück.

Fließt ein elektrischer Strom durch einen Leiter, so können in seiner Umgebung magnetische Kräfte auftreten.

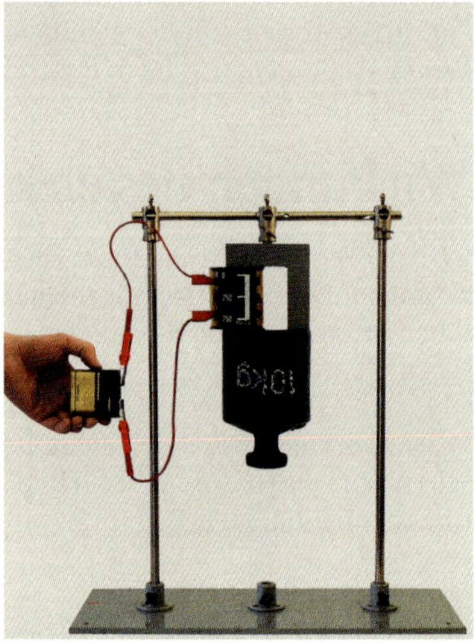
3

Man kann die magnetische Wirkung des elektrischen Stromes vergrößern, indem man den Draht zu einer Spule aufwickelt. Bringt man einen Eisenkern in die Spule, so treten noch stärkere magnetische Wirkungen auf. Auf diese Weise ist es möglich, mit dem Strom einer Flachbatterie ein 10-kg-Wägestück festzuhalten. Schaltet man den Strom aus, so fällt das Wägestück herunter.
Diese magnetische Wirkung wird im Türgong genutzt. Beim Einschalten des elektrischen Stromes zieht eine Spule den Eisenkern an (Bild 4a). Der Eisenkern schlägt gegen die Metallplatte und bringt diese zum Tönen. Wird der Stromkreis geöffnet, so lässt die Spule den Eisenkern wieder los (Bild 4b). Er fällt herunter und stößt gegen eine zweite Metallplatte.
Die magnetische Wirkung des elektrischen Stromes wird auch in Elektromotoren genutzt (Bild 5).

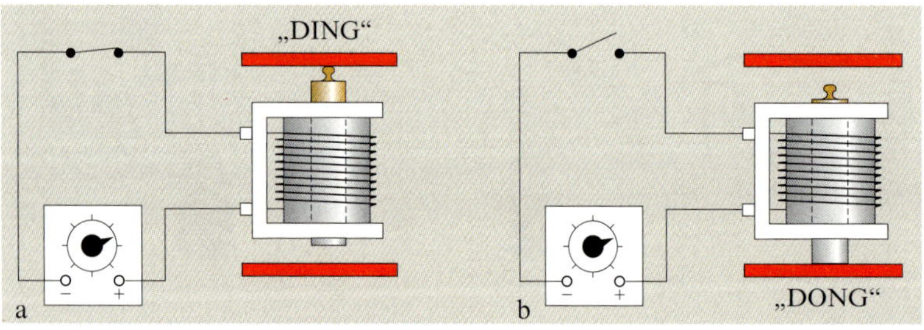

4

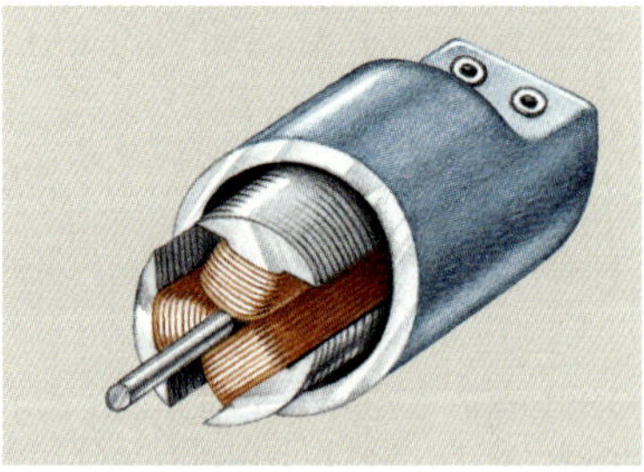
5

Chemische Wirkung. Akkumulatoren kann man wieder aufladen. Im Pkw erfolgt das Aufladen durch die Lichtmaschine. Auch manche Monozellen können wieder aufgeladen werden. Hierbei wird die chemische Wirkung des elektrischen Stromes genutzt.

EXPERIMENT 4
Ein Schlüssel und eine Kupferplatte befinden sich in Wasser, in dem Kupfersulfat aufgelöst wurde. Der Schlüssel wird mit dem Minuspol der Elektrizitätsquelle verbunden, die Kupferplatte mit dem Pluspol.

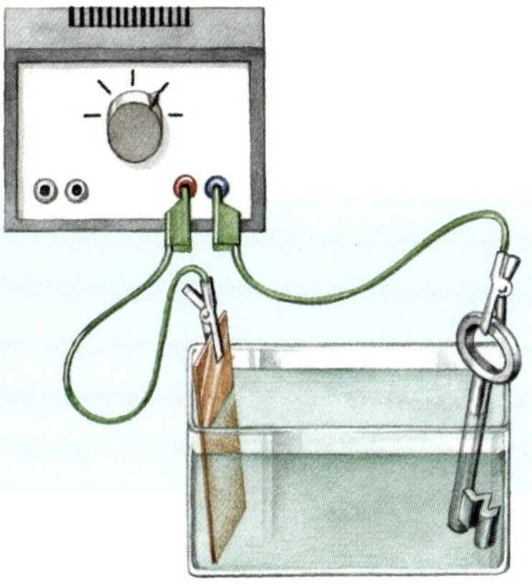
1

Nach einigen Minuten hat sich auf dem Schlüssel ein Überzug aus Kupfer gebildet, während an der Kupferplatte Gasbläschen aufsteigen. Der elektrische Strom hat eine chemische Veränderung bewirkt.

Fließt ein elektrischer Strom durch eine Flüssigkeit, so kann er an den eintauchenden Körpern chemische Veränderungen hervorrufen.

Die chemische Wirkung des elektrischen Stromes wird z. B. zur Herstellung von sehr reinem Kupfer angewandt. Nur chemisch reines Kupfer ist ein sehr guter Leiter. Solches Kupfer wird für Kabel, Spulen und Leiterplatten in vielen elektrischen Geräten benötigt.
Die chemische Wirkung des elektrischen Stromes benutzt man auch, um haltbare Überzüge auf Metallen zu erzeugen. So werden z. B. Schlittschuhe und Fahrradteile verchromt. Schmuck kann man mithilfe des elektrischen Stromes versilbern und vergolden.

Lichtwirkung. In Glühlampen wird die Wärmewirkung des elektrischen Stromes genutzt. Bei hohen Temperaturen glüht der Draht in der Lampe und sendet dadurch Licht aus. Energiesparlampen erzeugen mit dem gleichen elektrischen Strom viel mehr Licht (Bild 2). Sie werden nicht so heiß wie Glühlampen. Auf welche Weise erzeugen sie das Licht?
Unter bestimmten Bedingungen kann der elektrische Strom auch durch ein Gas fließen.

2
Energiesparlampe

EXPERIMENT 5
Aus einem Glasrohr ist die Luft teilweise herausgesaugt worden. Die Anschlüsse des Rohres sind mit einer Elektrizitätsquelle verbunden. Die verdünnte Luft leuchtet violett.

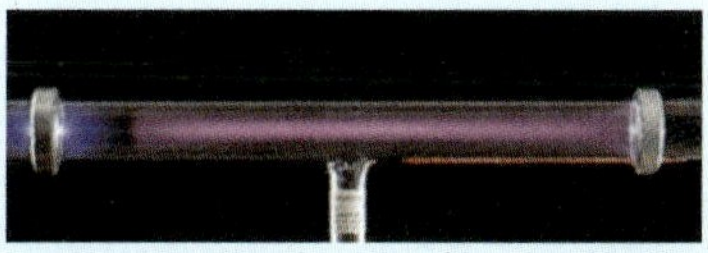
3

Glimmlampen enthalten das Edelgas Neon. Fließt elektrischer Strom durch dieses Gas, so leuchtet es rot (Bild 4). Bei Leuchtstoffröhren und Energiesparlampen wird die Lichtfarbe durch den Leuchtstoff verändert, der als dünne Schicht innen auf dem Glasrohr angebracht ist.
Wenn du alle diese Lampen mit der Hand berührst, stellst du fest, dass sie sich kaum erwärmt haben. Daran erkennt man, dass das Licht nicht durch Glühen (wie in einer Glühlampe) erzeugt wird.

Fließt ein elektrischer Strom durch ein verdünntes Gas, so kann er dieses Gas zum Leuchten anregen.

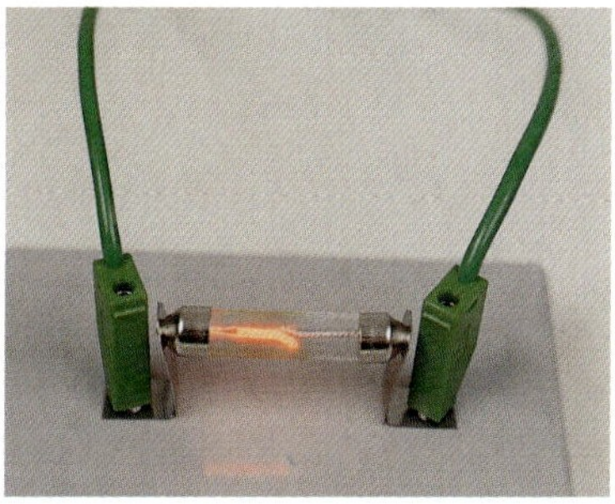
4
Glimmlampe

Gefahren im Umgang mit elektrischem Strom

Der menschliche Körper ist ein elektrischer Leiter. Deshalb kann elektrischer Strom durch unseren Körper fließen.
Die Wärmewirkung des Stromes kann starke Verbrennungen hervorrufen. Durch die chemische Wirkung können Körperzellen geschädigt werden. Der elektrische Strom kann auch Zuckungen und Verkrampfungen der Muskeln bewirken. Im schlimmsten Falle kann dies zu Lähmungen oder zum Herzstillstand führen.

Von einer Elektrizitätsquelle mit weniger als 24 Volt gehen nur geringe Gefahren aus. Deshalb kannst du die Pole einer Monozelle oder eines 9-Volt-Blocks berühren, ohne dass dir etwas geschieht. Spannungen über 24 Volt sind gefährlich, weil dabei stärkere Ströme auftreten können. Bei solchen Spannungen darf der elektrische Strom nicht durch deinen Körper fließen! Bereits das Berühren eines Pols einer Elektrizitätsquelle ist gefährlich, wenn der Strom zum Erdboden fließen kann. Dadurch kann ein geschlossener elektrischer Stromkreis auftreten (Bild 1).
Aus diesem Grunde sind gefährliche Teile von Elektrizitätsquellen so geschützt angeordnet, dass man sie nicht versehentlich berühren kann. Auch alle stromführenden Leitungen, die z. B. zu Steckdosen und Lampen führen, sind so gut isoliert, dass sie berührungssicher sind.

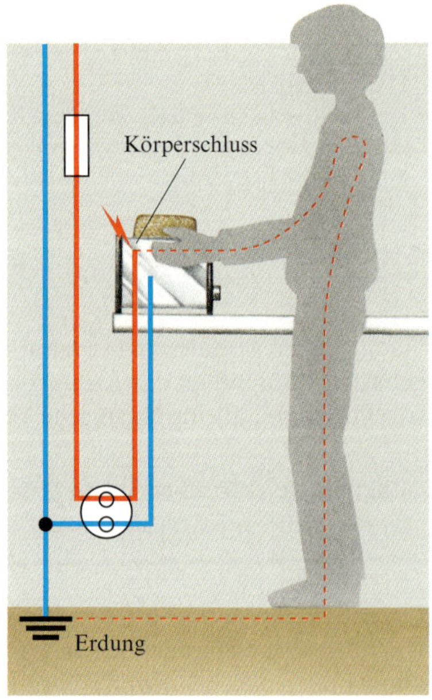

1

Um deine Gesundheit zu schützen, solltest du folgende Regeln beachten:

1.
Berühre nie blanke oder defekte Leitungen, die an eine Netzsteckdose angeschlossen sind! Berühre nie die Pole einer Steckdose!

2.
Berühre elektrische Geräte und Schalter nicht mit feuchten Händen! Bringe keine elektrischen Geräte an feuchte Stellen! Stelle keine elektrischen Geräte in der Nähe eines Waschbeckens oder einer Badewanne auf, denn Wasser leitet den elektrischen Strom!

3.
Lasse nie in der Nähe von Hochspannungsleitungen oder Oberleitungen der Eisenbahn Drachen steigen!

4.
Benutze zum Experimentieren nur Elektrizitätsquellen mit weniger als 24 Volt, weil von diesen keine großen Gefahren ausgehen!

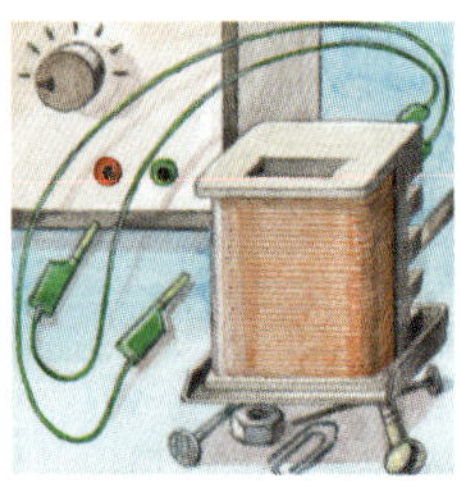

5.
Schließe die Elektrizitätsquelle erst an, wenn du deinen Experimentieraufbau zusammengestellt hast und deine Lehrerin bzw. dein Lehrer ihn überprüft hat!

Von den ersten Funken bis zum elektrischen Licht

Im antiken Griechenland wurde bereits 577 v. Chr. beschrieben, dass geriebener Bernstein leichte Körper anzieht. Aber erst 1663 hat der Magdeburger Bürgermeister Otto von Guericke eine Maschine konstruiert, in der dieser Vorgang genutzt wurde, um Elektrizität zu erzeugen. Sie bestand aus einer großen Schwefelkugel, die sich drehte. Wenn man die Hand an die umlaufende Kugel hielt, traten elektrische Funken auf (Bild 1).

1

2

1743 baute der Leipziger Professor Christian August Hausen seine erste Elektrisiermaschine mit einer Glaskugel. Damit konnte er Licht erzeugen, leicht brennbare Stoffe entzünden und Glockenspiele ertönen lassen. Vor allem wollten aber viele Menschen elektrisiert werden. Deshalb wurden an den Höfen der Könige, in den Salons des Adels und auf Volksfesten elektrische Experimente vorgeführt (Bild 2). Vor 250 Jahren fand die Elektrizität vor allem zur Unterhaltung und Belustigung der Menschen Anwendung.

1786 beobachtete der Italiener Luigi Galvani eine weitere Möglichkeit, Elektrizität zu erzeugen. Er stellte fest, dass ein frisch präparierter Froschschenkel stark zusammenzuckt, wenn man einen Muskel mit zwei verschiedenen Metallen berührt, die miteinander verbunden sind. Alessandro Volta, der diese Experimente fortsetzte, erfand 1800 die „galvanischen" Elektrizitätsquellen (siehe S. 67). Heute verwendet man diese in Form der Monozellen und als Autoakkumulatoren. Die Voraussetzungen für die Anwendung der Elektrizität waren also bereits vor 200 Jahren geschaffen worden. Es waren aber noch keine technischen Geräte erfunden worden, mit denen die Elektrizität auch genutzt werden konnte.

1831 entdeckte der Engländer Michael Faraday die Möglichkeit, durch Bewegung von Magneten Elektrizität zu erzeugen. Dieser Vorgang, den man elektromagnetische Induktion nennt, findet heute in den Generatoren der Kraftwerke und im Fahrraddynamo Anwendung. 1866 stellte Werner von Siemens nach diesem Prinzip den ersten leistungsfähigen Generator her.

Elektrizitätswerke wurden jedoch erst gebaut, nachdem der Deutsche Heinrich Goebel und der Amerikaner Thomas Alva Edison brauchbare Glühlampen entwickelt hatten. Die ersten Elektrizitätswerke entstanden 1882 in New York und London und 1885 in Berlin.

3
Erstes Kraftwerk in Berlin

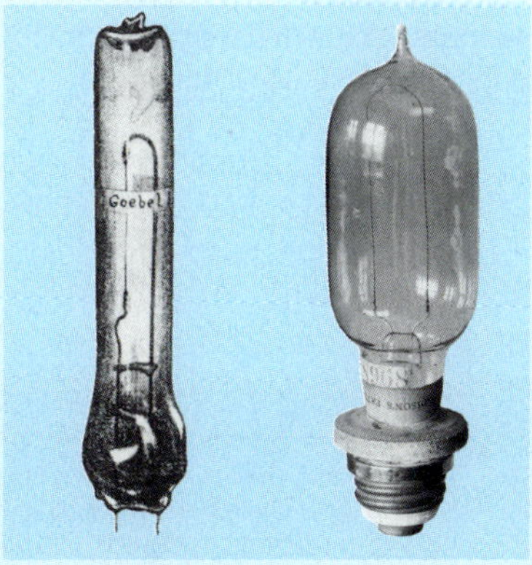

4
Die ersten Glühlampen

Ein Blick in die Technik

Vom Strom in Autos und Schaufenstern

Der elektrische Strom im Pkw. In einem Pkw wird die Elektrizität von der Lichtmaschine erzeugt. Die Lichtmaschine funktioniert wie ein Fahrraddynamo. Sobald der Automotor läuft, dreht sich die Lichtmaschine.
Von der Lichtmaschine fließt ein Strom zum Akkumulator, wo er chemische Veränderungen hervorruft. Dadurch wird Elektrizität gespeichert.
Die Elektrizität wird im Auto für viele Zwecke benötigt:

- Beim Antritt einer Fahrt startet man zunächst den Automotor mit dem Anlasser. Der Anlasser ist ein kleiner Elektromotor, in dem die magnetische Wirkung des elektrischen Stromes genutzt wird (Bild 1).
- Wenn die Heckscheibe vereist ist, kann man sie mit der Heckscheibenheizung auftauen. In der Scheibe befinden sich Heizdrähte, die sich erwärmen, wenn sie vom Strom durchflossen werden (Bild 2).
  Auch der Katalysator, der den Schadstoffgehalt der Verbrennungsgase verringert, muss elektrisch geheizt werden. Schließlich funktionieren auch die vielen Lampen am Auto auf der Grundlage der Wärmewirkung des elektrischen Stromes.
- Mehr und mehr Autotypen werden aber mit Scheinwerferlampen ausgestattet, in denen die Lichtwirkung des elektrischen Stromes beim Durchfließen eines Gases ausgenutzt wird. Eine andere Form der Lichtwirkung des elektrischen Stromes tritt in den Leuchtdioden auf dem Armaturenbrett (Bild 3) auf.

1
Magnetische Wirkung im Anlasser

2
Wärmewirkung in der Heckscheibe

3
Lichtwirkung im Cockpit

Der elektrische Strom in einer Alarmanlage. Auf dem Glas von Schaufenstern befinden sich oft Sicherungsdrähte. Wenn die Scheibe zerschlagen wird, zerreißen diese Drähte (Bild 5). Dadurch wird ein Stromkreis unterbrochen. Der Elektromagnet zieht nicht mehr an. Eine Stahlfeder bewegt sich vom Magneten weg und schließt einen weiteren Stromkreis, in dem eine Alarmglocke eingeschaltet ist.

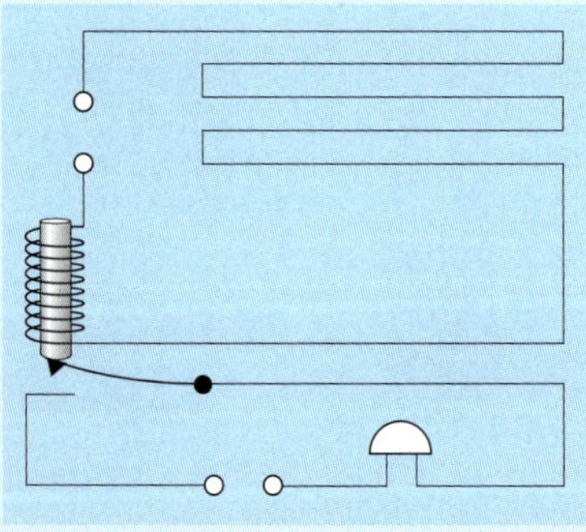
4

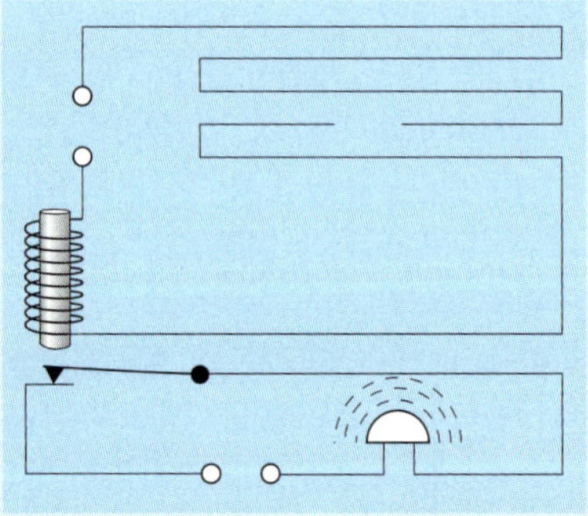
5

6

AUFGABEN

1. Aus welchen Teilen besteht ein einfacher elektrischer Stromkreis?
2. Ordne die Bestandteile einer Glühlampe nach Leitern und Isolatoren!

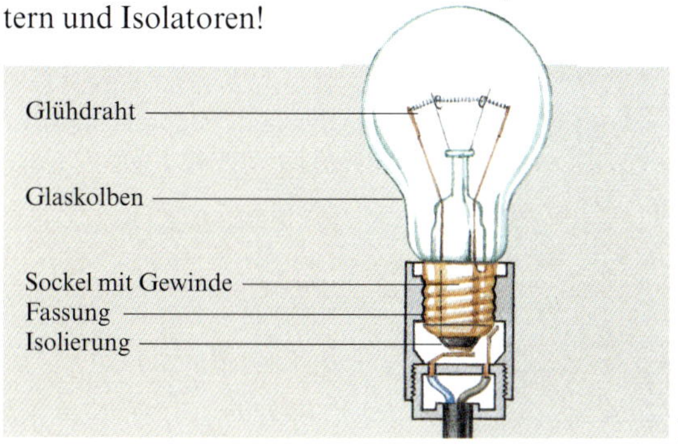

1

3. Zeichne den Stromkreis bei einem elektrischen Weidezaun, wenn ein Tier den Draht berührt!
4. Kennzeichne den elektrischen Stromkreis, in dem sich dein Fahrradscheinwerfer befindet!

2

5. Gib für drei Geräte, die ihr zu Hause habt, an, welche Wirkung des elektrischen Stromes in ihnen genutzt wird!
6. Wie kann man herausfinden, ob ein Körper ein Leiter oder ein Isolator ist?
7. Welche Teile eines Hochspannungsmastes sind Leiter, welche sind Isolatoren (Bild 3)?
8. Zeichne einen elektrischen Stromkreis. Benutze dabei die Schaltzeichen für eine Elektrizitätsquelle, eine Glühlampe und einen Schalter!
9. Nenne Gefahrenquellen beim Umgang mit elektrischem Strom!
10. Beschreibe, wie du dich im Bad und in der Küche vor den Gefahren des elektrischen Stromes schützt!
11. Welche Stoffe werden im Haushalt als Isolatoren benutzt? Nenne zu jedem Stoff ein Beispiel!

3

12. Nenne Beispiele für die Anwendung der Wärmewirkung und der Lichtwirkung des elektrischen Stromes!
13. Stell dir vor, Luft würde den elektrischen Strom gut leiten. Wie müsste dann ein Schalter aufgebaut sein?

ZUSAMMENFASSUNG

Ein elektrischer Strom kann nur in einem geschlossenen Stromkreis fließen.

Leiter leiten den elektrischen Strom: Metalle, Kohle, Salzwasser.
Isolatoren leiten den elektrischen Strom fast gar nicht: Kunststoffe, Glas, Keramik, Luft.

Man kann das Fließen eines elektrischen Stromes nur an seinen Wirkungen erkennen.

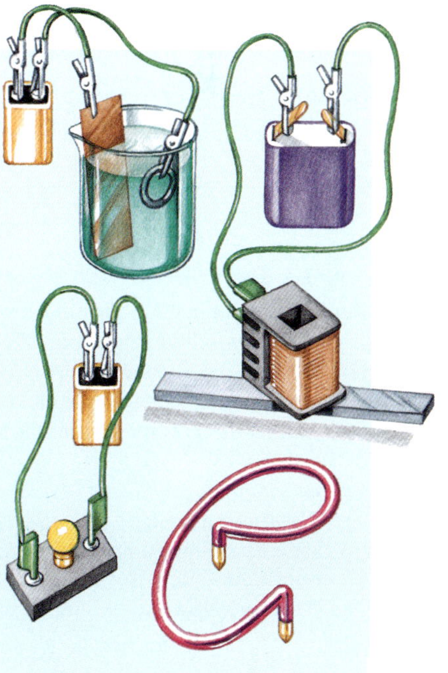

Chemische Wirkung
Durchfließt ein Strom eine Flüssigkeit, so kann er an den eintauchenden Körpern chemische Veränderungen hervorrufen.

Wärmewirkung
Ein Leiter, der von einem Strom durchflossen wird, erwärmt sich.

Magnetische Wirkung
Von jedem Leiter, der von einem Strom durchflossen wird, können magnetische Kräfte ausgehen.

Lichtwirkung
Fließt ein elektrischer Strom durch ein verdünntes Gas, so kann er das Gas zum Leuchten anregen.

Wenn man aus einem Auto ausgestiegen ist und von außen die Tür zumachen will, kann es passieren, dass zum Finger ein kleiner Funke überspringt. Man spürt ein Kribbeln. Im Dunkeln kann man den Funken sogar sehen. Diese Erfahrungen kann man auch beim Ausziehen eines Synthetikpullovers machen. Wie entsteht dieser Funke?

1

Kräfte zwischen elektrisch geladenen Körpern

Beim Aussteigen aus dem Pkw reiben die Kleidungsstücke am Sitz. Beim Ausziehen des Pullis gleitet dieser an den übrigen Kleidungsstücken entlang. Danach treten anziehende Kräfte auf. Solche Beobachtungen machten die alten Griechen schon etwa 600 v. Chr. Sie rieben Bernstein mit einem Fell. Danach zog er Wollfasern und Federn an. Da Bernstein auf griechisch „Elektron" heißt, entstand daraus das Wort Elektrizität. Statt Bernstein kann man auch einen Kunststoff verwenden.

EXPERIMENT 1
1. Reibe ein Lineal aus Kunststoff mit einem Pullover oder mit einem Tuch aus Wolle!
2. Nähere das geriebene Ende des Lineals einem kleinen Watteflöckchen, das auf einer Unterlage aus Metall liegt!

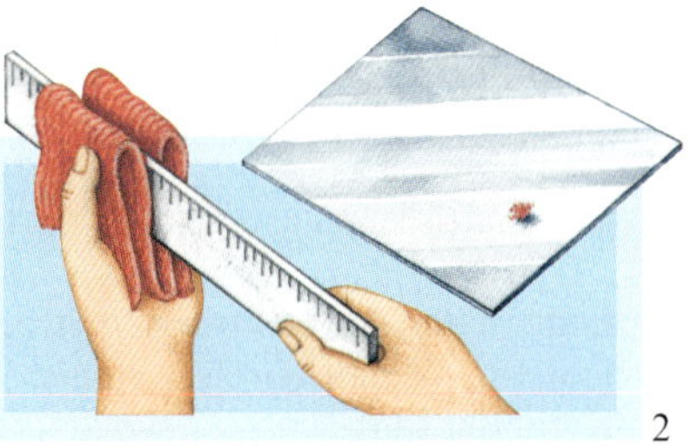

2

Bereits aus einiger Entfernung bewegt sich das Watteflöckchen auf das Lineal zu. Zwischen Lineal und Watte gibt es eine Anziehungskraft.
Die Funken, die du vielleicht vom Ausziehen eines Pullovers kennst, lassen vermuten, dass es sich um eine elektrische Erscheinung handelt. Den Nachweis kannst du mit einer Glimmlampe erbringen.

EXPERIMENT 2
1. Reibe das Ende eines Lineals aus Kunststoff mit einem Wolltuch!
2. Fasse eine Glimmlampe an der einen Metallkappe an!
3. Bringe die andere Kappe nacheinander an verschiedene Stellen des geriebenen Lineals!

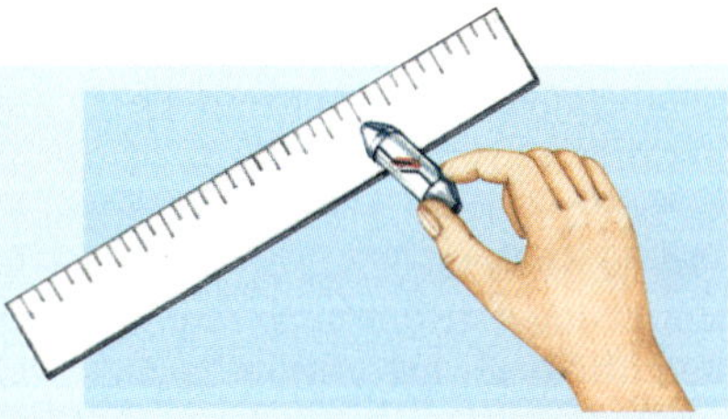

3

Berührt die Glimmlampe das geriebene Lineal, so leuchtet sie kurzzeitig auf. Das bestätigt die Vermutung, dass es sich um eine elektrische Erscheinung handelt. Man nennt das geriebene Lineal *elektrisch geladen*. Bei genauem Beobachten hast du vielleicht bemerkt, dass die Glimmlampe stets auf der Seite aufgeleuchtet hat, die das Lineal berührt.
Wird beim Reiben nur der Kunststoff elektrisch geladen oder auch das Wolltuch?

EXPERIMENT 3

1. Lege das Wolltuch auf eine isoliert befestigte Metallplatte!
2. Streiche mit dem Lineal mehrmals über das Wolltuch, ohne die Platte zu berühren!
3. Fasse die Glimmlampe an der einen Metallkappe an und berühre mit der anderen Kappe die Metallplatte!

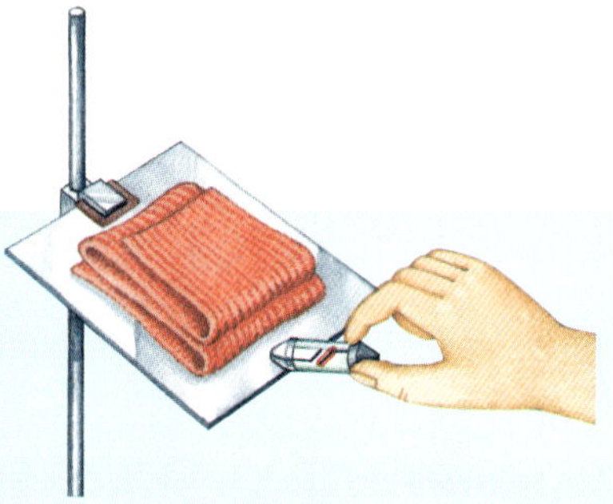
1

Beim Berühren leuchtet die Glimmlampe auf. Auch das Wolltuch ist elektrisch geladen. Trotzdem gibt es einen Unterschied zwischen dem geriebenen Lineal und dem Wolltuch. Im Experiment 2 hat die Seite der Glimmlampe aufgeleuchtet, die das Lineal berührte. Im Experiment 3 leuchtete die Seite der Glimmlampe auf, die vom Wolltuch abgewandt war.
Der Grund für diesen Unterschied ist, dass es zwei Arten von elektrischen Ladungen gibt. Sie werden positive und negative elektrische Ladungen genannt. Das Lineal ist negativ geladen, das Tuch ist positiv geladen.
Lineal und Tuch sind also entgegengesetzt geladen. Wie verhalten sich solche Körper zueinander?

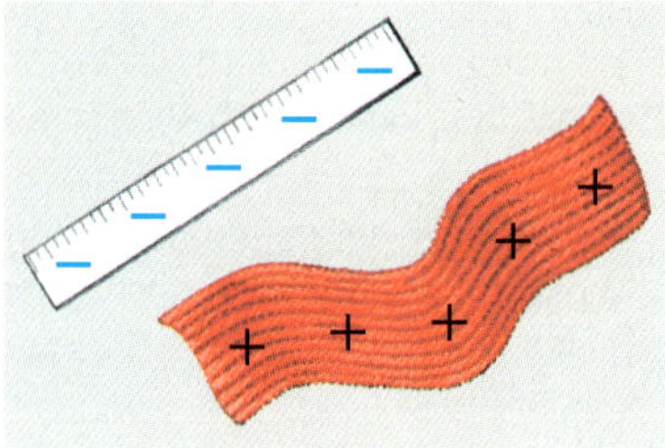

2

EXPERIMENT 4

1. Reibe das eine Ende eines Kunststoffstabes, der in der Mitte eine Vertiefung besitzt, mit einem Wolltuch!
2. Setze den Stab auf eine Spitze, sodass er sich drehen kann!
3. Nähere das Tuch von der einen Seite her dem Stab!
4. Nähere es danach von der gegenüberliegenden Seite!

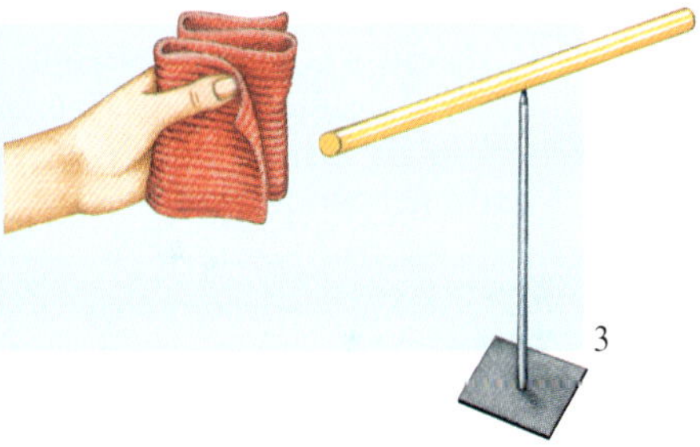
3

Das geriebene Ende des Stabes bewegt sich auf das Tuch zu. Der positiv geladene und der negativ geladene Körper ziehen einander an.
Treten zwischen geladenen Körpern immer Anziehungskräfte auf?

EXPERIMENT 5

1. Reibe das eine Ende eines Kunststoffstabes mit einem Wolltuch und lagere ihn auf der Nadelspitze!
2. Reibe das Ende eines zweiten Kunststoffstabes ebenfalls mit dem Wolltuch, sodass beide Stäbe negativ geladen sind.
3. Nähere den zweiten Stab dem drehbar gelagerten.

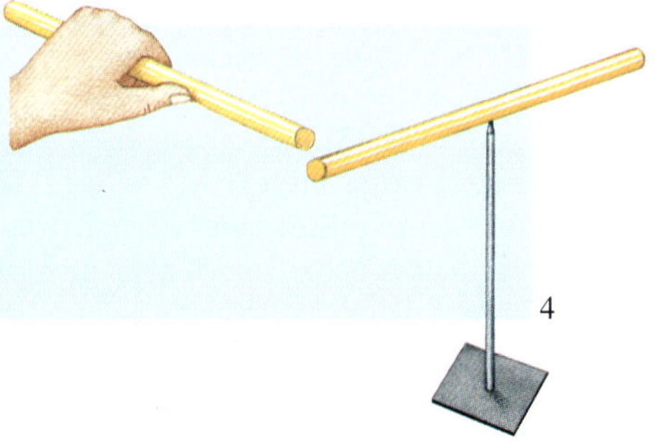
4

Es tritt eine abstoßende Kraft auf. In einem ähnlichen Experiment lässt sich zeigen, dass auch zwischen positiv geladenen Körpern Abstoßungskräfte auftreten.

Durch Reiben lassen sich bestimmte Körper elektrisch aufladen.
Elektrisch ungleichnamig geladene Körper ziehen einander an.
Elektrisch gleichnamig geladene Körper stoßen einander ab.

Aufbau des Atoms

Um die elektrischen Erscheinungen erklären zu können, muss man wissen, wie die Stoffe aufgebaut sind.
Du weißt bereits, dass die Stoffe aus Atomen bestehen. Manchmal genügt es, dass man sich die Atome als kleine Kügelchen vorstellt.
Genauere Untersuchungen haben jedoch ergeben, dass die Atome einen komplizierten Aufbau besitzen (Bild 1). Jedes Atom besteht aus einem Kern und einer Hülle. Der Atomkern befindet sich im Inneren des Atoms und ist sehr klein. Er enthält noch kleinere Teilchen, die man Protonen nennt. Jedes Proton hat eine positive Ladung. Deshalb ist der Atomkern positiv geladen.
Die Hülle des Atoms besteht aus kleinsten Teilchen, den Elektronen. Diese bewegen sich um den Kern. Jedes Elektron trägt eine negative Ladung. Zwischen dem positiv geladenen Kern und den negativ geladenen Elektronen in der Hülle bestehen Anziehungskräfte. Diese Kräfte halten das Atom fest zusammen.
Die Ladung eines einzigen Elektrons ist genauso groß wie die Ladung eines Protons, nur haben die beiden unterschiedliche Vorzeichen.

Ein Atom besteht aus einem Atomkern und einer Atomhülle.
Im Atomkern befinden sich die positiv geladene Protonen.
In der Hülle bewegen sich die negativ geladenen Elektronen.

Die Anzahl der Protonen im Kern ist gleich der Anzahl der Elektronen in der Hülle. Dadurch befindet sich gleich viel positive Ladung im Kern wie sich negative Ladung in der Hülle befindet. Auf diese Weise gleicht sich nach außen hin die Wirkung der unterschiedlichen Ladungen aus. Man sagt das Atom ist neutral. Vom gesamten Atom gehen keine anziehenden oder abstoßenden Kräfte aus.

In einem elektrisch neutralen Atom ist die Anzahl der Elektronen gleich der Anzahl der Protonen.

Beim intensiven Berühren eines Kunststoffstabes mit einem Wolltuch werden von einigen Atomen des Wolltuches Elektronen abgetrennt. Diese Elektronen gehen vom Wolltuch auf den Kunststoffstab über. Die Atome bleiben unverändert an ihrem Ort.
Zum Kunststoffstab gelangen also zusätzlich zu den neutralen Atomen weitere Elektronen. Deshalb besitzt der Kunststoffstab nach dem Reiben eine negative Ladung.
Auf dem Wolltuch gibt es nach dem Reiben Atome, die ein Elektron weniger haben als zuvor. Wenn ein Elektron ein neutrales Atom verlässt, so „fehlt" dem zurückbleibenden Atom eine negative Ladung. Es ist dann elektrisch positiv geladen, da es mehr positive Ladungen im Atomkern hat als negative Ladungen in der Atomhülle (Bild 2). Nach dem Reiben gibt es viele solche positiv geladenen Atome auf dem Wolltuch. Das Wolltuch ist insgesamt positiv geladen.
Aufgrund der unterschiedlichen Ladungen treten zwischen dem Wolltuch und dem Kunststoffstab anziehende Kräfte auf. Diese Vorgänge lassen sich auch so beschreiben: Beim Reiben erfolgt Ladungstrennung. Nach dem Reiben herrscht auf dem Kunststoffstab *Elektronenüberschuss*, auf dem Wolltuch dagegen *Elektronenmangel*.

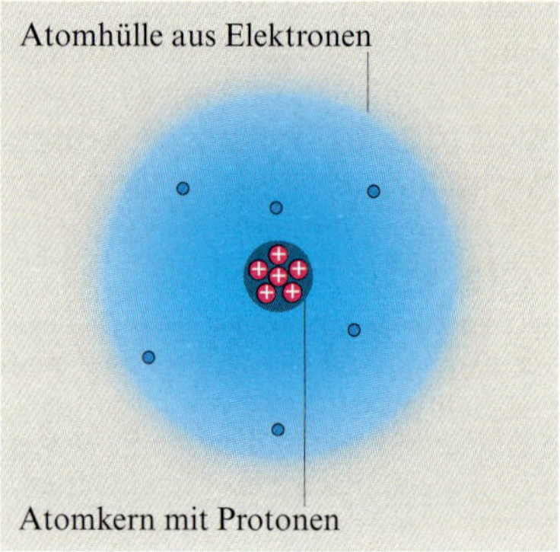

1

Vereinfachte Darstellung eines Atoms

Schon gewusst?

Das Wort Atom stammt aus dem Griechischen: *atomos* heißt „unteilbar". Einige Philosophen der Antike waren schon damals der Meinung, dass alle Stofe aus Teilchen bestehen würden, die man nicht weiter zerkleinern kann.
Im 19. Jahrhundert glaubte man, diese Teilchen in Experimenten gefunden zu haben und nannte sie Atome.
Später stellte sich heraus, dass sich auch die Atome in Kerne und Elektronen zerlegen lassen. – Da hatte sich der Name „Atom" aber bereits eingebürgert.

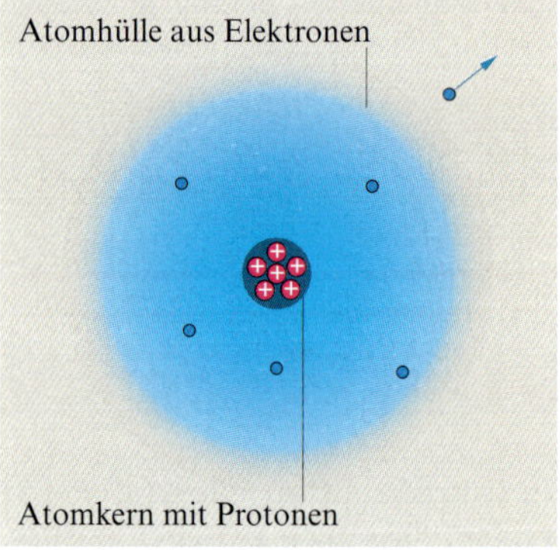

2

Wird einem neutralen Atom ein Elektron entzogen, so ist es danach positiv geladen.

Ladungsausgleich

Um einen Körper besonders stark aufzuladen, kann man einen Bandgenerator benutzen (Bild 1). Statt eines Kunststoffstabes wird hier ein kleiner Kunststoffklotz verwendet. Dieser Klotz wird gegen ein Seidenband gedrückt. Das Seidenband wird mit einer Kurbel in Bewegung versetzt und reibt ständig an dem Kunststoffklotz.
Dabei gehen Elektronen vom Band auf den Kunststoffklotz über. Die Elektronen sammeln sich auf der kleinen Metallkugel, die mit dem Klotz verbunden ist. Die kleine Kugel ist also negativ geladen.
Auf dem Band herrscht Elektronenmangel. Von der großen Metallkugel fließen Elektronen auf das Band. Daher entsteht auch auf der großen Kugel ein Elektronenmangel. Die große Kugel wird also positiv geladen.
Den Ladungszustand eines Bandgenerators kann man sichtbar machen:

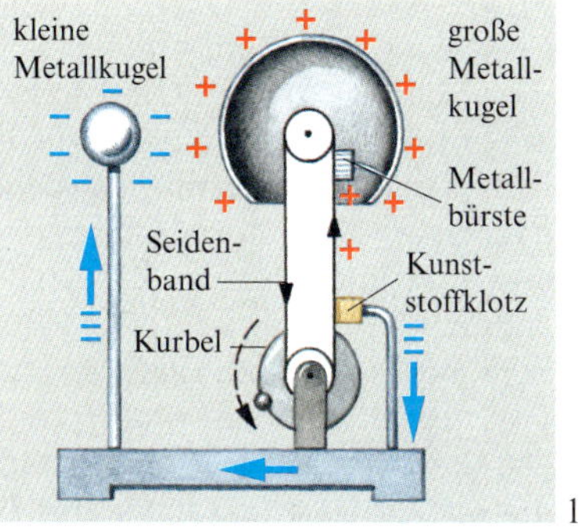

1

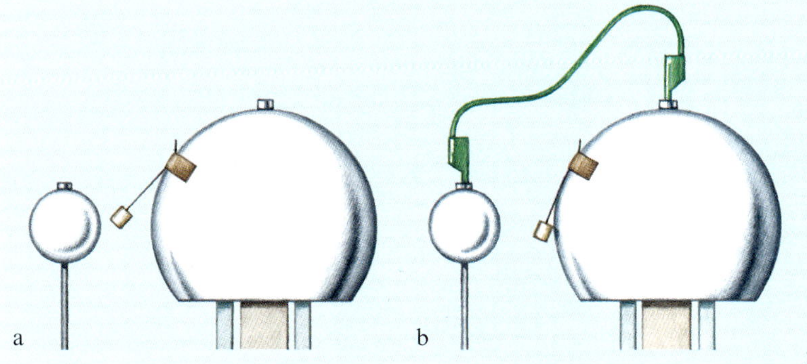

2

EXPERIMENT 6
Bevor der Bandgenerator in Betrieb gesetzt wird, befestigt man an der Seite der großen Kugel ein Holundermarkstückchen an einem kurzen Faden.
1. Der Bandgenerator wird in Betrieb gesetzt.
2. Nach Beendigung des Kurbelns wird einige Zeit abgewartet.
3. Die große und die kleine Kugel werden durch eine Leitung miteinander verbunden.

Zunächst wird das Holundermarkstückchen von der großen Kugel abgestoßen und von der kleinen Kugel angezogen, denn es ist ebenso wie die große Kugel positiv geladen. Diese Ladung bleibt auch erhalten, wenn das Band stillsteht. Sobald aber die große Kugel des Bandgenerators mit der kleinen Kugel über die Leitung miteinander verbunden wird, geht der Ausschlag des Holundermarkstückchens zurück. Große Kugel und kleine Kugel des Bandgenerators sind wieder elektrisch neutral.
Im Experiment 6 wurden zunächst Ladungen von einem Körper auf einen zweiten transportiert. Danach sind sie durch die Leitung wieder zurückgeflossen. Dieser Vorgang heißt Ladungsausgleich.
Der Ladungsausgleich kann auch mit einer Glimmlampe untersucht werden.

EXPERIMENT 7
Ein Bandgenerator wird elektrisch aufgeladen. Große und kleine Kugel werden über eine Glimmlampe miteinander verbunden.

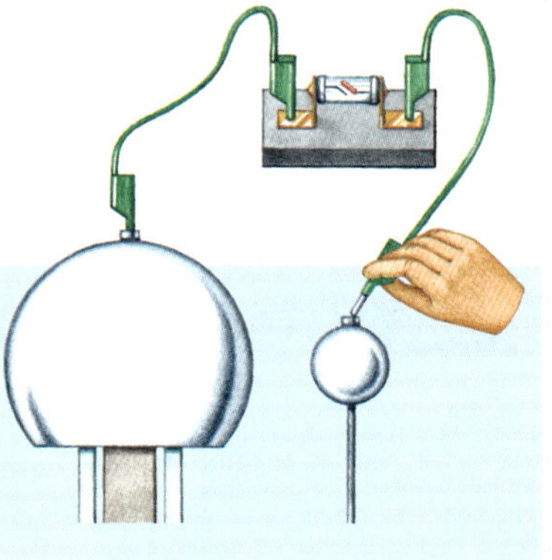
3

Die Glimmlampe leuchtet auf. Sie wird also von einem elektrischen Strom durchflossen. Der Strom fließt nicht mehr, wenn die große Kugel und die kleine Kugel des Bandgenerators wieder neutral sind.

Beim Ladungsausgleich zwischen ungleichnamig geladenen Körpern fließt ein elektrischer Strom.

Ein Blick in die Natur

Wenn es blitzt und donnert

Entstehung von Gewittern. Im Sommer kommt es an schwülen Tagen oft zu Gewittern. Die Sonne erwärmt die Erdoberfläche und damit die Luft in der Nähe des Erdbodens. Die erwärmte Luft dehnt sich aus und steigt nach oben. Da es dort kälter ist, kondensiert der Wasserdampf in der Luft zu kleinen Tröpfchen und bildet dadurch Wolken.
In Höhen von einigen tausend Metern ist es so kalt, dass die Tröpfchen zu Eiskristallen erstarren. Beim Aufsteigen der Wassertropfen und Eiskristalle tritt Reibung mit der Luft auf. Dadurch erfolgt eine Ladungstrennung. Im oberen Bereich der Wolke sammelt sich positive Ladung und im unteren Bereich negative Ladung. Wenn sich zwei große ungleichnamige Ladungen zwischen benachbarten Wolken gegenüberstehen, kann es zu einem Ladungsausgleich kommen. Es fließt ein starker elektrischer Strom durch die Luft und die Luftmoleküle werden zum Leuchten angeregt. – Wir sehen einen Blitz.
Im Blitz erwärmt sich die Luft sehr stark. Es können Temperaturen von etwa 20 000 °C entstehen. Die Luft dehnt sich plötzlich wie bei einer Explosion aus. Dadurch entsteht der Donner.

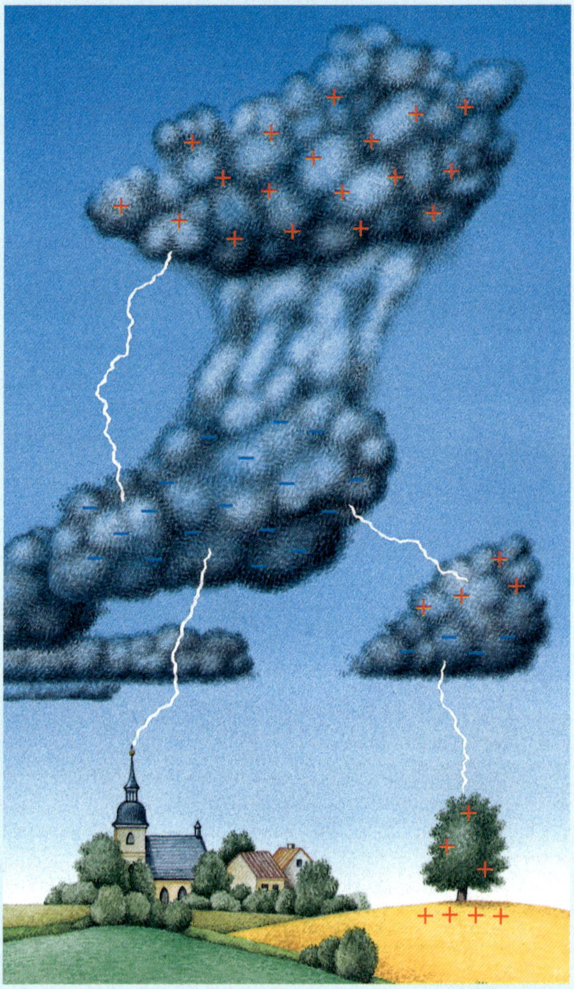
1

2

Häufig schlagen Blitze auch in die Erde ein. Dann fließt ein starker elektrischer Strom zwischen der geladenen Wolke und der Erde. Als Einschlagstellen für den Blitz sind einzeln stehende Bauwerke besonders gefährdet, vor allem wenn sie aufragende Türme und Spitzen besitzen. An solchen Gebäuden werden Blitzableiter angebracht. Dazu befestigt man an den höchsten Stellen nach oben gerichtete Metallstangen. Bei guten Blitzschutzanlagen sind zusätzlich an den Dachkanten dicke Drähte verlegt. Alle diese Metallteile sind mit der Erde verbunden. Wenn ein Blitz in den Blitzableiter einschlägt, so wird er zur Erde abgeleitet.

Verhalten bei Gewitter im Freien. Wenn du dich bei einem Gewitter im Freien auf einem Weg, einer Wiese, einem Feld oder beim Baden im Wasser befindest, so stellst du einen höher gelegenen Körper dar, in den ein Blitz leicht einschlagen könnte. Du solltest deshalb Schutz in einem Haus, einem Auto oder in einer Hütte suchen.
Wenn das nicht möglich ist, solltest du dich flach auf die Erde legen, möglichst in eine Bodenvertiefung (Bild 3). Auf keinen Fall darfst du dich in der Nähe von hohen Bäumen, Lichtmasten oder hochragenden Metallgegenständen aufhalten. Von Felswänden, Bächen und Flüssen solltest du mindestens 10 Meter Abstand halten.

3

AUFGABEN

1. Auf welche Weise kannst du einen Körper elektrisch aufladen?
2. Wie kannst du herausfinden, ob ein Körper elektrisch geladen ist? Gib zwei Möglichkeiten an!
3. Wo hast du schon beobachtet, dass ein Körper elektrisch aufgeladen wurde?
4. Wie kannst du bei einem geriebenen Körper mit einer Glimmlampe feststellen, welcher Pol der Minuspol ist?
5. Wie kannst du einen elektrisch geladenen Körper entladen?
6. Notiere dir bekannte Gebäude, an denen Blitzableiter angebracht sind. Beschreibe die Lage der Blitzableiter!
7. Beschreibe den Aufbau eines Atoms!
8. Warum ist ein Atom elektrisch neutral?
9. Aus der Hülle eines Atoms wird ein Elektron entfernt. Wie ist der zurückbleibende Rest des Atoms geladen?
10. Auf einem Körper besteht
    a) Elektronenüberschuss bzw.
    b) Elektronenmangel.
    Welche Ladung hat der Körper jeweils?
11. Du bürstest mit einer Bürste, die aus Kunststoffborsten besteht, eine Wolljacke aus. Welche elektrische Ladung hat die Jacke und welche hat die Bürste?
12. In Bild 1 hängen zwei Weihnachtsbaumkugeln an seidenen Fäden. Was geschieht, wenn du beide mit einem geriebenen Lineal berührst? Wie verhalten sich die Kugeln, wenn du eine mit dem geriebenen Lineal und die andere mit dem Wolltuch berührst?

1

13. Wenn du eine mit Wolle geriebene Kunststofffolie an verschiedenen Stellen mit einer Glimmlampe abtastest, leuchtet diese mehrfach auf. Gib eine Erklärung dafür!

ZUSAMMENFASSUNG

Beim intensiven Berühren (Reiben) können sich zwei Körper entgegengesetzt elektrisch aufladen.
Elektrisch ungleichnamig geladene Körper ziehen einander an.
Elektrisch gleichnamig geladene Körper stoßen einander ab.

In einem elektrisch neutralen Körper ist die Anzahl der negativen Ladungen genauso groß wie die Anzahl der positiven Ladungen.	In einem elektrisch positiv geladenen Körper befinden sich mehr positive als negative Ladungen (Elektronenmangel).	In einem elektrisch negativ geladenen Körper befinden sich mehr negative als positive Ladungen (Elektronenüberschuss).

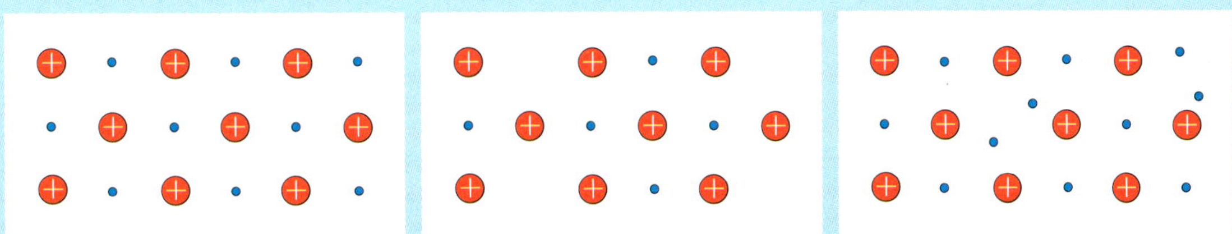

Ein Atom besteht aus einem Atomkern und einer Atomhülle. Im Atomkern befinden sich die positiv geladenen Protonen. In der Hülle bewegen sich die negativ geladenen Elektronen.
In einem elektrisch neutralen Atom ist die Anzahl der Elektronen gleich der Anzahl der Protonen.
Beim Ladungsausgleich zwischen ungleichnamig geladenen Körpern fließt ein elektrischer Strom.

Die elektrische Stromstärke

Durch dieses dicke Kabel fließt der elektrische Strom zur Schweißelektrode. Vom Gartenzaun, der geschweißt werden soll, fließt der Strom wieder zur Elektrizitätsquelle zurück. Welche Vorgänge vollziehen sich dabei im Kabel? Elektrischer Strom, was ist das?

1

Das Modell der Elektronenleitung

In Metallen kann der elektrische Strom fließen, in Isolatoren nicht. Deshalb müssen sich Metalle und Isolatoren in ihrem Aufbau voneinander unterscheiden.

Isolatoren bestehen aus Atomen. Die äußeren Elektronen der Atome sind in der Atomhülle gebunden. Nur von wenigen Atomen kann sich ein Elektron ablösen. Diese Elektronen können sich kaum zwischen den Atomen bewegen. Deshalb findet kein Ladungsausgleich statt, wenn ein Isolator zwischen zwei ungleichnamig geladene Körper gebracht wird.

In **Metallen** hat sich von vielen Atomen das am weitesten außen befindliche Elektron abgelöst. Dadurch besteht das Metall aus Atomen, denen ein Elektron fehlt. Solche Atome nennt man positive Ionen. Die abgelösten Elektronen können sich nahezu frei zwischen den Metall-Ionen bewegen und einen Ladungsausgleich zwischen geladenen Körpern bewirken.

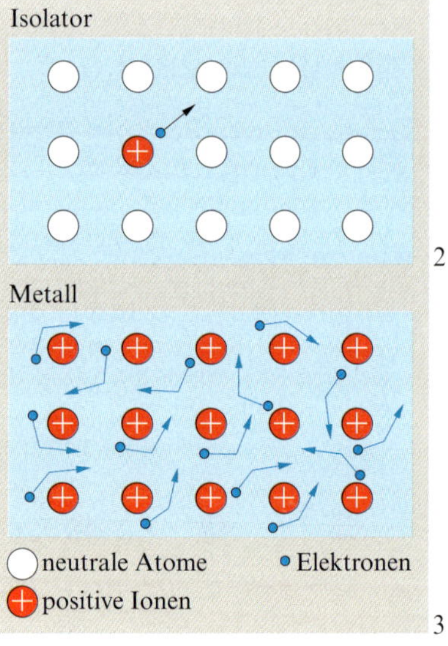

3

Am Minuspol einer Elektrizitätsquelle herrscht ein Überschuss von Elektronen. Am Pluspol liegt ein Mangel von Elektronen vor. Schließt man an die Buchsen ein elektrisches Gerät an, so bewegen sich aus der negativen Buchse Elektronen heraus. Sie drängen in das Verbindungskabel hinein. Die Elektronen bewegen sich längs des Kabels und durch das elektrische Gerät hindurch. Schließlich kommen sie an der positiven Buchse der Elektrizitätsquelle an. Dort werden ständig Elektronen aus dem Kabel herausgesaugt, da ein Mangel an Elektronen vorliegt.

An jeder Stelle des Stromkreises wirken auf die Elektronen Kräfte. Diese Kräfte versetzen die beweglichen Elektronen im gesamten Stromkreis in eine gerichtete Bewegung. Sie erfolgt überall vom Minuspol der Elektrizitätsquelle zum Pluspol (Bild 4).

Da die Elektronen elektrisch geladen sind, wird auf diese Weise Ladung im Stromkreis transportiert. Dieser ständige Ladungstransport ist der elektrische Strom. Die Elektrizitätsquelle sorgt fortwährend für einen Nachschub an Elektronen.

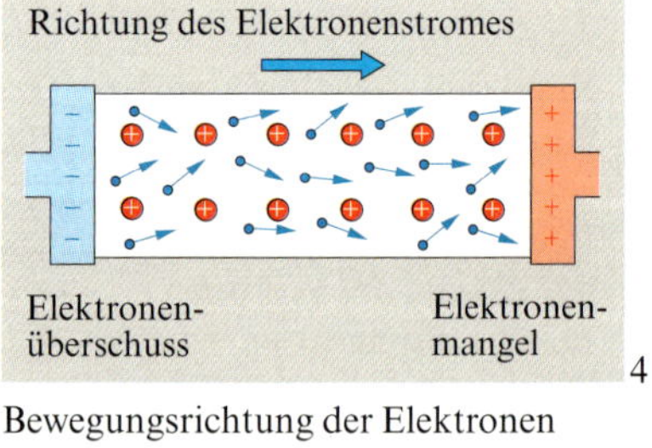

4

Bewegungsrichtung der Elektronen

In Metallen ist der elektrische Strom die gerichtete Bewegung von Elektronen. Die Elektronen bewegen sich vom Minuspol der Elektrizitätsquelle zum Pluspol.

Obwohl auf die Elektronen ständig eine Kraft wirkt, ist ihre Geschwindigkeit im Stromkreis nicht sehr groß. Sie beträgt etwa 0,1 mm/s bis 1 mm/s (Bild 1). Die Elektronen stoßen bei ihrer gerichteten Bewegung ständig mit den Metall-Ionen zusammen. Dabei werden sie immer wieder abgebremst und die Geschwindigkeit der gerichteten Bewegung bleibt insgesamt sehr gering.

Wenn du eine Lampe einschaltest, dann leuchtet sie sofort auf, auch wenn das Zuleitungskabel viele Meter lang ist. Wie ist das möglich? Bei der geringen Geschwindigkeit benötigt doch jedes Elektron für einen Weg von einem Meter mehr als zehn Minuten.

Dass die Lampe dennoch sofort aufleuchtet, lässt sich folgendermaßen erklären: Bewegliche Elektronen sind überall im Kabel vorhanden. Unmittelbar nach dem Einschalten wirken an jeder Stelle des Stromkreises Kräfte auf die Elektronen. Dadurch beginnen diese gleichzeitig mit der gerichteten Bewegung.

Diese Vorstellungen über den elektrischen Strom in Metallen sind stark vereinfacht. Man bezeichnet sie deshalb auch als *Modell* der Elektronenleitung. Um komplizierte Vorgänge in der Natur zu untersuchen und zu verstehen, benutzen die Physiker oft Modelle. Sie haben nur einige wenige Gemeinsamkeiten mit der Wirklichkeit, helfen aber, wichtige Zusammenhänge zu erkennen.

Als einfaches Modell für den elektrischen Strom kann man auch die Wasserströmung in Rohren verwenden (Bilder 2 und 3):

- Die Rohre mit Wasser entsprechen den elektrischen Leitungen.
- Die Wasserpumpe entspricht der Elektrizitätsquelle. Ähnlich, wie die Elektrizitätsquelle den elektrischen Strom hervorruft, erzeugt die Wasserpumpe die Wasserströmung.
- Im Wasserkreislauf kann sich eine kleine Wasserturbine befinden. Sie wird durch das strömende Wasser angetrieben und kann mechanische Arbeit verrichten. Diese Turbine kann man mit einem Elektromotor vergleichen, der sich im Stromkreis befindet. Er wird durch den elektrischen Strom angetrieben.
- Der Wasserhahn in der Leitung entspricht dem Schalter im elektrischen Stromkreis. Wird der Wasserhahn geöffnet, so beginnt das Wasser sofort im gesamten Kreislauf zu strömen. Ebenso setzen sich im gesamten Stromkreis die Elektronen in Bewegung, sobald der Schalter geschlossen wird.

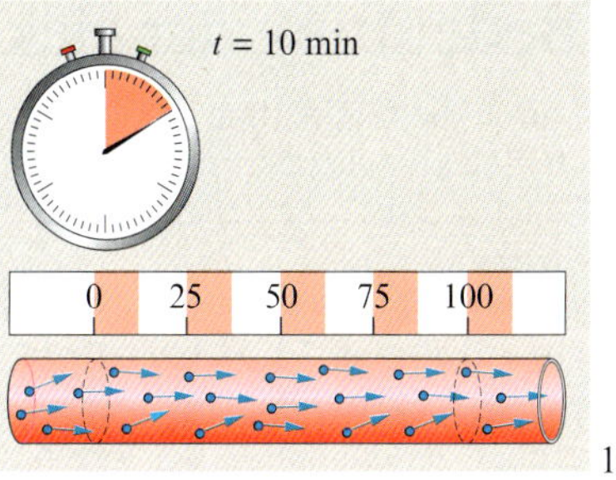

1

Die Elektronen bewegen sich in 10 min weniger als 1 m vorwärts.

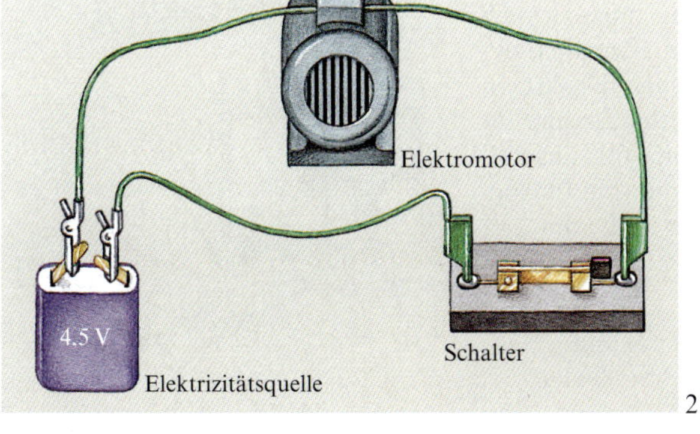

2

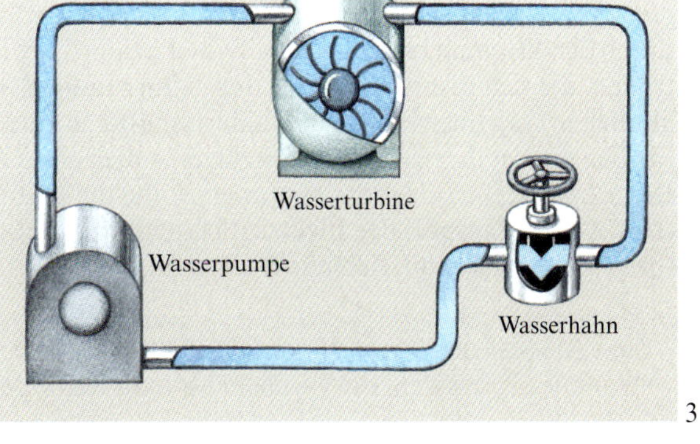

3

Bedeutung der elektrischen Stromstärke

Durch die Glühlampe im Rücklicht eines Fahrrades fließt nur ein schwacher elektrischer Strom. Sie leuchtet nur wenig. Da ist die Glühlampe im Scheinwerfer viel heller! In der Scheinwerferlampe fließt ein stärkerer Strom.
Den Unterschied zwischen einem starken und einem schwachen Strom kann man sich folgendermaßen vorstellen: Im Bild 1 führen die Abflussrohre von zwei Dächern jeweils zu einer Regentonne. Das rechte Dach ist größer als das linke. Bei Regen strömt unterschiedlich viel Wasser aus den beiden Rohren, die rechte Tonne füllt sich viel schneller als die linke. Durch das rechte Rohr fließt in einer Sekunde viel mehr Wasser als durch das linke. Die Stärke des Wasserstromes ist im rechten Rohr größer als im linken.
Ähnlich wie beim Wasserstrom ist die Stärke des elektrischen Stromes umso größer, je mehr Elektronen in einer Sekunde durch den Draht hindurchfließen. So bewegen sich z. B. durch die Glühlampe im Scheinwerfer des Fahrrades je Sekunde mehr Elektronen als durch die Glühlampe im Rücklicht.

1

Die elektrische Stromstärke gibt an, wie viele Elektronen sich in einer bestimmten Zeit durch den Querschnitt eines Leiters bewegen.

Das Formelzeichen für die elektrische Stromstärke ist I (vom englischem Wort *intensity*). Die Einheit der Stromstärke ist Ampere (A). Sie wurde nach dem französischen Physiker ANDRÉ-MARIE AMPÈRE benannt. Oft wird auch das Milliampere (mA) verwendet. Es gilt: 1 A = 1 000 mA. Ein Ampere ist etwa die Stärke des Stromes, der in einem Spielzeugauto oder durch einen kleinen Wärmestrahler fließt.

Beispiele für Stromstärken

Glimmlampe	0,01	A
Energiesparlampe	0,05	A
Glühlampe, 100 W	0,4	A
Farbfernseher	0,4	A
Fahrradscheinwerfer	0,5	A
Elektroherd	10	A
Autoanlasser	50	A
Blitz	etwa 100 000	A

Die Einheit der elektrischen Stromstärke ist Ampere (A).

Die Elektronen sind sehr klein und besitzen jeweils nur eine geringe elektrische Ladung. Bei einer Stromstärke von 1 A bewegen sich aber sehr viele Elektronen durch den Querschnitt eines Leiters. Es sind ungefähr 6 Trillionen (6 000 000 000 000 000 000) in einer Sekunde.

Messen der elektrischen Stromstärke. Zum Messen der elektrischen Stromstärke verwendet man sogenannte Strommesser. Sie zeigen mit einem Zeiger (Bild 2) oder mit Ziffern die jeweilige Stromstärke an. Um die Stromstärke zu messen, muss man den Stromkreis öffnen und an dieser Stelle das Messgerät einfügen. Es ist dann „in Reihe" mit dem elektrischen Gerät geschaltet. Alle Elektronen, die durch das Gerät fließen, müssen auch durch den Strommesser hindurch. Dieser „zählt" gewissermaßen die Elektronen, die sich in einer Sekunde durch ihn hindurch bewegen. Das ist ein ähnlicher Vorgang wie in einer Wasseruhr oder in einem Durchflussmesser für Benzin, der den jeweiligen Benzinverbrauch eines Automotors anzeigt. Beim Anschließen eines Strommessers sollte die Leitung, die vom Pluspol (bzw. vom Minuspol) der Elektrizitätsquelle kommt, stets in die mit „+" (bzw. mit „–") gekennzeichnete Buchse führen.

2

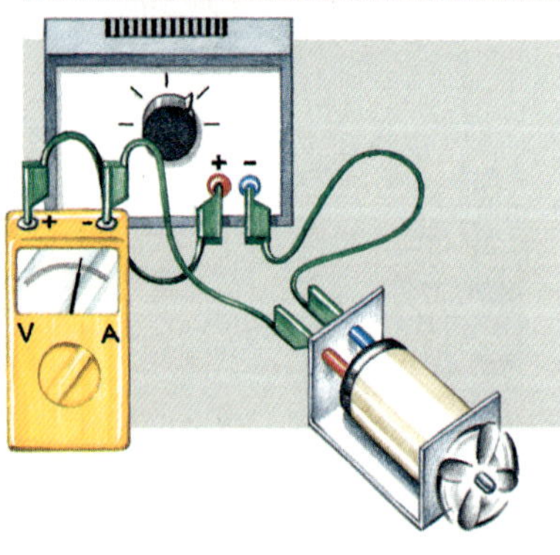

3

Zum Messen der Stromstärke in einem elektrischen Gerät muss der Strommesser mit dem elektrischen Gerät in Reihe geschaltet werden.

Die Stromstärke im verzweigten und im unverzweigten Stromkreis

Parallelschaltung oder Reihenschaltung? Oft kommt es vor, dass mehrere elektrische Geräte mit nur einer Elektrizitätsquelle betrieben werden sollen. Die Geräte können in Reihe oder parallel geschaltet werden (Bild 1).
Bei der Reihenschaltung fließt der Strom stets durch alle Geräte. Wenn z. B. eine Glühlampe „durchbrennt", so wird der Stromkreis unterbrochen. Dann arbeiten auch alle übrigen Geräte nicht mehr. Beim Fahrrad wird die Parallelschaltung angewendet. Der Strom verzweigt sich und durchfließt die Geräte parallel. Wenn der Scheinwerfer ausfällt, leuchtet das Rücklicht trotzdem weiter.

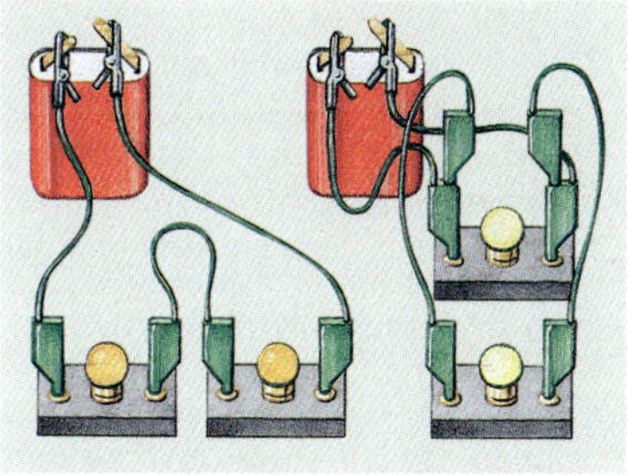

1
Reihenschaltung (links) und Parallelschaltung (rechts).

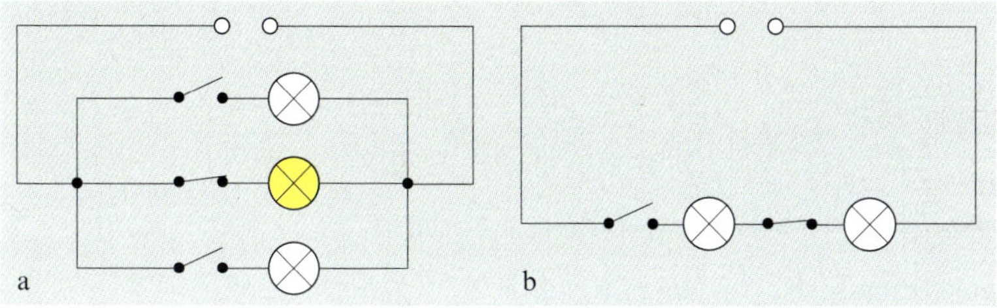

2
Parallel geschaltete Geräte können einzeln eingeschaltet werden (a), in Reihe geschaltete nicht (b).

Die elektrische Stromstärke im unverzweigten Stromkreis. Schließt du eine Glühlampe mit zwei Kabeln an eine Elektrizitätsquelle an, so leuchtet die Glühlampe auf. Ursache dafür ist die Bewegung der Elektronen im Stromkreis. Mit dem Modell der Elektronenleitung kann man den Vorgang so beschreiben: Elektronen, die vom Minuspol der Elektrizitätsquelle ausgehen, bewegen sich durch die Kabel und die Glühlampe und gelangen schließlich zum Pluspol. Auf dem gesamten Wege kommen keine neuen Elektronen hinzu. Es gehen aber auch keine Elektronen verloren. Mithilfe des Modells der Elektronenleitung gelangt man zu folgender Vorhersage:
In einem einfachen Stromkreis mit einer Glühlampe müsste die Stromstärke, die „vor" und „hinter" der Lampe gemessen wird, gleich groß sein.

EXPERIMENT 1
1. Stelle aus einer Elektrizitätsquelle, einer Glühlampe und einem Strommesser sowie Kabeln einen elektrischen Stromkreis zusammen. Verbinde den Minuspol der Elektrizitätsquelle mit dem mit „–" gekennzeichneten Anschluss des Strommessers!
2. Miss die Stromstärke und notiere den Wert!
3. Verändere deine Schaltung so, dass sich der Strommesser zwischen der Glühlampe und dem Pluspol der Elektrizitätsquelle befindet. Achte darauf, dass der Pluspol mit der mit „+" gekennzeichneten Buchse des Strommessers verbunden ist!
4. Lies die Stromstärke ab und notiere sie!

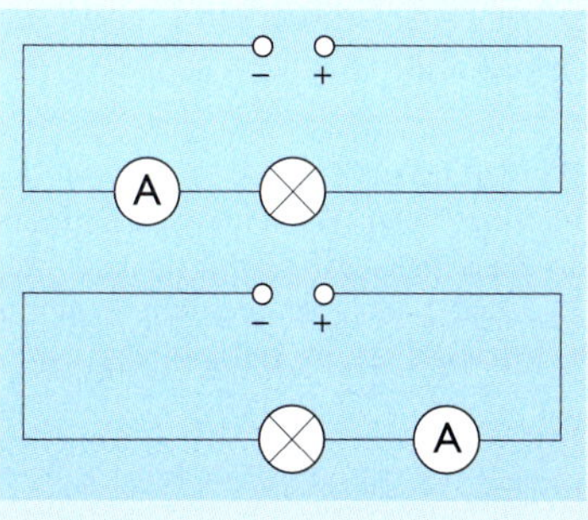

3

Die Stromstärke ist „vor" und „hinter" der Glühlampe gleich groß. Damit ist die Vorhersage mit dem Modell der Elektronenleitung bestätigt.
Bei einer Reihenschaltung muss der Strom „nacheinander" durch mehrere Geräte hindurchfließen. So durchfließt z. B. der elektrische Strom im Schwibbogen im Bild 4 alle Glühlampen. Sie sind alle gleich und leuchten gleich hell. Das deutet darauf hin, dass die Stromstärke an allen Stellen des Stromkreises gleich groß ist.
Überprüfe auch diese Vorhersage in einem Experiment!

4

EXPERIMENT 2

1. Schalte zwei Glühlampen in Reihe und schließe sie an eine Elektrizitätsquelle an!
2. Öffne den Stromkreis am Minuspol der Elektrizitätsquelle und miss die Stromstärke I. Achte dabei auf die richtige Polung der Anschlüsse des Strommessers!
3. Schalte den Strommesser zwischen beide Glühlampen (Punkt 1) und miss die Stromstärke I_1!
4. Ermittle die Stromstärke I_2 in Punkt 2!

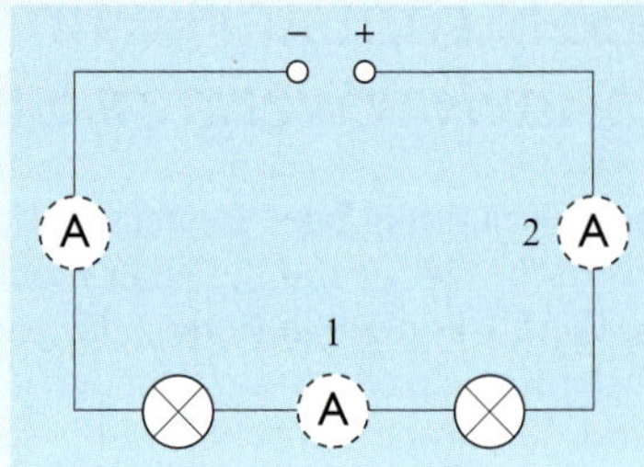

1

An allen Stellen eines unverzweigten Stromkreises bewegen sich in einer Sekunde gleich viele Elektronen durch den Leiter. Beim positiven Pol der Elektrizitätsquelle kommen genauso viele Elektronen an, wie vom negativen Pol ausgehen.

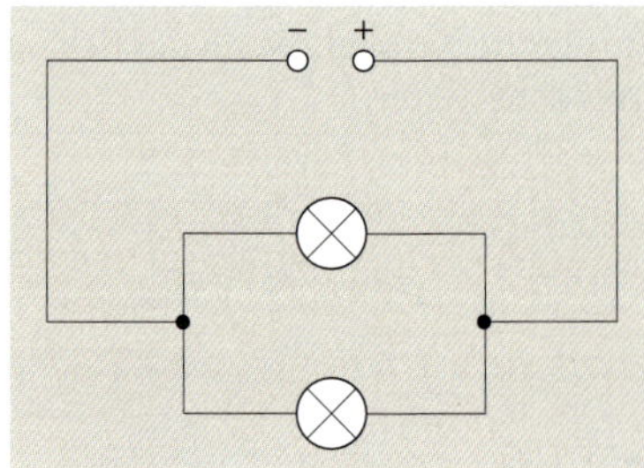

2

In einem unverzweigten Stromkreis ist die elektrische Stromstärke an allen Stellen gleich groß: $I = I_1 = I_2$.
Bei n in Reihe geschalteten Geräten gilt $I = I_1 = I_2 = \ldots = I_n$.

Die elektrische Stromstärke im verzweigten Stromkreis. Um mehrere elektrische Geräte mit nur einer Elektrizitätsquelle zu betreiben, werden diese in der Regel parallel geschaltet. Das heißt, die Geräte werden unabhängig voneinander von jeweils einem Strom durchflossen. Dazu wird ein verzweigter Stromkreis wie in Bild 2 verwendet.
Auch über die Stromstärke im verzweigten Stromkreis kann man mit dem Modell der Elektronenleitung eine Vorhersage machen.
Die Elektronen bewegen sich vom Minuspol der Elektrizitätsquelle zur Verzweigungsstelle A (Bild 3). Dort teilt sich ihr Weg. Ein Teil der Elektronen bewegt sich durch den oberen Leiter, ein zweiter Teil durch den unteren. Im Punkt B treffen die Elektronen aus den beiden Leiterzweigen wieder zusammen. Gemeinsam bewegen sie sich zum Pluspol der Elektrizitätsquelle.
I ist die elektrische Stromstärke in der Zuleitung. Diese teilt sich in die Stromstärken I_1 und I_2 in den beiden Leiterzweigen. Die Summe dieser beiden Teilstromstärken I_1 und I_2 müsste deshalb gleich der Gesamtstromstärke I sein.

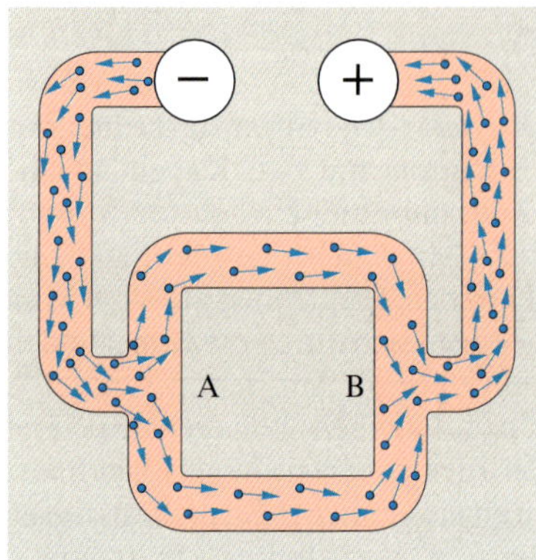

3

EXPERIMENT 3

1. Baue einen verzweigten Stromkreis auf!
2. Miss die Gesamtstromstärke I und notiere sie!
3. Schalte nacheinander den Strommesser in die beiden Leiterzweige ein. Miss die beiden Teilstromstärken!

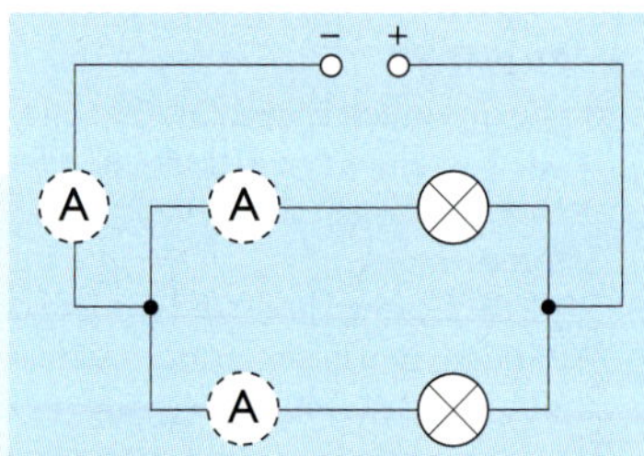

4

Die Messergebnisse bestätigen die Vorhersage: $I = I_1 + I_2$.
In den großen Leuchtern eines Theaters leuchten gleichzeitig viele Lampen. Auch in deinem Zimmer können mehrere Geräte (Lampen, Radio, Computer usw.) zu gleicher Zeit eingeschaltet sein. In der Zuleitung ist dann die Stromstärke groß. Sie verteilt sich auf die einzelnen Geräte.

5

In einem verzweigten Stromkreis ist die Gesamtstromstärke gleich der Summe der Stromstärken der Teilströme: $I = I_1 + I_2$.
Bei n parallel geschalteten Geräten gilt: $I = I_1 + I_2 + \ldots + I_n$.

AUFGABEN

1. Beschreibe den Aufbau eines Metalls und eines Isolators. Erkläre, warum Metalle den elektrischen Strom leiten können, Isolatoren aber nicht!
2. Die Elektronen bewegen sich in einem Draht mit einer sehr kleinen Geschwindigkeit vorwärts. Warum beginnt aber ein elektrisches Gerät sofort zu arbeiten, wenn man den Stromkreis schließt?
3. Erkläre mit dem Modell der Elektronenleitung, dass in einem verzweigten Stromkreis die Gleichung $I = I_1 + I_2$ gilt!
4. In einem verzweigten Stromkreis misst du folgende Teilstromstärken: I_1 = 130 mA, I_2 = 50 mA und I_3 = 8 mA. Gib die Stromstärke in der Zuleitung an!
5. Bei einer Modelleisenbahn ist die Stromstärke in der Elektrizitätsquelle I = 3,2 A. Die Stromstärke I_1 in der einen Lokomotive beträgt 1,2 A, die in der anderen I_2 = 0,8 A. Wie groß ist die Stromstärke I_3 des Stromes für die Beleuchtung der Anlage?
6. Rechne folgende Stromstärken in die Einheit mA um: a) 8 A, b) 0,7 A, c) 0,05 A !
7. Die Handlampe eines Autos hat ein 4 m langes Kabel. Der Strom, der durch die Glühlampe fließt, hat eine Stromstärke von 1 A. Ist die Stärke des Stromes, der an der Steckdose in das Kabel hinein bzw. herausfließt größer, kleiner oder gleich 1 A?
8. Beim Standlicht fließt durch jede der Lampen im Scheinwerfer ein Strom mit der elektrischen Stromstärke von 0,8 A. In jeder der beiden Heckleuchten beträgt die Stromstärke 0,4 A. Wie groß ist die Gesamtstromstärke?
9. In einem dünnen und einem dicken Kupferkabel fließt ein Strom gleicher Stromstärke. Erfolgt die gerichtete Bewegung der Elektronen in beiden Kabeln gleich schnell? Begründe deine Antwort!
10. Oft hört man „Die Waschmaschine hat einen hohen Stromverbrauch." Was ist damit gemeint – und wie müsste es richtig heißen?
11. Ergänze die fehlenden Angaben der Stromstärke!

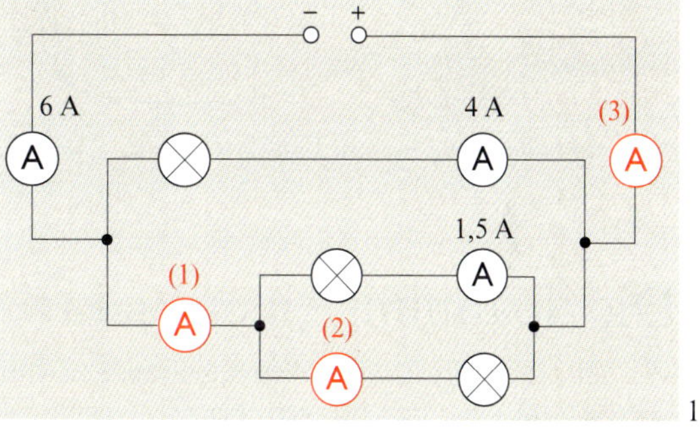

1

ZUSAMMENFASSUNG

Aufbau von Isolatoren

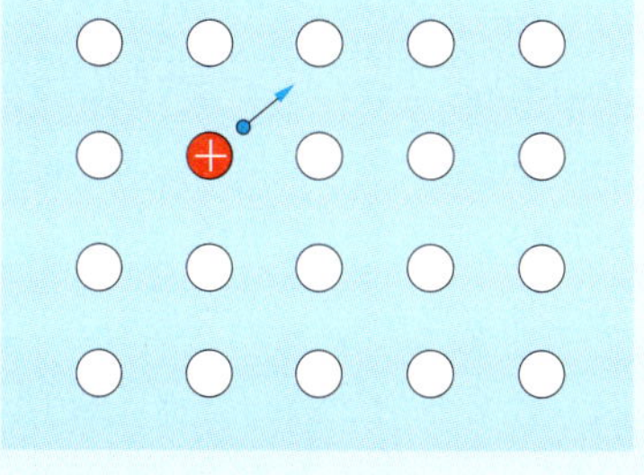
2

Modell der Elektronenleitung: In Metallen ist der elektrische Strom die gerichtete Bewegung der Elektronen. Die Elektronen bewegen sich vom Minuspol zum Pluspol der Elektrizitätsquelle. Auf ihrem Wege stoßen sie oft mit den Metall-Ionen zusammen.

Die elektrische Stromstärke gibt an, wie viele Elektronen sich in einer bestimmten Zeit durch den Querschnitt eines Leiters bewegen.

Formelzeichen für die Stromstärke: I
Einheit der Stromstärke: Ampere (A)

Strommesser werden mit den elektrischen Geräten in Reihe geschaltet.

Im unverzweigten Stromkreis ist die elektrische Stromstärke an allen Stellen gleich groß: $I = I_1 = I_2 = \ldots = I_n$.

Im verzweigten Stromkreis ist die Gesamtstromstärke gleich der Summe der Teilstromstärken: $I = I_1 + I_2 + \ldots + I_n$.

Aufbau von Metallen

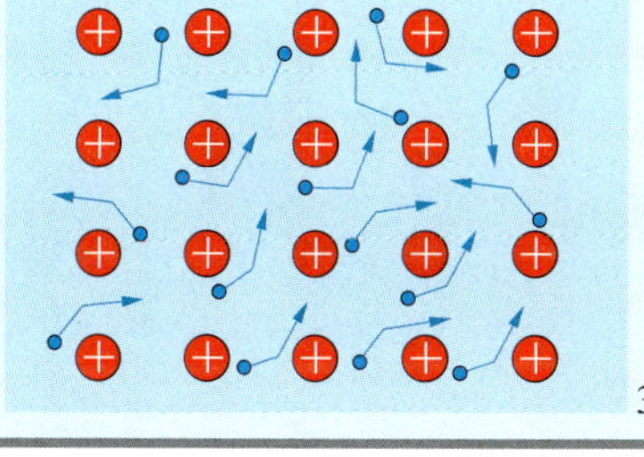
3

Die elektrische Spannung

Es gibt viele Leute, die gern saure Gurken essen. Das übrig gebliebene Gurkenwasser braucht man nicht wegzugießen. Stellst du in das saure Gurkenwasser zwei Bleche aus Kupfer und Zink, hast du eine Elektrizitätsquelle, die einen sich leicht drehenden Spielzeugmotor antreiben kann.
Du glaubst das nicht? –
Probiere es aus!
Anstelle des Gurkenwassers kannst du auch Salzwasser nehmen.

1

Die Spannung einer Elektrizitätsquelle

Mit der „Gurkenwasser-Elektrizitätsquelle" könntest du allerdings keine Lampe zum Leuchten bringen. Ebenso würdest du es nicht schaffen, mit einer Batterie einen Föhn oder einen Toaster zu betreiben. Dazu brauchst du eine andere Elektrizitätsquelle.
Im Modell der Elektronenleitung werden die Elektronen in einem Stromkreis von der Elektrizitätsquelle angetrieben. Unterschiedliche Elektrizitätsquellen können den Strom unterschiedlich stark antreiben. Dieser Antrieb wird elektrische Spannung genannt. Das Formelzeichen für die elektrische Spannung ist U.

Die elektrische Spannung gibt an, wie stark der Antrieb des Stromes durch eine Elektrizitätsquelle ist.
Die Einheit der elektrischen Spannung ist Volt (V).

2 ALESSANDRO VOLTA (1745 – 1827)

Die Einheit der Spannung Volt wurde nach dem italienischen Physiker ALESSANDRO VOLTA benannt. Eine größere Einheit, die oft in der Technik benutzt wird, ist das Kilovolt (kV). Es gilt: 1 kV = 1 000 V.
VOLTA hat ähnliche Experimente wie in Bild 1 mit verschiedenen Metallen und Flüssigkeiten gemacht. Die Spannung, die wir heute 1 Volt nennen, entspricht ungefähr der Spannung, die VOLTA mit seinem Kupfer-Zink-Element erreicht hat.
Auf jeder Batterie findet sich eine Angabe über die Spannung der Batterie. Aber auch auf elektrischen Geräten ist stets angegeben, für welche Spannung sie gebaut sind. Wird eine Fahrrad-Glühlampe an die verschiedenen elektrischen Quellen im Bild 3 angeschlossen, so erkennt man: Die 1,5-V-Zelle reicht nicht aus, um die Lampe zum Leuchten zu bringen. Bei der Flachbatterie mit 4,5 V leuchtet die Lampe hell, bei dem Block mit 6 V wird sie noch heller. Schließt man sie an den Block mit 9 V an, glüht sie kurzzeitig auf und dann brennt der Glühfaden durch.

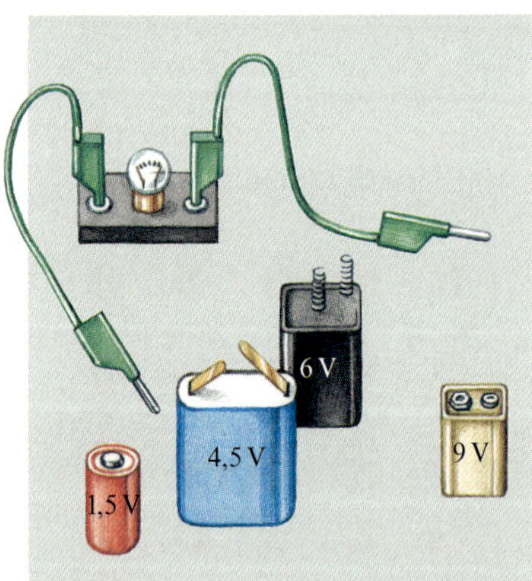

3

Messen der elektrischen Spannung. Zum Messen der elektrischen Spannung verwendet man Spannungsmesser. Sie zeigen mit einem Zeiger (Bild 1) oder mit Ziffern die jeweilige Spannung an.
Elektrische Messgeräte sind meist Vielfachmessgeräte. Außer der Spannung können sie auch die elektrische Stromstärke sowie weitere elektrische Größen messen.
Will man im Stromkreis z. B. die Spannung zwischen den Polen einer Elektrizitätsquelle messen, so verbindet man sie mit den Buchsen des Spannungsmessers. Dabei muss die mit „–" gekennzeichnete Buchse mit dem Minuspol der Elektrizitätsquelle (und die mit „+" beschriftete Buchse mit dem Pluspol) verbunden werden.

1

Beispiele für Spannungen

Knopfzelle	1,35 V	Zitterrochen	über 100 V
Monozelle	1,5 V	Spannung aus der Steckdose	230 V
Flachbatterie	4,5 V	Zitteraal	800 V
Fahrraddynamo	6 V	Generator im Kraftwerk	15 000 V
Lichtmaschine im Pkw	12 V	Blitz	etwa 1 000 000 V

Leerlaufspannung und Klemmenspannung. Auf einer Elektrizitätsquelle ist immer die Angabe der elektrischen Spannung aufgedruckt, die sie bereitstellt. So steht auf einer Monozelle z. B. 1,5 V und auf einer Flachbatterie 4,5 V.
Die Spannung zwischen den Polen einer Elektrizitätsquelle verändert sich jedoch, wenn ein elektrisches Gerät angeschlossen wird:

EXPERIMENT 1

1. Baue die Schaltung nach dem Schaltplan auf. Verwende dabei als Elektrizitätsquelle eine Monozelle. Ermittle mit dem Spannungsmesser die Spannung zwischen den Polen der Monozelle. Notiere die Spannung unter „Leerlaufspannung"!
2. Schließe den Stromkreis, sodass durch das elektrische Gerät ein Strom fließt. Lies am Spannungsmesser die Spannung ab und notiere sie unter „Klemmenspannung"!

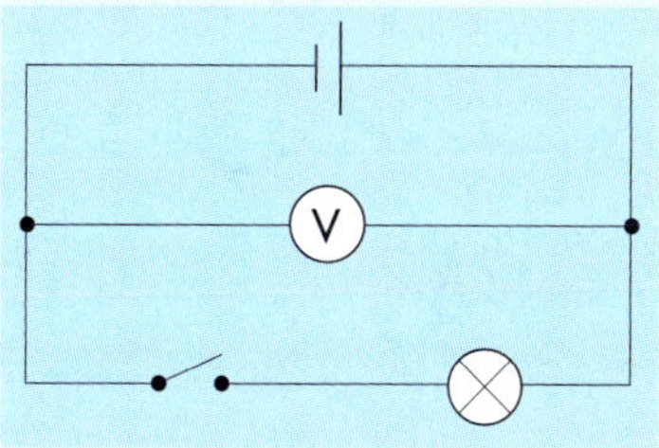

2

Nach dem Einschalten des elektrischen Gerätes ist die Spannung kleiner. Die Spannung, die zwischen den Polen einer Elektrizitätsquelle auftritt, wenn kein Strom fließt, nennt man Leerlaufspannung U_{Leer}. Die Klemmenspannung U_{Kl} ist die Spannung zwischen den Polen einer Elektrizitätsquelle, wenn ein Strom fließt. Die Messergebnisse zeigen:

Die Klemmenspannung ist stets kleiner als die Leerlaufspannung:
$U_{Kl} < U_{Leer}$.

Den Unterschied zwischen Leerlaufspannung und Klemmenspannung kann man sich folgendermaßen erklären: Die Elektrizitätsquelle liefert den Antrieb für den elektrischen Strom. Dieser Strom fließt nicht nur von einem Pol der Elektrizitätsquelle durch die Leitungen und das elektrische Gerät zum anderen Pol. Er fließt auch innerhalb der Elektrizitätsquelle selbst. Auch dafür ist ein Antrieb erforderlich. Dieser macht sich jedoch erst bemerkbar, wenn tatsächlich ein Strom fließt.

Übrigens

Da eine Elektrizitätsquelle eine Spannung bereitstellt und einen Strom erzeugen kann, nennt man sie häufig auch Spannungsquelle oder Stromquelle.

Die Spannung im verzweigten und im unverzweigten Stromkreis

Die Spannung im verzweigten Stromkreis. Im verzweigten Stromkreis sind mehrere Geräte direkt mit der Elektrizitätsquelle verbunden. Wie groß ist die elektrische Spannung an den Geräten?

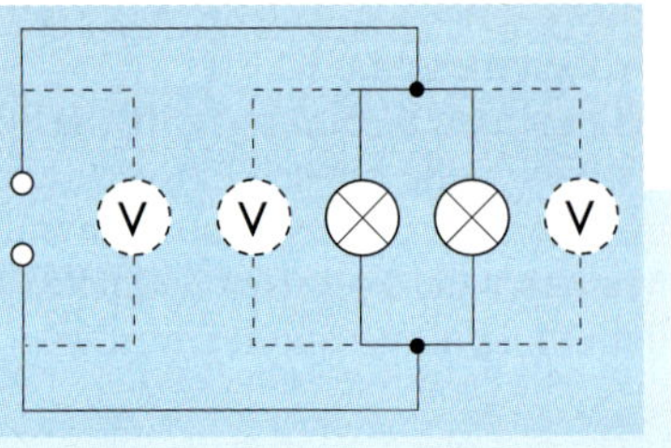

1

EXPERIMENT 2
1. Baue einen verzweigten Stromkreis auf!
2. Miss nacheinander die Spannung an der Elektrizitätsquelle sowie an beiden Glühlampen!

Der Spannungsmesser zeigt in allen Fällen die gleiche Spannung an.

Im verzweigten Stromkreis ist die Spannung an jedem der elektrischen Geräte gleich der Klemmenspannung: $U = U_1 = U_2$.
Für n parallel geschaltete Geräte gilt: $U = U_1 = U_2 = \ldots = U_n$.

Einen verzweigten Stromkreis benutzt du zu Hause in deinem Zimmer. Alle Geräte sind parallel geschaltet. Dadurch erhalten auch alle Geräte die an den Steckdosen anliegende Spannung von 230 V.

Die Spannung im unverzweigten Stromkreis. Jede der Glühlampen auf einem Schwibbogen ist für eine Spannung von maximal 34 V hergestellt (Bild 4, S. 61). Trotzdem kann der Schwibbogen an eine Steckdose von 230 V angeschlossen werden. Wie ist das möglich?

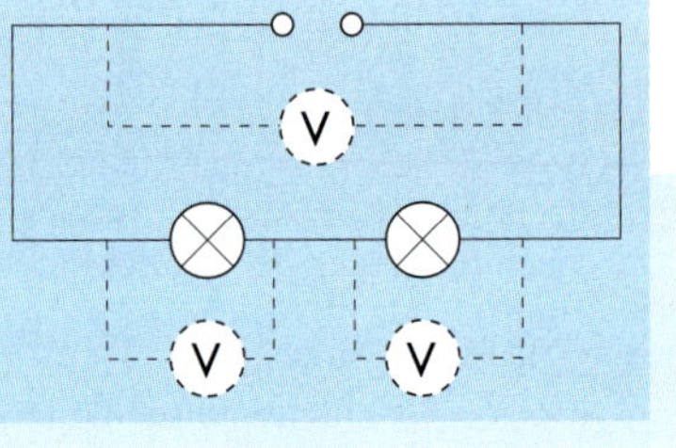

2

EXPERIMENT 3
1. Baue einen unverzweigten Stromkreis auf!
2. Miss nacheinander die Klemmenspannung und die Spannung an jeder der Glühlampen!

Addiert man die Teilspannungen, so erhält man die Klemmenspannung.

Im unverzweigten Stromkreis ist die Summe der Spannungen an den elektrischen Geräten gleich der Klemmenspannung: $U = U_1 + U_2$.
Für n in Reihe geschaltete Geräte gilt: $U = U_1 + U_2 + \ldots + U_n$.

Mit diesem Gesetz kannst du die Wirkungsweise des Schwibbogens erklären. Die angelegte Klemmenspannung verteilt sich auf die einzelnen Bauelemente. Bei den 7 Lampen des Schwibbogens erhält jede Lampe nur eine Spannung von 33 V.

Reihen- und Parallelschaltung von Elektrizitätsquellen. Im Batteriefach einer großen Taschenlampe befinden sich 3 Monozellen. Warum müssen es mehrere sein?
Die Glühlampe benötigt eine Spannung von 4,5 V. Jede Monozelle hat aber nur eine Spannung von 1,5 V. Die Monozellen werden so eingelegt, dass jeweils der Minuspol einer Monozelle mit dem Pluspol der folgenden verbunden ist. Auf diese Weise addieren sich die drei einzelnen Spannungen.

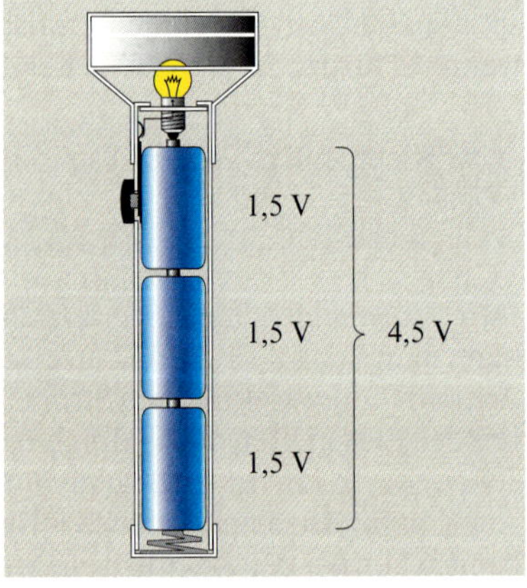

3

Elektrizität aus dem Froschschenkel

Der italienische Arzt und Anatomieprofessor LUIGI GALVANI machte Ende 1780 eine ihm unerklärliche Beobachtung: „Ich sezierte einen Frosch und präparierte ihn, wie die Abbildung (links) zeigt und legte ihn auf einen Tisch … Wie nun der eine von den Leuten, die mir zur Hand gingen, mit der Spitze des Skalpellmessers den inneren Schenkelnerv (D) des Frosches zufällig ganz leicht berührte, schienen sich alle Muskeln derart zusammenzuziehen, als wären sie von Krämpfen befallen."
Bei seinen nachfolgenden Experimenten stellte er fest, dass die Zuckungen besonders heftig waren, wenn er den Froschschenkel an zwei Stellen mit zwei in Reihe geschalteten verschiedenen Metallen berührte (Bild 2).

1
LUIGI GALVANI (1737 – 1798)

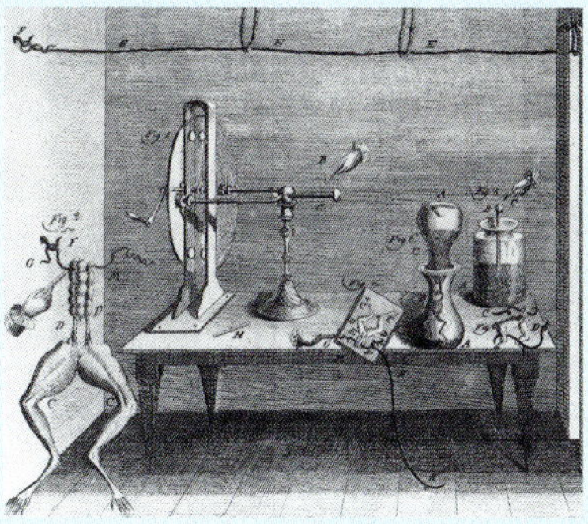
2

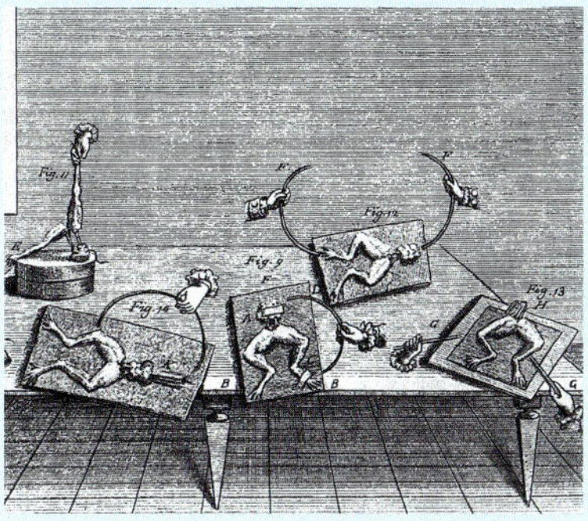
3

Einer der eifrigsten Experimentatoren, die GALVANIS Experimente wiederholten und weiterführten, war der italienische Physiker ALESSANDRO VOLTA. Er entwickelte die ersten Elektrizitätsquellen, die über längere Zeit starke Ströme erzeugen konnten.

Seinen „Becherapparat" beschreibt VOLTA wie folgt: „Man ordnet eine Reihe von mehreren Tassen, gläserne (kleine Trinkgläser oder Becher) sind am besten geeignet, die zur Hälfte mit reinem Wasser, oder besser mit Salzwasser oder Lauge gefüllt sind; man verbindet sie und bildet aus ihnen eine Art Kette mittels ebenso vieler metallener Bögen, von denen ein Arm A aus Kupfer oder Messing ist, während der andere Z, welcher in den folgenden Becher taucht, aus Zinn oder besser Zink ist. Die beiden Metalle, aus denen jeder Bogen besteht, sind an irgend einer Stelle oberhalb der Flüssigkeit zusammengelötet."

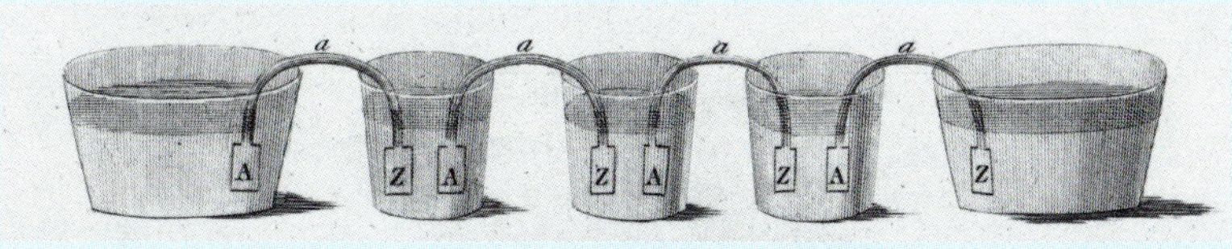

4

Die von VOLTA weiterentwickelten „galvanischen Elemente" führten zu einer Reihe neuer Entdeckungen auf dem Gebiet der Elektrizität:
- im Jahre 1800 wurde Wasser mit dieser Elektrizitätsquelle in seine Bestandteile zerlegt,
- 1805 wurde ein dünner Platindraht zum Glühen und Schmelzen gebracht,
- 1820 wurde die magnetische Wirkung des elektrischen Stromes entdeckt.

VOLTAS Experimente erregten großes Aufsehen. 1801 ließ sich NAPOLEON die Experimente von VOLTA vorführen (Bild 5).

5

Spannungen und Ströme in Lebewesen

Elektrische Fische

Bereits einige Jahrhunderte vor Christi Geburt haben ARISTOTELES und andere griechische Philosophen die von einem Fisch, dem Zitterrochen, ausgehende „betäubende“ Wirkung beschrieben (Bild 1). Um 230 nach Christi Geburt wird in der römischen Literatur darüber berichtet, dass sich die betäubende Wirkung auch dann noch bemerkbar macht, wenn man den Zitterrochen bereits aus dem Wasser genommen hat und dieses z. B. über eine Hand gießt. Der Zitterrochen hat das Wasser elektrisch geladen.
Zitterrochen sind 60 cm bis 1 m lang. Sie bewohnen hauptsächlich die Küsten tropischer und subtropischer Meere. Sie sind im Mittelmeer zu finden, aber auch an der Ostküste des Atlantischen Ozeans.
Zitterrochen haben an beiden Seiten des Vorderkörpers Muskeln, die zu elektrischen Organen umgebildet sind. Das sind viele kleine Säulen, die aus hunderten von Scheiben bestehen (Bild 2). Wenn das Nervensystem eines Rochens angeregt wird, so lädt sich die Oberseite jeder Scheibe positiv und die Unterseite negativ auf. Auf diese Weise erzeugt er Spannungen von über 100 V. Die Entladungen folgen in kurzen Abständen nacheinander. Die Zitterrochen setzen ihre elektrischen Organe dazu ein, um ihre Beute zu lähmen oder zu töten. Die Rochen liegen im Sand vergraben. Wenn sich ein Beutetier annähert, schießen sie plötzlich hervor, töten es elektrisch und verschlingen es. Die elektrischen Organe der Zitterrochen stellen aber auch eine wirksame Waffe gegen ihre Feinde dar. Schließlich können sie sich durch elektrische Spannungsstöße auch untereinander verständigen.

Nach der Entdeckung Amerikas gelangten Berichte über einen elektrischen Fisch im Urwald des Amazonas nach Europa. Beim Durchwaten von flachen Wasserstellen hatten Goldsucher und ihre Pferde kräftige elektrische Schläge verspürt, die sie zu Boden warfen. Die Lähmung der Beine ging erst nach Tagen zurück.
Der elektrische Fisch war der Zitteraal, der eine Länge von 2 m erreicht (Bild 3). Er kann elektrische Spannungen von 800 V und Stromstärken von über 1 A erzeugen. Die elektrischen Organe des Zitteraals bestehen aus 6 000 „elektrischen Zellen“, die „in Reihe geschaltet“ sind. Die Spannungen müssen deshalb höher als beim Zitterrochen sein, weil das Süßwasser des Amazonas ein schlechterer elektrischer Leiter als das Salzwasser des Meeres ist.
Auch in Afrika gibt es elektrische Fische, die Nilhechte. Sie benutzen die elektrische Spannung aber nur zur Orientierung im Wasser und zum Aufspüren von Beute.

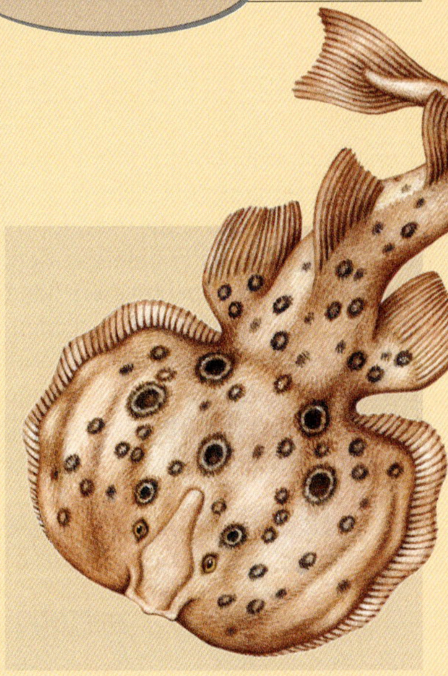

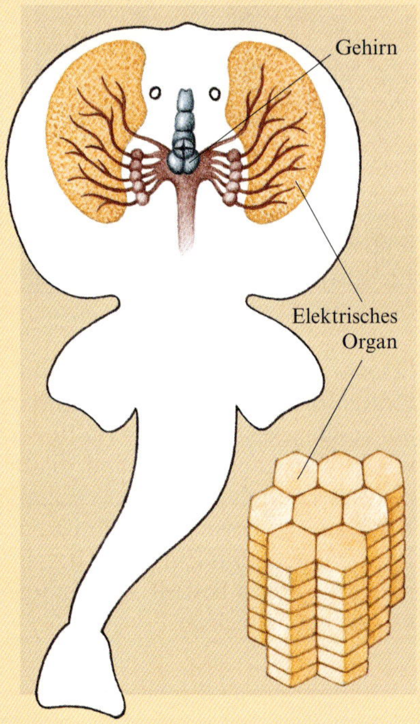

2

3

Ströme und Spannungen im menschlichen Körper

Unser Körper ist ein elektrischer Leiter. Im Blut des Menschen sind Salze gelöst. Deshalb ist unser Körper ein elektrischer Leiter (Bild 1). Wie groß der Strom durch unseren Körper ist, hängt zum einen von der benutzten Elektrizitätsquelle ab. Es spielt aber auch eine Rolle, wie gut der Übergang zwischen den metallischen Kontakten und der Haut ist. Je kräftiger man zufasst, desto größer wird der elektrische Strom. Noch größer wird der Strom, wenn die Hände feucht sind.

1
Dieses Experiment darf nur mit einer Batterie durchgeführt werden.

Wirkungen des elektrischen Stromes im Körper. Am besten kann der elektrische Strom durch die Blutgefäße fließen. Diese gehen auch durch die Muskeln. Dadurch ist es möglich, dass der Strom die Tätigkeit der Muskeln stört. Es können Zuckungen und Verkrampfungen auftreten. Fließt der Strom durch das Herz, so kann sich der Herzmuskel verkrampfen und das Herz hört auf zu schlagen.
Wie groß die Wirkung des elektrischen Stromes auf den Körper ist, hängt von der Stromstärke ab.
Stromstärken von
- 1 mA kann man wahrnehmen,
- 10 mA rufen ein unangenehmes Kribbeln hervor,
- 15 mA verursachen Schmerzen,
- 50 mA sind lebensgefährlich. Sie können zur Ohnmacht führen.

Außerdem ist es von Bedeutung, welche Körperteile durchflossen werden. Besonders gefährlich ist es, wenn der elektrische Strom durch den Brustkorb und damit durch das Herz fließt. Dann ist es möglich, dass das Herz aus dem Rhythmus gerät und der Tod eintritt.
Eine weitere Gefahr besteht darin, dass es durch die Wärmewirkung des elektrischen Stromes zu Verbrennungen entlang der Blutbahnen kommt.

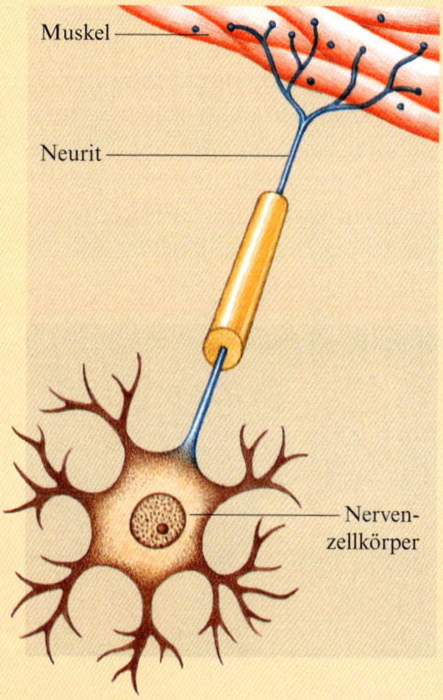

2

Spannungen in den menschlichen Nervenzellen. Der menschliche Körper enthält etwa 20 Milliarden Nervenzellen. Ihre Aufgabe ist die Weiterleitung von Informationen, z. B. vom Gehirn an die Muskeln oder von der Haut an das Gehirn. Die Nervenzellen haben lange Fortsätze (Neuriten), die elektrische Erregungen weiterleiten können. Die Neuriten können mehrere Meter lang sein (Bild 2).
Eine Spannungsmessung an Neuriten kann erfolgen, indem eine Elektrode direkt in den Neuriten eingestochen wird und die andere außerhalb bleibt. Normalerweise misst man dann eine Spannung von etwa 0,07 V. Wird die Nervenzelle z. B. am Zellkörper erregt, so erhöht sich dort die Spannung. Die Erregung wandert dann durch den Neuriten, sodass man an einer Messstelle für kurze Zeit eine Spannung von 0,09 V feststellen kann.
Solche Erregungen wandern mit einer Geschwindigkeit von etwa 100 m/s durch die Neuriten.

AUFGABEN

1. Beim Reiben von Kunststoffen kann Elektrizität auftreten. Beschreibe einen Vorgang, bei dem du in einem solchen Zusammenhang ein „Kribbeln“ gespürt hast!
2. Informiere dich in einem Nachschlagewerk über das Leben und Wirken von LUIGI GALVANI und berichte darüber!
3. Stelle eine Übersicht über die Gefahren des elektrischen Stromes zusammen und beschreibe die Schlussfolgerungen, die du daraus ziehen kannst!
4. Welche Eigenschaft einer Elektrizitätsquelle wird durch die Spannung beschrieben?
5. Warum erzeugen die Zitteraale eine größere elektrische Spannung als die Zitterrochen?

Ströme und Spannungen in der Medizin

Die Elektrizität birgt nicht nur Gefahren für den Menschen, sondern sie kann auch zur Erkennung von Krankheiten genutzt werden. Außerdem hat man bereits vor 250 Jahren versucht, Krankheiten mit elektrischen Stromstößen zu heilen oder zu lindern. Elektriseur war ein sehr geachteter Beruf.

Elektromassage. In einer abgewandelten Form wird das Elektrisieren heute noch als Elektromassage genutzt. Die Behandlung erfolgt mit einer speziellen Massierelektrode (Bild 1).

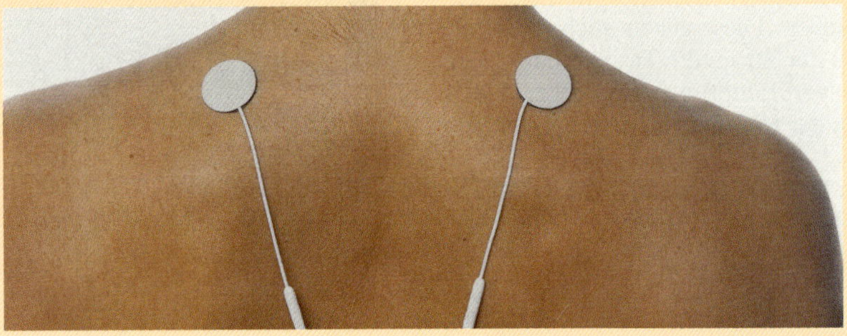
1

Elektro-Enzephalogramme. Viele Nervenzellen des menschlichen Körpers sind mit dem Gehirn verbunden. Wirkt auf unsere Sinnesorgane ein Reiz ein (wenn Licht ins Auge gelangt oder Schall ins Ohr), so fließt kurzzeitig ein schwacher Strom. Auf der Kopfhaut entstehen kleine elektrische Spannungen, die man direkt messen kann.
Die schwachen elektrischen Spannungsstöße werden auf einem Bildschirm sichtbar gemacht oder mit einem Schreiber auf Papier aufgezeichnet. Auf diese Weise erhält man ein sogenanntes Elektro-Enzephalogramm (EEG). Aus dem Verlauf des EEG können Ärzte erkennen, ob die Sinnesorgane und das Gehirn normal arbeiten oder ob ein Gehirnleiden oder eine Gehirnverletzung vorliegt.

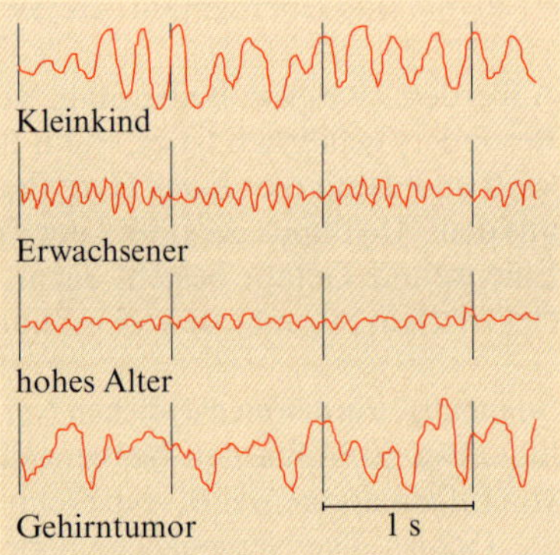

2

Ein EEG weist im Ruhezustand typische, regelmäßige Strukturen auf.
An Unregelmäßigkeiten können manche Krankheiten des Gehirns erkannt werden.
Die an der Kopfhaut auftretenden Spannungen betragen ungefähr 0,0001 V.

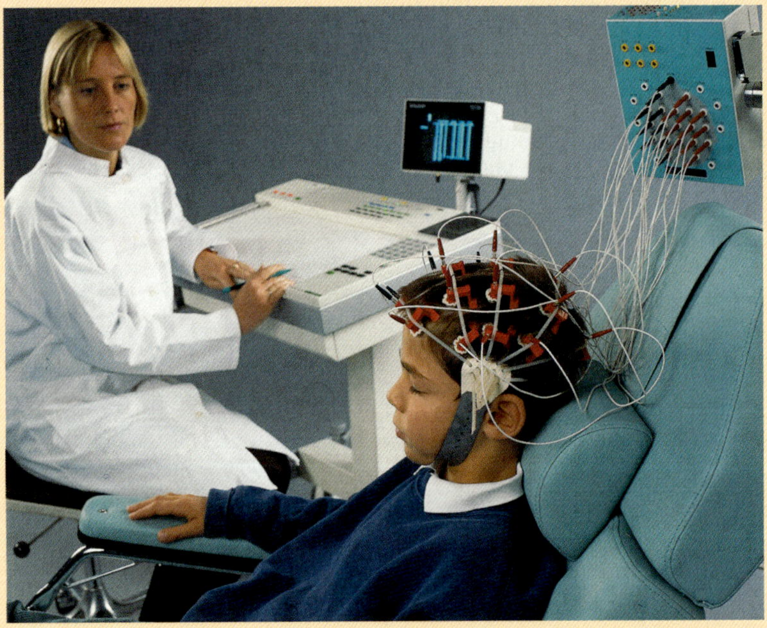
3

Elektrokardiogramme. Bei allen Lebewesen erzeugen die großen Muskeln, insbesondere die Herzmuskeln, elektrische Ströme. Die elektrischen Stromstöße, die beim Herzschlag auftreten, können im Bereich des Brustkorbs, aber auch an Händen und Füßen gemessen werden. Damit man sie besonders deutlich wahrnehmen kann, werden die Kontaktplättchen angefeuchtet. Dadurch entsteht ein guter Übergang für den elektrischen Strom.
Die Aufzeichnung dieser elektrischen Stromstöße nennt man Elektro-Kardiogramm (EKG). Aus dem EKG können die Ärzte den Rhythmus der Herztätigkeit erkennen und feststellen, ob der Herzmuskel geschädigt ist. Oft wird dabei untersucht, ob das Herz im normalen Zustand des Körpers und auch bei sportlicher Betätigung regelmäßig arbeitet (Belastungs-EKG).

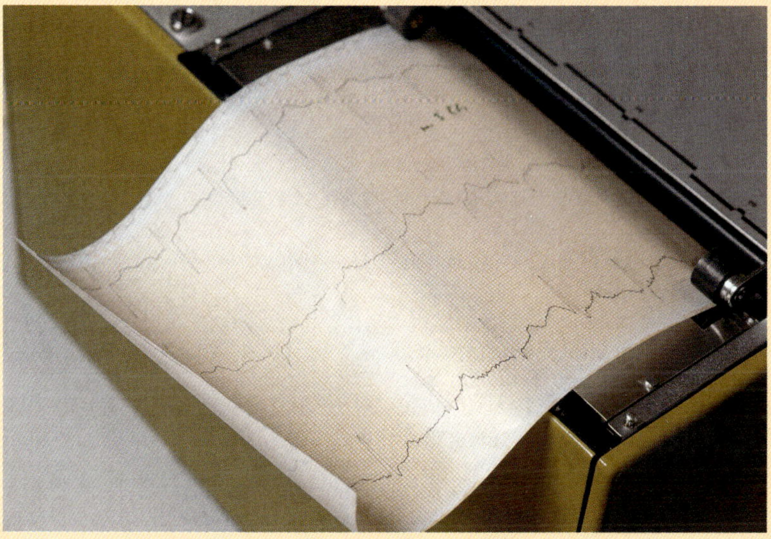
1

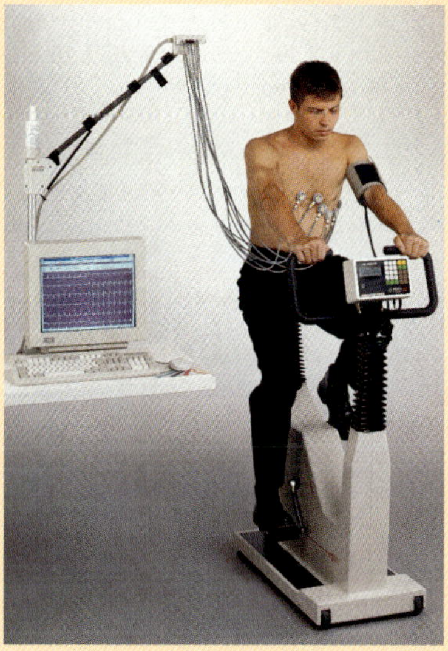
2

Ein Herzschrittmacher kann lebenswichtig sein. Unser Herz schlägt im Ruhezustand etwa 60- bis 100-mal pro Minute. Bei sogenannten Herzrhythmusstörungen kommt es vor, dass das Herz viel schneller oder viel langsamer schlägt. Unterhalb von etwa 40 Schlägen pro Minute wird es für den Menschen gefährlich. Menschen, deren Herz zu langsam schlägt, kann mit einem Herzschrittmacher geholfen werden (Bild 3).
Der Herzschrittmacher steuert den Rhythmus des Herzschlages über kleine Stromstöße. Er wird meist in der Nähe der Schulter unter der Haut eingepflanzt und über eine elektrische Leitung mit dem Herzen verbunden. Moderne Herzschrittmacher sind in der Lage, das Herz 60- bis 160-mal pro Minute schlagen zu lassen – je nach Belastung des Körpers.

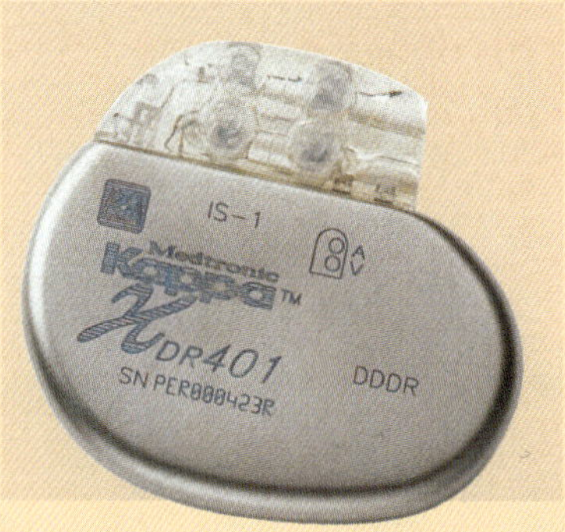

3

AUFGABEN

1. Warum benutzt man zum Anfeuchten der Kontaktplättchen salzhaltiges Wasser und nicht reines, destilliertes Wasser?
2. Wo befinden sich die Elektrizitätsquellen
   a) für das EEG und
   b) für das EKG?
3. Was ist der Nachteil eines Herzschrittmachers, der nur immer denselben Rhythmus angeben kann?
4. In manchen Filmen sieht man, dass bei Verhören sogenannte Lügendetektoren benutzt werden. Wie sollen diese wohl funktionieren?
5. In der Medizin wird der elektrische Strom desweiteren für Kurzwellenbehandlungen und für die Anfertigung von Röntgenaufnahmen benötigt. Erkundige dich darüber, wann diese Verfahren benutzt werden!

Projekt

Selbst gebaute Batterien

Knopfzellen, Monozellen und 9-V-Blöcke werden heute für viele elektrische und elektronische Geräte benötigt. Sie wurden bereits um 1800 von ALESSANDRO VOLTA erfunden.
Eine Monozelle kannst du dir leicht herstellen:

AUFTRAG 1
Stecke in eine Zitrone einen Eisennagel und einen blanken Kupferdraht, sodass sie sich nicht berühren!
1. Schließe ein elektrisches Messinstrument an und bestimme die Spannung und die Stromstärke. Vergleiche die Spannung mit der einer gekauften Monozelle!
2. Wiederhole das Experiment mit einem halben Apfel! Schalte zwei Apfel-Monozellen zuerst parallel, dann in Reihe! Wie ändern sich Spannung und Stromstärke?

1

Volta'sche Säule. Die Krönung der Arbeiten von A. VOLTA zur galvanischen Elektrizität war die Konstruktion der Volta'schen Säule.
Für die Säule benutzte er einige Dutzend Platten, z. B. aus Silber und Zink, von etwa 1 Zoll Durchmesser, „von annähernd gleicher Gestalt und Größe". Mit einem etwas geringeren Durchmesser werden runde Scheiben aus Leder, Pappe o. ä. Materialien hergestellt, die imstande sind, Feuchtigkeit aufzunehmen und zurückzuhalten. Die Metallplatten sollen „rein und trocken" sein, die nichtmetallischen mit Wasser oder „besser mit Salzwasser getränkt und dann leicht abgetrocknet, damit die Flüssigkeit nicht von ihnen abtropft."

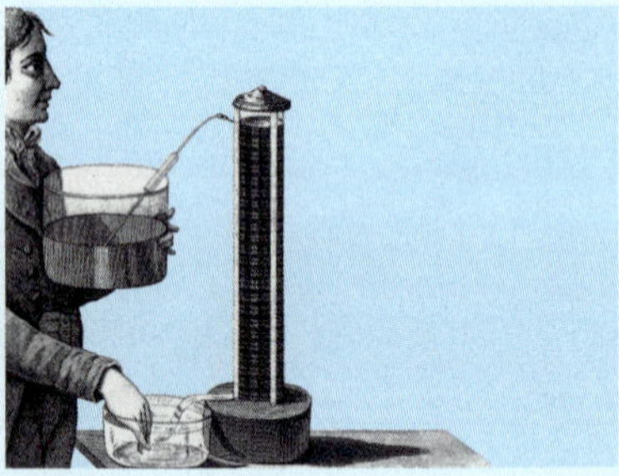
2

3

AUFTRAG 2
1. Stellt aus dünnem, glatten Kupferblech 6 Platten von je etwa 10 cm Kantenlänge her. Schneidet in gleicher Weise 6 gleich große Platten aus dicker Aluminiumfolie und 6 Platten aus dicker Pappe aus!
2. Tränkt die Pappe mit konzentrierter Kochsalzlösung, sodass sie gut durchgefeuchtet ist, jedoch nicht tropft!
3. Stapelt alle Platten in der Reihenfolge Kupfer, Pappe, Aluminium usw. übereinander. Legt darauf eine schwere Scheibe, sodass alle Platten fest aufeinander gepresst werden!
4. Verwendet als Anschlüsse zwei schmale Streifen aus Aluminiumfolie! Verbindet die Kupferplatte leitend mit dem positiven Anschluss und die Aluminiumplatte mit dem negativen Anschluss einer roten oder gelben Leuchtdiode!

AUFGABEN

1. Während des Anlassens eines Autos wird das Standlicht dunkler. Worauf ist das zurückzuführen?
2. Die Lichterkette eines Weihnachtsbaumes besteht aus 16 Lampen. Sie wird an eine Steckdose mit 230 V angeschlossen. Welche Spannung erhält etwa jede Lampe?
3. In das Batteriefach eines Kassettenrecorders wird eine der 4 Monozellen falsch eingelegt. Warum funktioniert das Gerät nicht?
4. Erkundige dich, für welche Spannung der Akkumulator eines Motorrades konstruiert ist und welche Spannung die Lichtmaschine in einem Lkw liefert!
5. Du hast eine Glühlampe an eine Taschenlampenbatterie angeschlossen. Die Lampe leuchtet hell. Was wird geschehen, wenn du nacheinander weitere Lampen zur ersten parallel schaltest?
6. Ein Kronleuchter enthält 3 Glühlampen. Zeichne die Schaltung auf!
7. Der Akkumulator eines Busses besteht aus 12 Zellen. Jede Zelle liefert eine Spannung von 2 V. Wie groß ist die Gesamtspannung?
8. Ein Funkgerät arbeitet mit einer Spannung von 12 V. Wie viele Monozellen müssen in das Batteriefach eingelegt werden?
9. Sind die Glühlampe und der Motor in einem Kühlschrank parallel oder in Reihe geschaltet? Begründe!
10. In welchen Geräten finden „galvanische Spannungsquellen“ Anwendung?
11. Eine Sicherung soll ein Gerät und die Leitungen vor Überlastung schützen, wenn aus irgend einem Grund die Stromstärke zu hoch ist. Wie müssen Sicherung und Gerät geschaltet sein?
12. Ergänze in den nachfolgenden 3 Schaltungen die Spannungen, die von den farbig gezeichneten Spannungsmessern angezeigt werden!

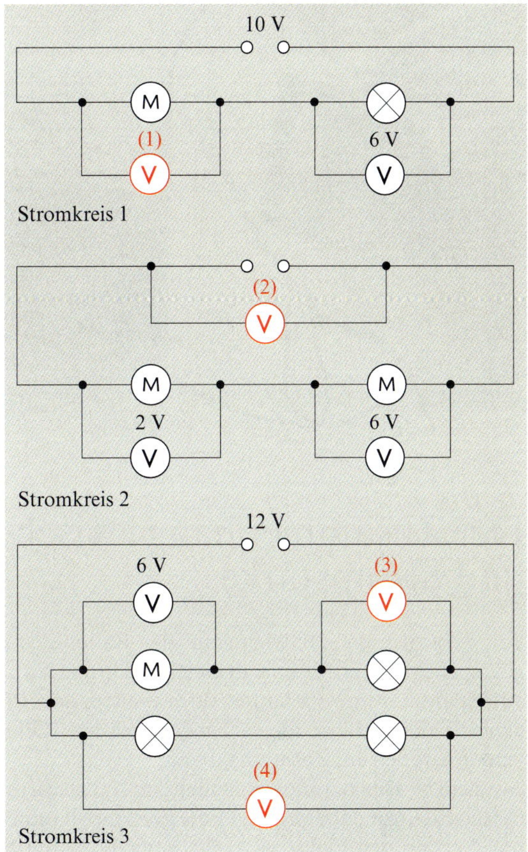

1

ZUSAMMENFASSUNG

Die elektrische Spannung gibt an, wie stark der Antrieb des Stromes durch eine Elektrizitätsquelle ist.

Formelzeichen für die Spannung: U
Einheit der Spannung: Volt (V)

Die Klemmenspannung ist stets kleiner als die Leerlaufspannung: $U_{Kl} < U_{Leer}$.

Im verzweigten Stromkreis ist die elektrische Spannung an jedem Gerät gleich der Klemmenspannung: $U = U_1 = U_2 = \ldots = U_n$.

Im unverzweigten Stromkreis ist die Summe aller Teilspannungen an den einzelnen Geräten gleich der Klemmenspannung: $U = U_1 + U_2 + \ldots + U_n$.

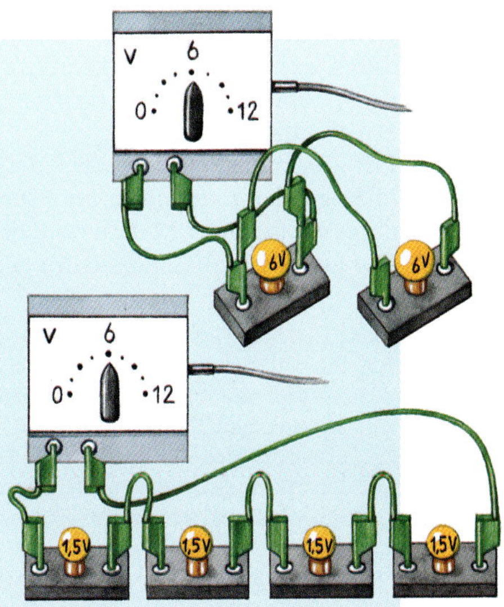

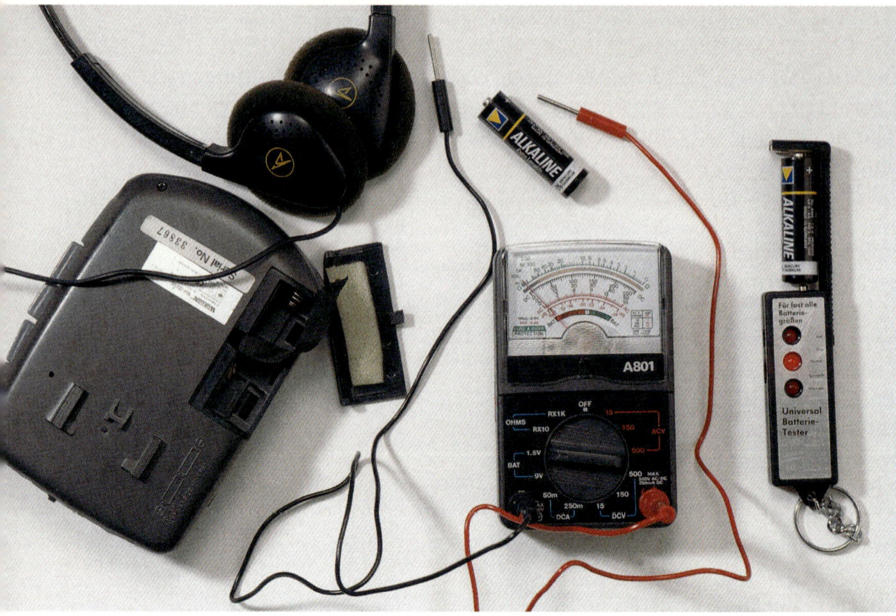

Bei jedem Walkman hört der Spaß irgendwann auf: Die Musik wird undeutlich, die Kassetten fangen an zu leiern.
Dann sind die Batterien verbraucht. Ihre Spannung ist gesunken. Sie reicht nicht mehr aus, um im Kassettenrekorder die erforderliche Stromstärke zu bewirken.
Die Batterien lassen sich mit einem Batterietester oder mit einem Spannungsmesser überprüfen.

1

Der Zusammenhang zwischen Spannung und Stromstärke

Bei verbrauchten Batterien zeigt der Batterietester an, dass nicht mehr genug Elektrizität für eine ausreichend große *Stromstärke* vorhanden ist. Am Spannungsmesser kannst du erkennen, dass die *Spannung* nicht mehr den auf der Batterie angegebenen Wert hat. Offenbar besteht zwischen beiden Größen ein Zusammenhang.
Aus dem Modell der Elektronenleitung kennst du die Spannung als Antrieb für die Elektronenbewegung. Eine größere Spannung bewirkt einen größeren Antrieb der Elektronen. Bei einer größeren Spannung wandern die Elektronen schneller durch den Stromkreis vom Minus- zum Pluspol. Es treten mehr Elektronen pro Zeiteinheit durch den Leiterquerschnitt hindurch, das heißt: die Stromstärke wird größer. Umgekehrt müsste eine kleinere Spannung zu einem geringeren Antrieb und damit zu einer kleineren Stromstärke führen.
Der Zusammenhang zwischen der Spannung U und der Stromstärke I soll im folgenden Experiment untersucht werden. Im Stromkreis befindet sich dabei ein isolierter Metalldraht, der auf einem Isolierkörper gewickelt ist. Der Draht besteht aus einer Metalllegierung, die *Konstantan* heißt.

EXPERIMENT 1

1. Baue die Schaltung nach der Schaltskizze auf!
2. Miss für verschiedene Spannungen die Stromstärke und notiere die Messwertepaare in einer Tabelle!
3. Trage die Messwertepaare in ein I-U-Diagramm ein!
4. Überprüfe den vermuteten Zusammenhang zwischen Spannung und Stromstärke anhand der Messwertetabelle und des Diagramms!

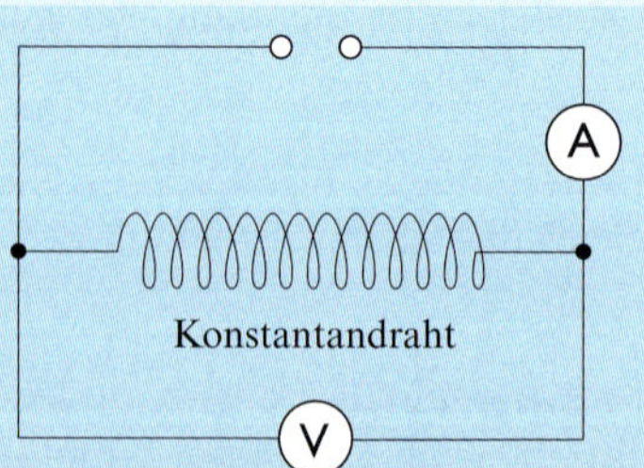

2

Messwertetabelle

U in V	0	1	2	3	4	5	6
I in A	0	0,12	0,25	0,38	0,50	0,63	0,75
U/I in V/A	–	8,3	8,0	7,9	8,0	7,9	8,0

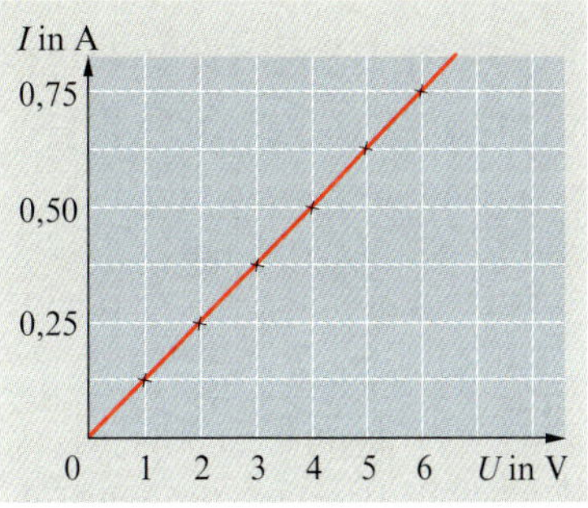

1

Die Messwertetabelle und das *I*-*U*-Diagramm im Bild 1 zeigen mögliche Ergebnisse von Experiment 1. Wiederholt man dieses Experiment mit anderen Drähten, so liegen auch hier die zusammengehörigen Messwertepaare in einem Diagramm jeweils auf Geraden. Die Geraden verlaufen jedoch unterschiedlich steil (Bild 2).
Messwertetabelle und Diagramm bestätigen den vermuteten Zusammenhang zwischen Spannung und Stromstärke. Für einen Stromkreis, in dem sich metallische Leiter befinden, gilt: Je größer die Spannung der Elektrizitätsquelle ist, umso größer ist die Stromstärke im Stromkreis.
Damit lässt sich erklären, dass der Walkman nur bei intakten Batterien wie gewünscht funktioniert. Hat die Batterie die geforderte Spannung, so kommt es im Stromkreis zu einer hinreichenden Stromstärke und du kannst Musik hören. Sinkt die Spannung ab, so wird die Stromstärke bald zu gering.
Die Geraden der *I*-*U*-Diagramme belegen, dass für viele metallische Leiter sogar I proportional zu U ist. Die Proportionalität kannst du auch bestätigen, indem du z. B. aus den Messwertepaaren von Experiment 1 den Quotienten U/I berechnest. Die Werte sind in etwa gleich. Abweichungen kommen durch Ungenauigkeiten im Messprozess zustande. Genauere Untersuchungen führten zu der Erkenntnis, dass der Zusammenhang $I \sim U$ nur dann für einen metallischen Leiter gilt, wenn sich seine Temperatur nicht ändert.
Der im Experiment 1 gefundene Zusammenhang wird nach seinem Entdecker GEORG SIMON OHM als Ohm'sches Gesetz bezeichnet.

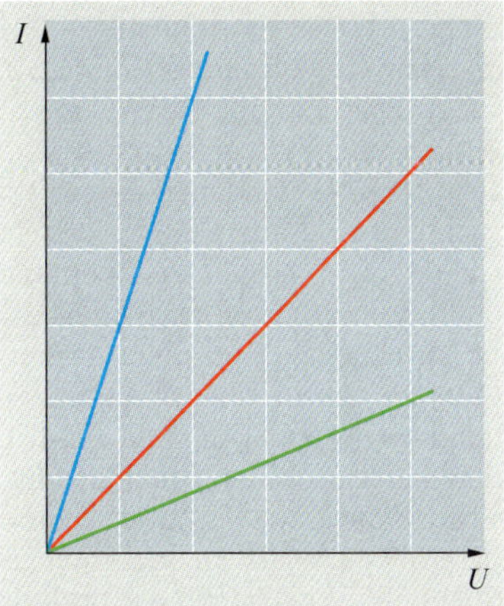

2
I-*U*-Diagramm für verschiedene Leiter

> Ohm'sches Gesetz:
> Die elektrische Stromstärke in einem metallischen Leiter ist der am Leiter anliegenden elektrischen Spannung proportional: $I \sim U$.
> Bedingung: Die Temperatur des metallischen Leiters bleibt konstant.

Das Ohm'sche Gesetz wird vielfältig ausgenutzt: Wer z. B. die Musik lauter stellen will, erhöht die Spannung an den Lautsprechern. Dadurch wird die Stromstärke in den Lautsprechern entsprechend vergrößert.

Spannungsmessung mit dem Drehspulinstrument. Das Ohm'sche Gesetz wird häufig in Vielfachmessgeräten ausgenutzt. Mit einem Drehspulinstrument kann die Stromstärke aufgrund der magnetischen Wirkung des Stromes gemessen werden. Eine Spule ist drehbar zwischen zwei Magnetpolen gelagert. Je größer die Stromstärke in der Spule ist, desto weiter dreht sie sich um ihre Achse. Dieser Bewegung wirkt die Kraft von Spiralfedern entgegen. An der Achse ist ein Zeiger befestigt, der sich über eine Skala bewegt. Wird die Stromstärke kleiner, so bewegt sich der Zeiger wieder zurück.
Mit einem solchen Drehspulinstrument kann nicht nur die Stromstärke, sondern auch die Spannung gemessen werden, da für die Spule das Ohm'sche Gesetz gilt. Die Skala für die Stromstärke kann durch eine geeignete Skala für die Spannung ersetzt werden, da die Spannung der Stromstärke proportional ist.

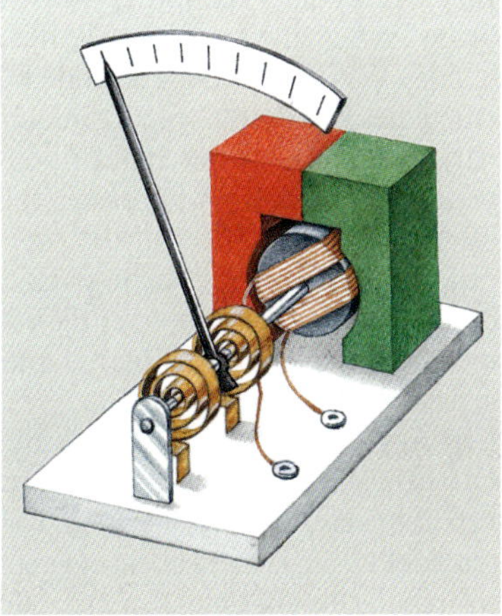
3
Drehspulinstrument

Ein Blick in die Geschichte

Leben und Leistungen von GEORG SIMON OHM

Am 16. März 1789 wurde GEORG SIMON OHM in der Stadt Erlangen als ältester Sohn eines Schlossermeisters geboren. Die Familie lebte in ärmlichen Verhältnissen. Trotzdem sorgte sein Vater dafür, dass er sich zusammen mit seinem jüngeren Bruder in der Freizeit mit den Naturwissenschaften beschäftigen und wissenschaftliche Bücher lesen konnte.

Bereits mit 16 Jahren begann er in seiner Heimatstadt an der Universität Erlangen Mathematik und Physik zu studieren. Nach Abschluss seines Studiums arbeitete er als Gymnasiallehrer, zunächst in Bamberg und ab 1817 an einem Gymnasium in Köln. Zu dieser Zeit fanden die Erscheinungen der Elektrizität und des Magnetismus großes Interesse (siehe Seite 67). Auch OHM beschäftigte sich intensiv damit.

10 Jahre lang experimentierte er mit Stromkreisen und Leitern. Er untersuchte den Zusammenhang zwischen der „erregenden Wirkung der Elektrizität", wir sagen heute Spannung dazu, und der magnetischen Wirkung des Stromes, die von der Stromstärke abhängt.

Es gab aber damals noch keine geeigneten Messgeräte für die Stromstärke. OHM entwickelte daher ein eigenes sogenanntes Galvanometer, in dem durch den elektrischen Strom eine Magnetnadel ausgelenkt wird. Die Auslenkung der Nadel wuchs mit zunehmender Stromstärke.

Ebenso gab es um 1820 noch keine zuverlässigen Spannungsquellen. Selbst bei den von VOLTA entwickelten galvanischen Elementen änderte sich die Spannung je nachdem, wie groß die Stromstärke war. Das Problem einer zuverlässigen Spannungsquelle konnte OHM erst lösen, nachdem ihn ein Freund auf den im Jahre 1822 von KARL SEEBECK entdeckten thermoelektrischen Effekt aufmerksam gemacht hatte.

Dieser Effekt tritt bei zwei Drähten aus unterschiedlichen Metallen mit fest zusammengefügten Enden auf, wenn diese Enden unterschiedliche Temperaturen aufweisen. Im Stromkreis aus den beiden Drähten fließt dann ein Strom. Unterbricht man diesen Kreis, so besteht an der Stelle der Unterbrechung eine Spannung. Der Betrag der Spannung ist umso größer, je größer der Temperaturunterschied zwischen den beiden zusammengefügten Enden ist. Durch Messdrähte, die an der Stelle der Unterbrechung eingeschaltet werden, wird die Stromstärke verändert.

Bild 2 zeigt das Prinzip der von OHM selbst gebauten Apparatur. Damit beide Enden eine konstante Temperatur hatten, brachte er das eine in siedendes Wasser, das andere Ende kühlte er in einer Eis-Wasser-Mischung. Auch dies war damals nicht einfach: Eis gab es nur im Winter.

Aus vielen Messreihen heraus erkannte OHM 1826 das später nach ihm benannte Gesetz. Obwohl er schon 1827 ein Buch über seine Ergebnisse veröffentlichte, musste er auf die Anerkennung seiner großen Leistung noch viele Jahre warten. Es wurde kritisiert, dass auch OHM nicht erklären konnte, wodurch ein Strom eigentlich zustande kommt. Dies war jedoch gar nicht das Anliegen von OHM, der lediglich seine Ergebnisse mathematisch genau beschreiben wollte.

Erst Auszeichnungen aus Frankreich und England führten dazu, dass man OHM auch in Deutschland würdigte. 1849 wurde er als Professor an die Universität nach München berufen. Dort beschäftigte er sich mit vielen Gebieten der Physik, konnte aber sein geplantes vierbändiges Werk „Beiträge zur Molekularphysik" nicht mehr vollenden. 1854 starb GEORG SIMON OHM an einem Schlaganfall.

1
GEORG SIMON OHM (1789–1854)

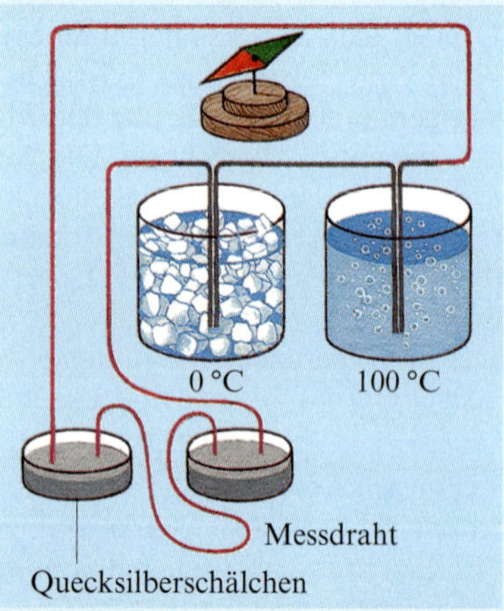

2
OHMS Experimentieranordnung

3
OHM erhält die Copley-Medaille

AUFGABEN

1. Berechne zu den 4 Bauelementen aus den angegebenen Spannungen und Stromstärken die Quotienten U/I und stelle die Messwertepaare jeweils in einem Diagramm dar!
Für welche Bauelemente gilt das Ohm'sche Gesetz? Begründe!

Elektrische Stromstärke in den Bauelementen				
Spannung:	2 V	4 V	6 V	8 V
Bauelement 1	0,17 A	0,30 A	0,35 A	0,37 A
Bauelement 2	0,23 A	0,45 A	0,70 A	0,93 A
Bauelement 3	0,65 A	0,85A	1,05 A	1,25 A
Bauelement 4	0,03 A	0,06 A	0,09 A	0,12 A

2. Ergänze die folgenden Tabellen unter der Voraussetzung, dass das Ohm'sche Gesetz für diese Bauelemente gilt!

a)

U in V	0	5	15	…	…
I in mA	0	100	…	450	1000

b) $\frac{U}{I} = 25\,\frac{\text{V}}{\text{A}}$

U in V	5	…	230	…
I in A	…	0,5	…	1,5

3. Elektrische Haushaltsgeräte funktionieren in einem kühlen Keller genauso wie auf einem heißen Dachboden. Was kannst du daraus folgern?
4. Erkundet, warum eine Weidezaunanlage, die immerhin „Spannungsspitzen" von bis zu 1000 V liefert, trotzdem nur ein unangenehmes „Kribbeln" bewirkt!
5. Nenne einige der Schwierigkeiten, mit denen GEORG SIMON OHM bei seinen Experimenten zu kämpfen hatte!
6. An vielen Elektrogeräten gibt es einen Wahlschalter, mit dem man das Gerät auf die Spannung im Leitungsnetz einstellen kann. Was würde geschehen, wenn du ein Gerät auf 120 V einstellst und es an die Steckdose anschließt?
7. Die ersten Glühlampen (Kohlefadenlampen) waren für eine Spannung von 55 V ausgelegt. Das Stromnetz wies ebenfalls diese Spannung auf. Später wurde dann die Spannung des Leitungsnetzes auf 220 V erhöht. Wie mussten die Kohlefadenlampen deshalb geschaltet werden?
Seit 1987 beträgt die Spannung im Netz 230 V. Überlege, welche Auswirkungen eine plötzliche Wiedereinführung einer Netzspannung von 55 V hätte!

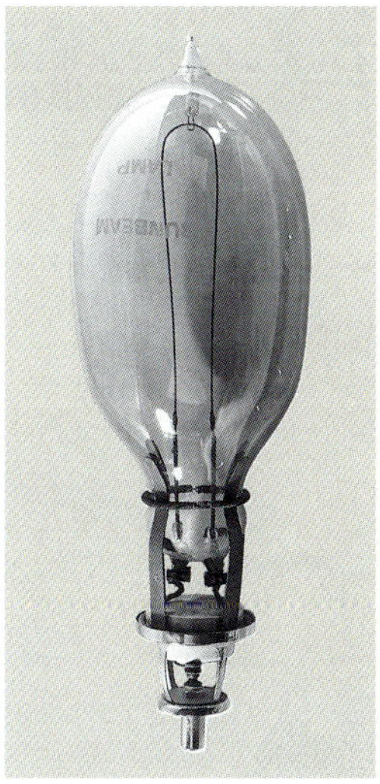

1

8. Bild 2 zeigt den I-U-Zusammenhang für verschiedene Bauelemente. Folgere aus dem Diagramm, welcher Zusammenhang zwischen I und U bei diesen Bauelementen besteht!
Begründe, ob für diese Bauelemente das Ohm'sche Gesetz gilt!

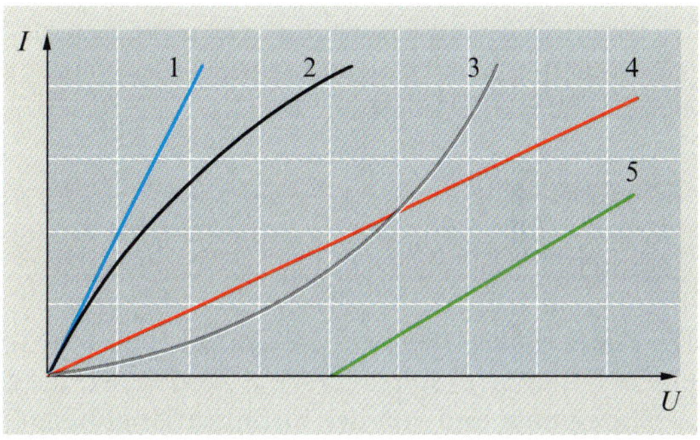

2

9. Erkläre, wie mithilfe eines Drehspulmessinstrumentes Stromstärken und Spannungen gemessen werden können!

ZUSAMMENFASSUNG

Je größer die Spannung U der Elektrizitätsquelle ist, umso größer ist die Stromstärke I im Stromkreis.

Für metallische Leiter gilt bei konstanter Temperatur das Ohm'sche Gesetz:
Die elektrische Stromstärke im metallischen Leiter ist der am Leiter anliegenden Spannung proportional: $I \sim U$.

Elektrische Leistung – elektrische Arbeit

1

Funkferngesteuerte Autos haben einen 9-V-Akkumulator.
Solche Fahrzeuge gibt es mit Elektromotoren mit unterschiedlicher Leistung zu kaufen.
Wovon hängt die elektrische Leistung ab?

Elektrische Leistung

In der Mechanik gibt die Leistung an, wie viel mechanische Arbeit in einer bestimmten Zeit verrichtet wird. Auch ein Elektromotor verrichtet Arbeit, wenn er z. B. eine Last anhebt (Bild 2).
Da hierfür Elektrizität notwendig ist, sagt man, der Motor hat eine elektrische Leistung. Die Festlegung für die mechanische Leistung lässt sich auf elektrische Geräte übertragen.

2

Die elektrische Leistung P_{el} eines Gerätes gibt an, wie viel elektrische Arbeit das Gerät in einer bestimmten Zeit verrichtet.

Die Abhängigkeit der elektrischen Leistung von Größen im Stromkreis. In einem Experiment soll untersucht werden, wie die elektrische Leistung von der Spannung und von der Stromstärke abhängt. Für den Vergleich der Leistung werden gleichartige Glühlampen eingesetzt. Bei gleicher Helligkeit haben diese Glühlampen jeweils die gleiche Leistung.

EXPERIMENT 1

1. Eine Glühlampe wird an die 6-V-Buchsen einer Elektrizitätsquelle angeschlossen. Spannung und Stromstärke werden gemessen.

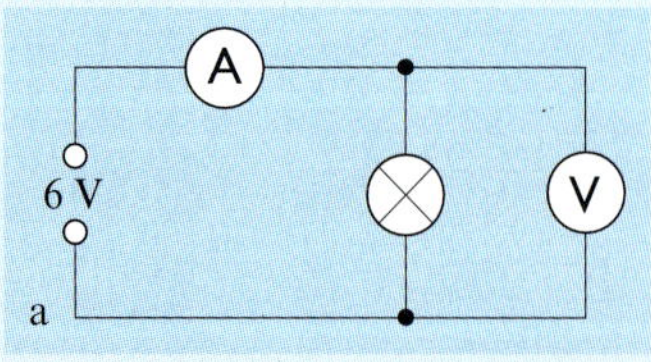

2. Zwei Glühlampen werden parallel an die 6-V-Buchsen einer Elektrizitätsquelle angeschlossen. Spannung und Stromstärke werden gemessen.

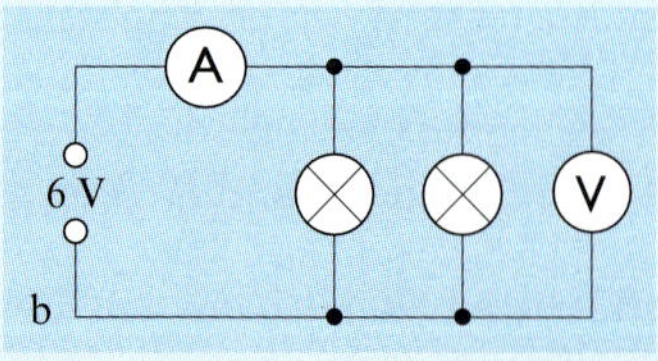

3. Zwei Glühlampen werden in Reihe an die 12-V-Buchsen einer Elektrizitätsquelle angeschlossen. Spannung und Stromstärke werden gemessen.

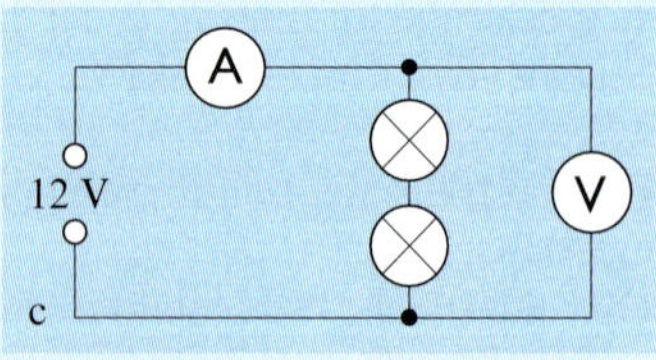

Vergleiche jeweils die Gesamthelligkeit (also die Leistung) mit den Messwerten!

In allen drei Fällen leuchten die einzelnen Glühlampen gleich hell. Die Messwerte für Stromstärke und Spannung können z. B. folgendermaßen ausfallen:

Anzeige der Messgeräte	Spannung 6 V Stromstärke 1 A	Spannung 6 V Stromstärke 2 A	Spannung 12 V Stromstärke 1 A
Anzahl der gleich hell leuchtenden Lampen	eine	zwei	zwei

1 Leistungsmesser

Das Experiment kann auch mit drei Lampen wiederholt werden. Dabei stellt man fest, dass diese gleich hell bei dreifacher Stromstärke (Parallelschaltung, U bleibt unverändert) oder bei dreifacher Spannung (Reihenschaltung, I bleibt unverändert) leuchten.
Das Experiment 1 zeigt, dass die Leistung umso größer wird,
- je größer bei konstanter Spannung die Stromstärke und
- je größer bei konstanter Stromstärke die Spannung wird.

Weitere Untersuchungen belegen, dass die Leistung elektrischer Geräte P_{el} proportional zur anliegenden Spannung U und proportional zur Stromstärke I ist.

Die elektrische Leistung eines Gerätes ist umso größer, je größer die Stromstärke und die anliegende Spannung sind. Es gilt: $P_{el} = U \cdot I$.

In der Gleichung $P_{el} = U \cdot I$ kommen die experimentell ermittelten Proportionalitäten zum Ausdruck: $P_{el} \sim U$ und $P_{el} \sim I$.
Die elektrische Leistung hat die Einheit Watt (W). Es gilt:
1 W = 1 V · A. Da diese Einheit sehr klein ist, werden in der Praxis oft Vielfache verwendet, z. B. Kilowatt (kW) oder Megawatt (MW).
Zur Leistungsbestimmung kann man Spannung und Stromstärke getrennt messen und anschließend die Größen multiplizieren. Zur direkten Messung gibt es auch Messgeräte, die Leistungsmesser heißen (Bild 1). Diese Geräte haben je ein Buchsenpaar für die Spannung U und für die Stromstärke I. Der Skalenwert entspricht dem Produkt dieser beiden Größen.

2 Typenschild

Berechnen der elektrischen Leistung. Einige typische Leistungsangaben für elektrische Geräte zeigt die nebenstehende Tabelle. Bei vielen Geräten findest du die Leistungsangabe auf dem Typenschild (Bild 2) oder in der Bedienungsanleitung. Die angegebene Leistung hat das Gerät jedoch nur dann, wenn die vorgegebene Betriebsspannung eingehalten wird. Bei zu kleiner Spannung ist die Stromstärke zu gering. Die zu geringe Leistung erkennst du an einer mangelhaften Funktion. Z. B. leuchtet dann eine Glühlampe nur schwach. Bei zu großer Spannung tritt in der Regel eine Überhitzung des Gerätes auf, da die Stromstärke zu groß wird.

Leistung einiger Geräte

Gerät	Leistung
Quarzuhr	1 µW
Taschenrechner	0,5 mW
Telefon	0,1 W
Spielzeugmotor	1 W
Fahrradlampe	2,4 W
Fahrraddynamo	3 W
Faxgerät	50 W
Fernseher	120 W
Toaster	750 W
Staubsauger	1000 W
Föhn	1200 W
Waschmaschine	2000 W
Straßenbahn	160 kW
E-Lok	5 MW

Beispiel
An einer Glühlampe wird eine Spannung von 6 V und eine Stromstärke von 0,83 mA gemessen. Welche Leistung hat die verwendete Glühlampe?

Gesucht: P_{el}
Gegeben: $U = 6$ V, $I = 0{,}83$ A

Lösung: $P_{el} = U \cdot I$
$P_{el} = 6\ \text{V} \cdot 0{,}83\ \text{A}$
$\underline{\underline{P_{el} = 5\ \text{W}}}$

Ergebnis: Die Leistung der Glühlampe beträgt 5 W.

Elektrische Arbeit

Elektrogeräte nutzen wir ständig, sie nehmen uns viele Tätigkeiten ab. Physikalisch betrachtet, verrichten die Geräte Arbeit. Dies müssen wir beim Elektrizitätswerk bezahlen.
Wer hier etwas sparen will, der muss wissen, wovon die verrichtete Arbeit abhängt und wie sie berechnet wird.

1

Die Abhängigkeit der elektrischen Arbeit von Größen im Stromkreis. Immer wenn in einem Stromkreis ein Strom durch Bauteile und Verbindungsleitungen fließt, verrichtet er zugleich elektrische Arbeit. Die elektrische Arbeit wird oft umgewandelt und führt zu Wirkungen, die du beobachten kannst: ein Elektromotor verrichtet Hubarbeit, eine Lampe sendet Licht aus, eine Herdplatte gibt Wärme ab.
Die elektrische Arbeit kann mithilfe der elektrischen Leistung bestimmt werden. Die Leistung gibt an „wie schnell" eine Arbeit verrichtet wird: $P_{el} = W_{el}/t$. Also ist $W_{el} = P_{el} \cdot t$. Ebenso wie die elektrische Leistung kann auch die elektrische Arbeit mithilfe der Größen Spannung und Stromstärke ermittelt werden.

Die verrichtete elektrische Arbeit ist umso größer, je größer die anliegende Spannung und die Stromstärke im Gerät sind und je größer die Zeit ist, in der der Strom fließt. Es gilt:
$W_{el} = P_{el} \cdot t$
$W_{el} = U \cdot I \cdot t$

Die Einheit der elektrischen Arbeit ist Joule (J). Häufig wird aber auch die Einheit Wattsekunde (W · s) verwendet. Es gilt: 1 W · s = 1 V · A · s = 1 J.
Eine viel größere Einheit für die elektrische Arbeit ist die Kilowattstunde (kW · h). Eine Kilowattstunde wird verrichtet, wenn ein Gerät mit 1000 W eine Stunde lang in Betrieb ist. Es gilt also für die Umrechnung:
1 kW · h = 1000 W · 3 600 s = 3 600 000 W · s. Also 1 kW · h = 3 600 kJ.

Berechnen und Messen der elektrischen Arbeit. Wenn die Leistung des verwendeten Gerätes bekannt ist, kann die elektrische Arbeit mithilfe der Zeit berechnet werden, die das Gerät in Betrieb ist.

Beispiel
Welche elektrische Arbeit verrichtet der Strom in einem Wasserkocher (P_{el} = 1 kW), der 5 Minuten lang in Betrieb ist?
Die elektrische Arbeit wird dabei in Wärme umgewandelt.

Gesucht: W_{el}
Gegeben: $P_{el} = 1\,\text{kW}$
$t = 5\,\text{min} = 300\,\text{s}$

Lösung: $W_{el} = P_{el} \cdot t$
$W_{el} = 1000\,\text{W} \cdot 300\,\text{s}$
$W_{el} = 300\,000\,\text{W} \cdot \text{s} = 300\,\text{kJ}$
$\underline{\underline{W_{el} = 0{,}08\,\text{kW} \cdot \text{h}}}$

Ergebnis: Der Strom verrichtet im Wasserkocher eine elektrische Arbeit von 0,08 kW · h.

Als Messgerät für die elektrische Arbeit kennst du von zu Hause den **Elektrizitätszähler**; man nennt ihn auch Kilowattstundenzähler. Der gesamte Strom, der bei euch durch die elektrischen Geräte fließt, fließt auch durch diesen Zähler. Der Elektrizitätszähler soll im folgenden Experiment zur Messung der elektrischen Arbeit eingesetzt werden.

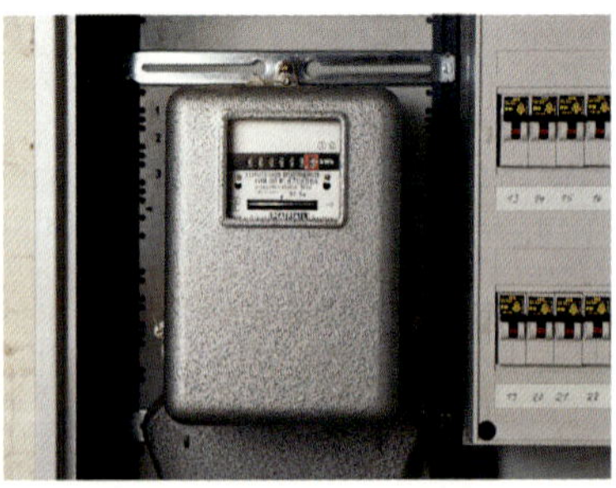
2

Wie viele Umdrehungen macht die Scheibe des Zählers in Abhängigkeit von der Leistung angeschlossener Geräte in einer bestimmten Zeit?

EXPERIMENT 2
Nacheinander werden ein Reisetauchsieder mit P_{el} = 0,2 kW und ein Haushaltstauchsieder P_{el} = 1 kW jeweils die gleiche Zeit lang eingeschaltet.
Die Anzahl der Umdrehungen der Zählerscheibe wird notiert.

1

Typische Messergebnisse für eine Zeit von t = 8 min sind:

elektrische Leistung P_{el} in kW	0,2 (Reisetauchs.)	1 (Haushaltstauchs.)
Anzahl der Umdrehungen	2	10

Aus dem Experiment 2 ergibt sich, dass die Anzahl der Umdrehungen bei konstanter Zeit t proportional zur elektrischen Leistung P_{el} ist.
Wie viele Umdrehungen macht die Scheibe des Zählers in Abhängigkeit von der Zeit, in der ein Gerät angeschlossen ist?
Hierzu kann Experiment 2 abgewandelt werden: Der Haushaltstauchsieder wird über verschieden lange Zeiten betrieben.
Typische Messergebnisse für eine Leistung von P_{el} = 1 kW sind:

Zeit t in min	0	4	8	12
Anzahl der Umdrehungen	0	5	10	15

Daraus ergibt sich, dass die Anzahl der Umdrehungen bei konstanter Leistung P_{el} proportional zur Zeit t ist, in der das Gerät angeschlossen ist.

Die Anzahl der Umdrehungen ist ein Maß für die elektrische Arbeit. In der Regel entsprechen bei den im Haushalt verwendeten Zählern 75 Umdrehungen einer elektrischen Arbeit von 1 kW · h.

Die Rechnung des Elektrizitätswerkes. Einmal im Jahr wird der Elektrizitätszähler abgelesen. Auf der Rechnung erscheint dann aber nicht nur die vom Elektrizitätswerk bezogene Arbeit.
Im folgenden Beispiel muss der Kunde
- einen festen Anteil für die Bereitstellung in Höhe von 75 DM / Jahr und für die Messung von 58,20 DM / Jahr,
- einen Anteil für die vom Elektrizitätswerk bezogene Anzahl der Kilowattstunden in Höhe von 0,148 DM/kW·h und einen „Leistungspreis" von 0,04 DM / kW · h zahlen.

Daraus ergeben sich Kosten von etwa 0,28 DM / kW · h.

Stadtwerke
Rechnungsnummer 297031
Zählernummer 101365

Berechnungsnachweis über Strom-Verbrauch

Berechnung nach Haushalt		Tage	Preis	Betrag
Zählerstand am 08.03.98	3564			
Zählerstand am 05.03.99	5980	363		
Verbrauch (Faktor 1,0000)	2416 kWh			
Bezugspreis (Pf/kWh)			14,80 Pf/kWh	357,57 DM
Leistungspreis fest				.75,00 DM
Preis nach Verbrauch			4,00 Pf/kWh	96,64 DM
Messpreis			58,20 DM/Jahr	57,88 DM
Gesamt				**587,09 DM**

2

Schon gewusst?

Je mehr elektrische Arbeit ein Kunde vom Elektrizitätswerk bezieht, umso weniger muss er in der Regel insgesamt pro bezogener Kilowattstunde bezahlen.
Der Anreiz zum sparsamen Umgang mit Elektrizität, also zum Umweltschonen, wird auf diese Weise nicht gefördert.

Ein Blick in die Technik

Gleiche Leistung bei unterschiedlicher Spannung

Gewöhnliche Haushaltsglühlampen mit einer Leistung von 60 W sind für eine Betriebsspannung von 230 V ausgelegt. Es gibt aber auch 60-W-Lampen die mit einer Spannung von 12 V betrieben werden, so z. B. die Fernlichtlampen im Pkw. Welche Vor- und Nachteile haben die unterschiedlichen Spannungen in dem jeweiligen Fall?

Aus der Gleichung $P_{el} = U \cdot I$ ist zu erkennen: Um eine bestimmte Leistung zu erreichen, muss

- bei einer großen Spannung die Stromstärke klein sein,
- bei einer kleinen Spannung die Stromstärke groß sein.

Je kleiner die Stromstärke ist, desto weniger werden die Leitungen im Stromkreis erwärmt. Deswegen ist es gerade bei großen Entfernungen günstig, möglichst hohe Spannungen zu verwenden. Die großen Überlandleitungen führen Spannungen von 380 000 Volt. Allerdings lässt sich eine solch hohe Spannung nicht im Haushalt verwenden.

1

230-V-Lampe und 12-V-Lampe. Beide haben eine Leistung von 60 W.

2

Hohe Spannung, geringe „Verluste“

3

Dicke Kabel für große Stromstärke

Demgegenüber hat eine kleine Spannung die Vorteile, dass sie für den Menschen ungefährlich ist und dass sie durch Batterien zur Verfügung gestellt werden kann. Dadurch werden Geräte „mobil“, wie z. B. Taschenlampe oder Discman; auch ein Auto muss man unabhängig vom Leitungsnetz starten können.

Der Nachteil von Batterien ist, dass sie in der Regel eine Spannung von maximal 12 Volt liefern können. Dadurch muss die Stromstärke in den Leitungen und in den elektrischen Geräten relativ hoch sein. Der Anlasser eines Pkw hat eine Leistung von etwa 900 W. Daher muss bei einer Spannung von 12 V die Stromstärke etwa 75 A betragen (zum Vergleich: in einem gewöhnlichen 1 000-W-Tauchsieder beträgt die Stromstärke nur etwa 4 A). Damit es nicht zu einer übermäßigen Erwärmung kommt, sind die Anlasserkabel im Auto besonders dick (Bild 3).

In elektronischen Geräten mit Batteriebetrieb werden oft Spannungen von nur 6 V oder gar 3 V verwendet. Trotzdem ist in ihnen die Stromstärke sehr gering. Der Grund ist, dass die moderne Mikroelektronik nur einen sehr geringen Leistungsbedarf hat.

Übrigens

Auf einem Auto-Akkumulator findet man eine Angabe darüber, wie lange er eine bestimmte Stromstärke liefern kann. Die Angabe 36 Amperstunden (36 A · h) bedeutet z. B., dass der Akkumulator 36 Stunden lang eine Stromstärke von 1 A liefern kann. Bei einer Spannung von 12 V entspricht das einer elektrischen Arbeit von $12\ V \cdot 1\ A \cdot 36\ h = 432\ W \cdot h$. Zum Vergleich: Monozellen können eine Arbeit von etwa 5 W · h verrichten.

AUFGABEN

1. Ermittle die elektrische Leistung eines Spielzeugmotors, der mit der angegebenen Spannung betrieben wird. Miss die Spannung und die Stromstärke. Nachdem der Motor zunächst ungebremst läuft, wird er durch eine um das Antriebsrad gewickelte Fadenschlaufe gebremst (Bild 1), bis er deutlich erkennbar langsamer läuft.
   Zeichne den Schaltplan und lege eine Messwertetabelle an.
   Berechne die Leistung des ungebremsten und des gebremsten Motors aus den Messwerten für Spannung und Stromstärke!

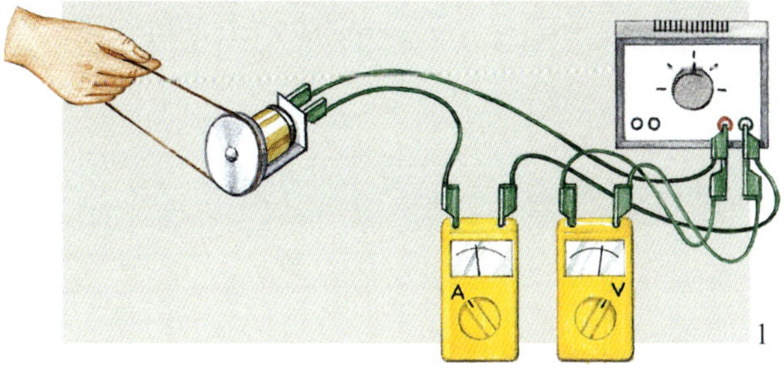

1

2. Vor 20 Jahren waren für Wohnräume Sicherungen von 6 A ausreichend. Heute werden zumeist 16-A-Sicherungen eingesetzt. Überlege anhand der Leistungsangaben der von dir genutzten elektrischen Geräte, ob in deinem Zimmer 6 A noch ausreichen würden!
3. Begründe mithilfe der Gleichung für die elektrische Arbeit, wie die Stromkosten im Haushalt gesenkt werden können!
4. Je größer die Stromstärke ist, umso größer wird die vom Strom in der Zuleitung entwickelte Wärme. Wie umgeht man dies in der Praxis? Begründe anhand der Gleichung für die Leistung!
5. Für ein Wannenbad muss ein elektrischer Durchlauferhitzer (P_{el} = 12 kW) 10 Minuten Wasser erwärmen. Berechne die Kosten. Setze als Preis für 1 kW · h 25 Pfennige an!
6. Die Pumpe einer Heizungsanlage (P_{el} = 80 W) ist von Oktober bis März etwa 75 % jedes Tages in Betrieb. Welche elektrische Arbeit wird zum Umwälzen des Wassers benötigt? Berechne die Kosten für den Betrieb der Pumpe! (1 kW · h = 25 Pfennige)
7. Im Stand-by-Betrieb hat ein Fernseher (P_{el} = 120 W) nur noch etwa 1 % der Leistung. Berechne die elektrische Arbeit für einen Stand-by-Betrieb von 24 Stunden. Vergleiche mit der notwendigen elektrischen Arbeit im Betrieb für einen Spielfilm von 90 Minuten Dauer!
8. Wie groß ist die Stromstärke in einem Spielzeugmotor mit einer Leistung von 15 W, der an 12 V angeschlossen wird? Wie lange kann er mit einem Kleinakkumulator betrieben werden, der die Aufschrift „0,5 A · h" trägt?
9. Begründe, dass Elektrolokomotiven und Straßenbahnen mit einer wesentlich höheren Spannung als 230 V betrieben werden!
10. Ein Mikrowellenherd (230 V, 800 W) und ein Wasserkocher (230 V, 1750 W) sollen an eine Doppelsteckdose angeschlossen werden. Für welche Stromstärke müssen die Zuleitungen und die Sicherung ausgelegt sein?

ZUSAMMENFASSUNG

Größe	elektrische Leistung	elektrische Arbeit
Bedeutung	Die elektrische Leistung eines Gerätes gibt an, wie viel elektrische Arbeit das Gerät in einer bestimmten Zeit verrichtet.	Die elektrische Arbeit gibt an, wie viel Arbeit durch den elektrischen Strom verrichtet wird. Elektrische Geräte geben dabei Wärme oder Licht ab oder sie verrichten mechanische Arbeit.
Formelzeichen	P_{el}	W_{el}
Gleichung	$P_{el} = U \cdot I$	$W_{el} = P_{el} \cdot t = U \cdot I \cdot t$
Einheit	1 W = 1 N · m/s = 1 J/s 1 kW = 1000 W 1 MW = 1000 kW	1 W · s = 1 N · m = 1 J 1 kW · h = 3 600 000 W · s
Messgerät	Leistungsmesser	Elektrizitätszähler

Der elektrische Widerstand

„Gasgeben“ bei einem Elektromotor?
Auf der Autorennbahn kommen die Wagen langsam aus der engen Kurve. Auf der „langen Geraden“ sollen sie möglichst schnell fahren, vor der nächsten Kurve wieder abbremsen und gleich darauf beschleunigen, damit sie den Looping schaffen.
Die Geschwindigkeit kannst du mit einem besonderen Handgriff steuern: Durch die Stellung des Schalters wird die Stromstärke im Motor des Wagens beeinflusst.
Im Schalter selbst ändert sich dabei der elektrische Widerstand.

1

Der elektrische Widerstand als physikalische Größe

Ein Wasserkocher und ein Radio sind jeweils an eine Steckdose angeschlossen. Der Wasserkocher hat eine Leistung von 2 000 W, das Radio nur 20 W. Im Wasserkocher ist also die Stromstärke viel größer als im Radio – und das, obwohl beide mit der gleichen Spannung von 230 V betrieben werden! Die Spannung gibt an, wie stark die Elektronen auf ihrem Weg durch den Stromkreis angetrieben werden. Der Antrieb ist also für Wasserkocher und Radio derselbe. Der Stromfluss wird im Radio offenbar stärker behindert als im Wasserkocher. Die physikalische Größe, mit der die Behinderung des Stromflusses beschrieben wird, heißt elektrischer Widerstand.

2

Der elektrische Widerstand gibt an, wie stark der Strom in einem Leiter behindert wird.

Bei einer bestimmten Spannung führt ein großer elektrischer Widerstand zu einer kleineren Stromstärke, ein kleiner elektrischer Widerstand zu einer größeren. Der elektrische Widerstand im Wasserkocher ist also kleiner als im Radio. In einem Experiment kannst du untersuchen, wie verschiedene Leiter das Verhältnis von Spannung *U* am Leiter und Stromstärke *I* im Leiter beeinflussen.

Übrigens

In vielen Geräten werden besondere Leiter eingesetzt, die infolge ihres elektrischen Widerstandes die Stromstärke begrenzen. In der Technik werden solche Bauelemente auch als Widerstände bezeichnet.

EXPERIMENT 1

1. Baue die Schaltung nach dem Schaltplan auf! Als Leiter können isolierte Drähte verwendet werden, die auf Keramikröhrchen aufgewickelt sind.
2. Stelle an der Elektrizitätsquelle die Spannung nacheinander auf 0 V, 1 V, 2 V, 3 V und 4 V ein und miss die zugehörigen Stromstärken. Trage deine Messwertepaare in eine Messwertetabelle ein und fertige ein Diagramm an!
4. Wiederhole die Messungen für zwei andere Leiter!

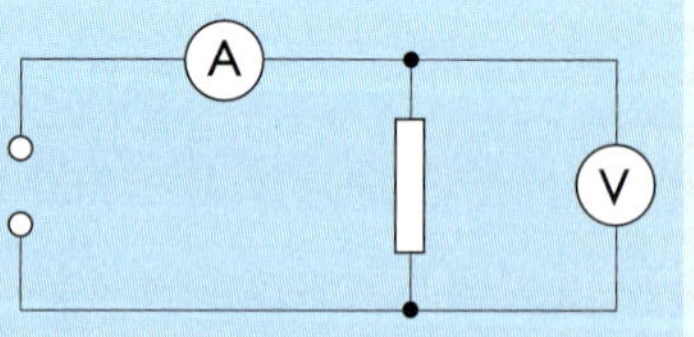

3

Bild 1 zeigt ein mögliches Ergebnis von Experiment 1. Alle zusammengehörigen Punkte für einen Leiter liegen auf einer Geraden, die durch den Koordinatenursprung verläuft. Für alle drei Leiter gilt also das Ohm'sche Gesetz: $I \sim U$.
Bei Leiter 1 verläuft die Gerade sehr flach. Bei einer bestimmten Spannung ist die Stromstärke gering. Folglich ist hier die Behinderung und damit der Widerstand sehr groß. Bei Leiter 3 verläuft die Gerade sehr steil. Der Widerstand ist klein.
Der Quotient aus den Größen Spannung U und Stromstärke I eignet sich zur Angabe der Größe Widerstand.

$$\text{elektrischer Widerstand} = \frac{\text{Spannung am Bauelement}}{\text{Stromstärke im Bauelement}}$$

Setzt man in dieser Gleichung für die Spannung die Einheit Volt und für die Stromstärke die Einheit Ampere ein, so ergibt sich als Einheit für den Widerstand V/A. Anstelle dieser Einheit wird aber zumeist die Einheit Ohm (Ω) zu Ehren von GEORG SIMON OHM verwendet. Es gilt 1 Ω = 1 V/A. Das Formelzeichen für den elektrischen Widerstand ist R (von engl. *resistance*).

Für den elektrischen Widerstand gilt: $R = \frac{U}{I}$
Die Einheit des elektrischen Widerstandes ist (Ohm) Ω.

Bestimmen des elektrischen Widerstandes. Eine Möglichkeit zur Widerstandsbestimmung besteht darin, mit einem Vielfachmessgerät Spannung (Bild 2a) und Stromstärke (Bild 2b) nacheinander zu messen und dann den Widerstand mit der Gleichung $R = \frac{U}{I}$ zu berechnen.
Eine zweite Möglichkeit ist die Messung des Widerstandes mit einem Strommesser, der über eine eingebaute Batterie verfügt. Der Strommesser und das Gerät mit dem unbekannten Widerstand R_x werden in Reihe geschaltet (Bild 3). Wenn der Widerstand R_x praktisch null ist, dann ist die Stromstärke maximal, der Zeigerausschlag ist maximal. Nimmt R_x zu, so nimmt die Stromstärke ab ($I = \frac{U}{R}$). Bei unendlich großem Widerstand beträgt die Stromstärke 0 A.
Die Skala für die Stromstärkemessung kann direkt in Ohm kalibriert werden, wobei 0 Ω bei Vollausschlag und sehr große Widerstandsbeträge bei kleinem Ausschlag abzutragen sind. Größere Widerstandswerte liegen auf der Skala sehr dicht am unteren Ende beieinander.

Beispiel
Berechne den Widerstand einer Glühlampe, die bei einer Spannung von 6 V eine Leistung von 5 W hat!

Gesucht: R
Gegeben: $U = 6\,\text{V}$
$P = 5\,\text{W}$

Lösung: $R = \frac{U}{I}$

$$I = \frac{P}{U}$$

$$I = \frac{5\,\text{V} \cdot \text{A}}{6\,\text{V}} = 0{,}83\,\text{A}$$

$$R = \frac{6\,\text{V}}{0{,}83\,\text{A}} = 7{,}2\,\Omega$$

Ergebnis: Die Glühlampe hat einen Widerstand von 7,2 Ω.

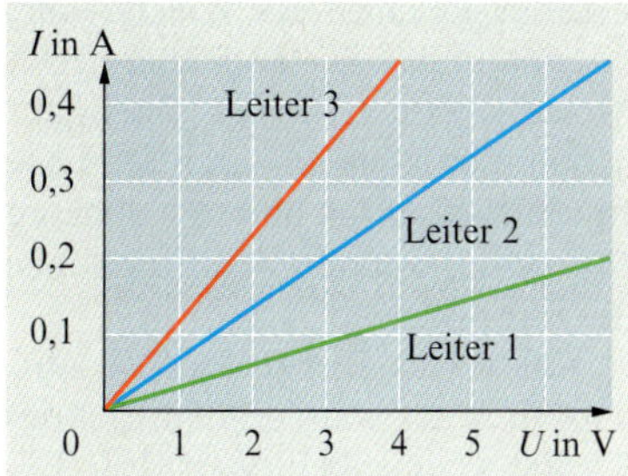

1

Beispiele für elektrische Widerstände	
Zuleitung für Elektrogeräte	etwa 0,1 Ω
Lautsprecher	8 Ω
Heizwendel im Tauchsieder (1000 W)	53 Ω
Fernseher (120 W)	440 Ω
Glühfaden einer 100-W-Glühlampe	530 Ω
menschlicher Körper bei trockenen Händen	10 kΩ bis 100 kΩ

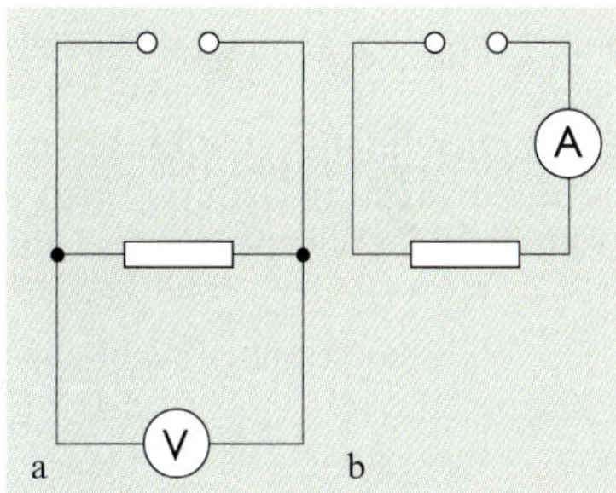

2

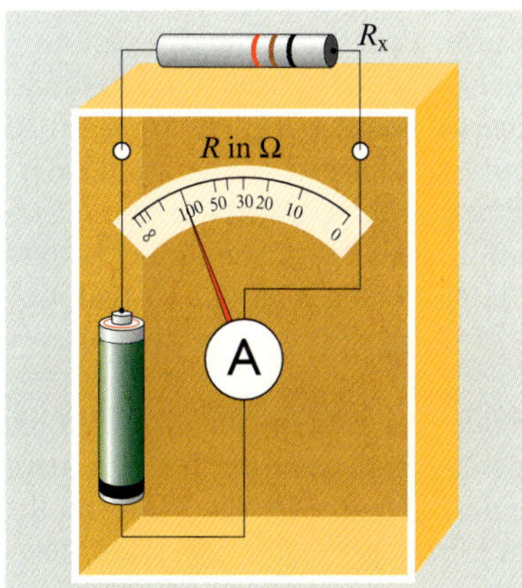

3

Zustandekommen des Widerstandes. Mit dem Modell der Elektronenleitung kann das Zustandekommen des elektrischen Widerstandes in einem Metall gedeutet werden. Die Spannungsquelle treibt die Elektronen vom Minus- zum Pluspol durch den Leiter. Dabei „stoßen" sie gegen die Metall-Ionen. Sie werden dadurch abgebremst. Diese für uns unsichtbare Behinderung der wandernden Elektronen führt im Stromkreis zur Behinderung des Stromflusses.
In den verschiedenen Stoffen gibt es auch unterschiedlich große Behinderungen der wandernden Elektronen. So wird der elektrische Strom in Kupfer weniger behindert als in Eisen.

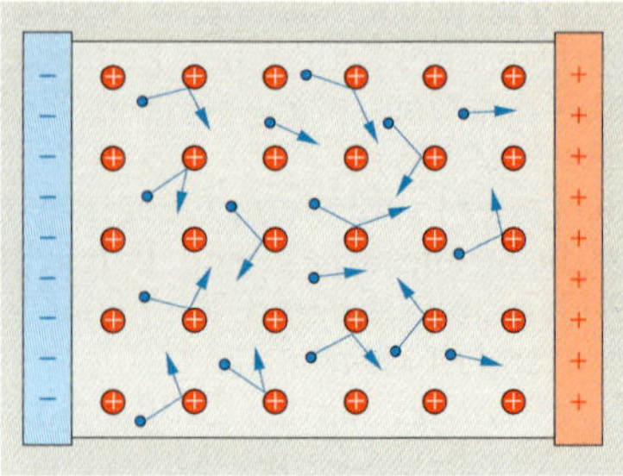

1

Temperaturabhängigkeit des Widerstandes

Das Ohm'sche Gesetz gilt unter der Bedingung, dass die Temperatur des metallischen Leiters konstant ist. Wie verhält sich aber der Widerstand eines metallischen Leiters, wenn dessen Temperatur größer wird?

EXPERIMENT 2
Ein Widerstandsdraht, der in einen Stromkreis geschaltet ist, wird mit einer Brennerflamme erwärmt. Die Spannung ist konstant. Der Zeigerausschlag am Strommesser wird beobachtet.

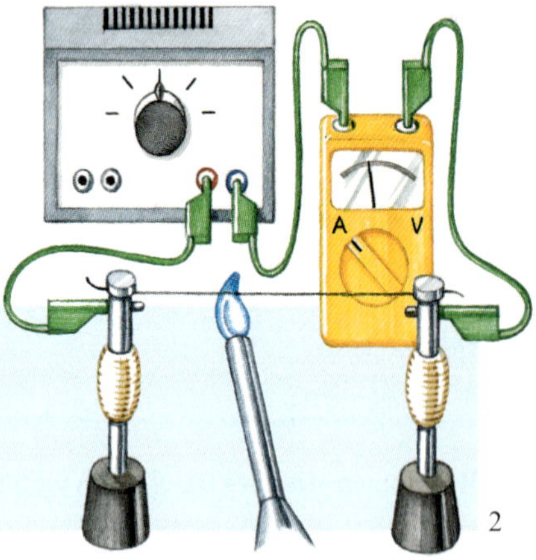

2

Mit zunehmender Temperatur nimmt die Stromstärke ab, die Behinderung des Stromes, also der elektrische Widerstand, nimmt zu. Die Abhängigkeit des Widerstandes R von der Temperatur ϑ zeigt Bild 3.
Zur Erklärung kann das Modell der Elektronenleitung herangezogen werden:
Eine höhere Temperatur führt zu heftigeren Bewegungen der Metall-Ionen an ihren Plätzen. Dadurch wird die Bewegung der Elektronen stärker behindert, der Widerstand des Leiters wird größer.

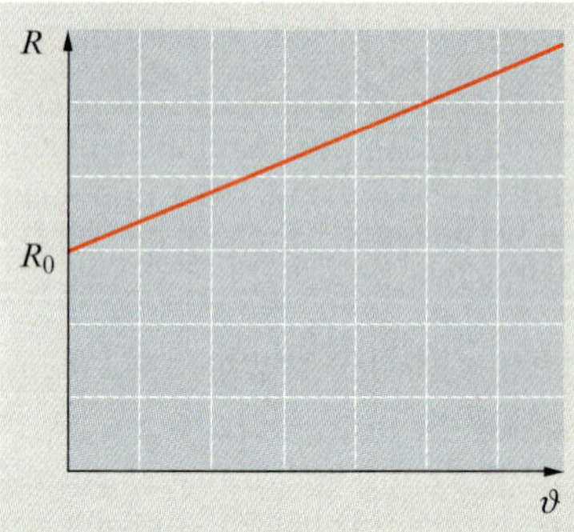

3

Der Widerstand eines Drahtes erhöht sich bei Erwärmung.

Der Widerstand eines metallischen Leiters erhöht sich bei zunehmender Temperatur.

Der Stromfluss im Leiter bewirkt eine Erwärmung. Bei Vergrößerung der Stromstärke steigt die Temperatur ϑ des Leiters weiter an. Dadurch erhöht sich sein Widerstand. Die Veränderung des Widerstandes bedeutet, dass der Quotient U/I nicht konstant ist und im I-U-Diagramm keine Gerade entsteht. Das I-U-Diagramm einer Glühlampe (Bild 4) bestätigt den Einfluss der Temperatur auf den I-U-Zusammenhang. Die Stromstärke steigt infolge der Erwärmung des Leiters immer schwächer an. Das Ohm'sche Gesetz $I \sim U$ gilt nicht. Der Kaltwiderstand einer Glühlampe ist wesentlich kleiner als der sogenannte Betriebswiderstand bei glühender Wendel.

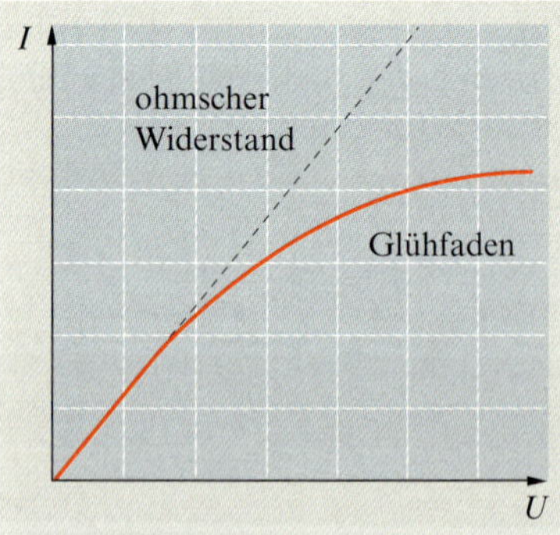

4

Glühfaden – Ohm'sches Gesetz gilt nicht

Widerstandsthermometer. Die Abhängigkeit des Widerstandes von der Temperatur kann auch zur Temperaturmessung genutzt werden. Verwendet man einen Strommesser zur Widerstandsbestimmung, so kann seine Skala auch in Grad Celsius kalibriert werden. Denn jede Stromstärke entspricht bei konstanter Spannung einer bestimmten Temperatur.

Das Widerstandsgesetz

Der elektrische Widerstand in einem Draht entsteht dadurch, dass die wandernden Elektronen auf ihrem Weg vom Minus- zum Pluspol der Elektrizitätsquelle immer wieder mit den Metall-Ionen zusammenstoßen. Der elektrische Widerstand eines Drahtes hängt von seiner Temperatur ab (siehe Seite 86). Wovon kann der elektrische Widerstand des Drahtes außerdem abhängen?

In Frage kommen
- die Länge des Drahtes,
- der Querschnitt des Drahtes,
- das Material des Drahtes.

In den folgenden Experimenten soll die Abhängigkeit des Widerstandes von den verschiedenen Größen untersucht werden. Dabei wird jeweils eine Größe verändert und die übrigen Größen werden konstant gehalten.

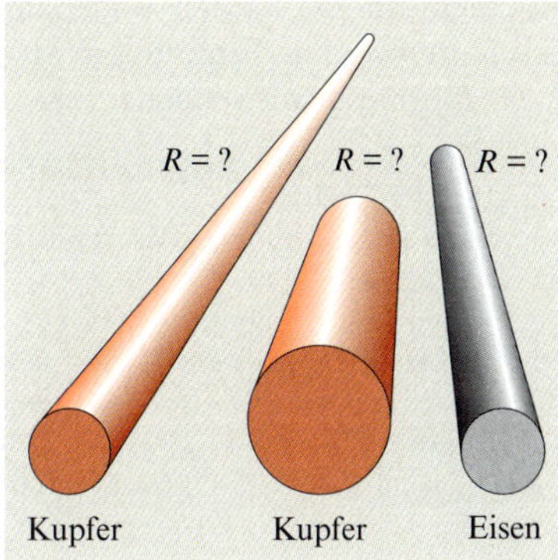

1

Abhängigkeit des Widerstandes von der Länge *l* des Drahtes. Um diese Abhängigkeit zu untersuchen, werden Drähte aus gleichem Material und mit gleichem Querschnitt aber mit unterschiedlicher Länge in einen Stromkreis geschaltet.

EXPERIMENT 3
1. Baue die Schaltung nach dem Schaltplan auf (Bild 2a) und lege eine Messwertetabelle an!
2. Miss die Stromstärken für drei verschiedene Längen! Die Spannung sollte stets etwa 2 V betragen.
3. Berechne aus den Messwerten für Spannung und Stromstärke jeweils den Widerstand!
4. Trage die Werte für Länge und Widerstand in ein Diagramm ein!

Länge	U in V	I in A	R in Ω

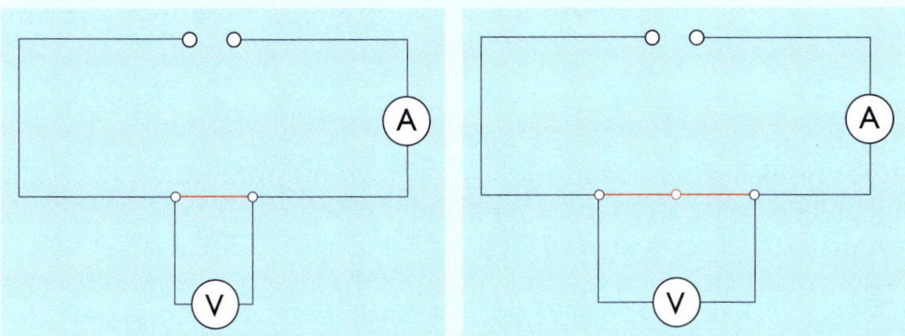

a b c

2

Das Experiment zeigt, dass ein Draht von 2 m Länge einen doppelt so großen Widerstand hat, wie ein Draht von 1 m Länge. Der Widerstand eines Drahtes ist zur Länge des Drahtes proportional: $R \sim l$.

Deutung im Modell der Elektronenleitung:

Bei einer bestimmten Stromstärke stößt in einem Drahtstück der Länge 1 cm jede Sekunde eine bestimmte Anzahl von Elektronen mit den Metall-Ionen zusammen. Für den Stromfluss in diesem Drahtstück ist ein bestimmter Antrieb erforderlich. Je länger nun der gesamte Draht ist, desto mehr solcher 1-cm-Stücke enthält er – desto mehr Antrieb ist also erforderlich, um eine bestimmte Stromstärke aufrecht zu erhalten.

Je länger der Draht ist, desto größer ist die Behinderung des Stromflusses und damit der Widerstand.

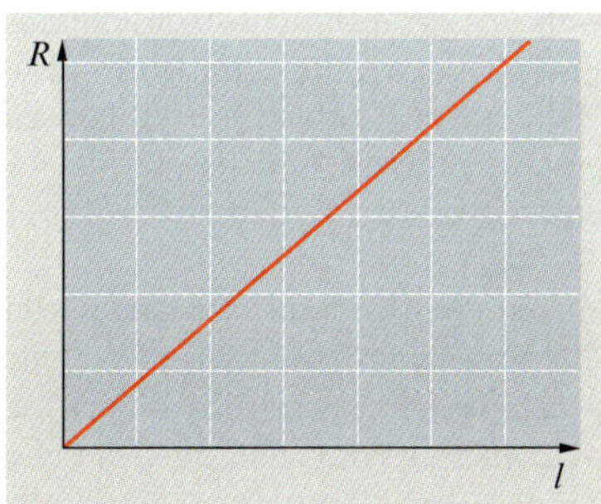

3

Der Widerstand ist proportional zur Länge des Drahtes.

Abhängigkeit des Widerstandes vom Querschnitt *A* des Drahtes. Im folgenden Experiment kann der Querschnitt dadurch verändert werden, dass zu einem aufgespannten Widerstandsdraht weitere, gleichartige parallel geschaltet werden. Eine andere Möglichkeit besteht darin unterschiedlich dicke Drähte zu verwenden.

EXPERIMENT 4

1. Baue die Schaltung nach dem Schaltplan auf (Bild 1a) und lege eine Messwertetabelle an!
2. Miss die Stromstärken für drei verschiedene Querschnitte! Die Spannung sollte stets etwa 2 V betragen.
3. Berechne aus den Messwerten für Spannung und Stromstärke jeweils den Widerstand!
4. Trage die Werte für Querschnitt und Widerstand in ein Diagramm ein!

Querschnitt	U in V	I in A	R in Ω

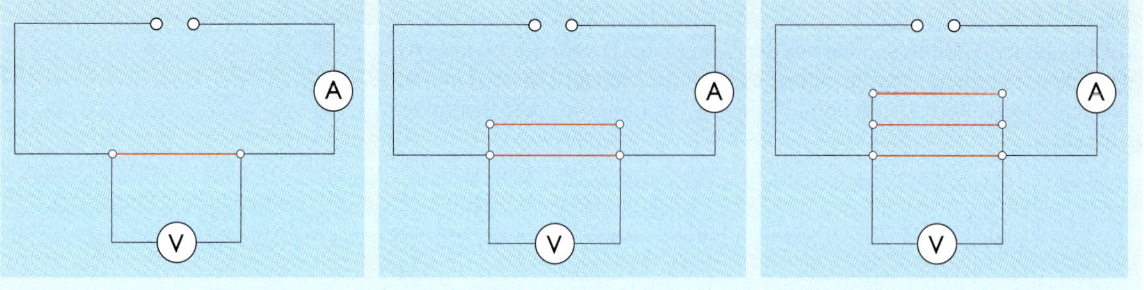

a b c

1

Die Produkte aus elektrischem Widerstand und Querschnitt sind jeweils konstant. Dasselbe ergibt sich, wenn man dieses Experiment mit anderen Drähten durchführt. Der Widerstand eines Drahtes ist umgekehrt proportional zur Querschnittsfläche des Drahtes: $R \sim 1/A$.

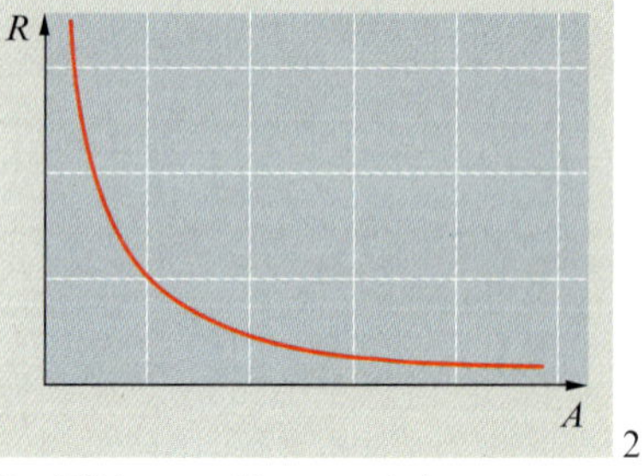

2

Der Widerstand ist umgekehrt proportional zum Querschnitt des Drahtes.

Deutung im Modell der Elektronenleitung:
Um in einem Draht eine bestimmte Stromstärke zu bewirken, ist eine bestimmte Spannung erforderlich. Dann bewegt sich pro Sekunde eine bestimmte Anzahl von Elektronen durch einen Querschnitt des Drahtes. Wird nun bei gleicher Spannung ein zweiter Draht parallel geschaltet, so wirkt auf die Elektronen in diesem Draht derselbe Antrieb wie im ersten Draht. Die Gesamtstromstärke erhöht sich, der Widerstand $R = U/I$ nimmt ab.

Abhängigkeit des Widerstandes vom Material des Drahtes. Um diese Abhängigkeit zu untersuchen, kann der gleiche experimentelle Aufbau verwendet werden wie in Bild 1a. Werden dann nacheinander Drähte gleicher Länge und gleichen Querschnitts aus unterschiedlichen Metallen untersucht, so stellt sich z. B. heraus: ein Kupferdraht hat bei sonst gleichen Abmessungen einen kleineren Widerstand als ein Eisendraht und dieser hat wiederum einen kleineren Widerstand als ein Konstantandraht.

Zusammenfassend lässt sich feststellen: Der Widerstand eines Leiters ist
- proportional zur Länge des Leiters,
- umgekehrt proportional zur Querschnittsfläche des Leiters und
- abhängig vom Material des Leiters.

Das Material kann durch eine stoffspezifische Größe gekennzeichnet werden. Diese Größe heißt *spezifischer Widerstand*. Das Formelzeichen für den spezifischen Widerstand ist ϱ (sprich: rho).

Damit lässt sich das Widerstandsgesetz formulieren:

> Für den elektrischen Widerstand eines Leiters der Länge l und dem Querschnitt A gilt: $R = \varrho \cdot \frac{l}{A}$.

Der spezifische Widerstand. Die Bestimmung des Widerstandes für einen Kupferdraht von 1 m Länge und 1 mm² Querschnitt (d = 1,1 mm) führt zu einem Wert von R = 0,017 Ω, bei einem Aluminiumdraht mit gleichen Abmessungen zu 0,028 Ω. Verzehnfacht man die Länge, so verzehnfacht sich nach dem Widerstandsgesetz auch der Widerstand des Drahtes. Der Kupferdraht hat dann einen Widerstand von 0,17 Ω, der Aluminiumdraht von 0,28 Ω. Verdoppelt man den Querschnitt, so halbiert sich aber der Widerstand (vgl. Experiment 4).
Der spezifische Widerstand ϱ gibt an, wie stark ein bestimmtes Material den elektrischen Strom behindert. Seine Einheit ist

$$\frac{\Omega \cdot \text{mm}^2}{\text{m}}.$$

Ist der spezifische Widerstand eines Materials bekannt, so kann der Widerstand eines Kabels aus diesem Material für beliebige Kabelabmessungen berechnet werden.
Der spezifische Widerstand ist temperaturabhängig. In Tabellen wird er meistens für eine Temperatur von 20 °C angegeben.

Beispiel
Wie groß ist der Widerstand einer zweiadrigen Kupferleitung („Hin- und Rückleitung") von 100 m Länge und einem Querschnitt von 1 mm²?

Gesucht: R
Gegeben: $l_{\text{ges}} = 200\ \text{m}$, A = 1 mm²
$\varrho_{\text{Kupfer}} = 0{,}017 \frac{\Omega \cdot \text{mm}^2}{\text{m}}$

Lösung: $R = \varrho \cdot \frac{l}{A}$

$$R = 0{,}017 \frac{\Omega \cdot \text{mm}^2}{\text{m}} \cdot \frac{200\ \text{m}}{1\ \text{mm}^2}$$

$$\underline{\underline{R = 3{,}4\ \Omega}}$$

Ergebnis: Die zweiadrige Kupferleitung hat einen Widerstand von 3,4 Ω.

Dicke und kurze Kabel. Aus dem Widerstandsgesetz lässt sich erkennen, wie ein Kabel beschaffen sein sollte, das seinen Zweck optimal erfüllt. Es sollte möglichst kurz und möglichst dick sein und aus einem Material bestehen, das einen kleinen spezifischen Widerstand hat.
Da ein Kabel einen elektrischen Widerstand besitzt, wird auch im Kabel elektrische Energie in thermische Energie umgewandelt. Je größer die Stromstärke und der Widerstand sind, umso mehr erwärmt sich das Kabel. Daher sind aus Sicherheitsgründen für bestimmte Stromstärken und bestimmte Materialien Mindestquerschnitte vorgeschrieben:

Stromstärke	vorgeschriebener Mindestquerschnitt	
bis 1 A	bei Kupfer 0,1 mm²	
bis 10 A	bei Kupfer 0,75 mm²	
bis 25 A	bei Kupfer 1,5 mm²	bei Aluminium 2,5 mm²
bis 30 A	bei Kupfer 2,5 mm²	bei Aluminium 4 mm²

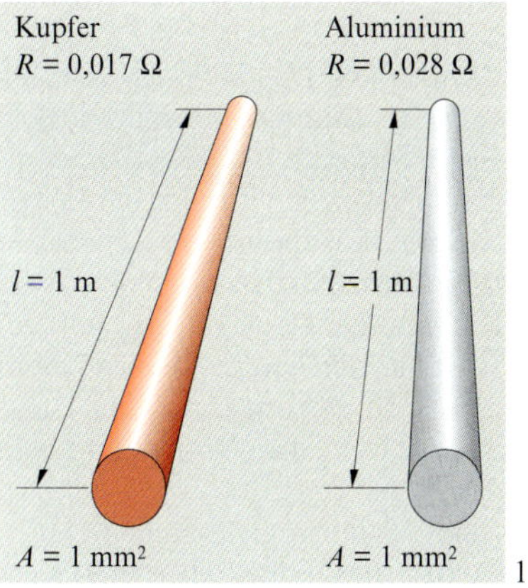

1

Spezifische Widerstände (bei 20 °C)	
Material	ϱ in $\frac{\Omega \cdot \text{mm}^2}{\text{m}}$
Silber	0,016
Kupfer	0,017
Gold	0,022
Aluminium	0,028
Nickel	0,068
Eisen	0,10
Nickelin	0,43
Konstantan	0,50
Graphit	14
Polyethylen	bis 10^{15}
Porzellan	bis 10^{15}
Paraffin	bis 10^{18}
Bernstein	über 10^{18}

Ein Blick in die Technik

Strom auf Abwegen

Kurzschluss. Das Wort „Kurzschluss“ hast du sicher schon gehört. Man versteht darunter eine unerwünschte Verbindung zwischen zwei Leitern in einem Stromkreis. Dabei können sehr große Stromstärken auftreten, die zu einer starken Erwärmung der Leiter führen. Die Bezeichnung „Kurzschluss“ hat sich eingeprägt, obwohl der Strom nicht unbedingt den „kürzesten“ Weg nehmen muss.
Bei defekten Isolierungen in einem Gerätekabel kann es zu einem Kontakt zwischen den beiden Leitern kommen. Dann funktioniert das Gerät nicht mehr, die Stromstärke im Kabel wird sehr groß, da die Zuleitung einen sehr kleinen Widerstand hat. Die Sicherung unterbricht in der Regel den Stromkreis.
Auch in einem elektrischen Gerät kann ein Kurzschluss auftreten. Viele elektrische Geräte haben jedoch eine eigene Sicherung (Feinsicherung), die dann durchbrennt, wodurch weitere Schäden vermieden werden.

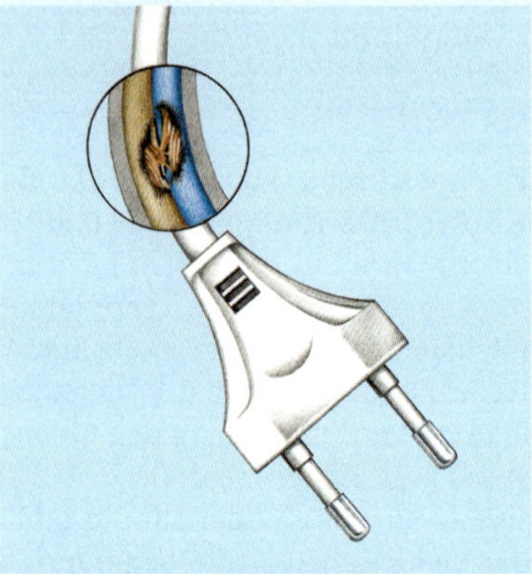
1

Körperschluss. Wenn durch einen Defekt bei einem elektrischen Gerät das Metallgehäuse mit dem Zuleitungskabel leitend verbunden ist, spricht man von einem Körperschluss. Das Gerät funktioniert dabei möglicherweise fehlerfrei. Ist das Metallgehäuse geerdet, so fließt sofort bei Körperschluss ein starker Strom zur Erde. In der Regel wird dann der Stromkreis von der Sicherung unterbrochen.
Ist das Gehäuse aber nicht geerdet, so besteht bei Berührung des Gerätes Lebensgefahr. Der Strom fließt dann durch den menschlichen Körper zur Erde (siehe S. 48). In diesem Fall ist die Stromstärke aber nicht so hoch, dass eine gewöhnliche Sicherung den Stromkreis unterbricht. Lebensgefahr besteht schon bei Stromstärken von etwa 30 mA. Die „normale“ Sicherung spricht aber erst bei z. B. 10 A an!

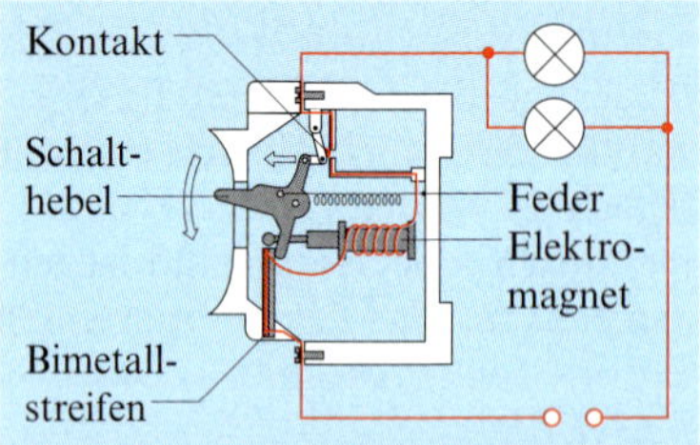

2

Sicherungsautomat: Eine Schmelzsicherung ist nur einmal zu gebrauchen. Im Haushalt werden daher zumeist Sicherungsautomaten eingesetzt, in denen die magnetische Wirkung und die Wärmewirkung des Stromes genutzt werden.
Der Elektromagnet öffnet den Stromkreis bei plötzlicher Erhöhung des Stromes; der Bimetallstreifen schaltet den Stromkreis bei langsamer Vergrößerung des Stromes aus. In beiden Fällen wird ein Schalter betätigt, der den Stromkreis unterbricht.

FI-Schalter. Die Gefahr, die von einem nicht geerdeten Gerät ausgeht, kann durch einen sogenannten Fehlerstrom-Schutzschalter (kurz FI-Schalter) beseitigt werden. Seine Wirkungsweise beruht darauf, dass in den beiden Leitungen direkt an der Elektrizitätsquelle, die Stromstärke gleich groß ist. Die Bilder 3 und 4 zeigen das Prinzip.
Die magnetische Wirkung des Stromes in den Spulen 1 und 2 (Hin- und Rückleitung) ist gleich groß. Dadurch wird der Schalter in der Mittelstellung gehalten. Fließt aber ein Teil des Stromes z. B. über einen menschlichen Körper zur Erde ab, so ist in der einen Spule die magnetische Wirkung größer als in der anderen. Der Schalter unterbricht den Stromkreis. Die Empfindlichkeit der FI-Schalter ist so hoch, dass sie bereits bei einem Fehlerstrom von 10 mA innerhalb von 0,1 s ansprechen.

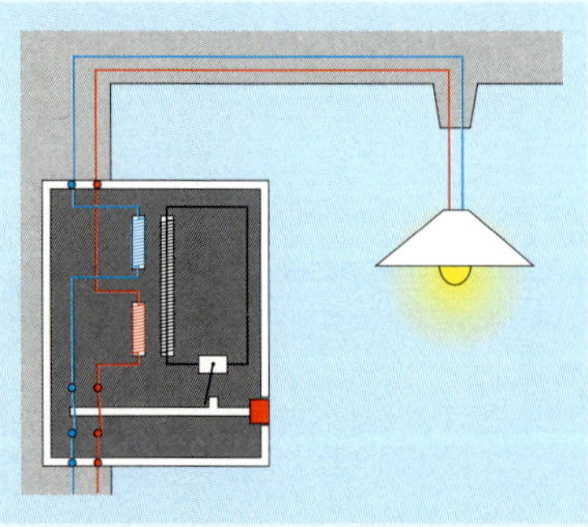
3

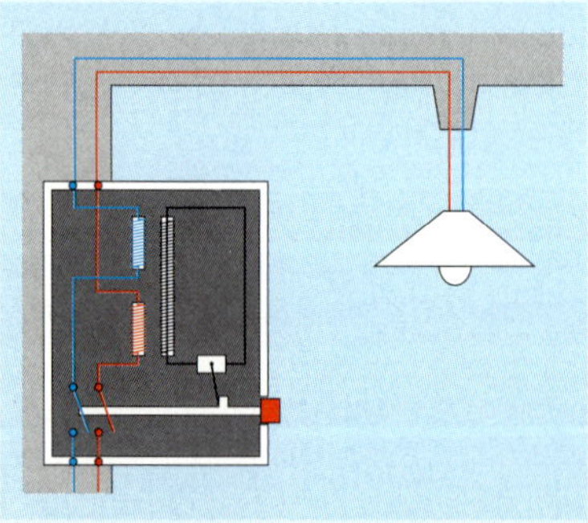
4

AUFGABEN

1. Wie groß sind die Widerstände, die bei einer Spannung von 12 V zu einer Stromstärke von 0,5 A, 2 A bzw. 100 mA führen?
2. Eine Sparlampe (5 W) wird an 230V angeschlossen. Berechne die Stromstärke und den Lampenwiderstand! Welchen Widerstand hat im Vergleich dazu eine Autolampe (12 V) mit der gleichen Leistung?
3. Der Übergangswiderstand am menschlichen Körper von der Hand zum Fuß kann mit etwa 2 kΩ angenommen werden. 30 mA können bereits lebensgefährlich sein! Was folgt aus diesen Zahlenangaben für die zulässige Berührungsspannung?
4. Wie muss die Länge eines Drahtes oder sein Querschnitt verändert werden, damit sein elektrischer Widerstand verdoppelt, verzehnfacht oder halbiert wird?
5. Welchen Widerstand hat eine 50 m lange zweiadrige Verlängerungsleitung aus Kupfer mit einem Leitungsquerschnitt von 1,5 mm²? Beachte, dass für einen geschlossenen Stromkreis beide Adern notwendig sind!
6. Überlege, welche Funktion Widerstände in Stromkreisen haben! Welche Widerstandswerte haben die Verbindungsleitungen im Vergleich zu den Widerständen der Bauteile und Geräte?
7. Erläutere mithilfe des Modells der Elektronenleitung, weshalb sich Leitungen durch den Stromfluss erwärmen! Wie hängt diese Erwärmung vom Betrag der Stromstärke ab?
8. Eine Heizwendel aus Konstantan hat bei einer Spannung von 230 V eine Leistung von 100 W. Ihr Querschnitt beträgt 0,1 mm². Welche Länge hat die Wendel?
9. Eine unterirdisch verlegte zweiadrige Telefonleitung aus Kupfer (A = 0,5 mm²) ist beschädigt, sodass sich die beiden Adern berühren. In welcher Entfernung muss gegraben werden, wenn ein Widerstandsmesser für die beschädigte Leitung einen Widerstand von 6,5 Ω anzeigt?

1

10. Was meinen Elektriker, wenn sie sagen: Verteile „dick nach dünn“?
11. Der elektrische Widerstand eines zweiadrigen Verlängerungskabels (Trommel mit 50 m Kabel) soll unter 1,5 Ω liegen. Welche Querschnitte sollten die Adern haben, wenn sie aus Kupfer bzw. aus Aluminium bestehen.
12. Ein Widerstandsdraht (R = 6 Ω) wird an eine 12-V-Spannungsquelle angeschlossen.
    a) Berechne die elektrische Leistung des Drahtes!
    b) Wie groß ist die Leistung eines doppelt so langen Drahtes, der an dieselbe Spannungsquelle angeschlossen wird?
13. Zwei Drähte aus demselben Material haben die gleiche Länge. Wie verhalten ich ihre Widerstände bei einem Verhältnis der Durchmesser von 1 : 2?

ZUSAMMENFASSUNG

Der elektrische Widerstand gibt an, wie stark ein Leiter den Stromfluss behindert.

$$\text{elektrischer Widerstand} = \frac{\text{Spannung am Bauelement}}{\text{Stromstärke im Bauelement}} \qquad R = \frac{U}{I}$$

Formelzeichen: R

Einheit: Ω, $1\,\Omega = 1\,\frac{\text{V}}{\text{A}}$

Widerstandsgesetz: $R = \varrho \cdot \frac{l}{A}$

Der spezifische Widerstand ϱ gibt an, wie gut ein bestimmtes Material den elektrischen Strom leitet.

Einheit von ϱ: $\frac{\Omega \cdot \text{mm}^2}{\text{m}}$

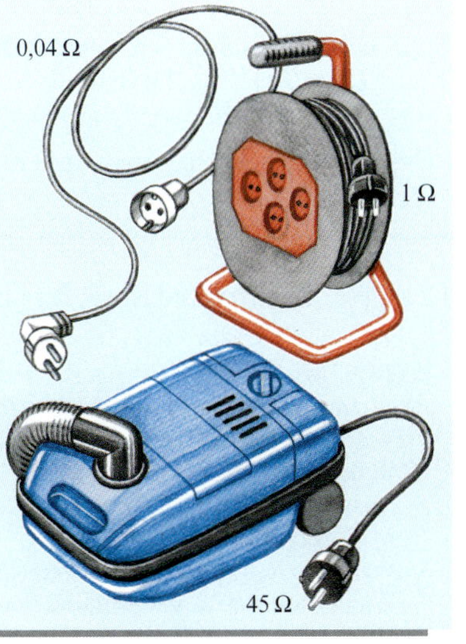

Früher hat Robert oft das Klingeln nicht gehört, wenn er Besuch von seinen Freunden bekam. Daher hat er eine eigene Klingel in seinem Zimmer installiert. Wenn aber nun jemand klingelt, bekommt Robert jedesmal einen Riesenschreck, denn die Klingel ist viel zu laut!
Robert möchte die Klingel daher etwas leiser stellen. Am liebsten hätte er sogar eine Möglichkeit, die Lautstärke der Klingel stufenlos einzustellen – je nach Dringlichkeit des erwarteten Besuchs.

1

Der Widerstand im verzweigten und im unverzweigten Stromkreis

Der Widerstand im unverzweigten Stromkreis. Die Stromstärke ist davon abhängig, wie groß der elektrische Widerstand ist, der insgesamt den Stromfluss zwischen den Polen der Elektrizitätsquelle hemmt. Dieser Widerstand wird als **Gesamtwiderstand R_{ges}** bezeichnet. Wie kann er aus den Einzelwiderständen berechnet werden?
Bei zwei in Reihe geschalteten Bauelementen gilt für die Teilspannungen: $U_{ges} = U_1 + U_2$ (siehe S. 66). Die Stromstärke I ist im Stromkreis überall gleich. Daraus ergibt sich für den Gesamtwiderstand

$$R_{ges} = \frac{U_{ges}}{I} = \frac{U_1 + U_2}{I} = \frac{U_1}{I} + \frac{U_2}{I} \quad \text{also } R_{ges} = R_1 + R_2.$$

Sind mehr als zwei Bauelemente in Reihe geschaltet, so ist $U_{ges} = U_1 + U_2 + \ldots + U_n$. Es gilt:

> Bei einer Reihenschaltung von Bauelementen ist der Gesamtwiderstand gleich der Summe der Einzelwiderstände: $R_{ges} = R_1 + R_2 + \ldots + R_n$.

Der Gesamtwiderstand ist größer als der größte Einzelwiderstand.

EXPERIMENT 1
Bestätige den Zusammenhang $R_{ges} = R_1 + R_2$ für verschiedene Widerstände. Verwende immer die gleiche Gesamtspannung!
1. Baue die Schaltung mit den Widerständen R_1 und R_2 auf!
2. Miss die Gesamtspannung U_{ges} und die Stromstärke I. Trage diese Werte in eine Messwertetabelle ein!
3. Berechne R_{ges} aus U_{ges} und I. Vergleiche mit der Summe $R_1 + R_2$!
4. Wiederhole die Messungen und Berechnungen mit anderen Bauelementen!

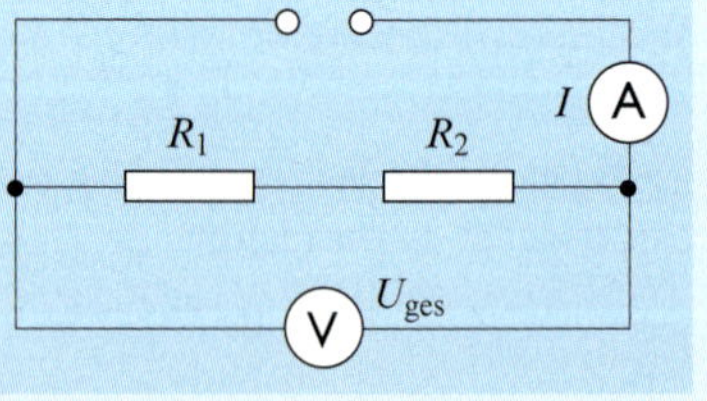

2

In jedem einzelnen Bauelement wird die Wanderung der Elektronen infolge der Zusammenstöße mit den Metall-Ionen behindert (vgl. S. 87).
Im unverzweigten Stromkreis „verteilt" sich die Gesamtspannung auf die einzelnen Bauelemente. Man sagt auch: An jedem Bauelement fällt eine Spannung ab.

Für zwei in Reihe geschaltete Bauelemente gilt: Die Teilspannungen verhalten sich zueinander wie die Einzelwiderstände.
$$\frac{U_1}{U_2} = \frac{R_1}{R_2}$$

Der Widerstand im verzweigten Stromkreis. Bei zwei parallel geschalteten Bauelementen gilt für die Teilstromstärken $I_{ges} = I_1 + I_2$ (siehe S. 62). An beiden Bauelementen liegt die gleiche Spannung U an. Zur Berechnung des Gesamtwiderstandes kann die Gleichung

$R_{ges} = \frac{U}{I_{ges}} = \frac{U}{I_1 + I_2}$ umgeformt werden zu

$\frac{1}{R_{ges}} = \frac{I_1 + I_2}{U} = \frac{I_1}{U} + \frac{I_2}{U}$. Daraus ergibt sich $\frac{1}{R_{ges}} = \frac{1}{R_1} + \frac{1}{R_2}$.

Sind mehr als zwei Bauelemente parallel geschaltet, so ist $I_{ges} = I_1 + I_2 + \ldots + I_n$. Daraus folgt:

Bei einer Parallelschaltung von Bauelementen ist der Kehrwert des Gesamtwiderstandes gleich der Summe der Kehrwerte der Einzelwiderstände.
Bei n Widerständen gilt: $\frac{1}{R_{ges}} = \frac{1}{R_1} + \frac{1}{R_2} + \ldots + \frac{1}{R_n}$.

Übrigens

Der Gesamtwiderstand bei zwei parallel geschalteten Bauelementen lässt sich auch nach folgender Gleichung berechnen:

$R_{ges} = \frac{R_1 \cdot R_2}{R_1 + R_2}$.

Der Gesamtwiderstand ist kleiner als der kleinste Einzelwiderstand.

EXPERIMENT 2
Bestätige den Zusammenhang $\frac{1}{R_{ges}} = \frac{1}{R_1} + \frac{1}{R_2}$ für verschiedene Widerstände.
Verwende immer die gleiche Spannung von etwa 2 V!
1. Baue die Schaltung mit den Widerständen R_1 und R_2 auf!
2. Miss die Spannung U und die Gesamtstromstärke I_{ges}!
3. Berechne $R_{ges} = \frac{U}{I_{ges}}$ und überprüfe anschließend, ob für den Gesamtwiderstand $\frac{1}{R_{ges}} = \frac{1}{R_1} + \frac{1}{R_2}$ gilt!
4. Wiederhole die Messungen und Berechnungen mit anderen Bauelementen!

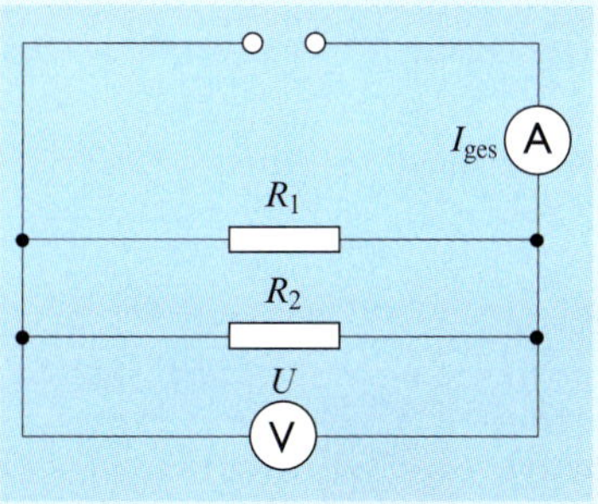

1

Die Parallelschaltung von Bauelementen führt dazu, dass mehr Elektronen von derselben Spannung angetrieben werden. Dadurch nimmt die Stromstärke insgesamt zu (vgl. S. 88), der Gesamtwiderstand wird kleiner.

Für zwei parallel geschaltete Bauelemente gilt: Die Teilstromstärken stehen im umgekehrten Verhältnis wie die Einzelwiderstände.
$$\frac{I_1}{I_2} = \frac{R_2}{R_1}$$

Bauformen technischer Widerstände

Für die Herstellung technischer Widerstände werden die im Widerstandsgesetz enthaltenen Abhängigkeiten angewendet.

- $R \sim l$: Lange Drähte ergeben große elektrische Widerstände.
- $R \sim \frac{1}{A}$: Dünne Drähte (bzw. dünne Schichten) ergeben große elektrische Widerstände.
- R ist stoffabhängig. Widerstandsmaterialien mit einem großen spezifischen Widerstand ergeben große elektrische Widerstände.

Beim Einbau in Geräten muss noch die sogenannte Belastbarkeit beachtet werden. Die Wärmewirkung des Stromes kann dazu führen, dass der Widerstandsdraht bzw. die Widerstandsschicht zerstört wird. Widerstandsbauelemente mit einem Betrag bis 500 Ω baut man aus Draht. Diese Widerstände werden in der Regel am Leitungsnetz mit 230 V angeschlossen, wodurch verhältnismäßig große Stromstärken auftreten.
Ein Beispiel hierfür ist die Heizwendel.
Für Bauelemente mit einem elektrischen Widerstand von mehr als 500 Ω verwendet man keine Drähte, sondern sogenannte Schichtwiderstände. Diese werden oft in elektronischen Geräten eingebaut, die mit Batterien betrieben werden. In solchen Geräten betragen die Spannungen in der Regel maximal 12 V und die Stromstärken sind relativ gering. Der Draht kann durch eine hauchdünne Schicht aus einem geeigneten Material, z. B. Graphit, ersetzt werden. Dadurch werden die Geräte kleiner und leichter.

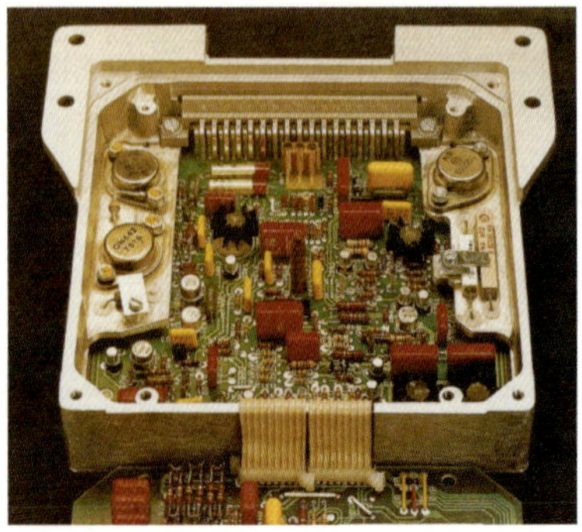

1 Einzelne Widerstandsbauelemente erkennt man in vielen elektronischen Geräten an der typischen Walzenform.

2 Bei Mikrochips werden die Widerstandsbauelemente als dünne Bahnen aufgedampft. Die Schaltung selbst besteht im Chip nur noch aus einem System dünner Bahnen und Schichten mit unterschiedlichen Eigenschaften.

	Drahtwiderstände	Schichtwiderstände
	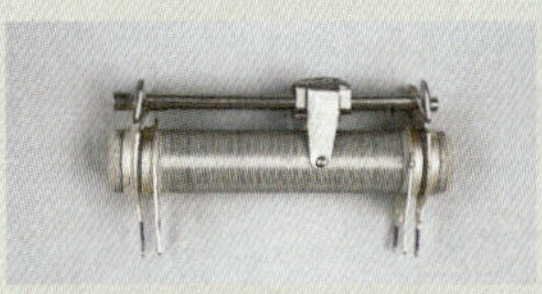	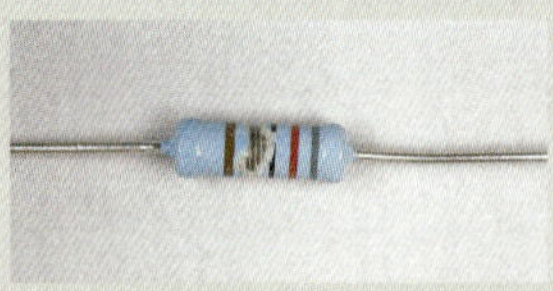
Aufbau	langer Draht auf einem Isolierkörper	dünne Graphit- bzw. Metallschicht auf einem Isolator
Herstellung	Aufwickeln des Drahtes	Aufdampfen der Schicht in einer Nut
Anwendung	bis etwa 500 Ω	bis zu 500 MΩ

Ringfarbe	1. Ring 1. Ziffer	2. Ring 2. Ziffer	3. Ring Multiplikator	4. Ring Toleranz
schwarz	0	0	× 1 Ω	
braun	1	1	× 10 Ω	± 1%
rot	2	2	× 100 Ω	± 2%
orange	3	3	× 1 kΩ	
gelb	4	4	× 10 kΩ	
grün	5	5	× 100 kΩ	
blau	6	6	× 1 MΩ	
violett	7	7	× 10 MΩ	
grau	8	8	× 100 MΩ	
weiß	9	9	× 1 000 MΩ	
gold			× 0,1 Ω	± 5%
silber			× 0,01 Ω	± 10%
keine				± 20%

Beispiel

46 · 100 Ω ± 5%
= 4,6 kΩ ± 230 Ω

3 Farbcode von Widerständen: Auf Bauelemente mit kleinen Abmessungen kann man den Betrag des elektrischen Widerstandes oft nicht lesbar aufdrucken. Deshalb werden sie mit farbigen Ringen versehen. Aus der Kombination der Farbringe kann man den Betrag des elektrischen Widerstandes ermitteln.

Der Vorwiderstand

In handelsüblichen Spannungsprüfern zeigt das Aufleuchten einer Glimmlampe an, ob z. B. zwischen dem einen Anschluss einer Steckdose und der Erde eine elektrische Spannung vorhanden ist. Dabei wird der Stromkreis zur Erde über das Berühren des Kontaktes auf der Kappe und damit über den menschlichen Körper geschlossen. Damit für den Prüfer keine Gefahr besteht, muss die Stromstärke sehr klein sein. Dafür sorgt ein Vorwiderstand von etwa 0,6 MΩ. Die maximale Stromstärke beträgt dann etwa 0,3 mA, also nur 1 % jener Stromstärke, die dem Menschen gefährlich wird (30 mA). Sie ist so klein, dass man sie gar nicht spürt (vgl. S. 69).
Eine andere Anwendung des Vorwiderstandes kennst du von der Autorennbahn. Durch einen Schleifkontakt, der längs der Widerstandsschicht bewegt werden kann, wird die Länge der im Stromkreis befindlichen Widerstandsschicht verändert. Damit ändert sich der Betrag des Vorwiderstandes (Bild 2).
Der Vorwiderstand und der Gleichstrommotor sind in Reihe geschaltet. Wenn der Vorwiderstand auf den größten Wert eingestellt ist, so ist der Gesamtwiderstand am größten und damit die Stromstärke am kleinsten. Der Motor hat eine geringe Drehzahl, das Auto fährt langsam. Ist dagegen der Vorwiderstand sehr klein, so wird die Stromstärke groß und der Motor erreicht seine größte Drehzahl. Das Auto hat dann seine größte Geschwindigkeit.
Ein Batterietester enthält einen Strommesser mit Vorwiderständen. Ein kleiner Widerstand von 3 Ω sorgt für eine große Belastung der Batterie, d. h., für eine relativ große Stromstärke. Je nach Ladezustand der Batterie verringert sich bei einer großen Stromstärke die Spannung an den Polen, die Klemmenspannung (vgl. S. 65).
Bild 3 zeigt die Schaltung für einen Batterietester, der für 1,5-V- und für 9-V-Batterien geeignet ist. Der Strommesser soll für beide Typen von Batterien voll ausschlagen, wenn der Ladezustand maximal ist. Dazu wird der Stromfluss durch Vorwiderstände entsprechend aufgeteilt.

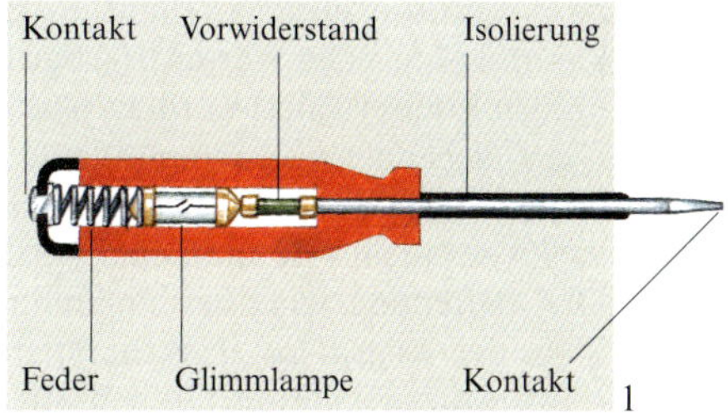

1
Aufbau eines Spannungsprüfers

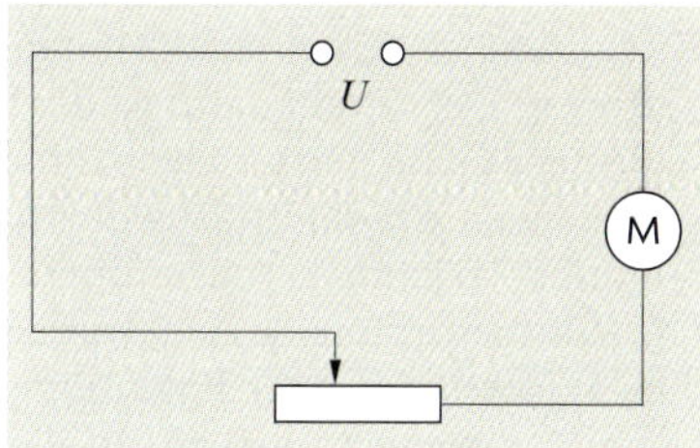

2
Regelbarer Vorwiderstand

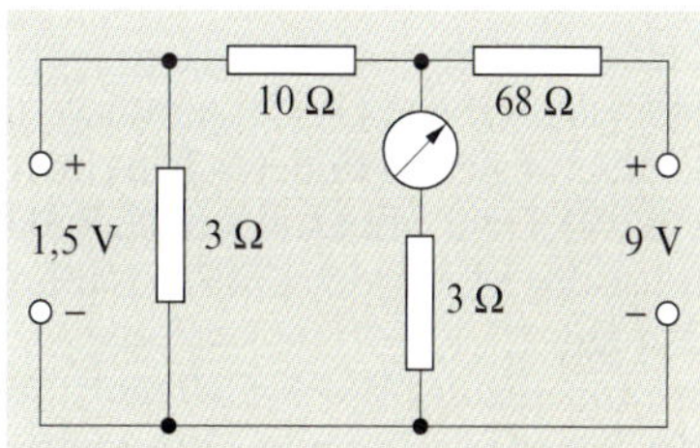

3
Schaltung eines Batterietesters

Das Potentiometer

Widerstände nutzt man nicht nur zur Begrenzung der Stromstärke, sondern auch zur Änderung der Lautstärke oder anderer Einstellungen an elektronischen Geräten. In Potentiometern wird ausgenutzt, dass der elektrische Widerstand von der Länge eines Leiters abhängt. Zwei Bauformen zeigt das Bild 4.

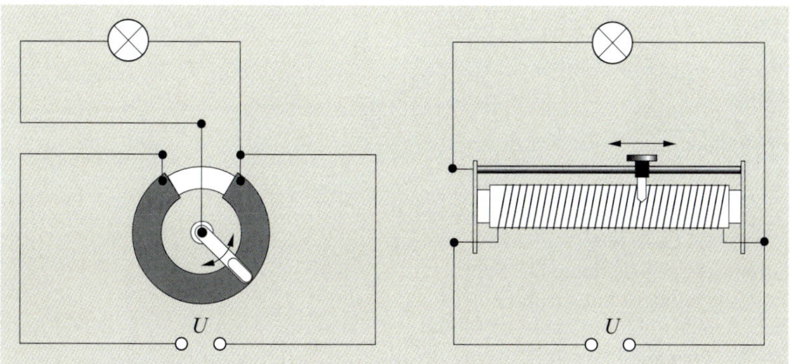

4
Potentiometer als Dreh- und Schiebewiderstand

5
Lautstärkeregler

Das nebenstehende Schaltbild eines solchen Potentiometers zeigt, dass durch den beweglichen Abgriff der Widerstand R des Potentiometers in zwei Teilwiderstände R_1 und R_2 geteilt ist. Der untere Widerstand R_1 kann zwischen den Werten 0 (Abgriff am unteren Ende) und R (Abgriff am oberen Ende) variiert werden. R_2 ändert sich entgegengesetzt.
Die anliegenden Teilspannungen U_1 und U_2 stehen im gleichen Verhältnis zueinander wie die Widerstände (siehe Seite 93). Das Potentiometer wird damit zu einem veränderlichen Spannungsteiler.
Die Aufteilung wird bei einem Lautstärkeregler wie folgt angewendet. Steht der Abgriff so, dass die Spannung U_1 sehr klein ist, so ist auch die Lautstärke sehr gering. Drehen wir „voll auf", liegt die maximale Spannung $U_1 = U$ an und die Lautstärke wird ebenfalls maximal.

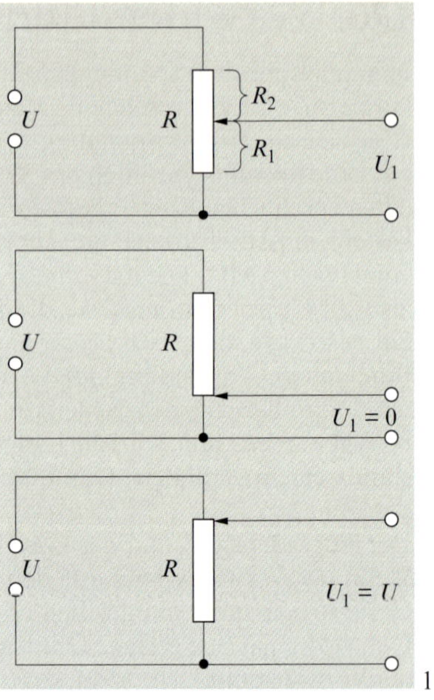

1

Potentiometer werden jedoch nur dort eingesetzt, wo geringe Stromstärken auftreten. Der Grund dafür ist der Stromfluss durch das am Abgriff angeschlossene Gerät. Dieser sogenannte Laststrom muss ja auch durch den entsprechenden Abschnitt des Potentiometers fließen. Wird die Stromstärke sehr groß, so kann das dazu führen, dass das Potentiometer zerstört wird. Die Wärmewirkung des elektrischen Stromes ist einer der Gründe dafür, dass Widerstände oder Potentiometer vorrangig in der „Schwachstromtechnik" eingesetzt werden. In der „Starkstromtechnik" werden andere Bauteile, wie z. B. stellbare Transformatoren, verwendet.

Neben stufenlos veränderbaren Spannungsteilern gibt es auch solche mit fest vorgegebenen Widerstandswerten. Eine typische Anwendung des Festspannungsteilers findet sich in einem Wahlschalter für den Lüfter eines Pkw (Bild 2). Der Lüfter soll je nach Bedarf unterschiedlich schnell laufen. Dazu muss der Motor des Lüfters mit unterschiedlichen Spannungen betrieben werden.
Im Inneren des Wahlschalters befinden sich mehrere Widerstände. Durch die Schalterstellung wird festgelegt, wie viele der Widerstände in Reihe geschaltet werden und wie groß folglich die Ausgangsspannung wird.

2
Festspannungsteiler im Pkw

Widerstände in Messgeräten

Die gleichzeitige Messung von Stromstärke und Spannung. In vielen Fällen muss in einem Stromkreis gleichzeitig die Stromstärke und die Spannung gemessen werden. Für das gleichzeitige Messen von Spannung und Stromstärke mit zwei Messgeräten sind zwei Schaltungsarten der Messgeräte zu unterscheiden.

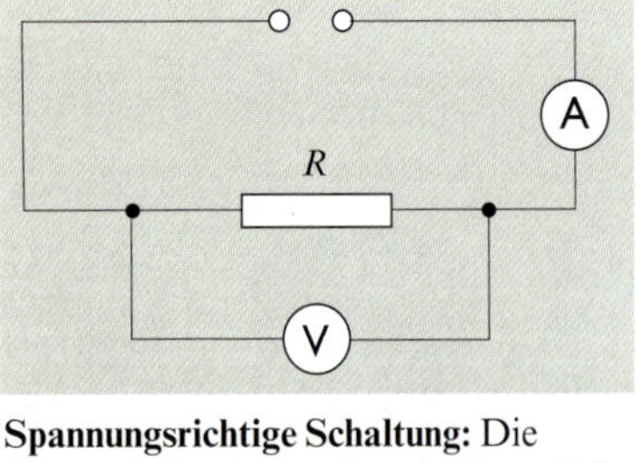

3

Spannungsrichtige Schaltung: Die Stromstärkemessung ist mit einem Fehler behaftet, da auch die Stromstärke im Spannungsmesser in die angezeigte Gesamtstromstärke eingeht.

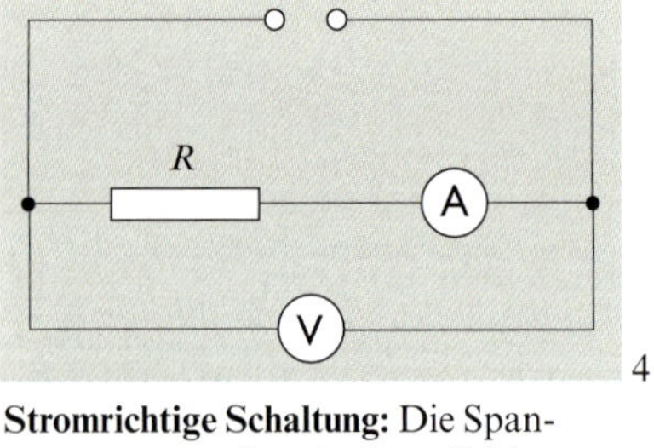

4

Stromrichtige Schaltung: Die Spannungsmessung ist mit einem Fehler behaftet, da auch der Spannungsabfall am Strommesser in die angezeigte Gesamtspannung eingeht.

Die Anwendung der beiden Schaltungen hängt vom elektrischen Widerstand des Messwerkes ab, der als *Innenwiderstand* R_i bezeichnet wird.

Für die spannungsrichtige Schaltung gilt:
Die Abweichung gegenüber der tatsächlichen Stromstärke im Widerstand R_0 ist dann zu vernachlässigen, wenn der Innenwiderstand R_i des Spannungsmessers groß gegenüber dem Widerstand R_0 ist.

Für die stromrichtige Schaltung gilt:
Die Abweichung gegenüber der tatsächlichen Spannung am Widerstand R_0 ist dann zu vernachlässigen, wenn der Innenwiderstand R_i des Strommessers klein gegenüber dem Widerstand R_0 ist.

Schon gewusst?

Bei den meisten Vielfachmessgeräten kann nach der Faustregel verfahren werden:
$R_0 < 200\ \Omega$: spannungsrichtige Schaltung,
$R_0 > 200\ \Omega$: stromrichtige Schaltung.

Will man herausfinden, ob ein Bauelement überhaupt den elektrischen Strom leitet, so sollte man mit der stromrichtigen Schaltung beginnen. Dadurch kann der Strom durch den Spannungsmesser nicht vom Strommesser angezeigt werden und vortäuschen, dass das Bauelement den Strom leitet.

Messbereichserweiterungen. Bei Vielfachmessgeräten können mit dem gleichen Messwerk unterschiedlich große Spannungen, Stromstärken und auch Widerstandswerte gemessen werden. Der Messbereich gibt dabei den jeweiligen Vollausschlag an. Das Messwerk selbst ist für die kleinsten Messbereiche ausgelegt, z. B. $I_{mess} = 1$ mA und $U_{mess} = 1$ V. Daraus ergibt sich der Innenwiderstand des Messwerks zu $R_i = \frac{1\ \text{V}}{1\ \text{mA}} = 1000\ \Omega$.

Messbereichserweiterung für Stromstärkemessungen
Für das Messen größerer Stromstärken muss erreicht werden, dass trotzdem im Messwerk die Stromstärke bei Vollausschlag nur 1 mA beträgt. Der „Rest" muss am Messwerk vorbeigeleitet werden.
Dazu benutzt man Nebenwiderstände R_N, sogenannte *Shunts* (Bild 2). Die Größe des Nebenwiderstandes hängt ab
- vom Innenwiderstand R_i des Messwerkes und
- vom Verhältnis zwischen dem neuen Messbereich, z. B. 100 mA, und dem ursprünglichen Messbereich, z. B. 1 mA. Man kennzeichnet dieses Verhältnis durch den Erweiterungsfaktor n.

Für den Nebenwiderstand R_N gilt: $R_N = \frac{R_i}{(n-1)}$ mit $n = \frac{I_{max}}{I_{mess}}$.

Im genannten Beispiel beträgt für $R_i = 1000\ \Omega$ und $n = 100$ der Nebenwiderstand $10{,}1\ \Omega$.

Messbereichserweiterung für Spannungsmessungen
Da Spannungen nicht „vorbeigeleitet" werden können, nutzt man die Aufteilung an in Reihe geschalteten Widerständen. Die Messbereichserweiterung wird durch einen Vorwiderstand R_V realisiert. Es gilt

$$R_V = R_i\,(n-1) \quad \text{mit} \quad n = \frac{U_{max}}{U_{mess}}.$$

Für $R_i = 1000\ \Omega$ und $n = 100$ ergibt sich ein Vorwiderstand von $R_V = 99\ \text{k}\Omega$.

Ein Vielfachmessgerät enthält eine Vielzahl von Widerständen, die durch Messbereichswahl
- bei Stromstärkemessungen parallel und
- bei Spannungsmessungen in Reihe zum Messwerk geschaltet werden.

1

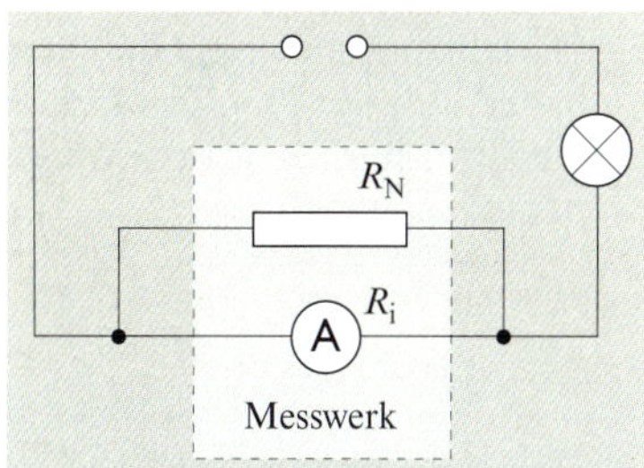

2

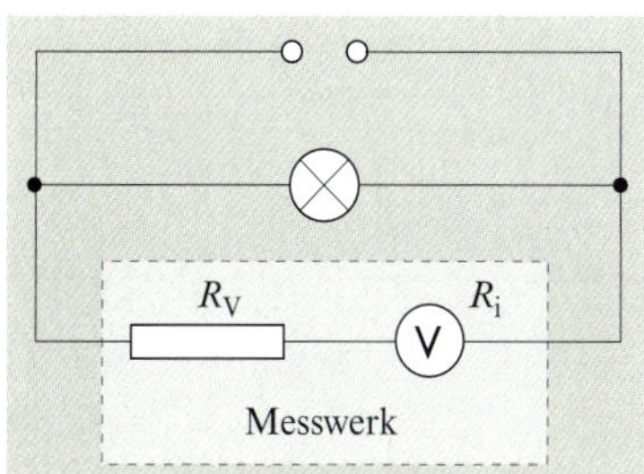

3

AUFGABEN

1. Berechne die Gesamtwiderstände für die beiden Schaltungen!

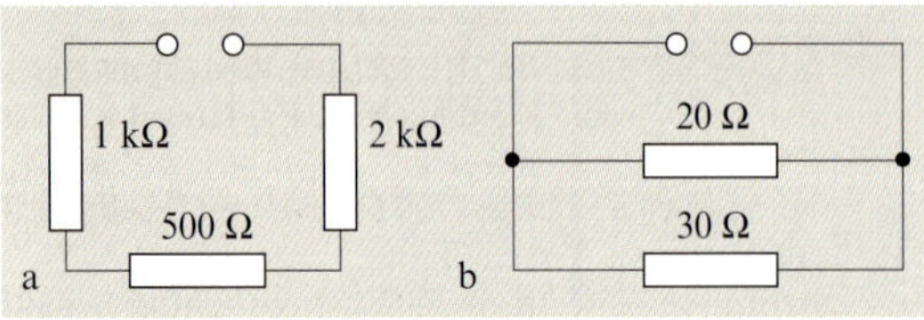

1

2. Dir stehen 5 Widerstände zu je 2,0 Ω zur Verfügung. Überprüfe, ob du damit alle ganzzahligen Widerstandswerte von 1,0 Ω bis 10,0 Ω herstellen kannst!
3. Berechne die fehlenden Angaben!

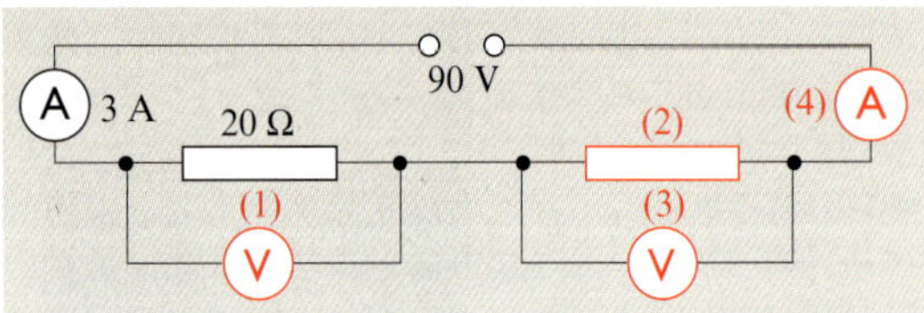

2

4. Eine Glühlampe (3 V; 0,4 A) soll an eine Flachbatterie (4,5 V) angeschlossen werden. Berechne den notwendigen Vorwiderstand! Nenne eine Möglichkeit, wie mehrere dieser Lampen ohne Verwendung eines Vorwiderstandes zu schalten wären, wenn mehrere Flachbatterien zur Verfügung stehen!
5. Die Leistungen zweier Glühlampen ($U = 230$ V) verhalten sich wie 1 : 4. In welchem Verhältnis stehen die Stromstärken und die Widerstände dieser Lampen zueinander?
6. Zwei Glühlampen (6 V; 1,8 W und 6 V; 5 W) werden einmal in Reihe und einmal parallel geschaltet.
   a) Welchen Widerstand hat jede Lampe, welchen Gesamtwiderstand haben die Glühlampen bei Reihen- bzw. bei Parallelschaltung?
   b) In welcher Schaltungsart und bei welcher Spannung leuchten beide mit „normaler" Helligkeit?
   c) Wie groß darf die Spannung der Elektrizitätsquellen in den beiden Schaltungsarten höchstens sein ohne dass die Lampen zerstört werden?
7. a) Leite das Spannungs-Widerstands-Verhältnis für zwei in Reihe geschaltete Widerstände und das Stromstärke-Widerstands-Verhältnis für zwei parallel geschaltete Widerstände her!
   b) Erläutere praktische Anwendungen für diese Verhältnisse!
8. Begründe, dass Potentiometer nur bei geringen Stromstärken eingesetzt werden!
9. Erläutere die Probleme einer gleichzeitigen Messung von Spannung und Stromstärke in einem Stromkreis! Wodurch können die Messfehler klein gehalten werden?
10. Entwirf eine Schaltung, mit der sich die Klingel von Robert (S. 92) leiser stellen lässt!
11. Entwirf eine Schaltung für eine einfache Modellbahnanlage ($U = 24$ V), wo du Folgendes realisieren kannst:
   – die Geschwindigkeit der Lok soll einstellbar sein,
   – außer der Lok kann die Beleuchtung der Häuser und der Straßenlampen getrennt eingeschaltet werden ($U_{Lampe} = 24$ V) und
   – das Abstellgleis ist abschaltbar!

ZUSAMMENFASSUNG

Unverzweigter Stromkreis
Reihenschaltung von Bauelementen

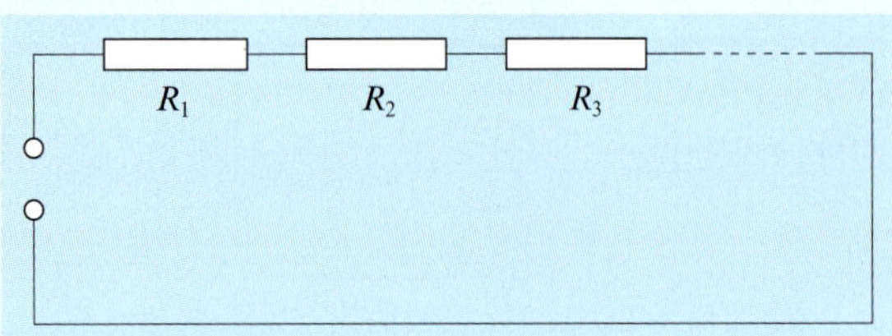

$$R_{ges} = R_1 + R_2 + \ldots + R_n$$

Sonderfall 2 Bauelemente:

$$R_{ges} = R_1 + R_2 \qquad \frac{U_1}{U_2} = \frac{R_1}{R_2}$$

Verzweigter Stromkreis
Parallelschaltung von Bauelementen

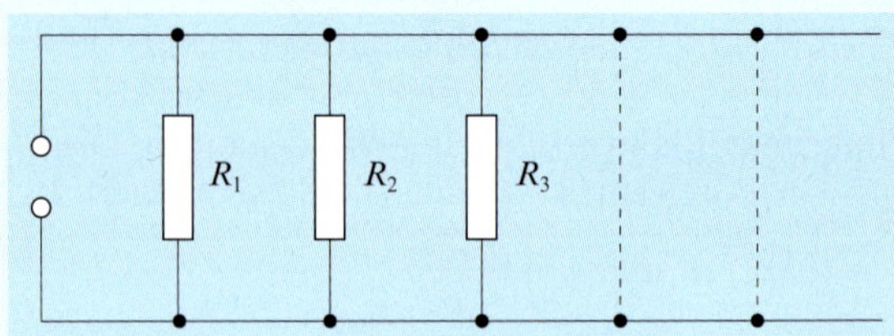

$$\frac{1}{R_{ges}} = \frac{1}{R_1} + \frac{1}{R_2} + \ldots + \frac{1}{R_n}$$

Sonderfall 2 Bauelemente:

$$R_{ges} = \frac{R_1 \cdot R_2}{R_1 + R_2} \qquad \frac{I_1}{I_2} = \frac{R_2}{R_1}$$

Energie in Natur und Technik

Energie ist aus unserem Leben nicht mehr wegzudenken. Früher mussten sich die meisten Menschen selbst anstrengen, wenn sie kochen oder waschen wollten, den Acker pflügen oder in einen anderen Ort reisen mussten. Heute werden uns alle diese Tätigkeiten des täglichen Lebens erleichtert durch Energie, die uns z. B. durch elektrische Leitungen oder mit dem Erdöl geliefert wird. Nun brauchen wir uns um das Feuer in der Heizung kaum noch zu kümmern und Maschinen nehmen uns schwere Arbeiten ab. Meistens denken wir gar nicht darüber nach, woher die Energie kommt und wie groß der Aufwand ist, damit wir es so bequem haben.

1

Wenn sich Fahrzeuge oder Maschinen bewegen sollen, so müssen ihre Motoren arbeiten. Verrichten sie keine Arbeit, dann hört die Bewegung – zumindest allmählich – auf.
So ist es auch bei jedem Fahrrad. Wenn es rollen soll, muss man in die Pedale treten oder sich wenigstens einen Berg herabrollen lassen.

Physikalische Bedeutung der Energie

Um Fahrzeuge und Maschinen in Bewegung zu setzen, muss Arbeit verrichtet werden. Da immer Reibung auftritt, muss auch Arbeit verrichtet werden, um die Fahrzeuge und Maschinen in Bewegung zu halten.
Auf welche verschiedene Weise erzeugt man in der Technik Bewegungen?

- Beim Fahren eines Zuges verrichtet die elektrische Lokomotive mechanische Arbeit. Dazu muss durch ihre Elektromotoren Strom fließen.
- Beim Fahren eines Pkw verrichtet der Verbrennungsmotor mechanische Arbeit. Dazu benötigt der Motor Benzin.
- Presslufthämmer können mechanische Arbeit verrichten, wenn ihnen Druckluft zugeführt wird.
- Den Dampfturbinen in einem Wärmekraftwerk wird heißer Wasserdampf unter hohem Druck zugeleitet. Sie treiben die Generatoren an.
- Wasser- und Windturbinen verrichten ebenfalls mechanische Arbeit und erzeugen dadurch in Generatoren elektrische Energie. Voraussetzungen dafür sind strömendes Wasser bzw. Wind.

2

Elektrischer Strom, Kraftstoff, Druckluft, Dampf, strömendes Wasser und Wind haben die Fähigkeit, mechanische Arbeit zu verrichten. Sie besitzen Energie.
Wenn man die Temperatur von Körpern erhöhen, sie schmelzen oder verdampfen will, benötigt man ebenfalls Energie. Das erfolgt z. B. bei der Warmwasserheizung, im Hochofen und im Dampfkessel (Bild 3). Auch zum Beleuchten von Räumen und Straßen ist Energie erforderlich. Die Lampen senden Licht aus, wenn der elektrische Strom eingeschaltet ist. Die Sonne gibt gleichzeitig Licht und Wärme ab.

Energie ist die Fähigkeit, mechanische Arbeit zu verrichten, Wärme abzugeben oder Licht auszusenden.
Das Formelzeichen für die Energie ist *E*.

3

Energieformen

Potenzielle Energie. Wenn du oben auf einer Riesenrutschbahn sitzt, hast du eine große Energie, denn du kannst damit die lange Bahn hinunterrutschen. Diese Energie besitzt du aufgrund deiner höheren Lage gegenüber dem Wasserbecken, in das du hineinrutschen willst. Diese Energieform nennt man **Lageenergie**.
Ein Körper kann seine Lageenergie dadurch erhalten haben, dass an ihm *mechanische Arbeit* verrichtet wurde, nämlich die *Hubarbeit* $W = F_G \cdot h$ (vgl. S. 27). Dabei ist F_G die Gewichtskraft des Körpers und h die Höhe, um die er angehoben wurde.
Wie groß ist die Lageenergie eines solchen Körpers?
Angenommen, ein Körper mit der Gewichtskraft $F_G = 100$ N befindet sich in der Höhe $h = 10$ m. An ihm wurde zuvor eine Hubarbeit von 1000 J verrichtet. Nun soll die gesamte Lageenergie des Körpers dazu verwendet werden, einen anderen Körper anzuheben. Dazu gibt es z. B. folgende Möglichkeiten:

- Über zwei feste und zwei lose Rollen kann er einen Körper mit einer Gewichtskraft von maximal 400 N um 2,5 m anheben (Bild 1).
- Über eine feste Rolle kann er einen Körper mit einer Gewichtskraft von maximal 100 N um 10 m anheben.

In jedem Fall wird eine Hubarbeit von 1000 J verrichtet. Der gehobene Körper hat also die Fähigkeit, eine Arbeit von 1000 J zu verrichten. Er kann genauso viel Arbeit verrichten, wie zuvor an ihm verrichtet wurde. Die Lageenergie E_{Lage} eines Körpers wird daher genauso berechnet wie die Hubarbeit.

Für die Lageenergie eines Körpers gilt: $E_{Lage} = F_G \cdot h$.

Aus dieser Gleichung ist zu erkennen, dass für die Lageenergie dieselbe Einheit verwendet werden kann wie für die Arbeit. Auch für die anderen Energieformen verwendet man die Einheit Joule.

Die Einheit der Energie ist Joule (J).

Die Lageenergie eines Körpers hängt von seiner Gewichtskraft und seiner Höhe ab. Wird an dem Körper Hubarbeit verrichtet, so nimmt seine Lageenergie zu. Die Energieänderung entspricht dabei der verrichteten Arbeit.

- In der Gleichung für die Arbeit $W_{Hub} = F_G \cdot h$ gibt h an, um welche Strecke der Körper angehoben wird.
- In der Gleichung für die Energie $E_{Lage} = F_G \cdot h$ gibt h an, in welcher Höhe sich der Körper gerade befindet.

Bei einer Angabe der Höhe muss beachtet werden, auf welches Grundniveau man sich bezieht: Das Glas in Bild 2 befindet sich 10 cm über dem Tisch, aber 1 m über dem Fußboden. Seine Lageenergie beträgt im ersten Fall 0,1 J im zweiten Fall 1 J. Der Unterschied wird spürbar, wenn man das Glas fallen lässt.

Auch das Wasser in einem See enthält Lageenergie. Diese Lageenergie lässt sich nutzen, wenn es einen zweiten See oder einen Fluss gibt, der sehr viel tiefer liegt. Oft wird ein großer Höhenunterschied künstlich durch eine Staumauer erzeugt. Das Wasser kann in langen Rohren herabströmen und Turbinen antreiben.

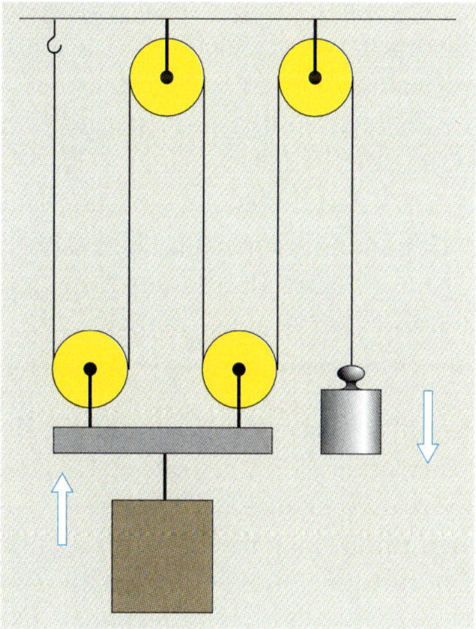
1
Ein gehobener Körper verrichtet hier Hubarbeit.

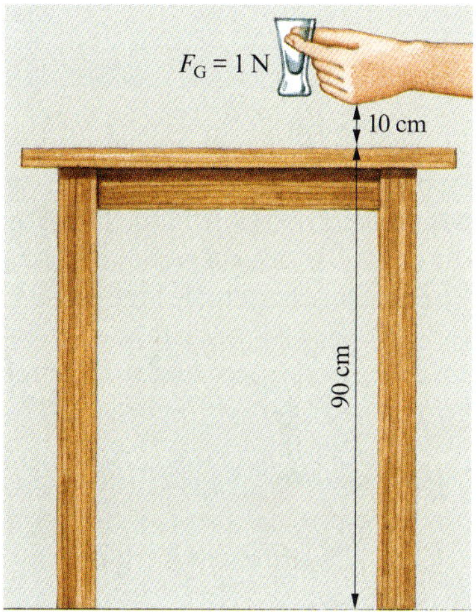

2
Die Lageenergie des Glases hängt von der Höhe ab.

3
In Wasserkraftwerken wird die Lageenergie von Wasser genutzt.

Auch die gespannten Federn eines Trampolins und der gespannte Bogen eines Bogenschützen besitzen Energie. Sie ist in den verformten Federn bzw. dem gekrümmten Bogen gespeichert. Diese Form der Energie wird als **Spannenergie** bezeichnet. Auch um eine Feder zu spannen, muss Arbeit verrichtet werden.
Lageenergie und Spannenergie werden gemeinsam als potenzielle Energie bezeichnet.

> Gehobene Körper und elastisch verformte Körper besitzen potenzielle Energie. Der Betrag der potenziellen Energie ist gleich der zuvor am Körper verrichteten Arbeit.

1

Kinetische Energie. Eine rollende Bowlingkugel hat die Fähigkeit Arbeit zu verrichten. Sie kann die Kegel in Bewegung setzen. Bewegungsenergie nennt man auch kinetische Energie.
Am Ende einer Bobfahrt besitzt auch ein Viererbob eine große kinetische Energie. Die Sportler haben alle Mühe, ihn wieder zum Stillstand zu bringen. Auch alle sich bewegenden Fahrzeuge haben kinetische Energie. Dadurch rutschen beim Abbremsen an der Kreuzung oft ihre Reifen oder ihre Bremsen werden heiß.

> Körper, die in Bewegung sind, besitzen kinetische Energie.

2

Die Körper in den Beispielen erhalten die kinetische Energie dadurch, dass Arbeit verrichtet wird: Die Bowlingkugel wird beim Wegschleudern durch Muskelkraft beschleunigt. Der Viererbob erhält seine kinetische Energie durch das Anschieben und das Hinabgleiten auf der stark geneigten Bahn. Fahrzeuge erhalten die kinetische Energie durch ihre Motoren.

Im folgenden Experiment soll untersucht werden, wie die kinetische Energie eines Körpers von seiner Geschwindigkeit abhängt.

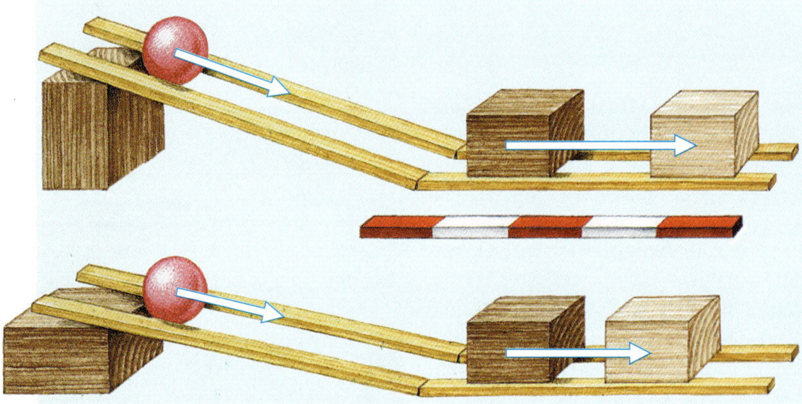
3

EXPERIMENT 1
Man lässt eine Kunststoffkugel eine schräge Rinne hinabrollen. Am unteren Ende trifft sie auf einen Holzklotz. Beim Aufprallen schiebt sie den Klotz ein Stück vor sich her. Die Strecke, um die der Holzklotz verschoben wird, wird gemessen.
Das Experiment wird mit verschiedenen Neigungen der Rinne wiederholt.

Je steiler die Rinne steht, desto größer ist die Geschwindigkeit der Kugel beim Auftreffen auf den Holzklotz. Bei einer größeren Geschwindigkeit der Kugel wird der Klotz um eine größere Strecke s verschoben. Es wird dann mehr mechanische Arbeit (Reibungsarbeit) verrichtet.
Je größer die Geschwindigkeit eines Körpers ist, umso größer ist seine kinetische Energie.

Dieser Zusammenhang ist auch im Straßenverkehr von Bedeutung: Schnelle Autos brauchen einen längeren Bremsweg als langsame. Damit die Fahrzeuge in Ortschaften nach wenigen Metern zum Stehen kommen, gibt es entsprechende Geschwindigkeitsbegrenzungen.

Wie hängt die kinetische Energie von der Masse eines Körpers ab?

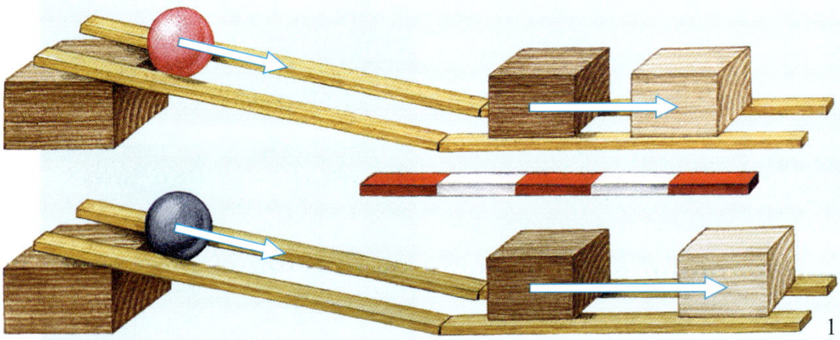
1

EXPERIMENT 2
Man lässt eine Kunststoffkugel wie in Experiment 1 eine schräge Rinne hinabrollen. Die Strecke, um die der Holzklotz verschoben wird, wird gemessen.
Das Experiment wird mit einer gleich großen Stahlkugel wiederholt.

Die Stahlkugel schiebt den Holzklotz viel weiter weg. Je größer die Masse der Kugel ist, umso größer ist auch ihre kinetische Energie.
Entsprechendes gilt für einen Pkw mit und ohne Anhänger. Bei gleicher Geschwindigkeit ist der Bremsweg des Pkw mit beladenem Anhänger wesentlich größer, da seine Masse größer ist.

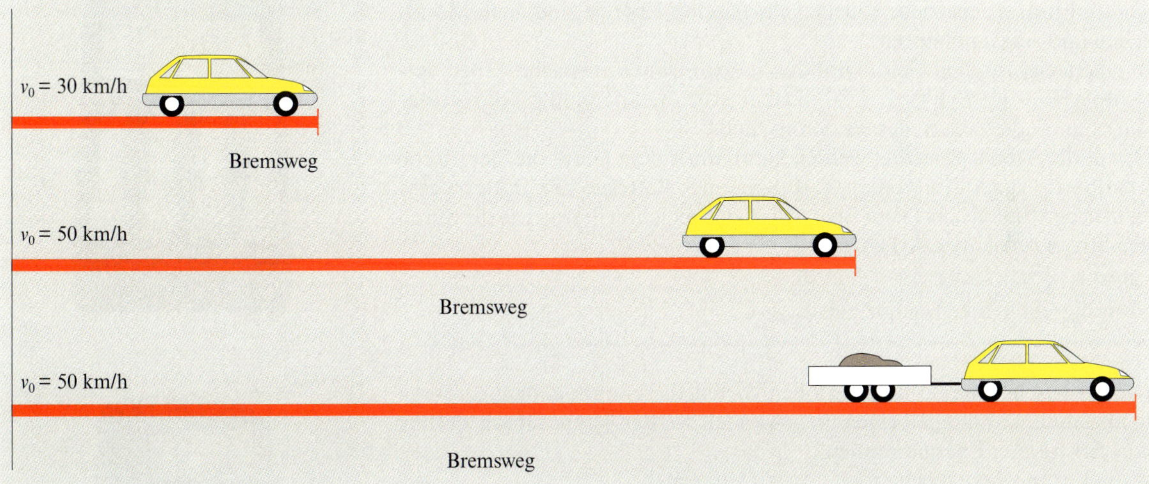

2

> Je größer die Geschwindigkeit und je größer die Masse eines Körpers sind, desto größer ist seine kinetische Energie.

Potenzielle und kinetische Energie sind zwei verschiedene Formen *mechanischer Energie*.
Körper können also aufgrund
- ihrer Lage,
- ihrer elastischen Verformung oder
- ihrer Bewegung

mechanische Energie besitzen.

Thermische Energie. Wer eine Form mit heißem Pudding schneller abkühlen will, der stellt sie in ein Becken mit kaltem Wasser. Der Pudding besitzt thermische Energie. Vom heißen Pudding geht Wärme auf das kalte Wasser über. Das merkt man beim Herausnehmen der Puddingform. Das Wasser im Becken ist lauwarm geworden.

> Thermische Energie ist die Fähigkeit eines Körpers, Wärme an die kältere Umgebung abzugeben.

1

Chemische Energie. Im Heizhaus eines Kraftwerkes verbrennen Kohle, Öl oder Gas. Diese Stoffe besitzen chemische Energie.
Im Motor eines Pkw verbrennen Benzin oder Dieselkraftstoff. Auch in diesen Stoffen ist chemische Energie gespeichert. Beim Verbrennen werden diese Stoffe umgewandelt. Es entstehen im Wesentlichen Wasserdampf und Kohlenstoffdioxid.
Auch Sprengstoffe besitzen chemische Energie. Die Verbrennung erfolgt explosionsartig in Bruchteilen von Sekunden.
Mit der Nahrungsaufnahme führen Menschen und Tiere ihrem Körper chemische Energie zu. Diese Energie wird benötigt, um Körperwärme zu erzeugen, mechanische Arbeit zu verrichten und andere komplizierte Lebensfunktionen ausüben zu können.

2

Elektrische Energie. Unsere elektrische Energie wird in den Generatoren der Wärmekraftwerke, aber auch der Kern-, Wasser-, Sonnen- und Windkraftwerken erzeugt. Von dort gelangt die elektrische Energie in Wohnungen und Industriebetriebe. Quellen elektrischer Energie sind auch Monozellen und Akkumulatoren.
In einem elektrischen Gerät wird durch den Strom elektrische Arbeit verrichtet: $W_{el} = U \cdot I \cdot t$ (vgl. S. 80). Dabei ist U die Spannung, I die Stromstärke und t die Zeit, in der der Strom fließt.
Damit die Arbeit verrichtet werden kann, muss dem Gerät die elektrische Energie E_{el} zugeführt werden, z. B. von einer Batterie. Die Batterie gibt elektrische Energie ab. Diese Energie hat den gleichen Betrag wie die durch den Strom verrichtete Arbeit.

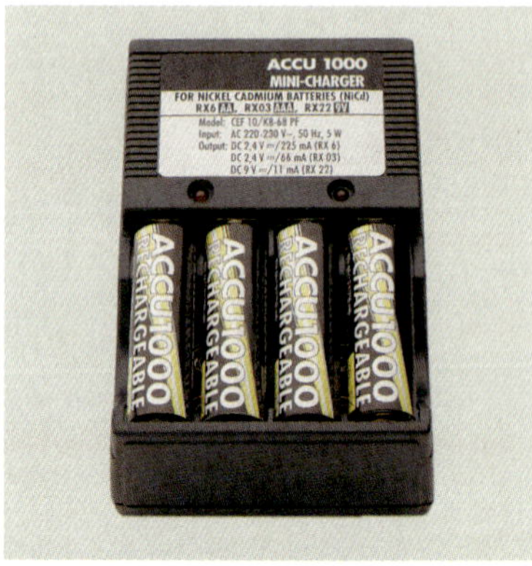

3

> Für die elektrische Energie gilt: $E_{el} = U \cdot I \cdot t$.

Die elektrische Energie hat den großen Vorteil, dass sie auf einfachem Wege in alle anderen Energieformen umgewandelt werden kann. Durch Zufuhr von elektrischer Energie können
- Elektromotoren mechanische Arbeit verrichten,
- Heiz- und Kochgeräte Wärme abgeben,
- Lampen Licht aussenden.

Licht. Licht ist für das Leben auf der Erde die wichtigste Energieform. Es wird ständig in unvorstellbar großen Mengen von der Sonne erzeugt. Licht tritt auch bei chemischen Vorgängen wie beim Verbrennen von Öl in Lampen oder Stearin in Kerzen auf. Schließlich erzeugen auch die verschiedenen Arten von elektrischen Lampen Licht (Bild 4).
Dass auch Licht die Fähigkeit hat, Körper zu erwärmen, wird z. B. in Sonnenkollektoren genutzt. Dort trifft das Licht auf schwarze Flächen, die das Licht gut absorbieren. Die Wärme wird an eine Flüssigkeit abgegeben und zur Heizung des Hauses verwendet.

4

Umwandlung und Übertragung von Energie

1

Der Inline-Skater in Bild 1 hat gerade seine maximale Lageenergie erreicht. Im nächsten Moment wird er wieder herabfallen und auf der Bahn aufsetzen. Was geschieht in einer solchen Bahn mit der Energie?

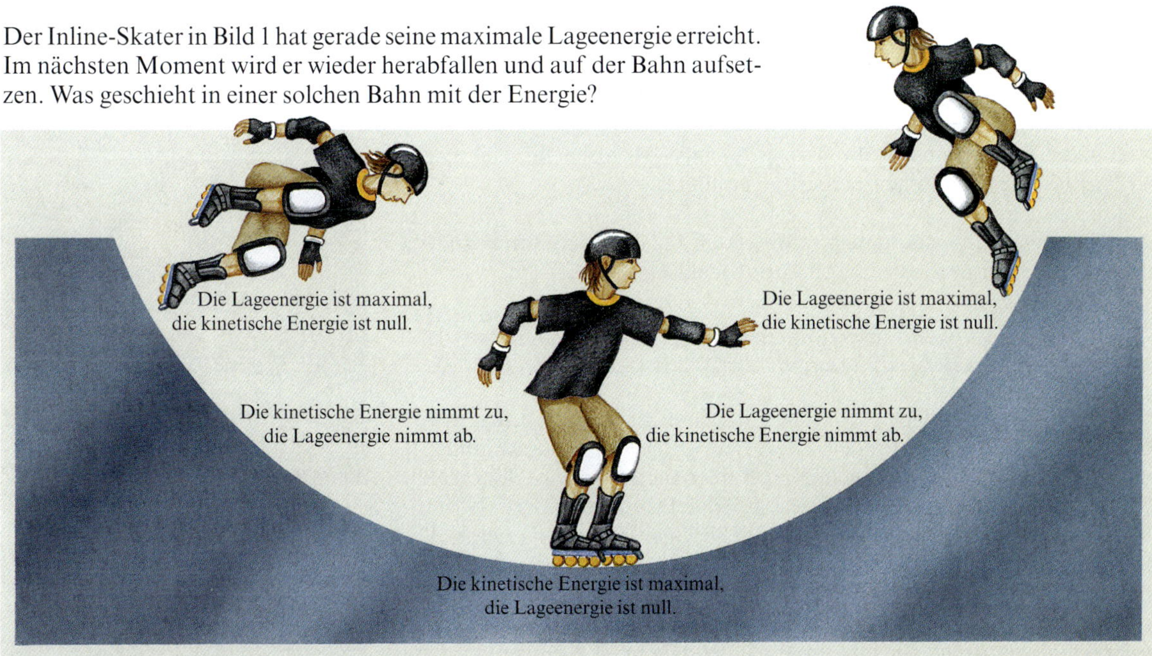

2

Während der Skater den Hang hinabrollt, wird die Fahrt immer schneller. Am tiefsten Punkt ist die potenzielle Energie vollständig in kinetische Energie umgewandelt worden. Wenn die Fahrt dann wieder bergauf geht, wird die kinetische Energie wieder in potenzielle Energie zurückgewandelt. Dabei nimmt die Geschwindigkeit ab.
Ein solcher Umwandlungsprozess lässt sich vereinfacht in folgender Weise darstellen:

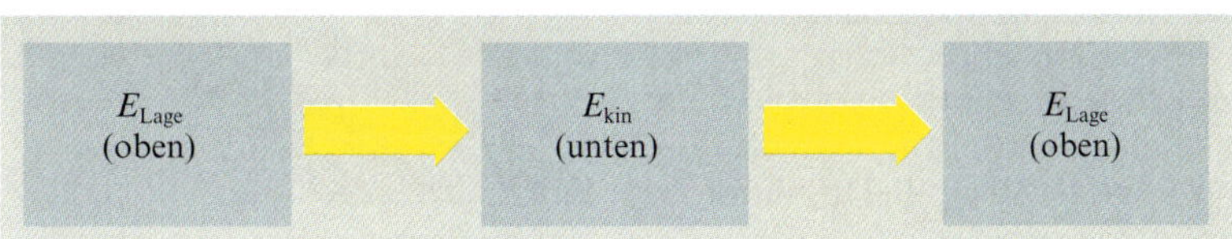

3

Eine ähnliche Umwandlung zwischen Lageenergie und kinetischer Energie findet auch statt, wenn man mit dem Fahrrad durch ein Tal rollt. Allerdings macht sich dabei die Reibung deutlich bemerkbar. Auf der gegenüberliegenden Seite erreicht man ohne zu treten längst nicht mehr die ursprüngliche Höhe.
Durch die Reibung findet eine Umwandlung von mechanischer Energie in thermische Energie statt.

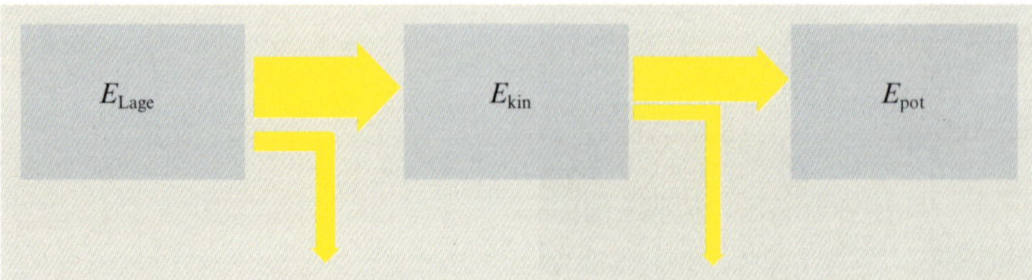

1

2

Auch zwischen anderen Formen der Energie können Umwandlungen stattfinden. Ein Beispiel zeigt Bild 3.

- Die Energie des Sonnenlichtes wird von den Solarzellen in elektrische Energie umgewandelt.
- Die elektrische Energie gelangt zu einem Akkumulator, der sie umwandelt und in Form von chemischer Energie speichert.
- Bei Bedarf gibt der Akkumulator wieder elektrische Energie ab.
- Für die Parkscheinausgabe wird in kleinen Motoren die elektrische Energie in mechanische Energie umgewandelt.

Auch bei diesen Umwandlungen wird stets ein Teil der Energie in Form von thermischer Energie an die Umgebung abgegeben.

Energie kann von einer Energieform in eine andere umgewandelt werden.

3
Ein Energiewandler

In unseren Muskeln wird chemische Energie in thermische Energie und Bewegungsenergie umgewandelt. Diese Bewegungsenergie kann dann z. B. durch die Hand auf eine Bowlingkugel übertragen werden. Solange die Kugel auf der Bahn rollt, bleibt diese Energie fast unverändert. Trifft die Kugel jedoch auf die Kegel, so überträgt sie einen Teil ihrer Energie. Die Kegel fallen dadurch um und werden zum Teil weggeschleudert.
Der Wind überträgt einen Teil seiner kinetischen Energie mithilfe der Flügel der Windturbine auf den Generator. Im Generator wird diese kinetische Energie in elektrische Energie umgewandelt. Durch Leitungen wird die elektrische Energie in die Haushalte übertragen. Dort wird sie z. B. in thermische Energie umgewandelt und zum Kochen und Backen genutzt.
Ein Autoakkumulator enthält chemische Energie. Beim Entladen wird sie in elektrische Energie umgewandelt. Die Leitungen übertragen die elektrische Energie u. a. auf den Scheibenwischermotor. Dort wird die elektrische Energie in mechanische Energie umgewandelt.

Energie kann von einem Körper auf einen anderen übertragen werden.

Eine Energieübertragung zwischen zwei Körpern ist auch möglich, ohne dass die Körper unmittelbar in Kontakt miteinander stehen. Beispielsweise kann thermische Energie durch strömendes heißes Wasser in Heizungsrohren aber auch durch Wärmestrahlung übertragen werden.

4
Energieübertragung

Energiespeicherung

Energie kann auf unterschiedliche Weise gespeichert werden. Mechanische Energie lässt sich besonders gut in Form von potenzieller Energie speichern. Das geschieht z. B. in Talsperren oder im oberen Speicherbecken von Pumpspeicherwerken (siehe Seite 108). Auch die gespannten Federn von Uhren oder von Spielzeugautos sind Speicher von mechanischer Energie (Bild 1). Kinetische Energie lässt sich für technische Anwendungen nur kurzzeitig speichern. Durch Reibung wird die Bewegung allmählich gebremst und mechanische Energie in thermische Energie umgewandelt.

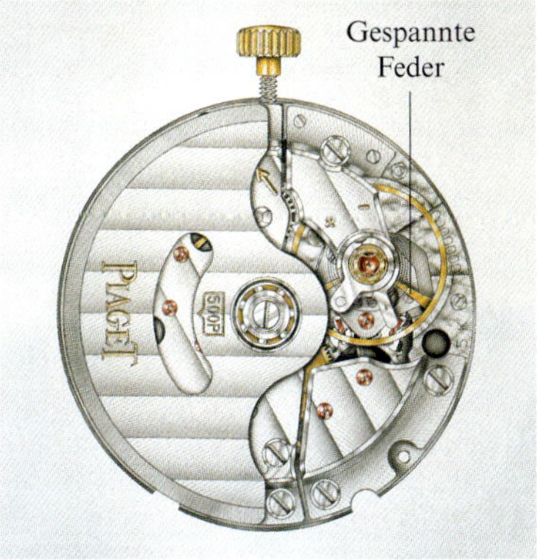

1

Speicherung von mechanischer Energie

2

Speicherung von thermischer Energie

3

Speicherung von chemischer Energie

Auch thermische Energie lässt sich nur für kurze Zeit speichern (Bild 2). Die thermische Energie von heißen Körpern gelangt nach und nach an die kältere Umgebung. So ist es z. B. nur mit sehr großem Aufwand möglich, im Sommer thermische Energie zu speichern, um sie im Winter für die Heizung zu nutzen.
Im Erdöl und Erdgas ist viel chemische Energie gespeichert. Das Erdöl wird meist in großen Kesseln aufbewahrt (Bild 3). Erdgas wird oft in unterirdischen Hohlräumen gesammelt, die von einem gasdichten Gestein umgeben sind.
Elektrische Energie lässt sich nur in sehr kleinen Mengen speichern. Dazu werden sogenannte Kondensatoren verwendet (Bild 4). Durch Ladungtrennung werden die Platten eines Kondensators ungleichnamig aufgeladen.
Die Speicherung von Licht ist für technische Anwendungen nicht möglich.

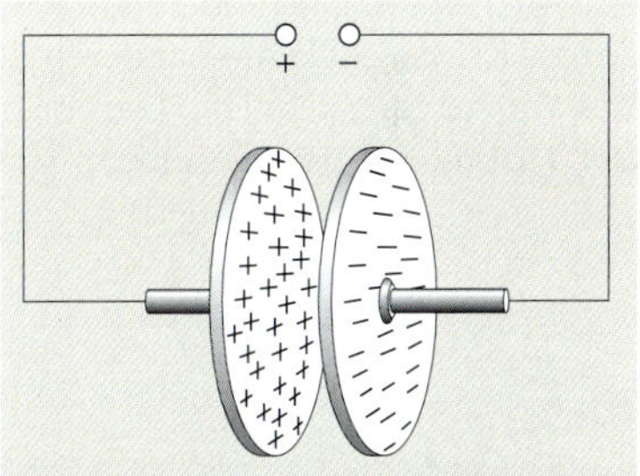

4

Speicherung von elektrischer Energie

Die folgende Tabelle gibt einen Überblick über die unterschiedliche technische Speichermöglichkeit der verschiedenen Energieformen:

Energieform	Speicherfähigkeit	Beispiel
potenzielle Energie	sehr gut	Pumpspeicherwerk
kinetische Energie	gering, nur kurzzeitig	Schwungräder
chemische Energie	sehr gut	Erdöltanks
thermische Energie	gering, nur kurzzeitig	Thermosgefäß
elektrische Energie	sehr schlecht	Kondensator
Licht	keine	–

Übrigens

Bei alten Dampfmaschinen bewegen sich die großen Kolben- und Zylinderstangen hin und her und drehen ein riesiges Schwungrad. Durch seine große Masse besitzt das rotierende Schwungrad sehr viel kinetische Energie. Diese Energie hält die Maschine auch dann in gleichmäßiger Bewegung, wenn der Dampf gerade keine Arbeit verrichtet.

Ein Blick in die Technik

Energie nach Bedarf

Viele Kraftwerke werden so betrieben, dass ihre Leistung über lange Zeit gleich bleibt. Der Bedarf an elektrischer Energie ist jedoch nicht den ganzen Tag über konstant. In der Mittagszeit wird besonders viel, in den Nachtstunden besonders wenig Energie benötigt. Daher wurde nach Möglichkeiten gesucht, in der Nacht die überschüssige Energie zu speichern, um sie am Tage nach Bedarf zur Verfügung zu stellen.
Die Kraftwerke erzeugen elektrische Energie, aber elektrische Energie an sich lässt sich nicht ohne weiteres speichern. Auch wäre eine Speicherung als chemische Energie in großen Akkumulatoren sehr teuer.
Daher wird in sogenannten **Pumpspeicherwerken** die elektrische Energie in mechanische Energie umgewandelt. Ein Pumpspeicherwerk besteht aus einem oberen und einem unteren Speicherbecken mit Wasser. Die beiden Becken sind durch Rohrleitungen miteinander verbunden. Im Maschinenraum befinden sich Pumpen, Elektromotoren und Turbinen.
In der Nacht wird das Wasser nach oben gepumpt. Frühmorgens fließt es dann wieder nach unten und treibt die Turbinen an. Jetzt arbeiten die Elektromotoren als Generatoren und erzeugen elektrischen Strom.
Im oberen Speicherbecken hat das Wasser eine große potenzielle Energie. Beim Abwärtsfließen in den Rohrleitungen wandelt sich die potenzielle Energie in kinetische Energie um.
In den Elektromotoren wird elektrische Energie in mechanische umgewandelt. Dadurch befördern Pumpen das Wasser nach oben.
In den Turbinen und Generatoren erfolgt wieder eine Umwandlung der mechanischen Energie in elektrische Energie. Dadurch ist es im Pumpspeicherwerk möglich, nachts die nicht benötigte elektrische Energie als potenzielle Energie des Wassers zu speichern und tagsüber die elektrische Energie wieder zurückzugewinnen.
Im Pumpspeicherwerk wird die Energie nicht nur von einer Energieform in eine andere umgewandelt. Sie wird auch von einem Körper auf einen anderen übertragen. So überträgt das Wasser nach dem Herabströmen seine Energie mithilfe der Turbine auf den Generator.

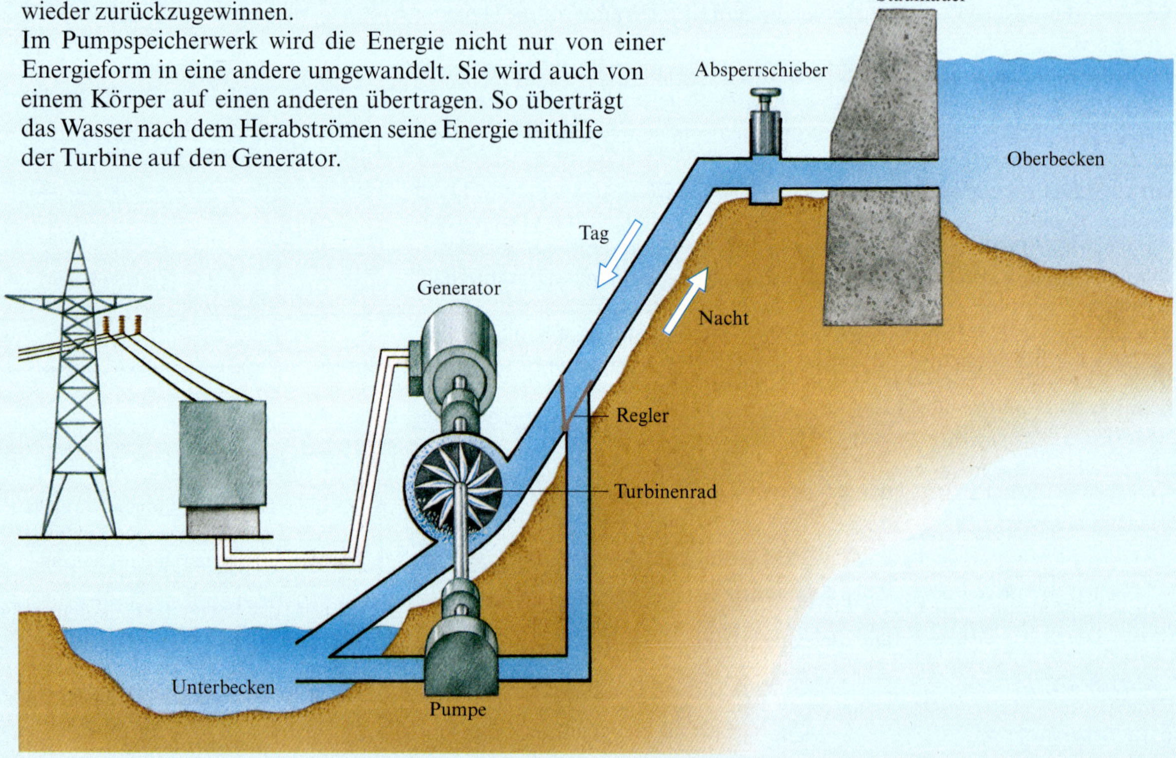

1

AUFGABEN

1. Begründe, dass ein Gebirgssee, ein überhängendes Gletscherstück, eine Schnee- und eine Geröllawine Energie besitzen!
2. Woran kann man beim Kochen und Braten erkennen, dass die heiße Herdplatte und die Bratröhre thermische Energie besitzen?
3. Nenne Küchengeräte und die Energieformen, die für ihren Betrieb erforderlich sind!
4. Du hast eine elektrische Eisenbahn, ein Rückstoßboot mit Kerzenantrieb, ein Auto mit Schwungradantrieb und ein Schiff mit Federantrieb.
   Welche Energieformen werden in diesen Spielzeugen genutzt?
5. Kuckucksuhren werden von „Gewichten" angetrieben. Bei einem alten Wecker wird eine Feder aufgezogen, moderne Uhren arbeiten mit Monozellen. Welche Energieformen treten auf?
6. Bei Windkraftwerken trifft Wind auf die Rotorblätter, bei Wasserkraftwerken Wasser auf die Turbinenschaufeln. Bei Wärmekraftwerken gelangt Dampf in die Turbinen. Bei manchen Sonnenkraftwerken reflektiert ein Hohlspiegel Wärmestrahlung zum Heizkessel, bei anderen trifft das Licht auf Solarzellen. Welche Energieformen werden bei den einzelnen Anlagen genutzt?
7. Bei folgenden Vorgängen tritt eine Umwandlung von Energieformen auf. Beschreibe sie!
   a) Schwingen eines Uhrpendels
   b) Springen eines Balls
   c) sich drehender Fahrraddynamo mit Lampe
   d) leuchtende Energiesparlampe
   e) elektrische Zeigeruhr mit Batterie
   f) eingeschaltete Kochplatte
8. Entwirf eine Skizze, wie man das Regenwasser aus einer Dachrinne speichern kann, um es später bei Trockenheit zum Sprengen des Gartens ohne Pumpe zu nutzen!

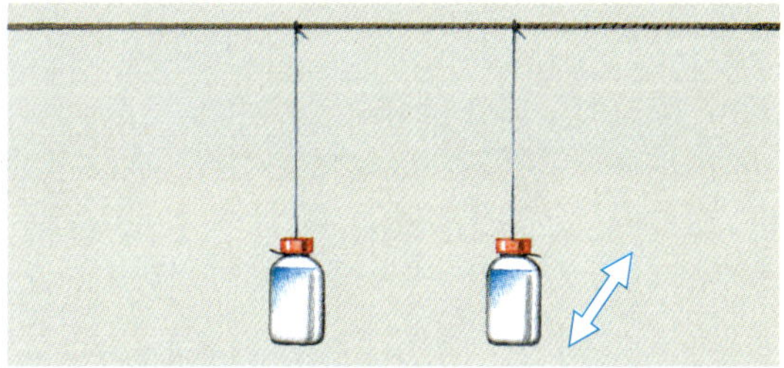

1

9. Befestige zwei mit Wasser gefüllte Kunststoffflaschen an je einem 50 cm langen Faden. Knüpfe die Fäden in etwa 50 cm Entfernung an einer straff gespannten Wäscheleine an. Bringe eine der Flaschen zum Schwingen. Beobachte die Bewegung der Flaschen und beschreibe die Energieumwandlungen!
10. Zeichne in Form einer Kette die Energieumwandlung und Übertragung der Energie in einem Spielzeugauto mit Batterieantrieb!
11. Ein Personenaufzug besitzt im voll beladenen Zustand eine Masse von 1100 kg. Wie groß ist seine potenzielle Energie im 10. Stockwerk? Die Stockwerkshöhe beträgt 3,20 m. Beachte, dass die Gewichtskraft eines Körpers der Masse 1 kg etwa 10 N beträgt!
12. Ein Pkw mit Insassen hat eine Masse von 1200 kg. Welche potenzielle Energie besitzt er in Oberwiesenthal (930 m ü. N. N.) gegenüber seinem Ausgangsort Leipzig (120 m ü. N. N.)?
13. Wie viel elektrische Energie ist nötig, um das Standlicht eines Pkw (12 V/3 A) 2 h lang zu betreiben?
14. Zum Kochen des Mittagessens werden die Kochplatten bei einer Spannung von 230 V insgesamt 50 Minuten lang von einem Strom der Stärke 7 A durchflossen. Wie groß ist die elektrische Energie, die in den Platten umgewandelt wird? Gib die elektrische Energie auch in der Einheit kW · h an!

ZUSAMMENFASSUNG

Energie ist die Fähigkeit, mechanische Arbeit zu verrichten, Wärme abzugeben oder Licht auszusenden. Das Formelzeichen für die Energie ist E.
Energie kann von einer Energieform in eine andere umgewandelt und von einem Körper auf einen anderen übertragen werden.
Die Einheit der Energie ist Joule (J).

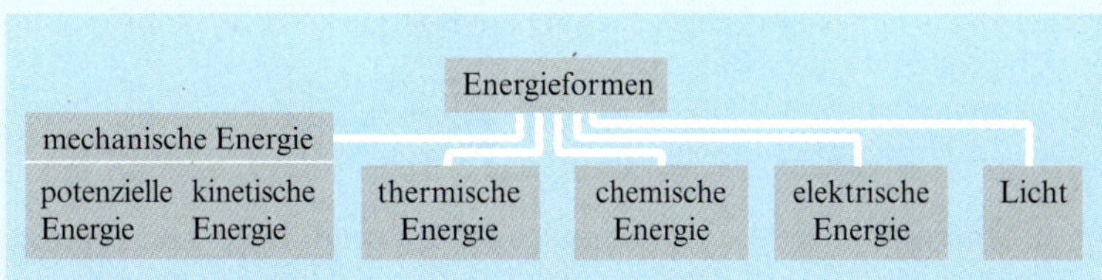

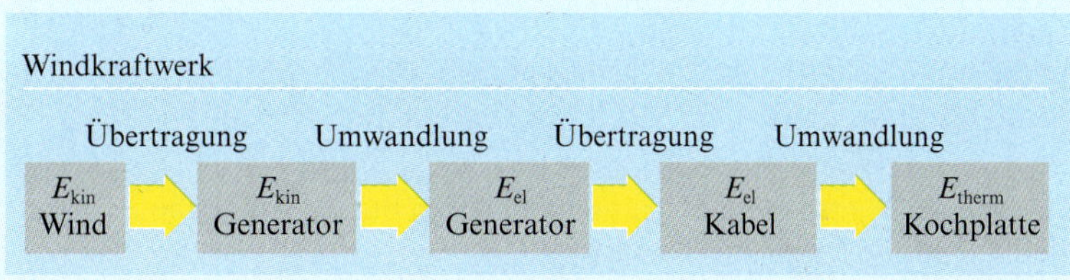

1

Vor 100 Jahren gab es in Norddeutschland noch 20 000 Windmühlen. 1933 waren es 4 500. Heute findet man nur noch wenige solcher Mühlen, die funktionstüchtig sind. Andererseits nimmt die Zahl der Windturbinen immer mehr zu.
Mit ihnen wird elektrische Energie erzeugt.
Könnte man auch die alten Windmühlen dafür nutzen?

Nutzbarkeit von Energie

Langsam dreht sich das alte Mühlrad der Wassermühle in Graupzig. Es lädt die Besucher zum Schaumahlen ein. Auch an anderen kleinen Bächen haben früher solche Wassermühlen gestanden (Bild 2). Heute würde man statt eines Wasserrades eine kleine Turbine einzubauen. Eine Turbine, an die ein Generator angeschlossen ist, kann viel mehr von der mechanischen Energie des Wassers in elektrische Energie umwandeln, als das mit einem Wasserrad möglich ist.

In den einzelnen Zylindern eines Pkw-Motors explodiert schnell aufeinanderfolgend ein Gemisch aus Kraftstoff und Luft. Dabei entsteht eine hohe Temperatur. Die Verbrennungsgase dehnen sich aus und bewegen die Kolben im Motor (Bild 3). Auf diese Weise entsteht aus der chemischen Energie des Kraftstoffs die mechanische Energie für den Antrieb des Pkw. Der Motor wandelt aber nur etwa 1/3 der chemischen Energie in mechanische Energie um!
Die restliche Energie wird vom Kühlwasser und vom Auspuff in Form von Wärme an die Umgebung abgegeben. Diese Energie kann nicht mehr zum Antrieb genutzt werden (Bild 4).
Übrigens nutzt man im Winter einen Teil der Energie des heißen Kühlwassers für die Heizung des Innenraums vom Pkw.

Eine Turbine mit Generator arbeitet viel wirtschaftlicher als ein Mühlrad und ein Pkw-Motor. Sie nutzt einen viel größeren Teil von der zugeführten Energie aus.
Um diese Wirtschaftlichkeit zu kennzeichnen, verwenden die Physiker den Begriff Wirkungsgrad.

> Der Wirkungsgrad gibt an, wie gut oder schlecht eine Anlage eine Energieform in eine andere umwandelt.

2

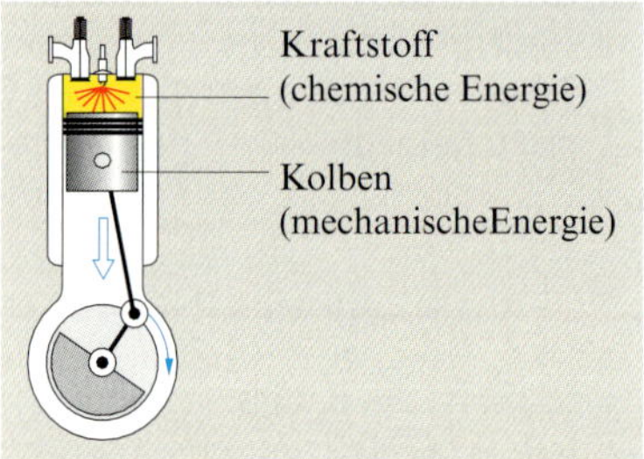

3

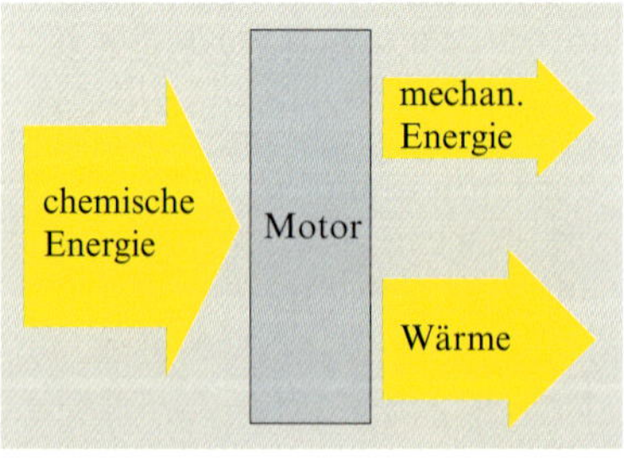

4

Bestimmung des Wirkungsgrades

Will man herausfinden, wie gut das Mühlrad, die Wasserturbine oder der Pkw-Motor die Energie ausnutzen, so muss man die von ihnen genutzte Energie mit der zugeführten Energie vergleichen. Dazu bildet man den Quotienten aus der genutzten Energie und der zugeführten Energie. Auf diese Weise erhält man den Wirkungsgrad eines Gerätes oder einer Anlage.

$$\text{Wirkungsgrad} = \frac{\text{nutzbare Energie}}{\text{zugeführte Energie}}$$

Das Formelzeichen für den Wirkungsgrad ist der griechische Buchstabe η (gesprochen eta).

Gleichung für den Wirkungsgrad:

$$\eta = \frac{E_{\text{nutz}}}{E_{\text{zug}}}$$

Energiewandler	Wirkungsgrad in %
Dampfmaschine	10
Solarzelle	12
offenes Kaminfeuer	15
Benzinmotor	30
Dieselmotor	bis 40
Dampfturbine	40
Sonnenkollektor	50
Ofenheizung	60
Elektrokochplatte	65
Koksheizung	70
Durchlauferhitzer (Erdgas)	80
Zentralheizung (Öl, Gas)	85
Elektromotor	bis 95
Generator	bis 95
Tauchsieder	98

Man kann den Wirkungsgrad entweder als Dezimalbruch oder in Prozent angeben. Im Falle eines Pkw-Motors beträgt der Wirkungsgrad $\eta = 0{,}31$. Das entspricht 31%.
Die Wirkungsgrade verschiedener Geräte und Anlagen sind unterschiedlich groß. Sie sind aber stets kleiner als 1.
Nicht nur ein Pkw-Motor, sondern auch ein Elektromotor erwärmt sich, wenn er in Betrieb ist. Der Elektromotor erwärmt sich aber nicht so stark wie ein Pkw-Motor. Deshalb ist der Wirkungsgrad eines Elektromotors wesentlich größer (siehe Tabelle).
Ein kleiner Motor in einer Spielzeuglokomotive besitzt allerdings einen wesentlich geringeren Wirkungsgrad als ein großer in einer Elektrolok.
Welchen Wirkungsgrad hat ein Spielzeugmotor?

EXPERIMENT 1

1. Befestige einen Spielzeugmotor am oberen Ende eines Stativs!
2. Knote an die Welle des Motors das eine Ende eines dünnen Fadens an. Befestige am anderen Ende ein Wägestück von 50 g!
3. Schließe den Motor an eine Elektrizitätsquelle an! Schalte zwei Messinstrumente ein, mit denen du die Stromstärke I und die Spannung U messen kannst!
4. Wähle die Spannung so groß, dass der Motor das Wägestück in wenigen Sekunden nach oben zieht!
5. Bestimme die Zeit, die der Motor zum Hinaufziehen des Wägestücks benötigt. Miss dabei die Spannung und die Stromstärke!
6. Berechne die dem Motor zugeführte elektrische Energie. Berechne aus der Gewichtskraft und der Höhe die potenzielle Energie des Wägestücks!
7. Berechne den Wirkungsgrad des Motors!

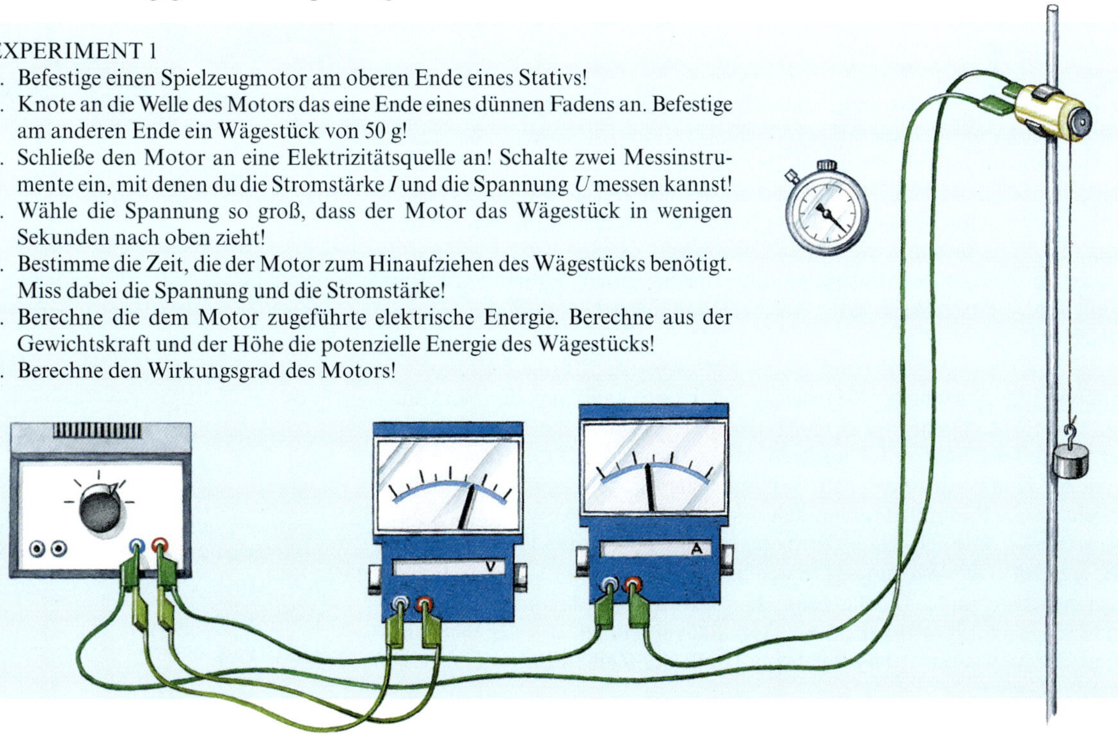

Möglichkeiten zur Erhöhung des Wirkungsgrades

Eine wesentliche Aufgabe von Ingenieuren und Physikern besteht darin, Maschinen und Anlagen zu entwickeln, die einen möglichst hohen Wirkungsgrad besitzen. Was können Sie tun?

Geschickte Nutzung der physikalischen Gesetze. Früher verwendete man zum Beispiel Wasserräder, um die mechanische Energie von Wasser zu nutzen. Diese waren sehr schwer und drehten sich nur langsam. Wenn das Wasser aus dem Rad wieder herauslief, hatte es noch viel mechanische Energie. Deshalb war der Wirkungsgrad gering. Wasserturbinen gleicher Leistung sind viel kleiner und drehen sich viel schneller. Wenn das Wasser eine solche Turbine verlässt, hat es fast die gesamte mechanische Energie abgegeben (Bild 1).
Will man eine Dampfturbine mit hohem Wirkungsgrad betreiben, so muss man im Kessel ein möglichst heißes Feuer machen. Um Wasser zu verdampfen, benötigt man sehr viel Energie. Um den Dampf dann weiter zu erhitzen – damit er sich möglichst stark ausdehnt – braucht man relativ wenig Energie. Die starke Ausdehnung ist entscheidend für eine gute Energieübertragung auf die Turbine.
Außerdem muss man dafür sorgen, dass die Verbrennungsgase die Anlage mit einer möglichst niedrigen Temperatur verlassen.
Auf diese Weise werden in modernen Wasser- und Dampfturbinen die physikalischen Gesetze viel besser genutzt, als das früher in Wasserrädern und Dampfmaschinen der Fall war. Trotz aller Bemühungen ist es jedoch zum Beispiel bei Wärmekraftmaschinen nicht mehr möglich, den Wirkungsgrad noch wesentlich zu erhöhen. Das lassen die physikalischen Gesetze nicht zu!

Verringerung der Reibung. Eine weitere Möglichkeit, den Wirkungsgrad zu vergrößern, besteht darin, unerwünschte Energieumwandlungen zu verringern.
Jede Maschine enthält Teile, die sich bewegen. In Elektromotoren und Fahrraddynamos drehen sich die Wellen. In Pkw-Motoren bewegen sich die Kolben auf und ab. Bei diesen Bewegungen tritt Reibung auf. Dadurch wird ein Teil der Bewegungsenergie in thermische Energie umgewandelt. Soll eine Maschine einen möglichst hohen Wirkungsgrad haben, so muss diese Reibung so stark wie möglich verringert werden. Dazu werden die Lager der Wellen geschmiert, ähnlich wie bei einem Fahrrad die Kette geölt wird (Bild 2). Der Kolben eines Verbrennungsmotors gleitet auf einer Ölschicht.

Anderweitige Nutzung der Restenergie. Schließlich kann man den Wirkungsgrad von Maschinen und Anlagen dadurch erhöhen, dass man die nicht umgewandelte Energie für andere Zwecke verwendet. Zum Beispiel kann man bei Dampfturbinen einen Teil der thermischen Energie, die nicht in mechanische Energie umgewandelt wird, zum Heizen verwenden.
Kraftwerke, die nach diesem Prinzip arbeiten, nennt man Heizkraftwerke. Sie erzielen einen Wirkungsgrad von bis zu 85%.
Die nebenstehende Tabelle zeigt den Wirkungsgrad von Wärmekraftmaschinen und Kraftwerken. Sie lässt auch erkennen, wie der Wirkungsgrad der Wärmekraftmaschinen im Laufe der Zeit immer mehr erhöht werden konnte.

1

Prinzip einer Turbine. Beim Eintritt hat das Wasser eine große Geschwindigkeit, beim Austritt eine kleine.

2

Wirkungsgrade von Wärmekraftmaschinen und Kraftwerken	
„atmosphärische“ Dampfmaschine von NEWCOMEN (1712)	1%
erste Dampfmaschinen von WATT (1777)	3%
erstes Kraftwerk mit Dampfmaschinen (1882)	15%
heutiges Kraftwerk mit Dampfturbinen	bis 40%
Kraftwerk mit Gas- und Dampfturbinen	bis 50%
Heizkraftwerk	bis 85%
Pumpspeicherwerk	bis 90%
Wasserkraftwerk	bis 95%

Was ist Energie wert?

Energie gibt es in den verschiedensten Formen. Ein Körper, der Energie besitzt, kann mechanische oder elektrische Arbeit verrichten, er kann andere Körper erwärmen oder Licht aussenden.
Auch kaltes Wasser besitzt Energie. Gießt man das Wasser auf Eis, so gibt es thermische Energie ab und das Eis schmilzt. Aber viel mehr können wir mit der thermischen Energie von kaltem Wasser nicht anfangen. Wir können damit weder eine Dampfmaschine betreiben, noch können wir damit etwas zum Leuchten bringen.
Die verschiedenen Energieformen haben für uns einen unterschiedlichen Wert. Der Wert der Energie richtet sich danach
- wie gut sie sich nutzen lässt,
- wie gut sie sich speichern lässt und
- wie leicht sie von einem Ort zum anderen transportiert werden kann.

Bei der *Nutzung* von Energie tritt in der Regel eine Umwandlung der Energie in eine andere Form auf. Wie gut sich die Energie nutzen lässt, hängt vom Wirkungsgrad ab, mit der die Energie umgewandelt werden kann.

Die *elektrische Energie* hat einen besonders hohen Wert. Man kann sie mit einem hohen Wirkungsgrad direkt in alle anderen Energieformen umwandeln und leicht an die Stellen transportieren, an denen sie gebraucht wird. Bei der Umwandlung von elektrischer Energie in thermische Energie oder mechanische Energie können Wirkungsgrade von fast 100% erreicht werden (siehe Tabelle S. 111).

Auch die *mechanische Energie* ist eine hochwertige Energieform. Das zeigt sich vor allem darin, dass mechanische Energie mit einem Wirkungsgrad von über 90% in elektrische Energie umgewandelt werden kann.

Schließlich hat auch die *chemische Energie* einen hohen Wert. Ein Vorzug der chemischen Energie besteht darin, dass sie sich sehr gut speichern und über große Entfernungen transportieren lässt. So kann man z. B. Erdöl und Erdgas im Prinzip beliebig lange lagern und durch Pipelines (Bild 2) über ganze Kontinente verteilen. Außerdem kann man mit chemischer Energie auf einfache Weise hohe Temperaturen erzeugen.

Verglichen mit diesen drei Energieformen hat die *thermische Energie* einen geringen Wert. Die thermische Energie kann man zumeist nur mit einem geringen Wirkungsgrad in eine andere Energieform umwandeln (siehe Tabelle S. 112). Außerdem benötigt man dazu komplizierte Geräte wie z. B. Dampfkessel, Dampfturbinen und Generatoren.
Einen besonders geringen Wert hat die thermische Energie dann, wenn der Wärmespeicher eine niedrige Temperatur hat. So kann man mit heißem Wasser, das eine Temperatur von weniger als 100 °C besitzt, keine Dampfturbine betreiben.

Bei nahezu allen Energiewandlungen und Energieübertragungen treten sogenannte „Energieverluste" auf. Beispiele hierfür sind die Reibung, die Erwärmung von elektrischen Leitungen oder das Entstehen von heißen Abgasen in Benzinmotoren. Stets wird Wärme an die Umgebung abgegeben. Die Temperatur der Umgebung erhöht sich dadurch jedoch so gut wie gar nicht. Die entwichene Energie lässt sich nicht mehr ohne weiteres nutzen. Daher spricht man hier auch von einer *Energieentwertung*.

1
Kaltes Wasser besitzt Energie.

2
Pipeline

Schon gewusst?

Ein Vergleich derselben Energie in unterschiedlichen Energieformen kann zu Überraschungen führen.
Z. B. enthalten die folgenden Körper jeweils eine Energie von 3 200 kJ:

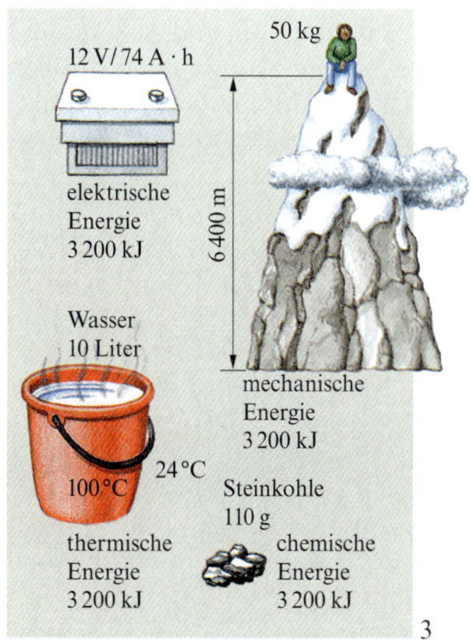

3

Energieerhaltungssatz

Es ist ein uralter Traum der Menschheit, eine Maschine zu erfinden, die sich ganz von allein ständig bewegt. Eine solche Maschine, der man nur einmal Energie zuführen muss, um sie in Bewegung zu setzen, nennt man **Perpetuum mobile**. Ein Perpetuum mobile soll nicht nur endlos in Bewegung bleiben, sondern auch noch nützliche Arbeit verrichten.

Das Perpetuum mobile in Bild 1 wurde von LEONARDO DA VINCI (1452–1519) entwickelt. Es besteht aus einem drehbaren Rad, in dem einzelne Rinnen vom mittleren Teil zum äußeren Rand verlaufen. Auf jeder Rinne befindet sich eine Kugel. Die Kugeln laufen auf der linken Seite nach innen. Sie haben dort einen kurzen Hebelarm. Auf der rechten Seite laufen sie jedoch nach außen. Dort sind ihre Hebelarme länger und das Rad sollte sich ständig rechts herum drehen. Das geschieht aber nicht! – Die Kugeln müssen nämlich auf der linken Seite genau so weit angehoben werden, wie sie sich auf der rechten Seite wieder nach unten bewegen.

1715 und 1717 baute J. E. E. BESSLER, der sich „Orffyreus" nannte, in Merseburg zwei große Perpetua mobilia (Bild 3). Diese drehten sich ständig und konnten außerdem über einen Seilzug schwere Lasten heben .

Sogar der Mathematiker und Philosoph G. W. LEIBNIZ, der den Grundsatz aufgestellt hatte, dass ein Perpetuum mobile unmöglich ist, hat diese Wunderräder sehr gelobt. Sie erwiesen sich jedoch als Schwindel. Sie wurden aus dem Nebenraum mit den Händen angetrieben.

Auch heute werden noch oft Entwürfe für ein Perpetuum mobile von „Erfindern" beim deutschen Patentamt in München eingereicht. Sie werden allerdings nicht mehr geprüft – so sicher ist man, dass eine solche Maschine niemals funktionieren wird.

Die Energie lässt sich von einer Energieform in eine andere umwandeln. Dabei geht keine Energie verloren; es entsteht aber auch keine Energie. Diese Erkenntnis haben die Physiker im Energieerhaltungssatz formuliert.

Energieerhaltungssatz:
Bei keinem Vorgang kann Energie neu entstehen oder verschwinden. Bei einer Energieumwandlung ändert sich der Gesamtbetrag der Energie nicht.

Der Energieerhaltungssatz gilt immer. Deshalb kann der Wirkungsgrad von Maschinen und Anlagen im Höchstfalle 1 (also 100%) betragen. Wäre er bei einer Umwandlung größer, so würde dabei neue Energie entstehen. Ist der Wirkungsgrad kleiner als 1, so wird die Energie nicht vollständig in die gewünschte Energieform umgewandelt.

1
Perpetuum mobile nach einem Entwurf von LEONARDO DA VINCI

2
Ein Perpetuum mobile, das Arbeit verrichten soll: Das Wasser soll einen Schleifstein antreiben und anschließend von einer Pumpe wieder nach oben befördert werden.

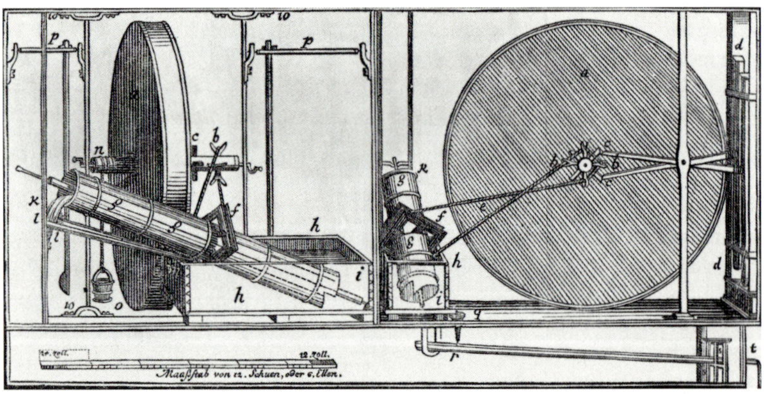

3
Perpetuum mobile des ORFFYREUS: Die vertikalen Räder hatten eine Höhe von etwa 3,5 m.

AUFGABEN

1. Ein Mixer darf nur etwa 15 min lang eingeschaltet bleiben. Schon nach wenigen Minuten Betrieb tritt aus den Kühlschlitzen warme Luft aus. Welche Energieumwandlungen vollziehen sich? Welche sind erwünscht, welche nicht?
2. Ein Dieselmotor hat einen Wirkungsgrad von 40 %. Im Tank befinden sich 50 l Dieselkraftstoff. Wie viel Liter werden für die Arbeit genutzt? Die Energie von wie viel Litern Kraftstoff wird als Wärme an die Umgebung abgegeben?
3. Der Elektromotor eines Bauaufzugs nimmt eine elektrische Leistung von 3 kW auf. Er befördert Baumaterial mit einer Masse von 120 kg in 10 s um 15 m nach oben. Wie groß ist der Wirkungsgrad der Anlage?
4. Bestimme die Abnahme an mechanischer Energie bei einem Spielzeug-Jo-Jo für eine Ab- und Aufbewegung! Miss dazu die Ausgangshöhe und die Endhöhe!
   Wie viel Prozent der Ausgangsenergie bleiben erhalten?
5. Manche Pkw besitzen eine Klimaanlage. Mit dieser kann nicht nur im Winter geheizt, sondern auch im Sommer gekühlt werden. Im Sommer benötigt sie für eine Strecke von 100 km zusätzlich 1,2 l Benzin. Welche Meinung hast du dazu?
6. Welche Angaben können nicht stimmen?
   Motor a) $E_{nutz} = 300$ kJ ; $E_{zug} = 400$ kJ
   Motor b) $E_{nutz} = 200$ kJ ; $E_{zug} = 300$ kJ
   Motor c) $E_{nutz} = 300$ kJ ; $E_{zug} = 200$ kJ
7. Die Leistung eines Wasserrades beträgt 2 kW. Im Rad „fällt das Wasser" 3 m nach unten. Wie viel Wasser müsste pro Stunde durch das Wasserrad laufen, wenn die gesamte potenzielle Energie des Wassers in nutzbare kinetische Energie gewandelt würde.
   Wie groß ist die Wassermenge bei einem Wirkungsgrad von 40 %?
8. Für schnelles Radfahren ist eine Leistung von etwa 250 W erforderlich. 100 g Pommes frites enthalten 800 kJ chemische Energie. Wie viel Pommes frites müsste man essen, um 1 Stunde lang Rad zu fahren (der Wirkungsgrad des menschlichen Körpers bei der Umwandlung von chemischer in mechanische Energie liegt bei 20 %).

1

9. Begründe, warum der Wirkungsgrad einer Anlage zur Energieumwandlung stets kleiner als 1 ist!

ZUSAMMENFASSUNG

Jede Energieumwandlung erfolgt mit einem bestimmten Wirkungsgrad. Der Wirkungsgrad gibt an, welcher Teil der zugeführten Energie in nutzbare Energie umgewandelt wird.

Gleichung: $\eta = \frac{E_{nutz}}{E_{zug}}$

Darin bedeuten:
η Wirkungsgrad
E_{nutz} genutzte Energie
E_{zug} zugeführte Energie

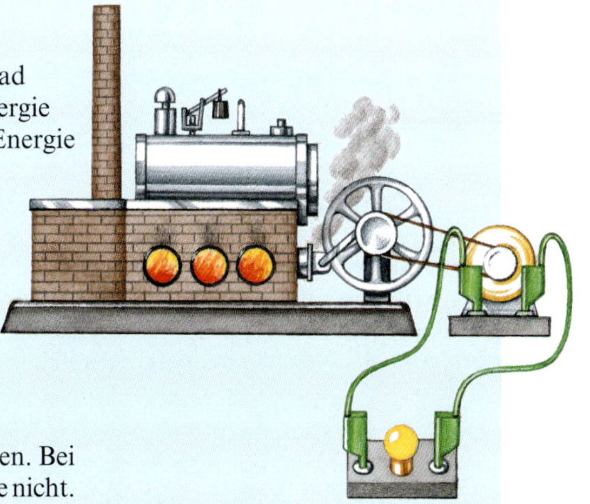

Der Wirkungsgrad kann im Höchstfall 1 bzw. 100 % betragen.

Möglichkeiten zur Erhöhung des Wirkungsgrades:
- bessere Ausnutzung physikalischer Gesetze,
- Verringerung unerwünschter Energieumwandlungen,
- anderweitige Nutzung der nicht umgewandelten Energie.

Energieerhaltungssatz:
Bei keinem Vorgang kann Energie neu entstehen oder verschwinden. Bei einer Energieumwandlung ändert sich der Gesamtbetrag der Energie nicht.

1

Die Schäden, die durch die Verbrennungsgase hervorgerufen werden, erkennt man besonders an den kranken und abgestorbenen Bäumen in unseren Wäldern. Der Regen löst nämlich die Verbrennungsgase wie z. B. Schwefeldioxid teilweise auf und bringt die Schadstoffe als sogenannten „sauren Regen" zur Erde zurück. Dieser schädigt aber nicht nur die Blätter und Nadeln der Bäume. Er dringt auch in die Erde ein, fügt dem Boden und dem Grundwasser Schaden zu.
Was kann man tun, um diese Umweltbelastungen so gering wie möglich zu halten?

Heizwert von Brennstoffen

Die Gase, die die Umwelt schädigen, treten beim Verbrennen von Braun- und Steinkohle, Erdöl, Erdgas, Benzin, Dieselkraftstoff u. a. auf. Dabei entstehen nicht nur viele Schadstoffe. Die Brennstoffe sind auch von verschiedenem Wert für die gewünschte Energieumwandlung.
Um eine nutzbare Energie von 1 kW · h abzugeben, braucht ein Dieselmotor 225 g Dieselkraftstoff, eine Dampfturbine jedoch 900 g Braunkohle. Der Wirkungsgrad ist aber in beiden Fällen gleich groß, er liegt bei 40 %.
Worauf ist der Unterschied zurückzuführen?

EXPERIMENT 1
In zwei gleich großen Bechergläsern befindet sich jeweils gleich viel Wasser derselben Temperatur. Unter jedes Becherglas stellt man eine kleine Porzellanschale mit einem Wattebausch. In die eine Schale bringt man 1 g Spiritus, in die andere 1 g Benzin und zündet diese an.
Nachdem die Flüssigkeiten verbrannt sind, wird in beiden Bechergläsern die Temperatur gemessen.

2

Das mit Benzin erwärmte Wasser erreicht eine höhere Temperatur.

Beim Verbrennen geben gleiche Mengen von Brennstoffen unterschiedlich viel thermische Energie ab. Zur Kennzeichnung dieser Eigenschaft wird die physikalische Größe Heizwert verwendet. Das Formelzeichen für den Heizwert ist H. Was versteht man unter dem Heizwert eines Stoffes?

Der Heizwert eines Brennstoffes gibt an, wie viel Wärme der Stoff beim Verbrennen abgibt. Zur Berechnung des Heizwertes wird die thermische Energie ermittelt, die beim Verbrennen von 1 kg des Stoffes frei wird.

Aus dieser Festlegung ergibt sich als Einheit für den Heizwert J/kg.

> Die Einheit für den Heizwert ist Joule je Kilogramm (J/kg).

Oft verwendet man auch die größere Einheit MJ/kg.

Heizwerte einiger Stoffe in MJ/kg	
Braunkohle	10
Holz, trocken	15
Briketts	20
Steinkohle	30
Spiritus	39
Heizöl	42
Benzin	50

In der Tabelle sind die Heizwerte verschiedener Stoffe zusammengestellt. Stoffe, die viel Wasser enthalten, wie z. B. feuchtes Holz und feuchte Braunkohle, besitzen einen geringen Heizwert. So hat auch Spiritus einen geringeren Heizwert als reiner Alkohol, denn Spiritus enthält etwa 8 % Wasser. Schließlich ist der Heizwert bei den Stoffen niedrig, bei deren Verbrennung viel Asche entsteht.
Technik und Industrie sind besonders an Brennstoffen mit hohem Heizwert interessiert. Solche Stoffe benötigen bei der Speicherung nur wenig Platz und die Transportkosten sind niedrig. Es ist also günstig, dass man einen Pkw mit Benzin betreibt, das einen hohen Heizwert besitzt.

Alternative Energiequellen

Die chemische Energie von Kohle, Erdöl und Erdgas kann durch Verbrennen leicht in thermische Energie umgewandelt werden. In den Wärmekraftwerken wandeln dann Turbinen und Generatoren die thermische Energie zunächst in mechanische und schließlich in elektrische Energie um. Die Leistung eines großen Wärmekraftwerks liegt bei etwa einem Gigawatt.
Die elektrische Energie aus Wärmekraftwerken ist relativ billig. In diesen niedrigen Preis werden aber nicht die großen Schäden eingerechnet, die durch diese Kraftwerke verursacht werden. Sie entstehen vor allem durch die Verbrennungsgase.
Weiterhin wird die Umwelt durch das Abbauen von Kohle in Tagebauen, das Anlegen von Abraumhalden, durch Erdöl- und Erdgasleitungen erheblich beeinträchtigt (Bild 1).

1 Tagebau

Besonders groß sind die Schäden, wenn aus den riesigen Tankern Öl ausläuft. „Ölteppiche" mit einer Ausdehnung von vielen Quadratkilometern bewegen sich dann auf die Küsten zu, die Strände werden stark verschmutzt. Durch diese „Ölpest" sterben viele Pflanzen und Tiere, die Fischer können keine Fische mehr fangen.
Auch Kernkraftwerke sind Wärmekraftwerke. In diesen Kraftwerken entsteht die thermische Energie dadurch, dass Atomkerne von radioaktiven Stoffen (meist Uran) gespalten werden. Die bei der Kernspaltung entstehenden neuen Stoffe senden noch sehr lange Zeit die gefährliche Kernstrahlung aus. Man muss deshalb dafür sorgen, dass keine radioaktiven Stoffe aus dem Kernreaktor austreten. Die nach der Umwandlung der Kernenergie in thermische Energie nicht mehr brauchbaren „Brennstäbe" müssen sicher gelagert werden. Es dürfen keine radioaktiven Stoffe in das Grundwasser, den Boden oder die Luft gelangen können. Diese Stoffe würden die Gesundheit und das Leben von Menschen, Tieren und Pflanzen gefährden.

2 Kernkraftwerk

Wegen dieser Nachteile bemühen sich die Physiker und Techniker in aller Welt um die Erschließung neuer, umweltfreundlicher Energiequellen. Diese Energiequellen nennt man in Bezug auf Kohle, Erdöl, Erdgas und Uran für Kernkraftwerke alternative Energiequellen. Will man betonen, dass sich diese Energievorräte immer wieder erneuern, so spricht man von *regenerativen* Energiequellen.

Wasserkraftwerke. Die wichtigste alternative Energiequelle ist zur Zeit das Wasser. Seine potenzielle und kinetische Energie wird schon seit Jahrtausenden genutzt. In bergigen Ländern wie zum Beispiel in Norwegen oder in der Schweiz wird fast die gesamte elektrische Energie in Wasserkraftwerken erzeugt.
In Deutschland wird von Wasserkraftwerken nur etwa 4,1% der elektrischen Energie bereitgestellt. Neue große Wasserkraftwerke entstehen fast ausschließlich in wenig industrialisierten Ländern, in denen noch der Bau großer Staudämme möglich ist. Natürlich besitzen auch solche Wasserkraftwerke Nachteile. Da das Wasser angestaut werden muss, verändern die Staudämme und Stauseen die Landschaft. Damit sind weitere Nachteile verbunden.
Das Niltal war seit Jahrtausenden wegen seiner Fruchtbarkeit dicht besiedelt. Die Fruchtbarkeit rührte von den jährlichen Überschwemmungen des Nils her, der nährstoffreichen Schlamm ablagerte. Nach dem Bau des Assuan-Staudamms (Bild 1) treten diese Ablagerungen nicht mehr auf.
In Deutschland wird die Energie des Wassers bereits weitestgehend genutzt. Hier ist nur noch der Bau von Kleinstwasserkraftwerken möglich. Sie können dort eingebaut werden, wo früher Wassermühlen arbeiteten. Sie haben vor allem den Vorteil, dass die notwendigen Anlagen (z. B. Wehre und Mühlgräben) schon vorhanden sind und die kleinen Turbinen und Generatoren nur wenig Platz benötigen.

1
Assuan-Staudamm

Windkraftwerke. Als eine weitere wichtige alternative Energiequelle hat sich für Deutschland in den letzten Jahren der Wind erwiesen. 1998 arbeiteten in Sachsen bereits 218 Windturbinen mit einer Gesamtleistung von maximal 105 MW (Bild 2). Auch wenn der Wind nicht immer weht, so werden von den sächsischen Windturbinen ungefähr 0,4% der benötigten Elektroenergie erzeugt.

2
Windpark

Die Turbinen besitzen eine Masthöhe von etwa 70 m und einen Rotordurchmesser von etwa 65 m. Die Rotoren haben meist 3 Flügel (Bild 3). Die Lage der Flügel zum Wind wird je nach der Windgeschwindigkeit automatisch verändert. Die Höchstleistung dieser Turbinen liegt etwa bei 1500 kW. Sie tritt dann auf, wenn die Windgeschwindigkeit größer als 10 m/s ist. In der großen Höhe, in der sich die Flügel befinden, ist diese Bedingung häufig erfüllt.
Ein wesentlicher Vorteil der Windturbinen besteht darin, dass der Wind – wenn auch unregelmäßig – Tag und Nacht und zu jeder Jahreszeit weht. Kraftwerke mit Sonnenenergie arbeiten eine wesentlich kürzere Zeit. Die Sonne scheint nur am Tage – und nur wenn schönes Wetter ist. In den Wintermonaten sinkt die Leistung eines Sonnenkraftwerks in Deutschland gegenüber den Sommermonaten auf etwa 15%.
Natürlich haben die Windkraftwerke auch Nachteile. Da sie an höher gelegenen Stellen aufgestellt werden müssen, sind sie weithin sichtbar und verändern damit das Bild der Landschaft. Auch können sie den Fernsehempfang beeinträchtigen und Lärm verursachen. Vögel können bei ihrer Brut oder Rastgestört werden. Schließlich sind Windturbinen und ihr Anschluss an das Elektrizitätsnetz sehr teuer. Deshalb kostet zur Zeit der „Windstrom" etwa das Vierfache von „Kohlestrom". Bei den Zahlen ist allerdings nicht berücksichtigt, welch große Schäden die Wärmekraftwerke in der Umwelt verursachen.
Die Windenergie wird auch in Zukunft reichlich zur Verfügung stehen, während Kohle, Erdöl und Erdgas immer knapper und teurer werden. Deshalb wird die Zahl der Windturbinen weiter zunehmen.

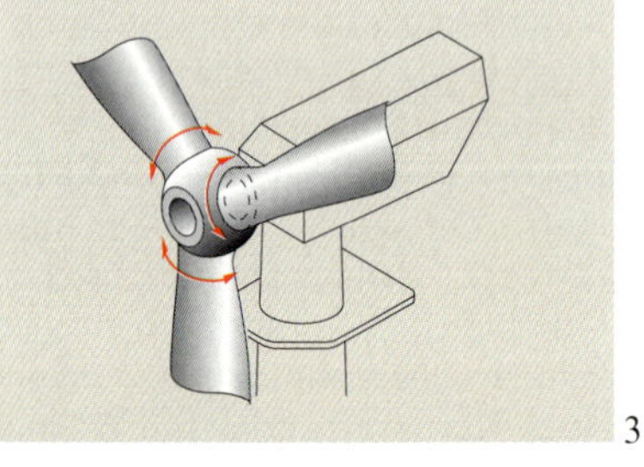
3

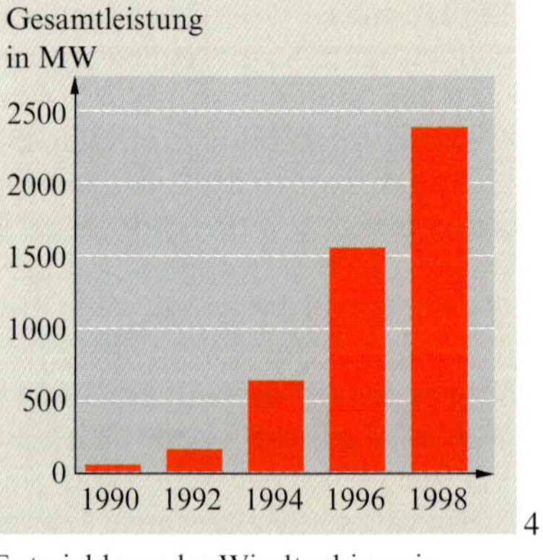

4
Entwicklung der Windturbinen in Deutschland

Sonnenkraftwerke. Die Umwandlung der Energie der Sonnenstrahlung in elektrische Energie ist auf zwei Wegen möglich. Der erste besteht darin, dass man die Sonnenstrahlung mit einem großen Hohlspiegel sammelt. In dessen Brennpunkt ist ein Dampfkessel (der mit einer Turbine verbunden ist) oder ein Heißluftmotor angeordnet. Diese werden durch die Sonnenstrahlung erhitzt. Dampfturbine oder Heißluftmotor treiben einen Generator an, der die mechanische Energie in Elektroenergie umwandelt (Bild 1). Solche Hohlspiegel haben jedoch den Nachteil, dass sie gedreht und geneigt werden müssen, damit die Sonnenstrahlung immer parallel zur optischen Achse einfällt. Sonnenkraftwerke dieser Art sind vor allem für tropische und subtropische Länder von Bedeutung, in denen die Sonne täglich viele Stunden kräftig scheint.
Der zweite Weg zur Umwandlung der Energie der Sonnenstrahlung in elektrische Energie besteht in der Verwendung von Solarzellen. Auch die Solarzellen werden geneigt angebracht. Sie brauchen aber nicht dem Sonnenstand nachgeführt zu werden. Das vereinfacht die Anlage beträchtlich.
Das größte Sonnenkraftwerk Deutschlands befindet sich zur Zeit am Neurather See (Bild 2). Es ist am Hang eines ehemaligen Braunkohletagebaus montiert. Die Solarzellen sind zu je 2 m² großen Modulen zusammengeschaltet. Die 3 850 Module liefern die elektrische Energie zur Versorgung von 70 Haushalten. Solche Sonnenkraftwerke haben nur einen wesentlichen Nachteil für die Umwelt. Sie erfordern eine sehr große Fläche. Auf dieser Fläche ist nur wenig Pflanzenwuchs möglich. Die Solarmodule am Neurather See nehmen eine Fläche von 8 000 m² ein. Das ist mehr als ein Fußballfeld. Es können jedoch auch kleinere Sonnenkraftwerke gebaut werden. So ist es möglich, Dächer von Häusern mit Solarmodulen zu belegen.

1
Sonnenspiegel

2
Sonnenkraftwerk am Neurather See

Erdwärmekraftwerke. Schon beim Bau der ersten Bergwerkstollen hat man festgestellt, dass die Temperatur immer mehr zunahm, je tiefer man bohrte. Inzwischen wurde in einer Tiefe von 5 000 m eine Temperatur von etwa 300 °C gemessen. Dort kann man Heißdampf für Turbinen erzeugen. Da eine Bohrung in eine solche Tiefe sehr teuer ist, gibt es nur wenige Kraftwerke, die nach diesem Prinzip arbeiten. In Ländern mit heißen Quellen und Vulkanen liegen bessere Bedingungen vor. Dort hat die Erdkruste an einigen Stellen schon in geringer Tiefe eine ausreichende Temperatur (Bild 3). Deutschland gehört nicht zu diesen Ländern. Hier gibt es nur wenige Thermalquellen, in denen heißes Wasser aus tieferen Schichten an die Oberfläche gelangt (Bild 4). Das erste Erdwärmekraftwerk wurde schon 1904 in Larderello in Italien gebaut. Seine Leistung beträgt heute 300 MW.

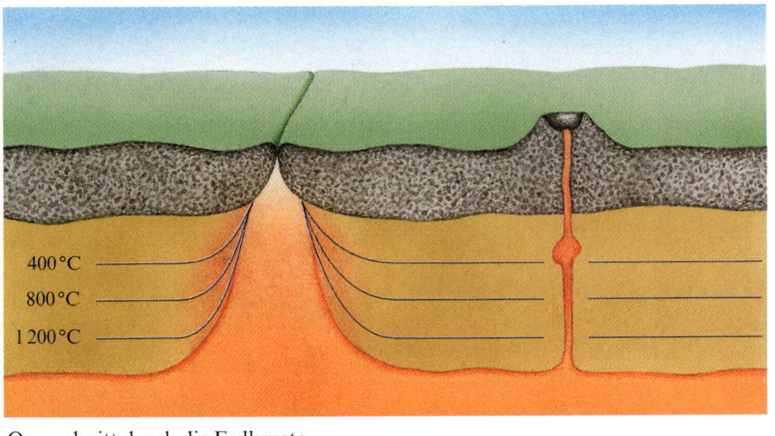

3
Querschnitt durch die Erdkruste

4
Thermalbad

Rationelle Nutzung von Energie

Der Energiebedarf in Deutschland

Die Bundesrepublik Deutschland gehört zu den Ländern der Erde, die einen großen Energiebedarf besitzen.
Ursachen dafür sind
- die besondere Struktur der deutschen Industrie,
- die große Anzahl der Pkw und Lkw,
- die vielen elektrischen Geräte in den Haushalten und
- das Klima in Deutschland (lange Heizperiode).

Wegen dieses hohen Energiebedarfs erfolgt in Deutschland eine besonders starke Belastung der Umwelt. Die Menge der aus den Schornsteinen der Industriebetriebe und Haushalte sowie aus den Auspuffen der Fahrzeuge ausgestoßenen Verbrennungsgase ist groß. Neben Kohlenstoffdioxid, das sich negativ auf das Klima auswirkt, entstehen Schadstoffe sowie große Mengen von Asche und Schlacke.
Außerdem werden etwa 30 % der Elektroenergie in Kernkraftwerken bereitgestellt (Bild 1). Damit sind nicht nur zusätzliche Gefahren verbunden; es treten auch zunehmend Probleme bei der Lagerung des radioaktiven Abfalls auf.

Alternative Energiequellen spielen in Deutschland noch immer eine untergeordnete Rolle. Trotz der intensiven Bemühungen um deren stärkere Nutzung wird geschätzt, dass bis zum Jahre 2020 ihr Anteil an der Energiebereitstellung in Deutschland nur maximal 10 % betragen wird. Aber bereits um dieses Ziel zu erreichen, sind große Anstrengungen notwendig.

Pro-Kopf-Verbrauch an Energie in einigen Ländern/Kontinenten in GJ

USA	331
Kanada	329
Schweden	237
Australien	228
Niederlande	199
Deutschland	174
Frankreich	174
Dänemark	167
Japan	166
Großbritannien	159
Italien	118
Spanien	111
Afrika (gesamt)	13

> Die Nutzung von Energie führt zu Umweltbelastungen. Um diese gering zu halten, gibt es zwei wesentliche Möglichkeiten:
> 1. Man muss die zur Verfügung stehende Energie sinnvoll nutzen.
> 2. Man muss sparsam mit der Energie umgehen.

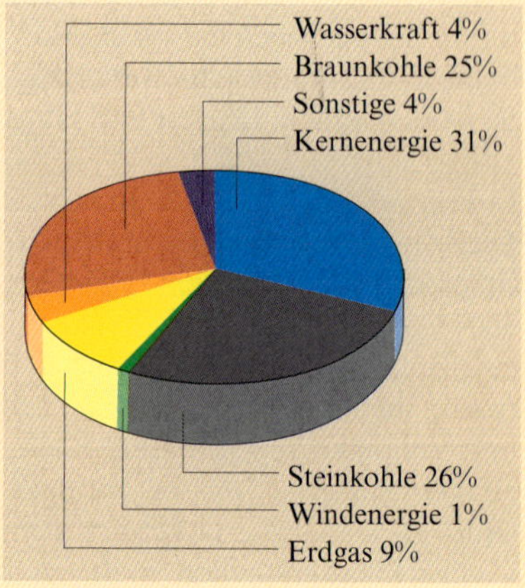

1

Anteile der Energieträger an der Elektroenergieproduktion in Deutschland in %

Sinnvolle Nutzung der vorhandenen Energie

Nutzung nachwachsender Brennstoffe. Unsere Wälder werden bewirtschaftet und unsere Felder werden bestellt. Die Pflanzen wandeln die Sonnenenergie mit ihrem Chlorophyll in chemische Energie um. Aus Wasser und Kohlenstoffdioxid entstehen organische Stoffe wie z. B. Stärke, Zucker und Zellulose. Auf diese Weise wird z. B. auf einem Getreidefeld von 1 ha (100 m × 100 m) pro Tag eine chemische Energie von etwa 5 GJ gespeichert. Wandelt man diese Energie mit einem Wirkungsgrad von 50 % in elektrische Energie um, so kann damit ein 1000-W-Tauchsieder 30 Tage lang betrieben werden.
Wenn das Stroh nicht für andere Zwecke benötigt wird, so kann man es in einem Strohkraftwerk verbrennen.
Die Biologen suchen nach weiteren Pflanzen, die bei schnellerem Wachstum eine möglichst große brennbare Biomasse liefern. So werden in der Versuchsanstalt in Großbeeren Experimente mit Chinaschilf durchgeführt, das du vielleicht aus dem Garten kennst. Es hat den Vorteil, dass es nicht in jedem Jahr neu gepflanzt werden muss. Auch der Boden muss nicht bearbeitet werden.

2

Man kann auch Früchte speziell zur Erzeugung der sogenannten Bioenergie anbauen. Hierfür ist besonders Raps geeignet. Aus dem Rapsöl wird dann ein Kraftstoff für den Antrieb von Dieselmotoren hergestellt, den man Biodiesel nennt (Bild 1).

1

Biogas und Deponiegas. In Tierintensivhaltungen (z. B. Rinder, Schweine und Hühner) fallen große Mengen organischer Stoffe an. Diese kann man zur Erzeugung von Biogas nutzen. Dazu bringt man die Ausscheidungen der Tiere und das Streumaterial in den Ställen (meist Stroh) sowie Futtermittelreste gemeinsam mit Wasser in große Tanks. Dort erzeugen Bakterien aus den organischen Stoffen das Gas Methan (Bild 2). Die chemische Energie dieses Biogases wird durch Verbrennen in thermische Energie umgewandelt, die vor allem bei der Futterzubereitung und zur Heizung verwendet wird.
Methan entsteht auch in den Deponien, auf denen Holz- oder Papierreste sowie anderer Haushaltsmüll abgelagert werden. Die Deponien werden mit Kunststofffolien abgedeckt. Das Gas wird aus Bohrungen abgesaugt. Dieses sogenannte Deponiegas kann z. B. zum Heizen verwendet werden.

2

Müllverbrennungsanlagen. Mit dem Lebensstandard der Menschen nimmt auch die Menge des Mülls zu, den sie hinterlassen.
In Deutschland fällt in jedem Haushalt durchschnittlich eine Tonne Abfall pro Jahr an. Dieser Abfall muss nicht auf Deponien gebracht werden, man kann aus ihm in Müllverbrennungskraftwerken thermische und schließlich elektrische Energie gewinnen. Ein Vorteil der Müllverbrennung besteht darin, dass dadurch das Volumen des Abfalls auf ein Zehntel zusammenschrumpft. Dadurch sind Transport und Ablagerung auf den Deponien besser möglich.
Müllverbrennungsanlagen gibt es in mehreren Städten. Wegen des hohen Anteils an Kunststoffen entstehen jedoch beim Verbrennen gefährliche Schadstoffe (z. B. Dioxine). Deshalb gibt es viele Gegner der Müllverbrennung. Um die Schadstoffe aus den Rauchgasen zu entfernen, sind komplizierte Anlagen erforderlich.

Elektrizitätsverbundnetze. Der Bedarf an Elektroenergie schwankt während eines Tages sehr stark. Um die Mittagszeit liegt die sogenannte Spitzenlast in Form der Mittagsspitze vor. Weitere Spitzen treten frühmorgens und abends auf. Ein rationeller Umgang mit elektrischer Energie ist auch dadurch möglich, dass man Kraftwerke miteinander verbindet, die in verschiedenen Ländern liegen (Bild 3). In Ländern, die weiter östlich liegen, ist die Zeit der Spitzenlast eine andere als in Ländern, die weiter westlich liegen, da die Tageszeiten gegeneinander verschoben sind.
Durch Verbundnetze kann die Elektroenergie je nach Bedarf hin und hergeleitet werden. Wenn ein Kraftwerk an einem Ort „überschüssige“ Energie bereitstellt, kann diese woanders genutzt werden. Durch Nutzung der Verbundnetze kann die Leistung der Kraftwerke insgesamt etwas kleiner gehalten werden.

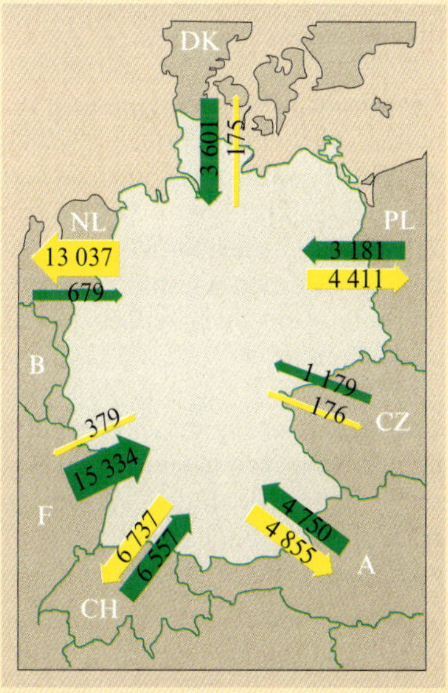

3

AUFGABEN

1. Welche Vorteile haben nachwachsende Brennstoffe?
2. Nenne Pflanzen, aus denen man Brennstoffe gewinnen kann!
   Welche Vorzüge und Nachteile haben die einzelnen Pflanzenarten?
3. Dieselkraftstoff kann z. B. aus Erdöl oder aus Rapsöl hergestellt werden. Welche Vorzüge hat die Gewinnung aus Ölfrüchten?
4. Unterbreite Vorschläge, wie man die einzelnen Bestandteile des Mülls noch besser verwerten kann!

Sparsamer Umgang mit Energie

Die wichtigste Möglichkeit, Umweltbelastungen gering zu halten, besteht im Einsparen von Energie.
Auf welchen Wegen lässt sich das erreichen?

Energieeinsparung durch technische Verbesserungen in der Industrie. In vielen veralteten Industriebetrieben wird die Energie noch nicht sinnvoll genug genutzt. Die Wirkungsgrade der Maschinen sind zu klein. Viel thermische Energie wird als Abwärme an die Umgebung abgegeben, die für andere Zwecke, z. B. für die Heizung, genutzt werden könnte. Auch durch noch stärkeres Wiederverwerten alter Erzeugnisse können große Mengen Energie eingespart werden. Die Wiederaufbereitung von verschiedensten Materialien, vor allem von Metallen, Gläsern und Kunststoffen, nützt der Umwelt, weil dadurch die Mülldeponien entlastet werden. Die Wiederaufbereitung erfordert auch viel weniger Energie als die Neuherstellung aus Rohstoffen (Bild 1).

1
Rohstoffe sparen heißt Energie sparen.

Energieeinsparung im Verkehr. Die Autoindustrie entwickelt von Jahr zu Jahr Fahrzeuge mit geringerem Benzinverbrauch. Die Fahrzeuge werden leichter und windschlüpfriger, ihre Motoren haben einen größeren Wirkungsgrad als früher. Die Käufer sollten darüber nachdenken, wie groß ihr Auto unbedingt sein muss.
Auch der Staat kann durch höhere Steuern für Mineralöl und Autos mit großem Hubraum auf die Menschen einwirken, umweltfreundlichere Autos zu kaufen. Weiterhin sollte die Benutzung der öffentlichen Verkehrsmittel gefördert werden (siehe Tabelle). Damit möglichst viele Menschen auf die öffentlichen Verkehrsmittel umsteigen, müssen diese schnell, bequem und preiswert sein.

Energiebedarf im Personenverkehr

Transportmittel	Energie in kJ pro km und Person
Eisenbahn (Fernverkehr)	340
S-Bahn	380
Straßenbahn	470
Bus	610
Eisenbahn (Nahverkehr)	1090
Motorrad	1370
Flugzeug (Auslandsflug)	1730
Pkw (mit 1 Person besetzt)	2320

Energieeinsparung durch bessere Wärmedämmung. In den deutschen Haushalten wird drei Viertel der Energie für die Heizung benötigt. Damit die Wärme nicht so leicht aus dem Haus ins Freie gelangt, muss man beim Bau der Häuser stark wärmedämmende Materialien einsetzen. Insbesondere in den neuen Bundesländern ist das in der Vergangenheit zu wenig beachtet worden. Deshalb werden jetzt die Häuser zur besseren Wärmedämmung mit zusätzlichen Schichten aus Mineralwolle oder Schaumstoffen umgeben.

Energieeinsparung durch persönliches Verhalten. Neben diesen Maßnahmen kann jeder Einzelne einen Beitrag zur Energieeinsparung leisten. Du selbst kannst besonders viel Energie bei der Warmwasserbereitung, also beim Kochen, Baden und Heizen einsparen.
- Bereite beim Kochen nur so viel heißes Wasser, wie du auch tatsächlich benötigst!
- Eine Kochplatte wärmt noch nach. Schalte sie deshalb zeitig genug aus oder nutze die Restwärme z. B. zum Erhitzen von Wasser!
- Gehe im Bad besonders sparsam mit heißen Wasser um! Die Energie für ein Vollbad reicht aus, um eine Energiesparlampe 12 Tage und Nächte ununterbrochen brennen zu lassen. Beim Duschen braucht man nur etwa ein Zehntel dieser Energie (Bild 2).
- Heize nur so stark, wie es unbedingt notwendig ist. Schalte die Heizung nur dann ein, wenn du dich in deinem Zimmer aufhältst!
- Öffne im Winter das Fenster zum Lüften sehr weit – aber nur etwa 1 Minute, damit das Zimmer nicht auskühlt!

2

1

Auch lohnt es sich, darauf zu achten, wie viel Energie von verschiedenen elektrischen Geräten benötigt wird.
Lampen, die über längere Zeit eingeschaltet bleiben, sollten keine Glühlampen sein! Es gibt Energiesparlampen, die zum Erzeugen der gleichen Lichtmenge nur 1/6 der elektrischen Energie benötigen (Bild 2).
Bei *Waschmaschinen* gibt es solche mit besonders geringem Wasserverbrauch. In ihnen wird weniger Wasser erwärmt und daher weniger elektrische Energie benötigt. Außerdem muss Wäsche nicht immer bei der angegebenen Höchsttemperatur gewaschen werden. „Kochwäsche" wird oft auch schon bei 60 °C sauber.
Weiterhin gibt es seit einiger Zeit *Kühlschränke und Kühltruhen* mit besonders guter Wärmedämmung. Veraltete Modelle führen oft zu einem unnötig hohen Energiebedarf, denn in der Regel laufen diese Geräte 365 Tage im Jahr.
Ähnlich ist es mit allen Geräten, die im sogenannten *Standby-Betrieb* (Bereitschaftsbetrieb) eingeschaltet sind. Auch wenn sie gar nicht benötigt werden, brauchen sie viel elektrische Energie. Für manches Videogerät, das im Standby-Betrieb eingeschaltet ist, müssen in einem Wärmekraftwerk 20 kg Kohle pro Jahr verbrannt werden – und dafür zahlt man dann immerhin etwa 40 DM.

2

AUFGABEN

1. Es gibt viele Möglichkeiten, Energie zu sparen. Auf welche Weise kannst du dazu beitragen? Denke an dein Verhalten in der Küche, im Bad und in deinem Zimmer!
2. Wo könnte man in eurer Schule Energie sparen?
3. Erläutere, weshalb durch sparsamen Umgang mit Rohstoffen auch Energie gespart werden kann. Welche Materialien sind für das Recycling besonders geeignet? Welche weiteren Vorteile bringt die Wiederverwertung mit sich?
4. Wie viele Personen müsst ihr im Pkw sein, damit ihr nicht mehr Energie als bei einer Fahrt mit der Straßenbahn benötigt?
5. Erhitze je 0,5 l Wasser auf verschiedene Weise bis zum Sieden. Verwende unterschiedlich große Herdplatten und Töpfe sowie einen Tauchsieder bzw. Wasserkocher. Miss die jeweils eingesetzte Energie mit dem Elektrizitätszähler!
(Dazu müssen aber alle anderen Geräte abgeschaltet sein.)

Wind als alternative Energiequelle

Die Energie des Windes wird bereits seit über 5 000 Jahren bei Segelschiffen genutzt. Seit über 1000 Jahren gibt es Windmühlen. Die Form der verwendeten Windenergieanlagen hat sich aber in den letzten Jahrzehnten sehr verändert.

1

AUFTRAG 1
1. Informiert euch in Nachschlagewerken über die verschiedenen Arten von Windenergieanlagen. Sucht dabei nach Worten wie Bockwindmühle, Paltrockmühle, Holländerwindmühle, Amerikanische Windturbine (Wild-West-Windmühle), Darrieus-Rotor, Savonius-Rotor, Windturbine mit Einblatt-, Zweiblatt- und Dreiblattrotor!
2. Ordnet die Windkraftanlagen nach solchen mit horizontalen und vertikalen Rotorwellen. Nennt Vorzüge und Nachteile dieser beiden Arten!
3. Stellt eine Schautafel über die historische Entwicklung der Windkraftanlagen her. Gebt technische Daten der einzelnen Typen an!

Einfache Windkraftanlagen könnt ihr selbst herstellen:

AUFTRAG 2 (Gruppe A)
1. Baut euch aus einem Fahrraddynamo, 2 breiten Holzleisten und 4 Getränkedosen eine Windturbine mit vertikaler Welle!
2. Befestigt sie am oberen Ende eines Stabes und bringt sie in den Wind!
3. Mit dieser Windturbine lässt sich eine Glühlampe kaum betreiben. Besser geeignet sind Leuchtdioden. Die beste Lichtausbeute erzielt ihr, wenn ihr die Dioden wie abgebildet schaltet!

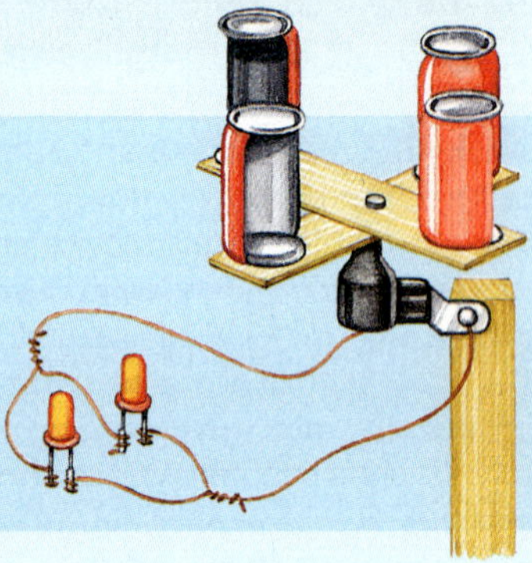
2

AUFTRAG 3 (Gruppe B)
1. Stellt aus einem elektrischen Kleinstmotor (Spielzeugmotor) und einem Propeller eine Windturbine mit horizontaler Welle her. Der Rotor kann aus dem Deckel einer Blechdose geschnitten werden! (Ihr bekommt Motor und Propeller aber auch in einem Geschäft für Bastlerbedarf.)
2. Ermittelt mit einem elektrischen Messgerät die Lage der Pole eures „Windkraftwerks“, wenn es sich im Wind dreht!
3. Verbindet den Motor mit einer „leeren“, aber wiederaufladbaren Monozelle (Akku). Verbindet den positiven Pol mit dem positiven Pol der Monozelle und in entsprechender Weise die negativen Pole!
4. Betreibt eure Windturbine einige Minuten mit Wind. Beobachtet auch die Drehgeschwindigkeit des Propellers bei geöffnetem und bei geschlossenem Stromkreis!
5. Öffnet den Stromkreis und nehmt die Windturbine mit in einen windgeschützten Raum. Schließt dort den Stromkreis erneut!

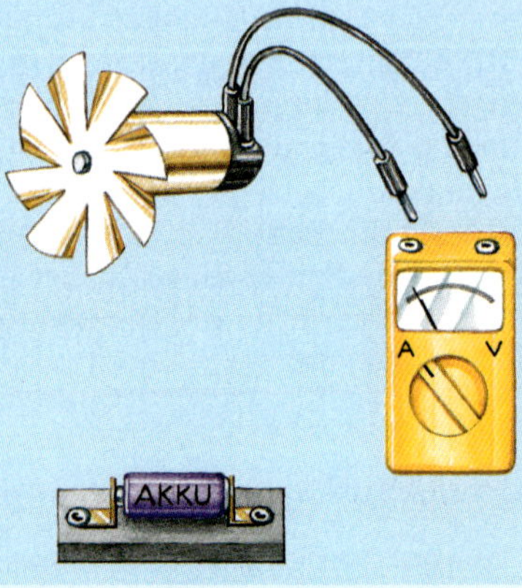

3

Drehen sich die selbst hergestellten Windturbinen bei jeder Windrichtung? Erklärt eure Beobachtungen!

Weitere interessante Themen für Schautafeln

- Welche Vorzüge und Nachteile hat der Bau von Windkraftanlagen? Informiert euch bei Betreibern solcher Anlagen und bei Stromversorgungsunternehmen!
- Welche alternativen Energiequellen werden zur Zeit in eurer Umgebung genutzt? Berichtet auch über weitere Planungen!

Solarzellen

In Solarzellen wird die Energie der Sonnenstrahlung der Sonne direkt in elektrische Energie umgewandelt. Solarzellen besitzen einen Wirkungsgrad von etwa 15%. Die Wissenschaftler hoffen, dass sie den Wirkungsgrad bis auf etwa 40% steigern können. Eine Solarzelle besteht hauptsächlich aus einer durchsichtigen Siliciumschicht (Bild 1). Wenn Licht auf die Zelle trifft, so entsteht zwischen den Anschlüssen eine Spannung.
Baut euch selbst ein kleines Solarkraftwerk!

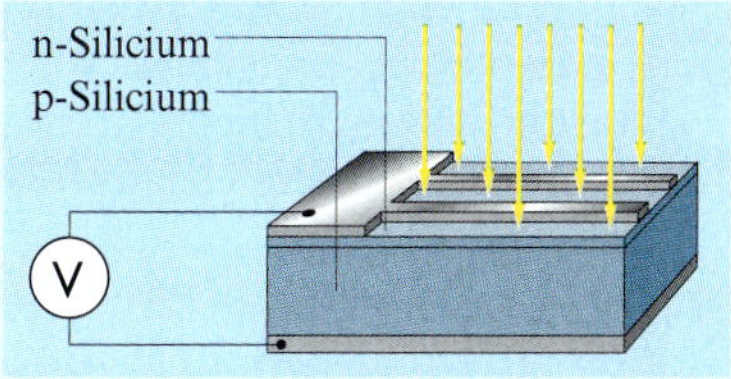

1

AUFTRAG 1

1. Befestigt 4 Solarzellen auf einer Holz- oder Kunststoffplatte! Schraubt sie auf oder klebt sie an den Ecken mit je einem Tropfen Siliconkautschukpaste auf.
2. Schaltet alle 4 Zellen in Reihe. Verbindet dabei jeweils den Pluspol der einen Zelle mit dem Minuspol der anderen!
3. Bringt euer Solarkraftwerk in die Sonne. Stellt es so auf, dass die Sonnenstrahlung senkrecht auf die Solarzellen auftrifft!
4. Baut euch aus einem elektrischen Spielzeugmotor und einer kleinen Luftschraube einen sonnengetriebenen Ventilator. Schließt den Ventilator an das Solarkraftwerk an!
5. Verwendet euer Solarkraftwerk, um eine „leere" Monozelle wieder aufzuladen. Achtet darauf, dass der Minuspol des Solarkraftwerks mit dem Minuspol der wiederaufladbaren Monozelle verbunden wird! Nach einigen Stunden ist die Monozelle wieder „voll".

2

Werden Solarzellen von der Sonne bestrahlt, so können sie sich stark erwärmen. Der Wirkungsgrad einer Solarzelle hängt von der Temperatur ab. Je höher die Temperatur ist, umso geringer ist der Wirkungsgrad.

AUFTRAG 2

1. Erfindet eine Anordnung zur Kühlung von Solarzellen! Als Kühlmittel bieten sich Luft und Wasser an. Vielleicht könnt ihr die Tatsache nutzen, dass warme Gase und Flüssigkeiten aufsteigen. Vielleicht findet ihr auch eine Verwendungsmöglichkeit für die entstehende Wärme.
2. Skizziert euer Solarkraftwerk mit Kühlung!

Mit einem empfindlichen Strommesser, der an Solarzellen angeschlossen ist, könnt ihr untersuchen, wie intensiv das Sonnenlicht unter verschiedenen Bedingungen ist.

AUFTRAG 3

1. Schaltet mehrere Solarzellen in Reihe. Verbindet den Plus- und Minuspol der Solarbatterie mit den entsprechenden Anschlüssen des Messgerätes! (Der Messbereich sollte auf 1 mA oder 300 μA eingestellt sein.)
2. Untersucht die Stromstärke bei verschiedenen Lichtverhältnissen, z. B. bei direkter Sonneneinstrahlung, im Halbschatten oder im Schatten! Vergleicht auch das Licht von verschiedenen künstlichen Lichtquellen!
3. Von welchen anderen Faktoren hängt die „Stromausbeute" ab?
   - Was bewirken (ungeputzte) Fensterscheiben? Welchen Einfluss haben verschiedene Farbfilter?
   - Was bewirkt ein schräger Einfall des Sonnenlichtes?
   - Wie unterscheiden sich die Messwerte zu den verschiedenen Tageszeiten (jeweils bei senkrechtem Lichteinfall)?

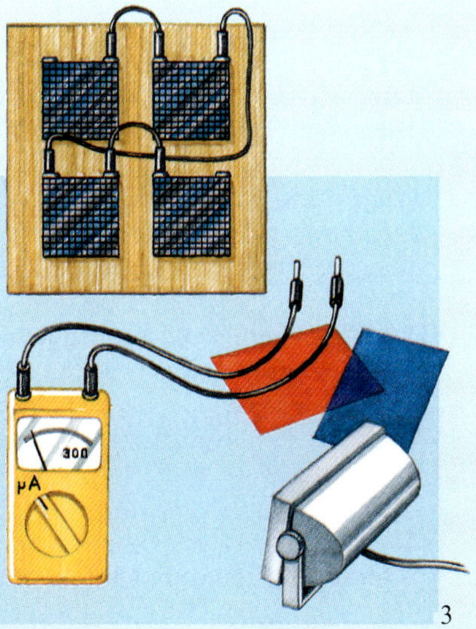

3

AUFGABEN

1. Gib 3 Möglichkeiten an, wie man die Wärmedämmung an einem Haus verbessern kann! Erläutere jeweils die Wirkungsweise!
2. Warum muss man beim Auswählen des Brennstoffes für Raketen dem Heizwert besondere Aufmerksamkeit schenken?
3. Vergleiche die Heizwerte verschiedener Brennstoffe! Warum befinden sich die Braunkohlenkraftwerke in unmittelbarer Nähe der Tagebaue?
4. Welche alternativen Energiequellen sind für Sachsen besonders wichtig?
5. Welche alternativen Energiequellen haben für Sachsen nur eine geringe Bedeutung? Begründe!
6. Wie kannst du dir aus einem langen schwarzen Kunststoffschlauch, einem Holzkreuz, Bindfaden und einem Sack aus durchsichtigem Kunststoff eine „Solardusche" für den Garten herstellen? Fertige eine Skizze an!
7. Wie könnten deine Eltern in ihrem Haus, ihrer Wohnung oder ihrem Garten die Sonnenenergie besser nutzen?
8. Nenne Gründe, weshalb alternative Energiequellen genutzt werden müssen!
9. Wenn der Heizwert eines Stoffes mit einer Anordnung wie im Experiment 1 (S. 116) bestimmt wird, treten vor allem Fehler durch die schlechte Wärmedämmung auf. Skizziere eine Anordnung, mit der der Heizwert genauer bestimmt werden kann!
10. In Goldisthal in Thüringen liefert eines der modernsten Pumpspeicherwerke ab dem Jahre 2002 im Bedarfsfalle mit einer Leistung von 1060 MW Strom. Warum hat eine Kombination der Braunkohlekraftwerke mit Pumpspeicherwerken besondere Vorteile?
11. Nenne die Vorteile folgender Maßnahmen:
    - Nutzung nachwachsender Rohstoffe,
    - Rückgewinnung von Energie aus Abfällen,
    - Aufbringen von Sonnenkollektoren auf Dächern,
    - Nutzung von Energieverbundnetzen!
12. Der Bedarf an elektrischer Energie betrug 1997 in Deutschland 450 Mrd. Kilowattstunden. Etwa 1% dieser Energie wurde durch Windkraftwerke erzeugt. Wie viele Tonnen Braunkohle hätte man verbrennen müssen, um diese Energie bereitzustellen, wenn der Wirkungsgrad eines Kohlekraftwerks 40% beträgt?
13. 1997 wurde auf der Neuen Messe in München die weltgrößte Solarstrom-Dachanlage in Betrieb genommen. Sie hat eine Fläche von 38000 m² und liefert jährlich 1 Million Kilowattstunden. Wie viel Kilogramm Braunkohle brauchen pro Jahr nicht verbrannt werden, wenn der Wirkungsgrad eines Kohlekraftwerks 40% beträgt?

1

ZUSAMMENFASSUNG

Der Heizwert gibt an, wie viel Wärme beim Verbrennen von 1 kg eines Brennstoffes abgegeben wird.

Abgase und Abwärme schädigen die Umwelt.
Durch sparsamen Umgang mit Energie kann jeder wesentlich zur Erhaltung der Umwelt beitragen.

Wichtige alternative Energiequellen sind
- der Wind,
- die Biomasse,
- das fließende und gestaute Wasser und
- die Sonne.

Die immer stärkere Nutzung alternativer Energiequellen leistet einen wichtigen Beitrag zum Umweltschutz.

Mechanik der Flüssigkeiten und Gase

Vornehme Luxusschiffe, schnittige Sportboote, Taucherausrüstungen, Heißluftballons oder auch historische Windmühlen bestimmen die Bilder in vielen Prospekten für Urlaubsreisen. Wasser und Wind sind aber nicht nur für Freizeit und Sport von Bedeutung. Seit alters her beschäftigen sich die Menschen mit dem Bau von Schiffen und Flößen für Handel und Transport. Später versuchten immer mehr Menschen, sich den Traum vom Fliegen zu erfüllen. Sie übertrugen zuerst das Schwimmen der Schiffe im Meer auf ein „Schwimmen" von Ballons im „Luftmeer". Dann untersuchten sie die Flügel von Vögeln, um für den Menschen oder für Fluggeräte solche Flügel nachzubauen.

Gasdruck in geschlossenen Gefäßen

1

Deine Fahrradreifen sollten immer den richtigen Druck haben. Eigentlich sind die Druckbehälter an den Tankstellen nur zum Auffüllen der Autoreifen gedacht. Wenn du aber besondere Ventileinsätze hast, kannst du mit ihnen auch deine Fahrradreifen aufpumpen.
Wie kommt der Druck in einem Reifen zustande?

Druck und Druckkraft

Will man mit Luft gefüllte Bälle, Luftmatratzen oder Fahrradschläuche eindrücken, muss man eine Kraft aufwenden. Lässt man sie los, federn sie elastisch zurück. Das kann man besonders gut beobachten, wenn sie nicht so prall aufgepumpt sind. Dieses Zurückfedern kennst du von einer Hüpfburg in einem Vergnügungspark (Bild 2). Auch andere eingeschlossene Gase zeigen dieses Verhalten, zum Beispiel die Heliumfüllung in einem Kinderballon.

2

Entstehung des Drucks. Gase bestehen aus Molekülen. Diese können sich frei und ungeordnet bewegen. Oft stoßen zwei Moleküle zusammen. Dabei ändern sie ihre Bewegungsrichtung. Als Folge dieser gegenseitigen Stöße der Moleküle aufeinander entsteht in dem Gas ein „Gedränge", ähnlich wie in einer Menschenmenge.
Befindet sich ein Gas in einem Gefäß, stoßen die Moleküle auch gegen die Wände. Von dort prallen sie zurück und fliegen mit geänderter Richtung weiter, bis sie wieder gegen ein anderes Molekül oder gegen eine Wand stoßen. Es gibt dabei keine bevorzugte Bewegungsrichtung der Moleküle und auch keine bevorzugte Gefäßwand, gegen welche die Moleküle prallen (Bild 3).
Der Druck in einem eingeschlossenen Gas ist die Folge der Stöße der Moleküle gegeneinander und gegen die Gefäßwand. An der Gefäßwand entstehen so nach außen gerichtete Kräfte. Durch diese Druckkräfte auf die Gefäßwände erhalten verformte Bälle, Fahrradreifen und Matratzen ihre alte Form zurück.

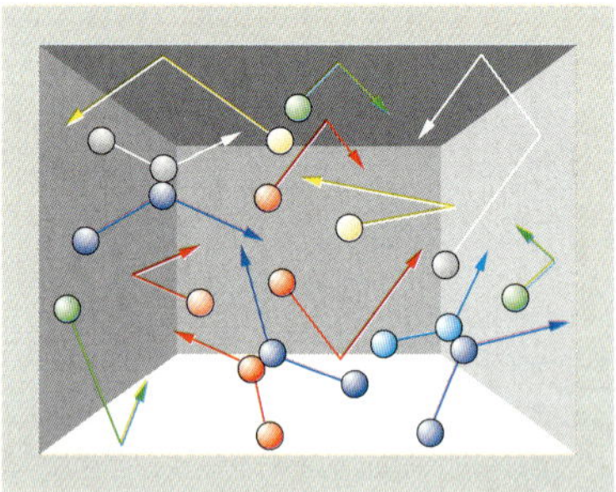

3

In einem eingeschlossenen Gas stoßen die Moleküle aneinander und gegen die Gefäßwände.

Der Druck in einem eingeschlossenen Gas entsteht durch die Stöße der Gasmoleküle gegeneinander und gegen die Gefäßwände.
In einem Gefäß ist der Gasdruck an allen Stellen gleich groß. Der Gasdruck wirkt allseitig. Auf die Gefäßwände wirken Druckkräfte.

Berechnung des Drucks. Bild 1 zeigt ein Gefäß, in das durch ein Ventil Luft hineingepumpt wurde. Oben sind zwei Kolbenprober angebracht, auf denen zwei Wägestücke von 5 kg und 10 kg stehen. Die Querschnittsflächen der Kolbenprober betragen 4 cm² und 8 cm². In beiden Fällen wirkt der Gewichtskraft der Wägestücke eine gleich große Druckkraft entgegen.
Der Gasdruck bewirkt also auf einer doppelt so großen Fläche eine doppelt so große Kraft. Der Druck wird berechnet als Quotient aus Kraft F und Fläche A. Das Formelzeichen für den Druck ist p (nach dem englischen Wort *pressure*).

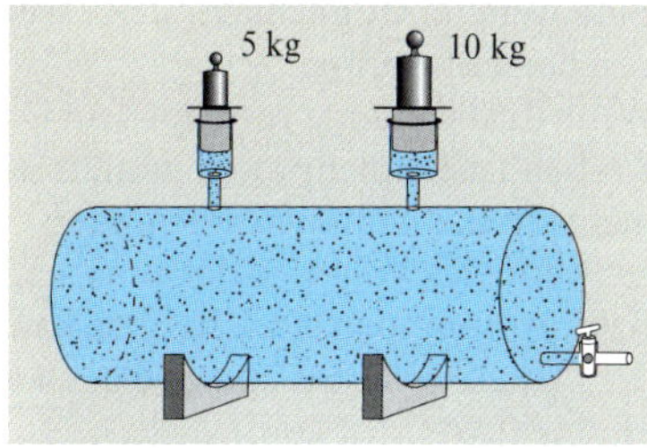

1

$$\text{Druck} = \frac{\text{Kraft}}{\text{Fläche}} \quad \text{oder} \quad p = \frac{F}{A}$$

Setzt man in dieser Gleichung für die Kraft die Einheit Newton und für die Fläche die Einheit Quadratmeter ein, so erhält man als Einheit für den Druck Newton je Quadratmeter ($\frac{\text{N}}{\text{m}^2}$). Diese Einheit bezeichnet man zu Ehren des französischen Forschers Blaise Pascal als Pascal (Pa). 1 Pascal ist ein sehr kleiner Druck. Man benutzt daher meist die Vielfachen dieser Einheit, nämlich Kilopascal (kPa) und Megapascal (MPa).

$$1\ \text{Pa} = 1\ \frac{\text{N}}{\text{m}^2} = 0{,}0001\ \frac{\text{N}}{\text{cm}^2}$$

$$1\ \text{kPa} = 1\,000\ \text{Pa} = 0{,}1\ \frac{\text{N}}{\text{cm}^2}$$

$$1\ \text{MPa} = 1\,000\,000\ \text{Pa} = 100\ \frac{\text{N}}{\text{cm}^2}$$

Zur Angabe des Drucks wird häufig auch noch eine ältere Einheit verwendet, das Bar (bar).
Es gilt:
$1\ \text{bar} = 100\ \text{kPa} \qquad 1\ \text{bar} = 10\ \frac{\text{N}}{\text{cm}^2}$.

2
Blaise Pascal (1623–1662)

Messen des Drucks. Zum Messen des Drucks benutzt man Manometer (Bild 3). Manometer messen den Gasdruck auf verschiedene Weise. Eine Ausführungsform zeigt Bild 4.
Das Manometer ist über einen Stutzen oder Schlauch mit dem gasgefüllten Gefäß verbunden. Je größer der Gasdruck in dem Gefäß wird, desto stärker wird der Deckel im Manometer verbogen. Die Bewegung des Deckels wird auf den Zeiger übertragen.

3
Manometer an der Tankstelle

Ändern des Gasdrucks. Es gibt verschiedene Möglichkeiten, in einem Gas den Druck zu ändern. Man kann zum Beispiel mehr Gas in ein Gefäß hineinpumpen. Als Folge davon stoßen die Moleküle noch häufiger gegeneinander. Daher steigt der Druck beim Aufpumpen eines Schlauchs. Man kann aber auch die Temperatur des Gases erhöhen. Dann bewegen sich die Gasmoleküle heftiger und sie stoßen auch häufiger gegeneinander. So erhöht sich der Gasdruck im Fahrradschlauch bei längerer Sonneneinstrahlung.

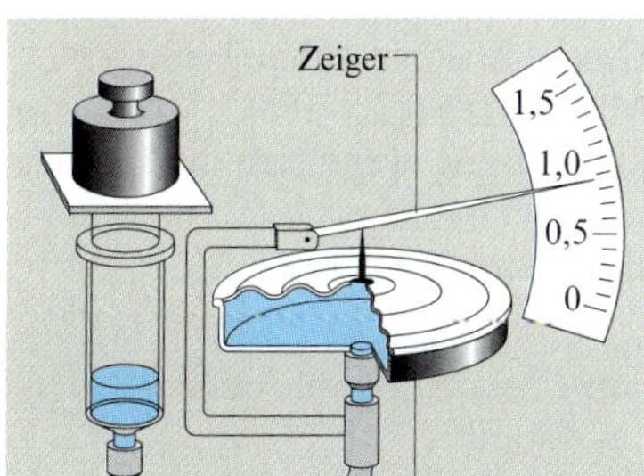

4
Aufbau eines Manometers

Beispiele für Drücke

Pkw-Reifen	200 kPa	Spraydose	1 000 kPa
Lkw-Reifen	600 kPa	Sauerstoffflasche	15 000 kPa
Fahrradreifen	bis 800 kPa	Pressluftflasche	20 000 kPa

Eine weitere Möglichkeit, den Druck in einem Gas zu ändern, kennst du von der Luftpumpe:
Wenn du die Pumpe vorn mit dem Daumen verschließt und die Luft mit dem Kolben zusammenpresst, dann musst du umso mehr Kraft aufbringen, je mehr du das Volumen verminderst. Der Druck in der Pumpe nimmt also zu, wenn das Volumen der eingeschlossenen Gasmenge verkleinert wird.
Beim Aufpumpen eines Reifens kommt es zu einem Druckausgleich, wenn der Druck in der Pumpe größer ist als im Reifen.

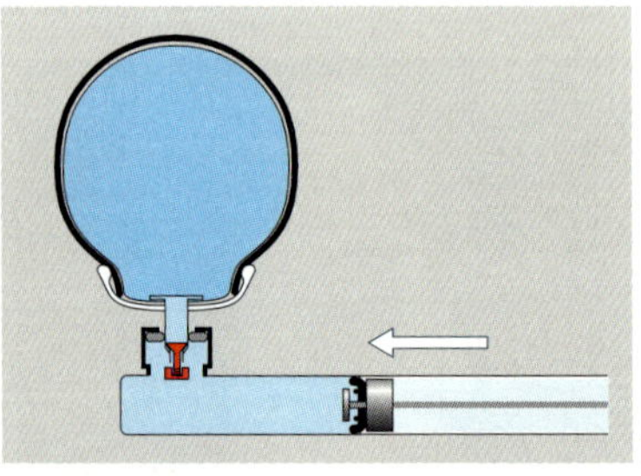
1

Zunächst wird in der Luftpumpe eine Gasmenge zusammengedrückt. Der Druck in der Pumpe steigt.

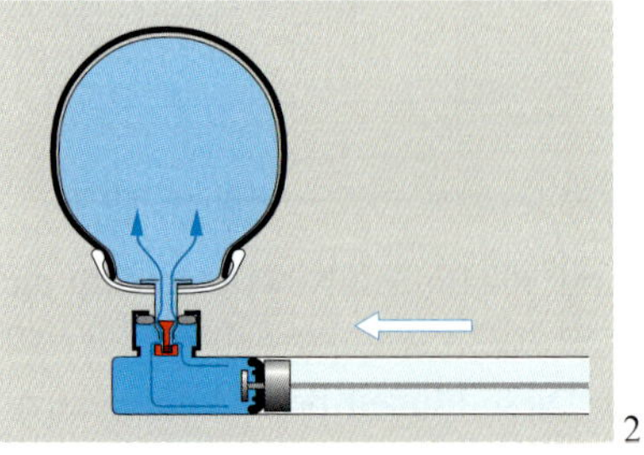
2

Ist der Druck in der Pumpe größer als im Reifen, so öffnet sich das Ventil und es strömt Luft in den Reifen.

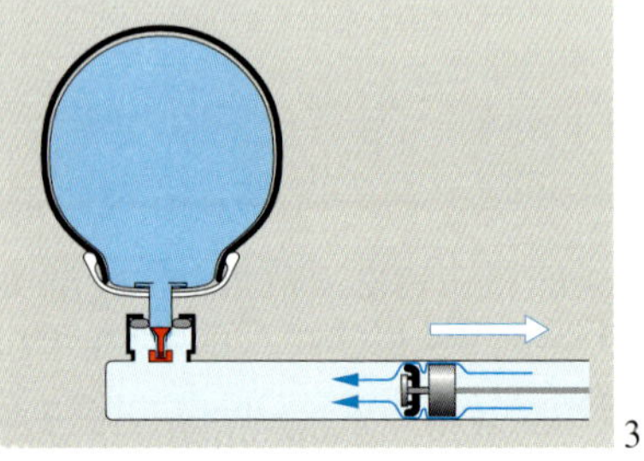
3

Beim Auseinanderziehen der Pumpe schließt sich das Ventil wieder und es strömt Luft von außen in die Pumpe.

Das Gesetz von BOYLE und MARIOTTE

Die Druckänderung in einem Gas bei Verringerung des Volumens soll in einem Experiment genauer untersucht werden.

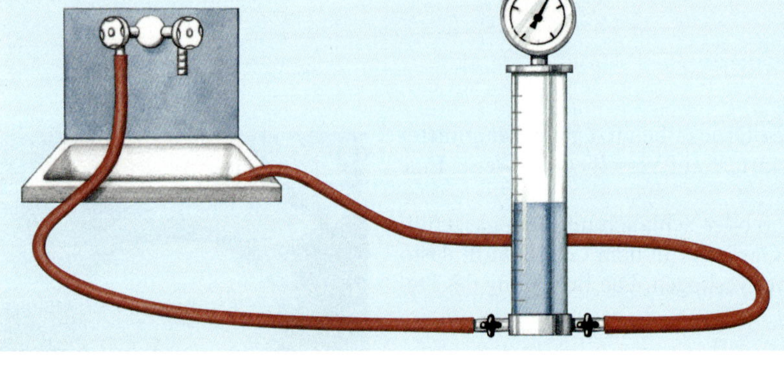

EXPERIMENT 1
In einer luftdichten Röhre befinden sich 4 l Luft unter einem Druck von 1 bar. Über einen geöffneten Zufluss strömt Wasser ein. Das aufsteigende Wasser verkleinert das Volumen der eingeschlossenen Luft. Am Manometer kann jeweils der in der Luft herrschende Druck abgelesen werden.

4

Aus der Messwertetabelle ist erkennbar: Presst man die Luft auf die Hälfte (ein Drittel oder ein Viertel) ihres ursprünglichen Volumens zusammen, steigt der Druck auf das Doppelte (das Dreifache oder das Vierfache).
Diesen Zusammenhang entdeckten ROBERT BOYLE (1627–1691) und EDMÉ MARIOTTE (1620–1684). Sie erkannten auch, dass dieses Produkt nur dann konstant ist, wenn sich die Temperatur des Gases nicht ändert. Heute bezeichnet man das Gesetz nach beiden Wissenschaftlern als das Gesetz von BOYLE und MARIOTTE:

Messwertetabelle

Volumen V	Druck p
4,0 l	1,0 bar
3,5 l	1,2 bar
3,0 l	1,3 bar
2,5 l	1,6 bar
2,0 l	2,0 bar
1,5 l	2,7 bar
1,0 l	4,0 bar

In einem eingeschlossenen Gas ist das Produkt aus Druck und Volumen konstant:
$p \cdot V = \text{konstant}$ oder $p_1 \cdot V_1 = p_2 \cdot V_2$.
Gültigkeitsbedingung: Die Temperatur des Gases bleibt konstant.

AUFGABEN

1. Die Experimentieranordnung im Bild 1a heißt Heronsball. Durch die Glasröhre wird Luft hineingeblasen. Danach wird sie mit einem Finger verschlossen. Begründe, was geschieht, wenn man den Finger wegnimmt!

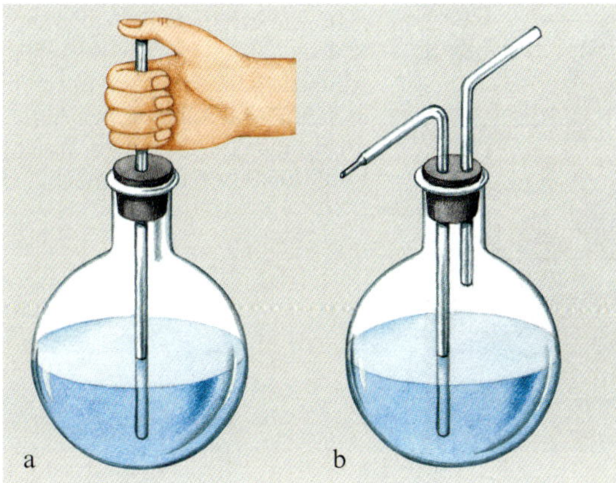

1

2. Erkläre die Wirkungsweise der Spritzflasche im Bild 1b!
3. Mithilfe des Teilchenmodells kann man erklären, warum der Gasdruck größer werden muss, wenn man das Volumen des Gases verkleinert. Versuche es!
4. Beschreibe den Aufbau und erkläre die Wirkungsweise eines Manometers!
5. Mit welcher Kraft drückt die Luft
   a) in einem Pkw-Reifen,
   b) in einem Fahrradreifen,
   c) in einem Lkw-Reifen jeweils auf eine Fläche von 1 cm²?
6. Der Korken einer Sektflasche (A = 3 cm²) wird mit einer Kraft von 200 N herausgedrückt.
   a) Wie groß ist der Druck in der Flasche?
   b) Wie groß ist die Kraft auf die Bodenfläche der Flasche (A = 50 cm²)?
7. Schätze ab, wie groß die Berührungsfläche zwischen Straße und Reifen bei folgenden Fahrzeugen ist: a) Fahrrad, b) Pkw, c) Lkw! Mit welcher Kraft wirkt jeweils die eingeschlossene Luft einer Verformung des Reifens entgegen?
8. Welches Volumen hätte die Luft im Experiment 1 bei einem Druck von a) 1,5 bar, b) 3 bar?
9. In einer 10-l-Gasflasche befindet sich Ballongas (Helium) unter einem Druck von 120 bar. Wie viele Ballons mit einem Volumen von 4 l und einem Druck von 1,02 bar kann man mit dieser Gasmenge füllen?
10. Halte beim Vergrößern des Brustkastens Nase und Mund geschlossen! Was geschieht beim plötzlichen Öffnen des Mundes?
11. Jemand behauptet: „Eine Luftpumpe sollte einen möglichst großen Durchmesser haben, damit man einen Reifen besonders hart aufpumpen kann." Stimmt das? Begründe!

ZUSAMMENFASSUNG

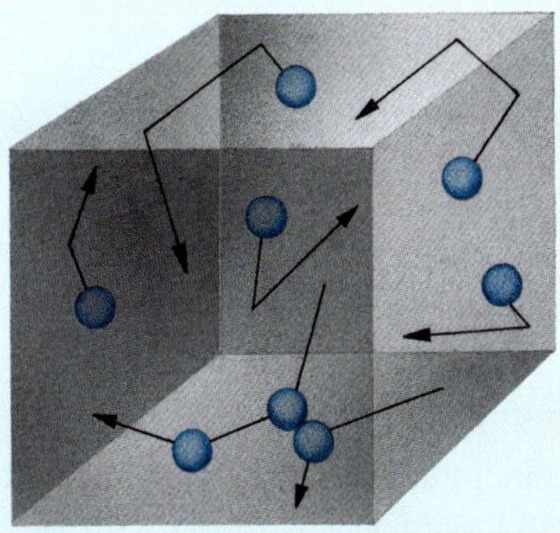

Der Druck in einem eingeschlossenen Gas entsteht durch die Stöße der Gasmoleküle gegeneinander und gegen die Gefäßwände.
Der Gasdruck wirkt allseitig.
Auf die Gefäßwände wirken Kräfte.

$$\text{Druck} = \frac{\text{Kraft}}{\text{Fläche}} \quad \text{oder} \quad p = \frac{F}{A}$$

Der Druck kann in Pascal (Pa) oder in Bar (bar) angegeben werden.
Es gelten folgende Beziehungen:

$$1\ \text{Pa} = 1\,\frac{\text{N}}{\text{m}^2}$$

$$1\ \text{bar} = 10\,\frac{\text{N}}{\text{cm}^2}$$

$$1\ \text{bar} = 100\ \text{kPa}$$

Gesetz von Boyle und Mariotte:
In einem eingeschlossenen Gas ist das Produkt aus Druck p und Volumen V konstant.
$p \cdot V$ = konstant.
Gültigkeitsbedingung: Die Temperatur des Gases bleibt konstant.

Flüssigkeitsdruck und Auflagedruck

1

Es macht Spaß, mit einem solchen Karussell zu fahren und dabei zusätzlich zur Kreisbewegung noch rhythmisch in die Luft gehoben zu werden. Welche Kräfte heben und senken die tonnenschweren Arme des Karussells?
Bei genauem Beobachten bemerkt man, wie sich metallisch glänzende Kolben auf- und abwärtsbewegen. Ähnliche Kolben sieht man bei großen Baumaschinen, wie Autodrehkranen oder Baggern. Welche Funktion haben diese Kolben?

Entstehung des Drucks

Unter Kindern ist es ein beliebtes Spiel, andere mit einer Wasserpistole zu bespritzen. Untersucht man eine solche Spritze genauer, erkennt man einen wasserdichten Zylinder. An einem Ende befindet sich ein beweglicher Kolben. Am anderen Ende ist eine Düse angebracht. Drückt man den Kolben hinein, spritzt es durch die Düse heraus. Ähnliches kann man beobachten, wenn man eine Luftpumpe mit Wasser füllt und dann den Kolben hineindrückt. Das zeigt auch ein Experiment.

EXPERIMENT 1
An einer Spritze befindet sich eine Kugel mit mehreren gleichen Düsen. Man füllt diese Kugelspritze mit Wasser und drückt den Kolben hinein.

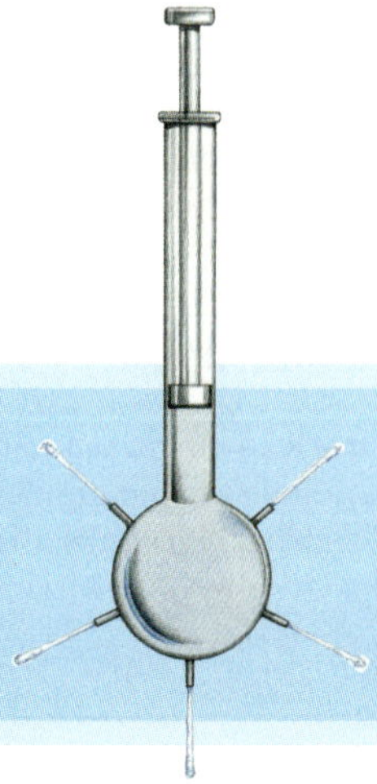

2

Durch die am Kolben wirkende Kraft wird das Wasser nach allen Seiten herausgepresst. Im Wasser herrscht ein Druck. Auf die Gefäßwände wirken Kräfte. Im folgenden Experiment soll untersucht werden, wie sich die Kraft auf einen Kolben im Inneren der Flüssigkeit auswirkt.

EXPERIMENT 2
Eine Flasche und ein Kolbenprober sind miteinander verbunden und mit Wasser gefüllt. In der Flasche befindet sich ein kleiner Luftballon. Der Kolben wird in den Kolbenprober hineingedrückt.

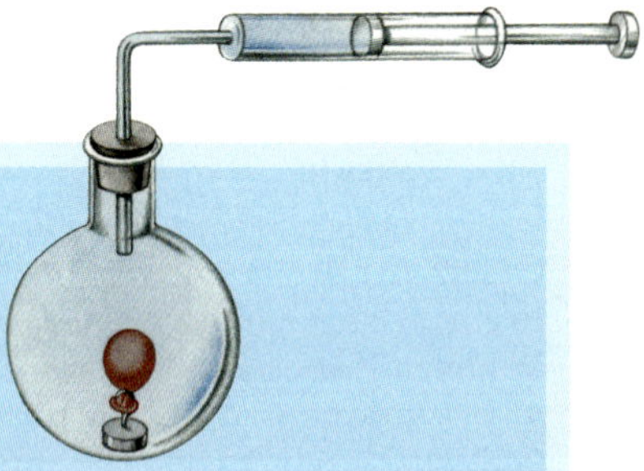

3

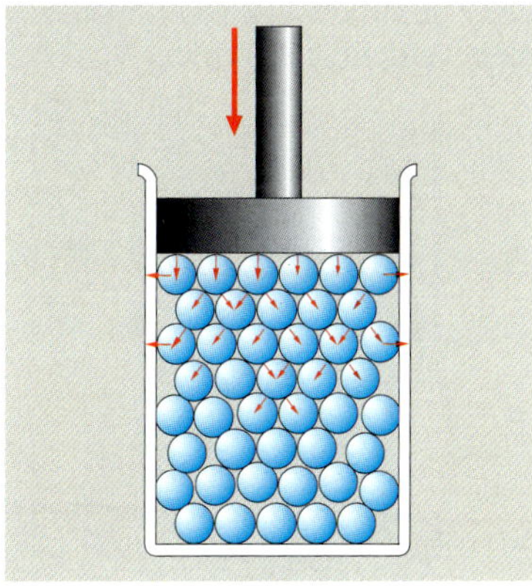
1

Mit zunehmender Kraft auf den Kolben wird der Luftballon von allen Seiten zusammengedrückt.
Die Kraft auf den Kolben erzeugt in der gesamten Flüssigkeit einen Druck. Dieser Druck existiert in der gesamten Flüssigkeit – auch an allen Gefäßwänden.
Flüssigkeiten bestehen aus Molekülen, die sich dicht beieinander befinden. Bei ihren Bewegungen stoßen die Moleküle ständig auf andere Moleküle. Hierdurch entsteht der Druck in Flüssigkeiten. Da die Moleküle auch an die Gefäßwände stoßen, wirkt auf die Gefäßwände eine nach außen gerichtete Kraft.
Drückt ein Kolben auf die Flüssigkeit (Bild 1), so können die Moleküle kaum dichter zusammengedrückt werden. Die vom Kolben ausgeübte Kraft wird auf alle Moleküle und in alle Richtungen weitergegeben. Die Moleküle wirken nun heftiger aufeinander ein als zuvor. Das heißt: Der Druck in der Flüssigkeit erhöht sich.

Blaise Pascal hat als Erster ähnliche Überlegungen und entsprechende Experimente angestellt. Er fand als Ergebniss:

In einer eingeschlossenen Flüssigkeit ist der Druck an allen Stellen gleich groß. Er wirkt in alle Richtungen.

Das gilt allerdings nur, wenn man die Gewichtskraft der Flüssigkerit unberücksichtigt lässt.
Der Druck in einer Flüssigkeit lässt sich über die Kraft bestimmen, die auf eine Flächeneinheit der Gefäßwände wirkt.
Wie für den Gasdruck, gilt auch für den Flüssigkeitsdruck: $p = \frac{F}{A}$.

Als Druckeinheiten benutzt man ebenfalls Pascal oder Bar. Auch zum Messen des Flüssigkeitsdrucks dienen Manometer.

Übertragen und Vergrößern von Kräften

Mit der Apparatur in Bild 2 lässt sich zeigen, wie Bewegungen und Kräfte durch eine Flüssigkeit übertragen werden können. Drückt man den einen Kolben ein Stück hinein, so bewegt sich der Kolben am anderen Ende genau so weit hinaus. Das gilt allerdings nur, wenn beide Kolben dieselbe Querschnittsfläche haben.

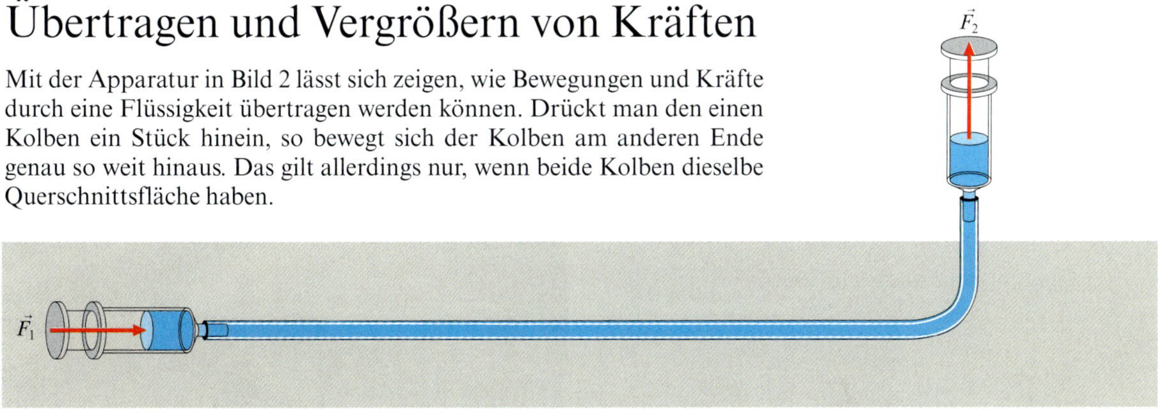

2

Druckkräfte und Bewegungen können sehr gut durch den Schlauch weitergegeben werden, weil das Volumen der Flüssigkeit sich auch bei Druckerhöhung nicht ändert. Wäre im Schlauch ein Gas, so könnte es zusammengedrückt werden und die Bewegung würde nicht übertragen werden.
Unter bestimmten Bedingungen können die Kräfte nicht nur übertragen, sondern auch vergrößert werden. Das wird in hydraulischen Anlagen genutzt.

Die Funktionsweise einer hydraulischen Anlage soll im folgenden Experiment verdeutlicht werden.

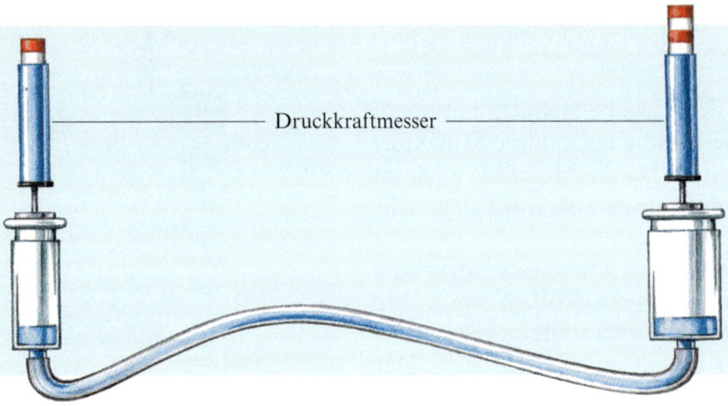

1

EXPERIMENT 3
Zwei Kolbenprober mit unterschiedlichen Querschnittsflächen werden durch einen Schlauch verbunden. Die Apparatur wird mit Wasser gefüllt. Auf den einen Kolbenprober wird mit einem Federkraftmesser eine Druckkraft ausgeübt.
Mit einem zweiten Federkraftmesser wird die Druckkraft bestimmt, die am anderen Kolbenprober wirkt.

Die beiden Kräfte in Experiment 3 sind unterschiedlich groß. Hat der linke Kolben eine Fläche von 5 cm², so erzeugt die Kraft $F_1 = 10\ \text{N}$ den Druck p:

$$p = \frac{F_1}{A} \qquad p = \frac{10\ \text{N}}{5\ \text{cm}^2} = 2\ \frac{\text{N}}{\text{cm}^2}.$$

Mit diesem Druck wirkt die Flüssigkeit auf den rechten Kolben. Seine Fläche beträgt 10 cm². Auf diese Fläche wirkt dann die Kraft F_2:

$$F_2 = p \cdot A \qquad F_2 = 2\ \frac{\text{N}}{\text{cm}^2} \cdot 10\ \text{cm}^2 = 20\ \text{N}.$$

Allerdings lässt sich auch mit einer hydraulischen Anlage keine Arbeit „einsparen". Wird nämlich im Experiment 3 der linke Kolben um 2 cm hineingedrückt, so bewegt sich der rechte Kolben nur um 1 cm heraus. Das Produkt $W = F \cdot s$ ist auf beiden Seiten gleich.

Auflagedruck

Bisher wurden nur der Druck in Gasen und Flüssigkeiten betrachtet. Aber auch bei festen Körpern können Kräfte auf eine Fläche wirken. Auch in festen Körpern setzen sich diese Kräfte nach Innen fort und erzeugen dort einen Druck. Wenn der feste Körper nicht sehr hart ist oder wenn dieser Druck sehr groß ist, verformt sich der Körper. Solche Beobachtungen macht man zum Beispiel beim Laufen und Fahren auf Schnee. Obwohl das Schneemobil viel schwerer ist als der Fußgänger, sinkt es weniger tief ein.

2

3

Die Ursache für das unterschiedlich tiefe Einsinken von Schneemobil und Fußgänger kann man erkennen, wenn man mehrere Ziegel auf verschiedene Weise auf Schaumstoff legt:

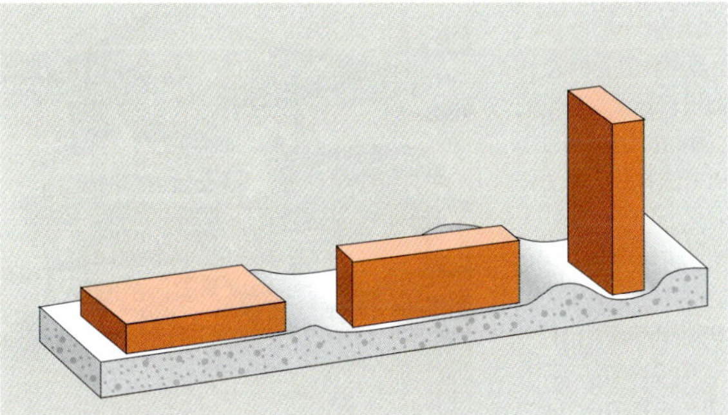
1

Bei gleicher Gewichtskraft F_G wird der Schaumstoff umso tiefer eingedrückt, je kleiner die Auflagefläche A ist.

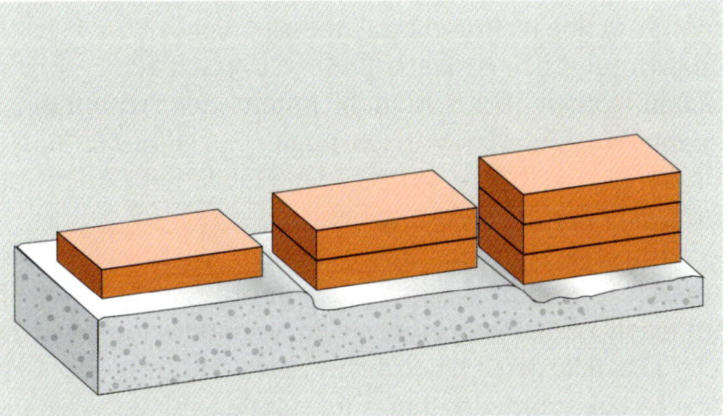
2

Bei gleicher Auflagefläche A wird der Schaumstoff umso tiefer eingedrückt, je größer die Gewichtskraft F_G ist.

In allen Fällen rufen die Ziegel in ihrer Auflage einen Druck hervor. Man nennt ihn Auflagedruck. Für den Auflagedruck gibt es kein Messgerät. Bei einer waagerechten Unterlage kann man ihn aber aus der Auflagefläche und der Gewichtskraft berechnen:

$$\text{Auflagedruck} = \frac{\text{Gewichtskraft}}{\text{Auflagefläche}} \quad \text{oder} \quad p = \frac{F_G}{A}$$

Ist die Unterlage nicht horizontal, so ist statt der Gewichtskraft die Normalkraft F_N einzusetzen. Die Normalkraft wirkt senkrecht auf die Unterlage. Der Würfel im Bild 4 drückt mit einer Gewichtskraft $F_G = 100$ N auf eine Auflagefläche von 4 cm². Auf eine Fläche von 1 cm² wirkt demnach eine Gewichtskraft von 25 N.

Der Auflagedruck beträgt $25 \frac{\text{N}}{\text{cm}^2}$.

Jetzt kann man auch begründen, weshalb der Fußgänger tiefer einsinkt als das Schneemobil. Dazu vergleicht man ihre Auflagedrücke.

	Schneemobil mit Fahrer	Fußgänger
Gewichtskraft F_G	2 000 N	900 N
Auflagefläche A	6 000 cm²	500 cm²
Auflagedruck $p = \frac{F}{A}$	$0{,}33 \frac{\text{N}}{\text{cm}^2}$	$1{,}8 \frac{\text{N}}{\text{cm}^2}$

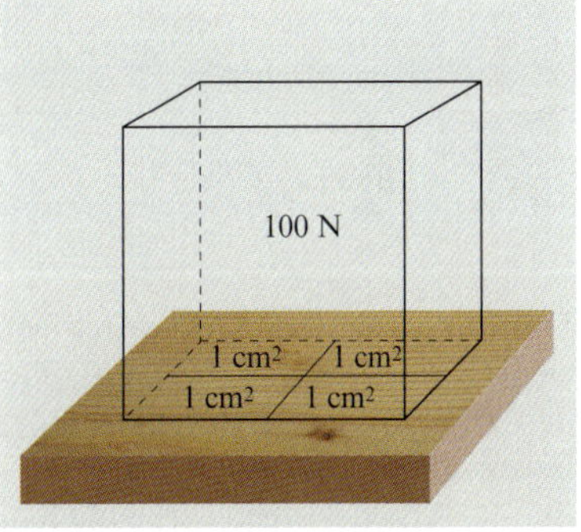

3

Auflagedruck eines Würfels

4

Breitere Räder erhalten die lockere Bodenstruktur.

Der Spaziergänger sinkt tiefer in den Schnee ein, weil er einen mehr als fünfmal so großen Auflagedruck ausübt, wie das Schneemobil.
Fahrzeuge in der Landwirtschaft und im Bauwesen sind oft groß und schwer. Damit ein Traktor nicht den Ackerboden verfestigt und ein Lkw auf weichem Untergrund nicht zu tief einsinkt, erhalten diese Fahrzeuge besonders breite Reifen (Bild 4). Dadurch werden kleine Auflagedrücke erreicht.
Umgekehrt will man bei Schneidwerkzeugen, wie Kneifzangen oder Messern, extrem hohe Drücke erreichen. Dazu müssen die Schneiden eine besonders kleine Auflagefläche haben.

5

Erzeugung eines großen Auflagedrucks

Ein Blick in die Technik

Hydraulische Anlagen

Die Möglichkeit zur Übertragung und Vergrößerung von Kräften nutzt man in vielen technischen Anlagen.
In hydraulischen Anlagen sind zwei verschieden große Zylinder mit beweglichen Kolben über Schläuche miteinander verbunden (Bild 2). Ihr Vorteil gegenüber anderen Vorrichtungen zur Kraftverstärkung besteht darin, dass sie keine Rollen, Zahnräder, Hebel, Seile oder Stangen enthalten, die im Laufe der Zeit verschleißen.
Als Flüssigkeit in einer hydraulischen Anlage wird meistens Mineralöl verwendet. Gegenüber dem Wasser hat Mineralöl den Vorteil, dass es bei den üblichen Wintertemperaturen nicht einfriert und vor Korrosion schützt.
Der Druck in dem Öl beträgt in vielen Anlagen über 10 bar. Um diesem großen Druck standzuhalten, sind stabile Schläuche mit guten Dichtungen erforderlich.

1

2

Der Pumpenkolben wird durch Muskelkraft oder durch einen Motor bewegt. Sie drückt den Pumpenkolben auf die Flüssigkeit und erzeugt dort den Druck p. Dieser Druck pflanzt sich durch die Leitung bis in den Arbeitszylinder fort.
Die am Arbeitskolben wirkende Kraft kann unter zwei Bedingungen besonders groß werden: Man erzeugt am Pumpenkolben einen besonders großen Druck oder man wählt einen Arbeitskolben mit besonders großer Querschnittsfläche.

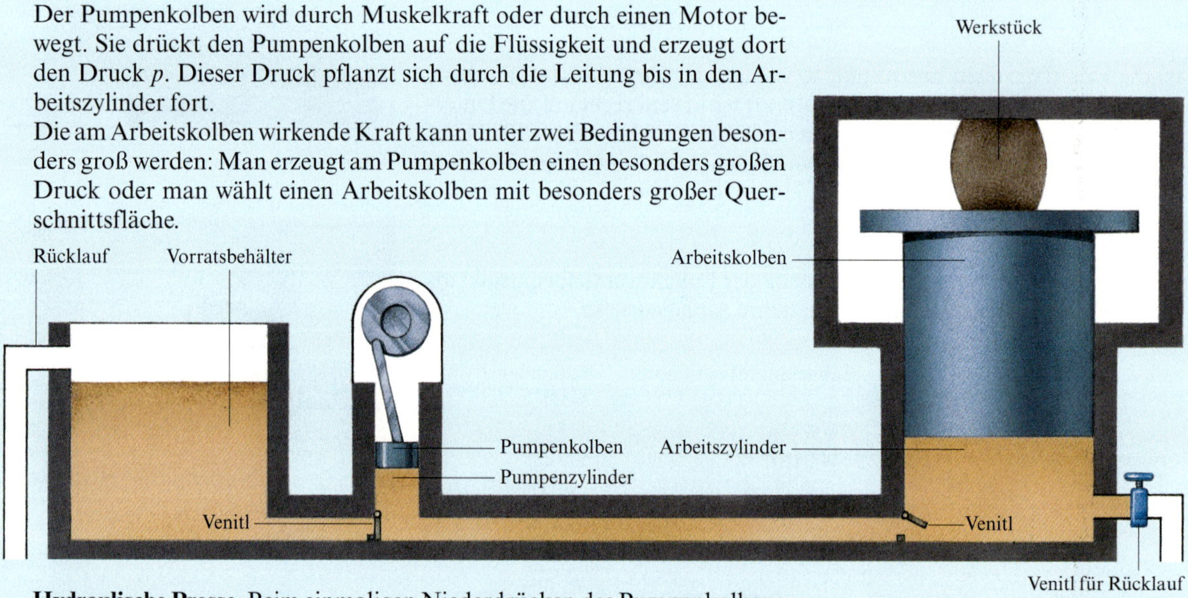

3

Hydraulische Presse. Beim einmaligen Niederdrücken des Pumpenkolbens wird nur wenig Flüssigkeit in den Arbeitszylinder gedrückt, sodass sich der Arbeitskolben nur Bruchteile von einem Millimeter hebt. Deshalb muss der Pumpenkolben bei der Presse mehrmals niedergedrückt werden. Bei großen Pressen übernehmen Elektromotoren das Heben und Senken des Pumpenkolbens.
Ventile sorgen dafür, dass beim Anheben des Pumpenkolbens kein Öl aus dem Arbeitszylinder zurückfließt, aber zusätzliches Öl aus dem Vorratsbehälter eingelassen wird. Soll der Arbeitskolben wieder gesenkt werden, öffnet man das Ventil für den Rücklauf in den Vorratsbehälter.

AUFGABEN

1. Begründe, dass sich bei Druckerhöhung das Volumen eines Gases verringern kann, das Volumen einer Flüssigkeit aber nahezu konstant bleibt!
2. Wer drückt hier wen weg? Mädchen und Junge sollen gleich stark sein. Begründe!

1

3. Nenne drei Maschinen, in denen hydraulische Anlagen genutzt werden!
4. Nenne Vorteile einer hydraulischen Anlage gegenüber einem Flaschenzug! Gibt es auch Nachteile?
5. Begründe, dass auch für eine hydraulische Anlage gilt: „Was man an Kraft spart, muss man an Weg zusetzen!"
6. Berechne den Auflagedruck, den ein Elefant mit einer Masse von 4 t (Gewichtskraft 40 kN) auf den Boden ausübt ($A = 2\,800\ cm^2$)! Vergleiche ihn mit deinem Auflagedruck (auf Zehenspitzen)!
7. Miss bei verschiedenen Skiern Breite und Länge der auf dem Schnee aufliegenden Lauffläche! Wie groß ist der Auflagedruck, wenn du darauf stehst?
8. Wie unterscheiden sich die Auflagedrücke bei Langlauf-, Abfahrt- und Sprungskiern?
9. Menschen, die in Eis eingebrochen sind, brauchen Hilfe. Der Helfer im Bild 2 bringt sein Leben selbst in Gefahr. Wie kann sich der Helfer schützen?

2

10. Wie kannst du zahlenmäßig den Auflagedruck von einem Rennrad, einem Tourenrad und einem Mountainbike vergleichen?
Führe deine Überlegungen aus!
11. Gasdruck und Flüssigkeitsdruck wirken allseitig. Wie ist das beim Auflagedruck?
12. In einer hydraulischen Anlage ist die Kraft am Arbeitskolben 8-mal so groß wie am Pumpenkolben. Der Pumpenkolben wird um 4 cm bewegt. Um welche Strecke bewegt sich dann der Arbeitskolben?
13. Begründe, dass die Bremsanlage eines Autos von Zeit zu Zeit entlüftet werden muss!
14. Hydraulikschläuche haben oft einen relativ kleinen Durchmesser. Versuche eine Begründung dafür zu finden!

ZUSAMMENFASSUNG

In Flüssigkeiten besteht ein Druck. Er kommt dadurch zustande, dass die Moleküle aufeinander und auf die Gefäßwand einwirken.
In einer eingeschlossenen Flüssigkeit breitet sich der Druck nach allen Seiten gleichmäßig aus. Der durch die Kraft auf einen Kolben hervorgerufene Flüssigkeitsdruck ist an allen Stellen des Gefäßes gleich groß.

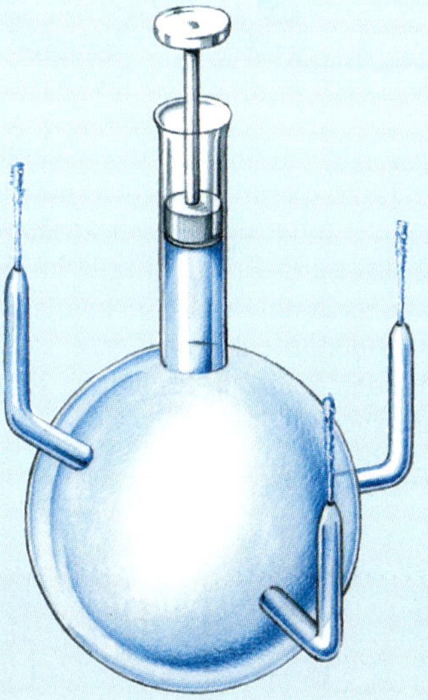

Der Flüssigkeitsdruck wird mit Manometern gemessen und in Pascal (Pa) oder in bar angegeben.

Hydraulische Anlagen sind kraftumformende Einrichtungen.
Die Kraft am Arbeitskolben ist besonders groß, wenn die Fläche des Arbeitskolbens sehr viel größer ist als die Fläche des Pumpenkolbens.

Körper, die auf anderen Körpern aufliegen, erzeugen durch ihre Gewichtskraft einen Auflagedruck.

Für den Flüssigkeitsdruck und den Auflagedruck gilt die Gleichung
$p = \frac{F}{A}$.

Im Fahrstuhl eines Hochhauses, beim Aufstieg auf einen Berg oder beim Abstieg kann man von Zeit zu Zeit ein „Knacken" im Ohr bemerken. Wenn du im Auto große Höhenunterschiede überwindest, fühlen sich deine Ohren wie verstopft an. Besonders heftig verspürt man diesen Druck im Ohr während des Steigflugs oder des Landeanflugs im Flugzeug. Auch beim tiefen Tauchen drückt es in unseren Ohren.
Wie kommt dieser Druck zustande?

1

Schweredruck in Flüssigkeiten

Die Erfahrungen, die du schon beim Tauchen gemacht hast, sollen genauer untersucht werden. In einem Experiment kann man den Druck auf das Ohr veranschaulichen. Dazu braucht man eine Drucksonde und ein U-Rohr-Manometer (Bild 2).

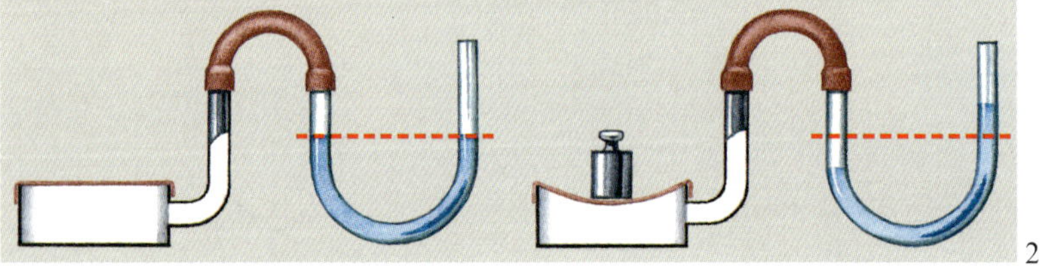

2

Eine Drucksonde besteht aus einer offenen Metalldose, über die eine Gummihaut gespannt ist. Drückt man auf diese Membran, so vergrößert sich in der Luft unter der Membran der Gasdruck. Diese Druckerhöhung wirkt auf das im U-Rohr befindliche Wasser und drückt es im linken Schenkel etwas nach unten. Zwischen den beiden Wassersäulen im U-Rohr entsteht ein Höhenunterschied. Dieser ist ein Maß für den Druck auf die Membran. Mit einer solchen Sonde lässt sich der Druck in einer Flüssigkeit genauer untersuchen.

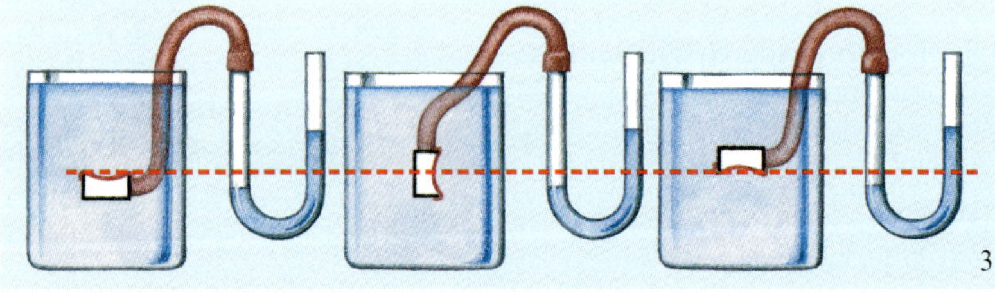

3

EXPERIMENT 1
Eine Drucksonde wird unterschiedlich tief in Wasser eingetaucht. Danach wird die Drucksonde in gleich bleibender Tiefe in verschiedene Richtungen gedreht.

Es stellt sich heraus, dass der gemessene Druck umso größer ist, je tiefer die Drucksonde eingetaucht ist. In einer bestimmten Tiefe ist aber der Druck in allen Richtungen gleich groß.
Wird das Experiment mit anderen Flüssigkeiten wiederholt, z. B. Salzwasser oder Alkohol, so erkennt man, dass der Druck auch von der Dichte der Flüssigkeit abhängt: Bei gleicher Tiefe der Drucksonde ist der Druck umso größer, je größer die Dichte der Flüssigkeit ist (Bild 1).
Diese Ergebnisse lassen sich folgendermaßen erklären:
In einem Gefäß lastet in einer bestimmten Tiefe auf der dort befindlichen Flüssigkeit die darüber stehende „Flüssigkeitssäule". Sie wirkt in dieser Tiefe auf die Flüssigkeit wie ein gleich schwerer Kolben. Je länger die Flüssigkeitssäule ist und je größer die Dichte der Flüssigkeit ist, desto schwerer ist die Flüssigkeitssäule.
Die Druckunterschiede in der Flüssigkeit kommen also durch die Gewichtskraft zustande. Man spricht daher auch vom Schweredruck in Flüssigkeiten.

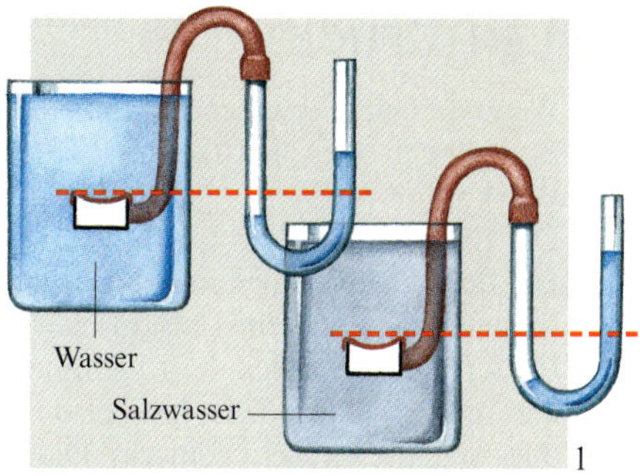

1

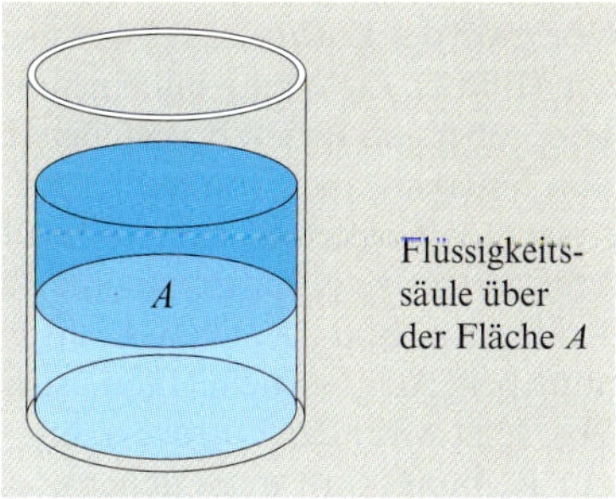

2

In einer bestimmten Tiefe lastet die darüber befindliche Flüssigkeit wie ein Zylinder auf der darunter befindlichen Flüssigkeit.

Der Schweredruck
- entsteht durch die Gewichtskraft der Flüssigkeit,
- ist umso größer, je größer die Tiefe ist,
- ist in einer bestimmten Tiefe in allen Richtungen gleich groß,
- ist umso größer, je größer die Dichte der Flüssigkeit ist.

Hängt der Schweredruck auch von der Form des Gefäßes ab? Mit einem besonderen Gerät lässt sich die Druckkraft auf die Bodenfläche verschiedener Gefäße bestimmen.

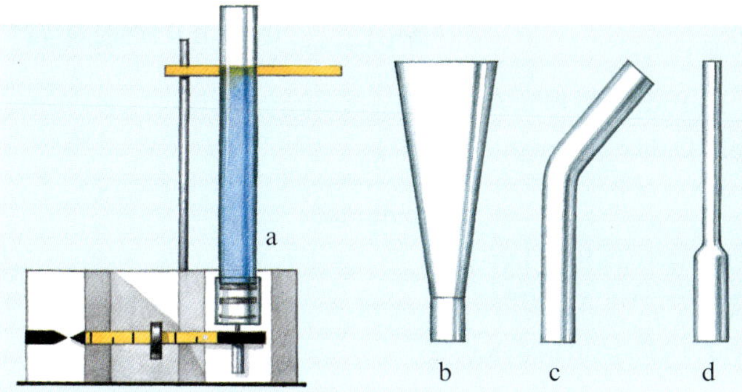

3

EXPERIMENT 2
Auf das abgebildete Gerät werden nacheinander verschieden geformte Röhren mit gleicher Grundfläche aufgesetzt.
Die Röhren werden jeweils bis zur gleichen Höhe mit Wasser gefüllt.
Die Druckkraft wird mit einem Wägestück über einen Hebel ausgeglichen.

Das Experiment führt zu einem überraschenden Ergebnis, das auch als *hydrostatisches Paradoxon* bezeichnet wird:

Der Schweredruck ist von der Form des Gefäßes unabhängig.

Die Zunahme des Schweredrucks mit der Tiefe müssen die Ingenieure bei allen Wasserbauwerken berücksichtigen. Ein wichtiges Beispiel für solche Bauwerke sind Talsperren, die als Talabschluss einen Stauraum zur Wasserspeicherung schaffen. Für deren Konstruktion gibt es verschiedene Möglichkeiten.
Bild 4 zeigt eine sogenannte Gewichtsstaumauer, bei der die Dicke von der Krone zur Sohle hin zunimmt. Da Staumauern nicht selten Höhen von 100 m erreichen, müssen die durch den enormen Schweredruck des Wassers hervorgerufenen Kräfte durch elastische Trägerverbindungen auch auf die felsigen Talwände übertragen werden.

4
Gewichtsstaumauer

Luftdruck

Wenn du beim Abwasch ein vollständig mit Wasser gefülltes Glas mit dem Boden nach oben ziehst, dann fließt das Wasser zunächst nicht aus (Bild 1). Wie kommt das?
Die Erde ist von einer Lufthülle umgeben. Wir leben also gewissermaßen auf dem Grund eines riesigen „Luftmeeres". Ebenso wie das Wasser im Meer erzeugt auch die Luft durch ihre Gewichtskraft einen Schweredruck. Diesen Schweredruck der Lufthülle bezeichnet man als Luftdruck.
Der menschliche Körper hat sich dem Schweredruck der Luft so angepasst, dass man diesen nicht bemerkt. Daher ist man im täglichen Leben oft überrascht, wenn man den Wirkungen des Luftdrucks begegnet.
Wie groß der Luftdruck ist, lässt sich mithilfe eines Experiments abschätzen (Bild 2). Zieht man mit einem Federkraftmesser am Kolben eines Kolbenprobers, so strömt bei offenem Hahn Luft nach. Die Luft wirkt sowohl von innen als auch von außen auf den Kolben. Die vom Luftdruck verursachten Kräfte auf den Kolben heben sich gegenseitig auf. Der Federkraftmesser zeigt daher nur die Reibungskraft zwischen Glaswand und Kolben an (Bild 2a). Diese Kraft ist sehr klein. Wiederholt man die Messung bei geschlossenem Hahn, ist eine viel größere Kraft erforderlich (Bild 2b). Jetzt wirkt der Luftdruck nur von außen auf den Kolben. Zusätzlich zur Reibungskraft muss daher noch die vom Luftdruck auf den Kolbenquerschnitt ausgeübte Kraft F_{Luft} überwunden werden. Wird ein Kolben mit einer Querschnittsfläche von etwa $A = 6\ cm^2$ verwendet, so ergibt sich für die vom Luftdruck ausgeübte Kraft F_{Luft} etwa 61 N. Damit kann man den Luftdruck abschätzen:

$$p = \frac{F_{Luft}}{A} \qquad p = \frac{61\ N}{6\ cm^2} \qquad p \approx 10\ \frac{N}{cm^2}$$

Der so ermittelte Luftdruck beträgt annähernd $10\ \frac{N}{cm^2}$ oder 100 kPa. Auf der Erde ist der Luftdruck nicht überall gleich groß. Daher gibt man als Normdruck einen mittleren Wert an:

Der mittlere Luftdruck beträgt auf dem Meeresspiegelniveau 101,3 kPa.

Im Wetterbericht wird der Luftdruck in Hektopascal (1 kPa = 10 hPa) angegeben. Der Normdruck beträgt 1 013 hPa.

Die Geräte zum **Messen des Luftdrucks** heißen auch Barometer (*barys* griech. für schwer). Ein Dosenbarometer funktioniert ähnlich wie ein Manometer zur Messung des Druckes von eingeschlossenen Gasen (vgl. S. 129). Allerdings wirkt beim Dosenbarometer der zu messende Druck von außen auf die Dose.

1

Der Luftdruck verhindert, dass das Wasser ausfließt.

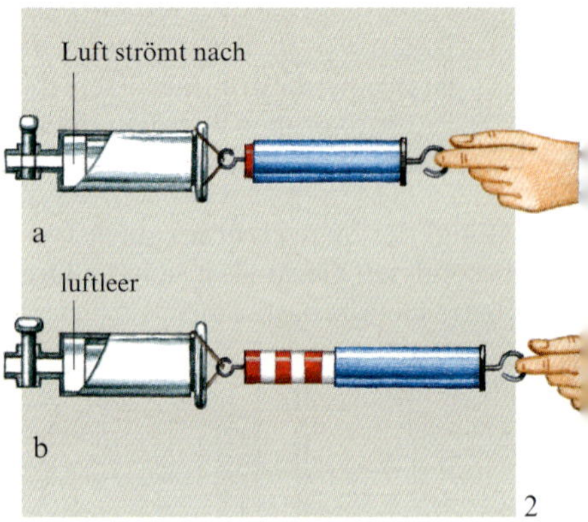

2

Messungen zum Abschätzen des Luftdrucks

3

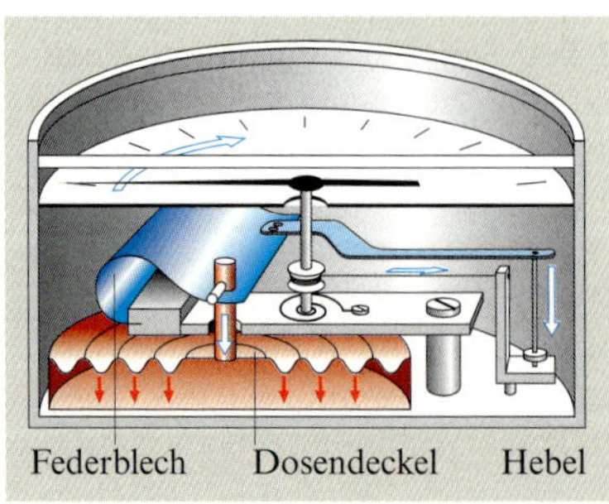

4

Dosenbarometer. Bei Zunahme des Luftdrucks wird die Dose zusammengedrückt. Die Bewegung des Dosendeckels wird auf den Zeiger übertragen. Dosenbarometer sind heute meist in Hektopascal geeicht.

Verbundene Gefäße

In vielen Kaffeemaschinen befinden sich zwei Behälter, ein Wasserbehälter und eine Füllstandsanzeige (Bild 1). Gießt man in die Kaffeemaschine Wasser, zeigt die Füllstandsanzeige, für wie viele Tassen das Wasser reicht. Zwei solche Behälter bezeichnet man als verbundene Gefäße: Sie sind miteinander verbunden und oben offen. Der Wasserstand in den beiden verbundenen Gefäßen ist gleich, auch wenn ihre Querschnittsflächen sehr unterschiedlich sind. Ursache hierfür ist ein Druckausgleich in der Verbindung der beiden Gefäße.

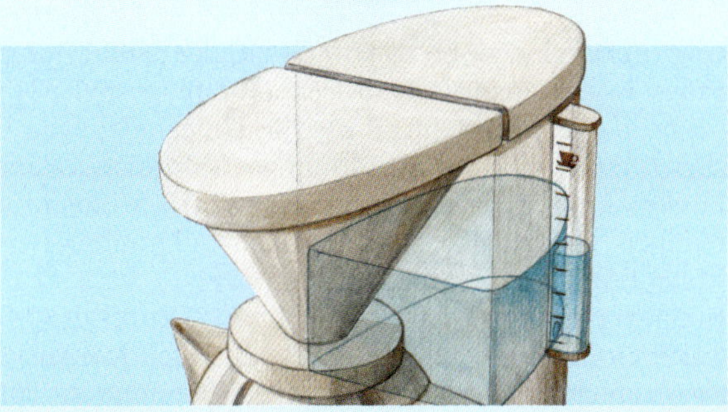
1

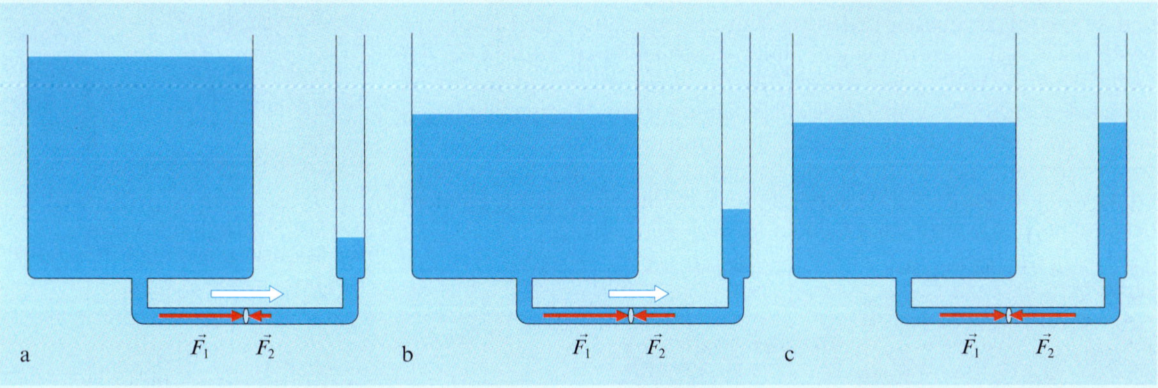

2

Ist im linken Gefäß der Wasserstand höher als im rechten (Bild 2a), so ist auch der Schweredruck am Boden des Gefäßes größer. Die Druckkraft $\vec{F}_1$ auf die Querschnittsfläche der Leitung ist größer als die Druckkraft $\vec{F}_2$. Die Flüssigkeit strömt durch die Leitung, bis $\vec{F}_1$ und $\vec{F}_2$ gleich groß sind, also der Schweredruck am Boden der beiden Gefäßen gleich groß ist (Bild 2c).

Verbundene Gefäße werden in der Technik vielfach genutzt. Beispiele zeigen die Bilder 3 bis 5.

3

Geruchsverschluss

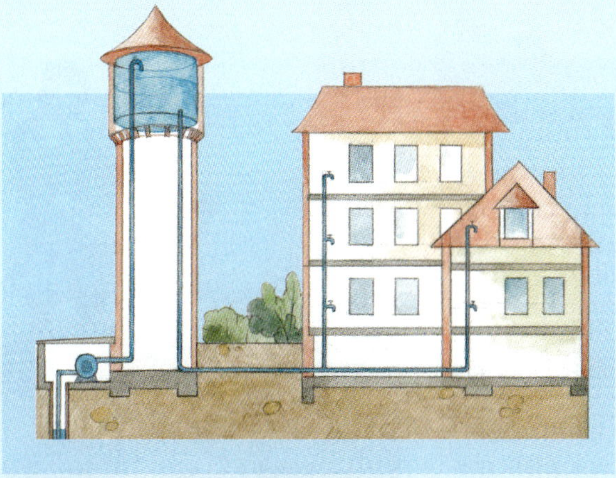
4

Wasserversorgung eines Wohnhauses

5

Wasserversorgung einer Fontäne im Park

Ein Blick in die Geschichte

Vakuum und Luftdruck

Gibt es ein Vakuum? OTTO VON GUERICKE (Bild 1) interessierte sich für die Frage: Könnte man einen luftleeren Raum herstellen? Einen solchen Raum nennt man ein Vakuum. Für seine Untersuchungen beschäftigte er sich zuerst mit dem Bau von Luftpumpen. Mit diesen pumpte er die Luft aus Fässern und kupfernen Hohlkugeln. Zwei Männer mussten eine Stunde pumpen, bis aus einer Kugel mit einem Durchmesser von einem halben Meter fast die gesamte Luft heraus war.
In einem großen Schauversuch wollte GUERICKE den Menschen zeigen, mit welch großer Kraft der Luftdruck auf einen Körper wirkt. Dazu fügte er zwei kupferne Halbkugeln mit einem Durchmesser von 42 cm zusammen und pumpte die Luft heraus. Als Dichtung benutzte er einen mit Wachs und Terpentin getränkten Lederring. Für den Anschluss der Luftpumpe besaß die Kugel einen mit einem Hahn verschließbaren Stutzen. In der Mitte hatten die Halbkugeln starke Ösen. Nach dem Auspumpen konnten so an jede Kugelhälfte acht Pferde angespannt werden. Nur manchmal gelang es den Pferden, die zwei Kugelhälften auseinanderzureißen. Das geschah dann mit einem lauten Knall, als ob eine Kanone abgefeuert würde. OTTO VON GUERICKE wurde durch dieses Experiment in vielen Ländern bekannt, es wurde in anderen Städten wiederholt (Bild 2).

1

OTTO VON GUERICKE (1602–1686) war fast 50 Jahre Bürgermeister von Magdeburg und zugleich Naturforscher.

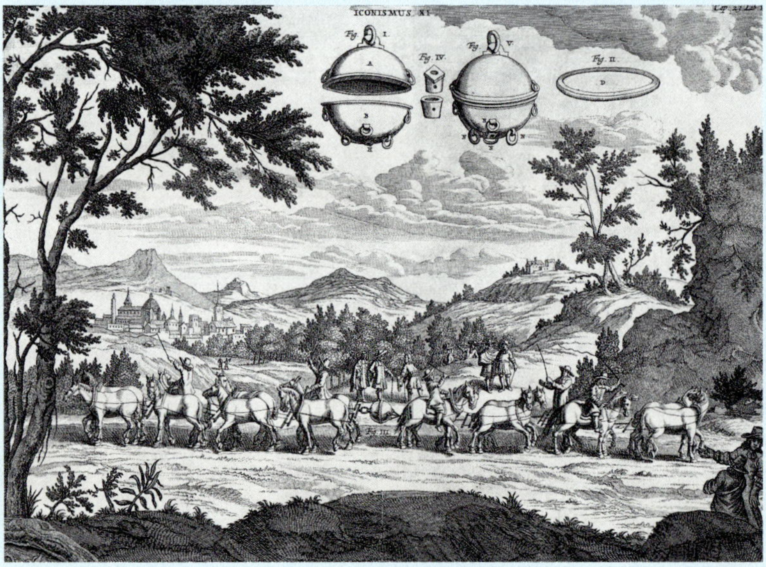
2

Wiederholung des Experiments auf dem Reichstag zu Regensburg im Jahre 1654

Luftdruck am Fuße und auf der Spitze eines Berges. BLAISE PASCAL untersuchte nicht nur den Schweredruck im Wasser, sondern auch den Luftdruck. So wollte er nachweisen, dass der Luftdruck durch die Gewichtskraft der Lufthülle zustande kommt. Dazu ließ er den Luftdruck am Fuße und auf der Spitze eines hohen Berges messen. Der Beweis gelang, auf dem Berg war der Luftdruck kleiner.
Heute schickt man Barometer mit Wetterballons oder Satelliten mit. Die Messungen zeigen, dass die Lufthülle der Erde bis in einige hundert Kilometer Höhe reicht. Mit zunehmender Höhe wird dabei der Luftdruck immer kleiner. Bereits in 5,5 km Höhe halbiert sich der Luftdruck. Daher benutzen Bergsteiger in größeren Höhen Atemgeräte.

3

AUFGABEN

1. Baue dir selbst eine Druckdose (Bild 1): Schneide dazu das Mundstück eines Luftballons ab und ziehe das verbliebene Stück vom Luftballon über einen nicht zu großen Trichter! Das geht leichter, wenn du diesen vorher anfeuchtest. Wiederhole damit das Experiment 1 von Seite 138!

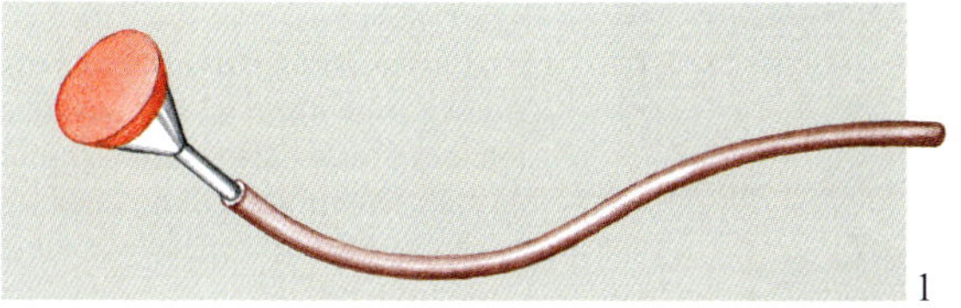
1

2. Auf Baustellen benutzt man manchmal eine Schlauchwaage (Bild 2). Wozu dient diese und wie funktioniert sie? Baue eine solche nach!

7. Schätze die Kraft, mit der die Luft auf deine Körperoberfläche drückt ($A \approx 1{,}5\ \text{m}^2$)! Warum wirst du nicht zerquetscht?
8. Bestimme mit einem Dosenbarometer den Luftdruck im Keller und im Dachgeschoss eures Wohnhauses! Was beweisen deine Messungen?
9. Auf einem Gartenfest kam ein Gast auf eine besondere Idee, wie er seine Limonade trinken könnte. Statt eines Strohhalms wollte er von der obersten Sprosse einer Leiter aus einen dünnen Schlauch benutzen. Ob ihm das wohl gelungen ist? Probiere es aus!
10. Das Glasrohr in Bild 4 hat einen Querschnitt von $5\ \text{cm}^2$ und taucht 30 cm tief in das Wasser hinein. Wie groß muss die Masse des Wägestücks sein, damit es den Schweredruck des Wassers überwindet und die Glasplatte nach unten drückt?

2

3. Beim Blutdruckmessen wird oft die Einheit mmHg („Millimeter Quecksilbersäule") verwendet. Überlege, wie diese Einheit festgelegt wurde!
4. Füllt man in ein U-Rohr zwei verschiedene, nicht mischbare Flüssigkeiten, so stehen diese in den Schenkeln nicht gleich hoch (Bild 3). Wie ist das zu erklären?
5. Der Saugfuß eines Hakens hat einen Querschnitt von $12\ \text{cm}^2$. Mit welcher Kraft drückt die Luft auf den Saugfuß?
6. Warum verkauft man viele Lebensmittel in Vakuumverpackungen? Wie stellt man diese her?

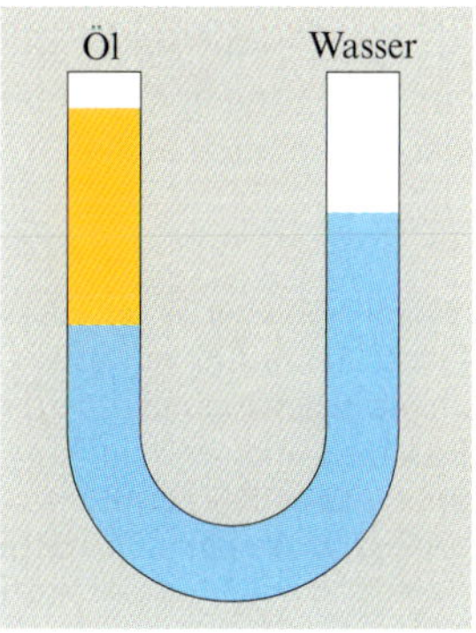

3

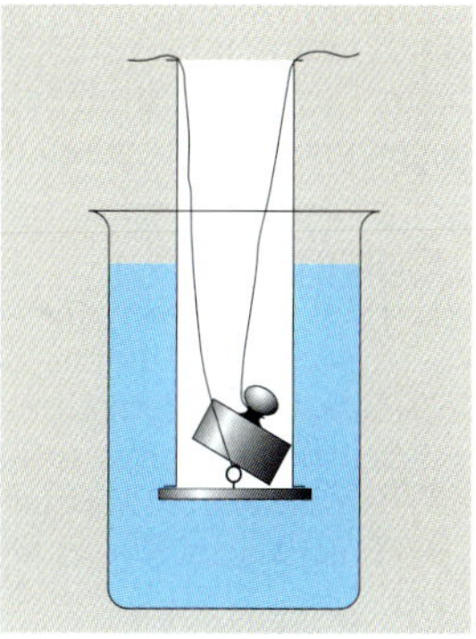
4

ZUSAMMENFASSUNG

Schweredruck in Flüssigkeiten

Der Schweredruck entsteht durch die Gewichtskraft der Flüssigkeit.
Der Schweredruck wirkt allseitig. Er ist umso größer, je größer die Tiefe und je größer die Dichte der Flüssigkeit sind.
Der Schweredruck ist von der Form des Gefäßes unabhängig.
In verbundenen Gefäßen stehen gleiche Flüssigkeiten gleich hoch.

Luftdruck

Der Luftdruck ist der Schweredruck in der Lufthülle der Erde.
Der mittlere Luftdruck beträgt auf Meeresspiegelniveau 101,3 kPa.

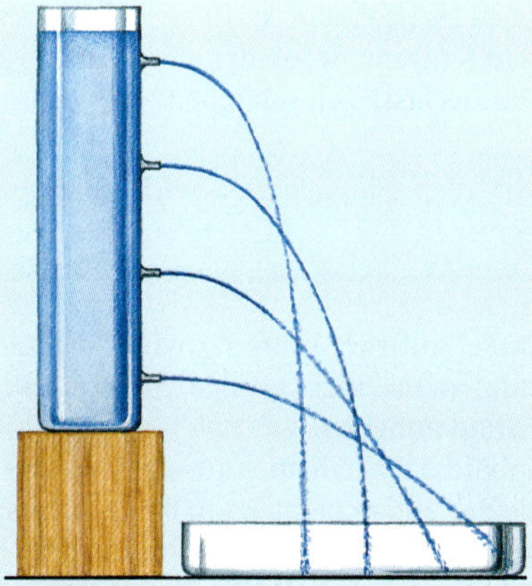

Auftrieb in Flüssigkeiten und Gasen

1

Wenn du beim Baden einen Ball unter die Wasseroberfläche drücken willst, musst du dich ziemlich anstrengen. Lässt du ihn los, springt er aus dem Wasser heraus.
Ein großer Stein lässt sich unter Wasser leicht anheben. Will man ihn aber auch noch aus dem Wasser herausheben, reicht manchmal die Kraft nicht aus.
Und wirft man ein Stück Holz ins Wasser, schwimmt es. Nimmt man aber ein Stück Eisen, geht es unter. Warum schwimmen dann aber Schiffe mit Stahlkörpern wie dieser Raddampfer?

Auftriebskraft

Im Wasser wirkt auf jeden Ball eine Kraft, die ihn aufwärts treibt. Diese Kraft nennt man Auftriebskraft F_A. Die Auftriebskraft bemerkt man auch beim Tauchen. Durch Schwimmbewegungen muss man ihr beständig entgegenwirken, ansonsten treibt sie einen nach oben.

EXPERIMENT 1

1. Hänge einen Körper (Stein, Metallstab oder Wägestück) an einen Federkraftmesser und bestimme seine Gewichtskraft F_G in Luft!
2. Tauche den Körper vollständig in Wasser ein und bestimme erneut die Kraft, mit welcher der Körper am Federkraftmesser zieht!
3. Wiederhole die Messungen mit anderen Körpern!
4. Tauche einen Körper anschließend auch einmal in andere Flüssigkeiten ein!

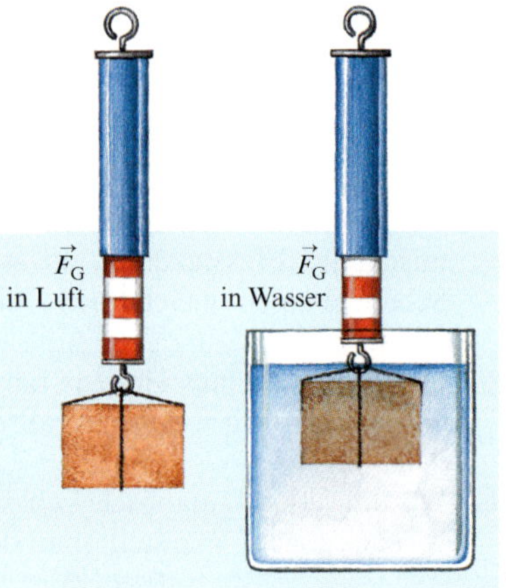

2

Es ist zu beobachten: In allen Fällen zeigt der Federkraftmesser eine kleinere Kraft an, wenn der jeweilige Körper in die Flüssigkeit eingetaucht ist. Daraus lässt sich schließen:

In allen Flüssigkeiten wirkt auf eingetauchte Körper eine Auftriebskraft F_A.

Diese Auftriebskraft F_A wirkt der Gewichtskraft F_G entgegen. Deshalb kann man einen großen Steinbrocken im Wasser zunächst leicht vom Grund anheben.
Sobald der Stein aber aus dem Wasser herausragt, wird die Auftriebskraft kleiner und man muss am Ende die gesamte Gewichtskraft des Steins überwinden. Daher kann man häufig den Steinbrocken trotz größter Mühe nur teilweise aus dem Wasser herausstemmen.

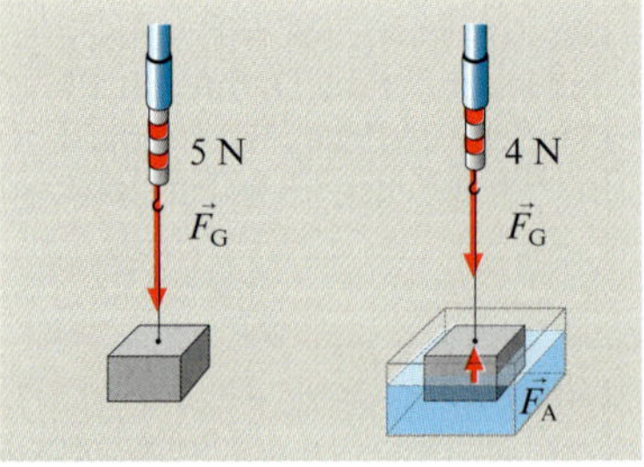

3

Die Auftriebskraft wirkt der Gewichtskraft entgegen.

Archimedisches Gesetz

Bereits im Altertum kannte man den Auftrieb der Körper in Flüssigkeiten. Der griechische Naturforscher ARCHIMEDES (etwa 285 – 212 v. Chr.) untersuchte als Erster, wie groß die Auftriebskraft F_A ist. ARCHIMEDES führte seine Untersuchungen in mehreren Schritten durch.

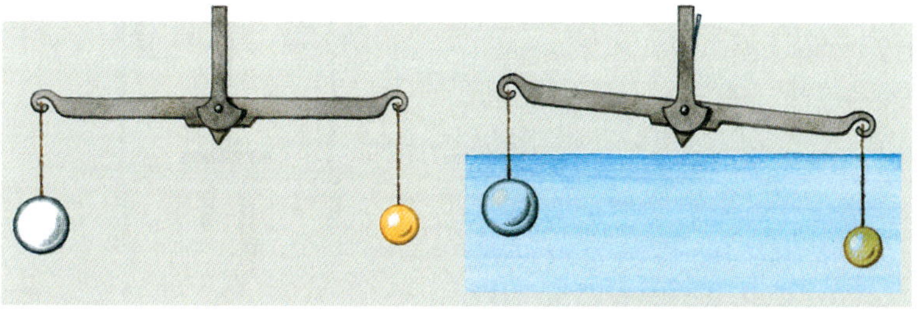

1

ARCHIMEDES wählte zwei unterschiedlich große Stücke Gold und Silber, die sich an einer Waage das Gleichgewicht hielten. Tauchte er die Körper in eine Wasserschüssel ein, hob sich die Seite des Wägebalkens, an der das Silberstück hing.

Er vermutete, dass die Ursache hierfür das größere Volumen des Silberstücks ist. Zur Prüfung suchte er zwei Silberstücke aus, von denen eines doppelt so groß war wie das andere (Bild 2). Die Messungen bestätigten: Die Auftriebskraft hängt vom Volumen des eingetauchten Körpers ab. ARCHIMEDES wiederholte die Messungen nun mit anderen Flüssigkeiten wie Öl und Salzwasser. Auch hier stimmte seine Vermutung.

Einmal hatte ARCHIMEDES zuviel Flüssigkeit in die Schüssel eingefüllt. Beim Eintauchen des Körpers lief ein Teil über den Rand heraus. Da kam ARCHIMEDES der Gedanke, die Menge der verdrängten Flüssigkeit mit der Auftriebskraft zu vergleichen. Er tauchte die Körper in randvoll gefüllte Gefäße ein und wog die verdrängte Wassermenge. Er stellte einen Zusammenhang fest, den man heute das **Archimedische Gesetz** nennt:

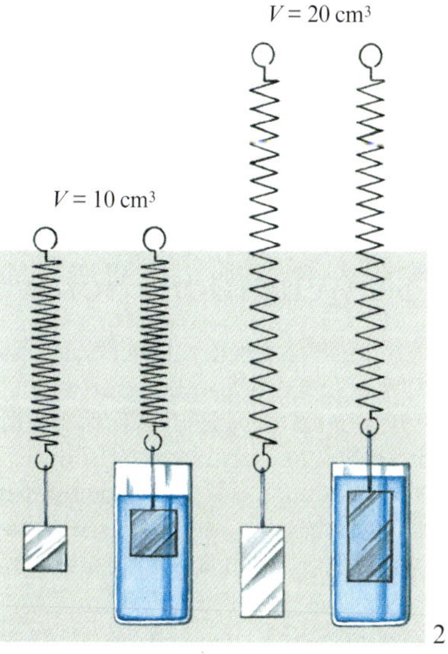

2

> Für einen Körper, der in eine Flüssigkeit eingetaucht ist, gilt:
> Die Auftriebskraft F_A hat den gleichen Betrag wie die Gewichtskraft F_G der vom Körper verdrängten Flüssigkeit.

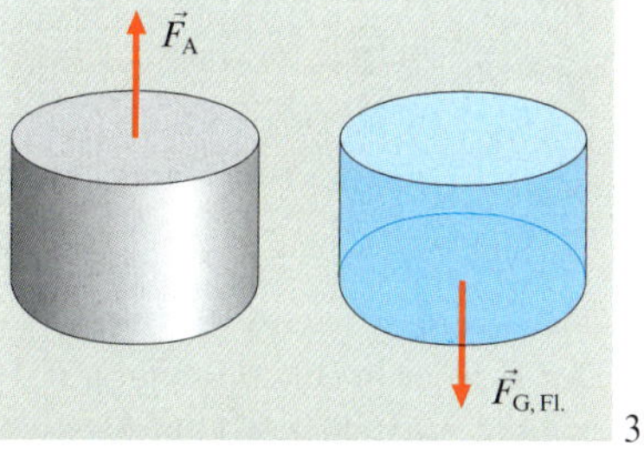

3

Ein Stein mit dem Volumen $V = 1\ dm^3$ verdrängt also 1 l Flüssigkeit. Ist diese Flüssigkeit Wasser, so ist $F_A = F_{G,Wasser} \approx 10$ N. Ist die Flüssigkeit Öl, so ist $F_A = F_{G,Öl} \approx 8$ N. Die Auftriebskraft ist umso größer, je größer die Dichte der Flüssigkeit ist.

Entstehung des Auftriebs. Im Wasser besteht ein Druck. Die Moleküle des Wassers stoßen auf einen eingetauchten Körper. Bild 4 zeigt die Kräfte, die dabei auf die sechs Flächen eines Würfels wirken. Die Kräfte auf die vier Seitenflächen heben sich gegenseitig auf. Die auf die Bodenfläche und die Deckfläche des Würfels wirkenden Kräfte heben sich jedoch nicht auf. Weil der Schweredruck mit der Tiefe zunimmt, ist die von unten wirkende Kraft F_{unten} größer als die von oben wirkende Kraft F_{oben}. Die Auftriebskraft F_A entsteht so als Differenz aus diesen beiden Kräften: $F_A = F_{unten} - F_{oben}$. Das bedeutet:

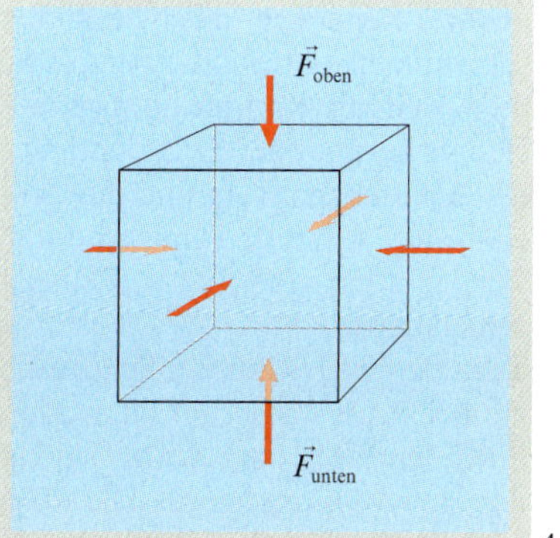

4

> Die Ursache der Auftriebskraft ist die Zunahme des Schweredrucks mit der Tiefe.

Auftrieb in Luft. Das Archimedische Gesetz gilt auch für Körper, die in das „Luftmeer" eintauchen. Die Auftriebskräfte sind meist nur sehr viel kleiner als die Gewichtskräfte der Körper. Das folgende Experiment beweist jedoch das Wirken einer Auftriebskraft in der Luft.

EXPERIMENT 2
Unter einer Glasglocke steht eine empfindliche Balkenwaage, sie befindet sich zunächst im Gleichgewicht. Wird Luft herausgepumpt, beginnt sich der Wägebalken zur Seite der Glaskugel zu neigen.

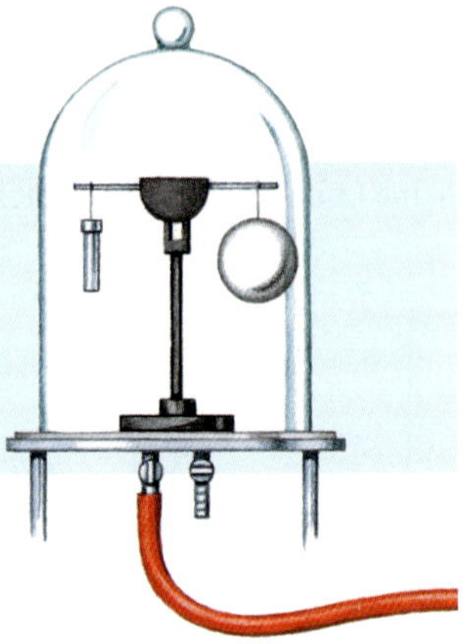
1

Beim Herauspumpen von Luft nimmt die Dichte der Luft unter der Glasglocke ab. Als Folge wird die Gewichtskraft der Luft, die jeweils von der Glaskugel und von dem Wägestück verdrängt wird, kleiner. Da die Glaskugel das größere Volumen hat, wirkt sich bei ihr die Abnahme der Auftriebskraft stärker aus als beim Wägestück.

Schwimmen, Schweben und Sinken

Ein kartesianischer Taucher ist ein beliebtes Spielzeug. In einer mit einer Gummimembran oder mit einem Korken verschlossenen Flasche kann man einen teilweise mit Luft gefüllten Glaskörper zum Sinken, Schweben oder Steigen veranlassen (Bild 2).
Auch andere Körper wie eine Tauchkugel können schwimmen, sinken, schweben oder aufsteigen. Welche Bewegung der Körper ausführt, hängt von der Gewichtskraft F_G und der Auftriebskraft F_A ab:

2
Kartesianischer Taucher

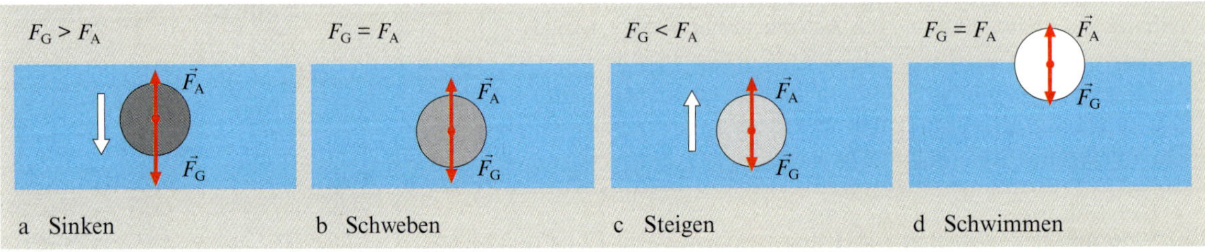

a Sinken b Schweben c Steigen d Schwimmen
3

Der Körper in Bild 3c steigt auf, bis er so weit aus dem Wasser ragt, dass sich die Auftriebskraft auf die Gewichtskraft verringert hat.
Diese Zusammenhänge nutzt man in der Schifffahrt zum Bau von Schiffen, zu ihrer Reparatur in Schwimmdocks und zum Heben von Wracks. Schiffe schwimmen, obwohl Körper aus Eisen im Allgemeinen sinken. Sie schwimmen, weil ihre Rümpfe hohl sind.
Bereits bei geringer Eintauchtiefe verdrängt ein Schiff so viel Wasser, dass die Auftriebskraft F_A und die Gewichtskraft F_G des leeren Schiffes gleich groß sind. Für jede Tonne Ladung, die das Schiff aufnimmt, muss es 1 m^3 Wasser mehr verdrängen. Daher tauchen beladene Schiffe tiefer ein als unbeladene.
Zum Bergen gesunkener Schiffe dienen Hebepontons. Die Pontons werden zunächst mit Wasser gefüllt, wodurch sie zum Wrack hinabsinken (Bild 4a). Nachdem sie daran befestigt sind, presst man mit Druckluft das Wasser aus den Hebepontons heraus. Die auf die luftgefüllten Pontons wirkenden Auftriebskräfte F_A heben das Wrack (Bild 4b).

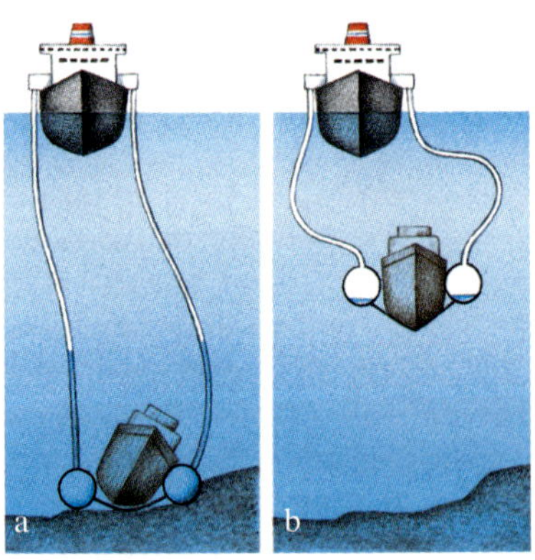

4
Mit Hebepontons werden Wracks gehoben.

Heißluftballons

Das Fahren mit dem Heißluftballon wird immer beliebter. Lautlos treibt der Wind den Ballon in 150 Meter bis 400 Meter Höhe über die Landschaft. Nur einzelne Feuerstöße aus dem Brenner durchbrechen von Zeit zu Zeit die Stille. Bild 1 zeigt wesentliche Teile eines Heißluftballons. Die Hülle besteht aus dünnem, reißfestem Nylon und ist mit Polyurethan beschichtet. Als tragendes Skelett der Hülle dienen vertikale und horizontale Gurte mit großer Reißfestigkeit,

Die Tragkraft eines Heißluftballons hängt von dessen Volumen und von der Temperaturdifferenz zwischen der Heißluft im Inneren und der äußeren Luft ab. In einem mittelgroßer Ballon mit einem Fassungsvermögen von etwa 4 000 m^3 hat die Heißluft eine Masse von etwa 4 000 kg, was einer Gewichtskraft von 40 000 N entspricht. Sie verdrängt 4 000 m^3 Kaltluft mit einer Masse von etwa 5 200 kg und einer Gewichtskraft von 52 000 N. Als Auftriebskraft stehen so bis zu 12 000 N zur Verfügung. Damit kann die Heißluft eine Last von etwa 1 200 kg in die Höhe tragen. Darin ist jedoch die Eigenmasse des Ballons eingeschlossen. Hülle, Korb und weiteres Zubehör müssen also möglichst leicht sein.

Zum Starten sind umfangreiche Vorbereitungen erforderlich. Zunächst müssen die bis zu 30 Meter langen Stoffbahnen der Hülle ausgebreitet werden. Dann bläst ein leistungsstarker Ventilator Kaltluft in die schlaffe Hülle hinein. Ist sie zu zwei Dritteln gefüllt, entzündet der Pilot den Gasbrenner und richtet ihn in die Öffnung. Die Feuerstöße sind bis zu 2 Meter lang. Damit sie nicht auf den Ballon treffen, verhindert ein Windtuch das seitliche Wegblasen der Flammen.

In Sekundenschnelle erhöht sich die Temperatur der Luft in der Hülle auf 90 °C. Das reicht, damit sich der Ballon aufrichtet. Jetzt müssen Helfer und Passagiere den Korb festhalten, damit er nicht vorzeitig abhebt. Nach vielfältigen Sicherheitskontrollen des Piloten klettern die Passagiere zum Piloten in den Korb. Jetzt wird der Korb von den Helfern freigegeben. Zugleich erhöht der Pilot die Temperatur der Innenluft der Hülle bis auf etwa 120 °C. Die Fahrt beginnt. Ein weiteres Steigen oder Sinken des Ballons steuert der Pilot allein mit der Temperatur der Heißluft. Dazu dient neben dem Brenner die Parachute am Top der Hülle (Bild 3). Dieses fallschirmartige Ventil wird je nach Bedarf mehr oder weniger geöffnet. Beim Landemanöver wird die Parachute kurz vor Erreichen des Erdbodens ganz geöffnet.

1

2

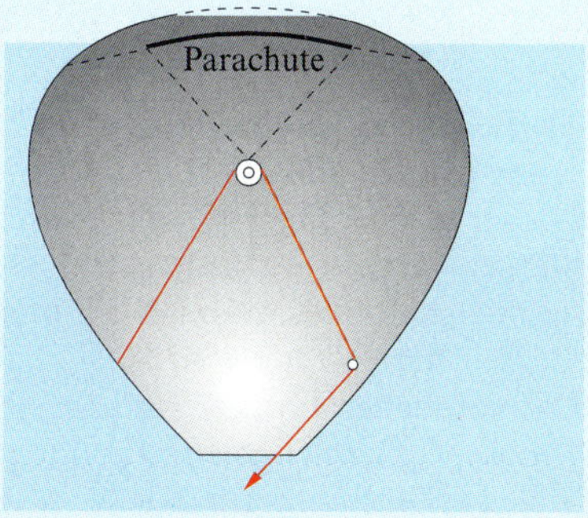

3

Leben und Tauchen im Wasser

Wie Menschen in die Tiefe gelangen

Es gibt zwei unglaublich scheinende Tauchrekorde des Menschen, die ohne die Benutzung jeglicher technischer Hilfen aufgestellt wurden: Gut trainierte Perlenfischer schafften eine Tauchzeit von über 6 Minuten und sie erreichten eine Tauchtiefe von 69 m.
Dennoch ist der Mensch für das Tauchen nur wenig geeignet. Er muss beim Tauchen drei große Probleme lösen: die Versorgung mit Atemluft, die Bewältigung der Druckunterschiede in den verschiedenen Tiefen und das Ausgleichen der Auftriebskraft im Wasser.

Versorgung mit Atemluft. Die Atemluft erhält der Taucher aus Pressluftflaschen. Die Pressluft ist aber nicht nur Sauerstoffspender. Durch den zunehmenden Schweredruck des Wassers in der Tiefe werden die Lungen des Tauchers immer stärker zusammengedrückt. Als Folge davon fiele dem Taucher das Atmen immer schwerer.
Daher muss die Atemluft immer einen solchen Gasdruck haben, dass sie in den Lungen den Gegendruck zum äußeren Schweredruck erbringt. Das besorgt der Atemregler.
Wasser und Luft sind durch eine Membran voneinander getrennt. Beim Einatmen öffnet die Membran über einen Hebel ein Ventil, sodass Luft aus der Flasche in die Luftkammer einströmen kann (Bild 1). Beim Ausatmen schließt der Hebel das Ventil. Über die Auslassventile gelangt die Atemluft nach außen (Bild 2).
Durch die Membran hat die Luft im Atemregler stets den gleichen Druck wie das umgebende Wasser. Auch in den Lungen herrscht dieser Druck. Dadurch fällt dem Taucher das Atmen in der Tiefe nicht schwerer als an der Wasseroberfläche.

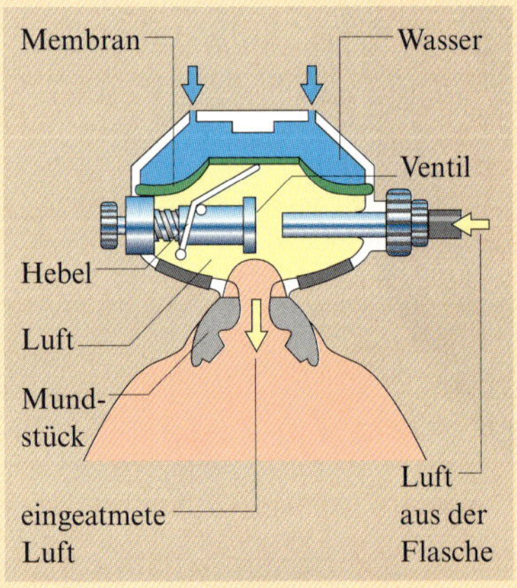

1

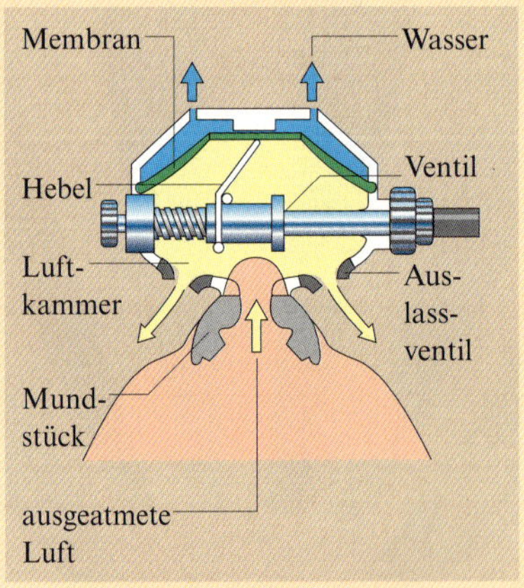

2

Ausgleich der Auftriebskraft. Ein Taucher muss stets versuchen, sein Gesamtgewicht (einschließlich der Ausrüstung) so auszutarieren, dass er im Wasser in jeder Tiefe schwebt. Durch den zunehmenden Schweredruck des Wassers werden die Lufteinschlüsse in den Neoprenanzügen dichter zusammengedrückt, wodurch das Gesamtvolumen des Tauchers und damit sein Auftrieb kleiner wird.
Deshalb ziehen Taucher Tarierwesten an. Sie sind die „Schwimmblasen der Taucher“. Durch dosierte Zufuhr von Pressluft in die Weste wird in jeder Tiefe ein Schweben ermöglicht.

3

Tauchboote und Tauchkugeln. Die Neugier des Menschen ließ ihn nach Möglichkeiten suchen, auch die größten Tiefen des Meeres zu erforschen. Im Jahre 1960 erreichten JACQUES PICCARD und DON WALSH im Mariannengraben den Meeresboden des Stillen Ozeans in 10 916 m Tiefe.
Der Wasserdruck in dieser Tiefe beträgt 116 000 kPa. Das ist mehr als das 1 000-fache des Luftdrucks. Auf jeden Quadratzentimeter wirkt also dort eine Kraft, die der Gewichtskraft von etwa 1,2 Tonnen entspricht.
Während des 9-stündigen Unternehmens hielten sich PICCARD und WALSH in einer Tauchkugel aus Stahl auf, die eine Wandstärke von 12 cm hatte. Auf dem Meeresgrund entdeckten sie auch einzelne Lebewesen.

1 Heute nutzt man für Expeditionen auch Roboter, die mit Fernsehkameras Bilder aus der Tiefe senden.

Die Taucherkrankheit

Beim Auftauchen aus der Tiefe müssen Taucher besonders vorsichtig sein. Anderenfalls droht ihnen eine gefährliche Krankheit, die mit der Löslichkeit von Gasen in Flüssigkeiten wie Wasser und Blut zusammenhängt.
Wie viel Gas in einer Flüssigkeit gelöst sein kann, hängt vom Druck in der Flüssigkeit ab. Das kennt man vom Mineralwasser. In einer geschlossenen Flasche mit Mineralwasser sieht man keine Gasblasen aufsteigen. Der Raum zwischen dem Mineralwasser und dem Verschluss ist mit sehr viel Kohlenstoffdioxid gefüllt, es herrscht dort ein hoher Gasdruck. Dieser ruft auch im Mineralwasser einen Druckzustand hervor.
Der Gasdruck ist so groß, dass kein weiteres im Wasser gelöstes Kohlenstoffdioxid gegen die Kräfte des Gasdrucks aufsteigen kann. Öffnet man die Flasche, entweicht Gas aus dem oberen Raum der Flasche in die Umgebung, in der nur der normale Luftdruck herrscht – es zischt. Da nun der Druck auf das Mineralwasser kleiner geworden ist, tritt nach und nach ein großer Teil des bisher gelösten Kohlenstoffdioxids aus. Das heißt: Unter hohem Druck kann in einer Flüssigkeit mehr Gas gelöst sein als unter geringem Druck.
Dies gilt auch für das Blut. Mit zunehmender Tauchtiefe nimmt der Schweredruck des Wassers zu. Dieser Druck überträgt sich durch den Körper auf das Blut. In großen Tiefen kann das Blut daher mehr Sauerstoff aufnehmen als bei normalem Luftdruck an Land. Aber das Blut enthält dann auch mehr andere Gase, z. B. Stickstoff.
Bis zu einer Tauchtiefe von 9 m kann man mehrere Stunden tauchen, ohne dass es zu einer gefährlichen Situation kommt. Bei größeren Tiefen und langen Tauchgängen nimmt jedoch die Gasmenge im Blut immer mehr zu.
Wenn ein Sportler nun zu schnell auftaucht, wird das Gas aus dem Blut in eben solchen Bläschen frei wie in einer plötzlich geöffneten Mineralwasserflasche. Die Gasbläschen verstopfen kleine Blutgefäße und unterbrechen die Blutversorgung. Nach dem plötzlichen Auftauchen führt dies zu Schmerzen, in schweren Fällen sogar zu Lähmungserscheinungen.

2 Tauchen ist nicht nur ein Sport. Es gibt viele Arbeiten, die unter Wasser in großen Tiefen ausgeführt werden müssen. Diese Taucher können nach Beendigung ihrer Arbeiten nicht sofort auftauchen. In **Dekompressionskammern** wird der Druck sehr langsam vermindert und so der Taucherkrankheit vorgebeugt. Beim Auftauchen aus 100 m Tiefe dauert der Druckausgleich mehrere Stunden.

AUFGABEN

1. Neoprenanzüge sind Kälteschutzanzüge für Taucher. Sie bestehen aus einem kautschukartigen Material, in dessen Poren sich Lufteinschlüsse befinden.
   a) Warum schützt der Anzug vor Kälte?
   b) Warum sollte der Taucher für größere Tiefen eine Tarierweste tragen?
2. Erläutere, wie man sich gegen die Taucherkrankheit schützen kann!
3. Wie sieht ein Taucher, wenn er nach oben schaut, die Welt außerhalb des Wassers? Nutze hierzu deine Kenntnisse über die Brechung des Lichtes und fertige eine Skizze an!
4. Informiere dich über Tauchunternehmungen der letzten Jahre und berichte darüber. Welche Ziele hatten sie und welche Technik wurde benutzt. Verwende als Quellen Nachschlagewerke oder auch das Internet!

Die Fische als Überlebenskünstler

Atmung der Fische. Auch Fische müssen atmen. Wie die Landbewohner brauchen sie Sauerstoff zur Energieumsetzung in den Muskeln. Dazu nutzen die Fische den im Wasser gelösten Sauerstoff.

Die Fische nehmen den Sauerstoff in den Kiemen auf. Diese bestehen aus dünnhäutigen, reichlich mit Blut durchflossenen Hautplättchen, die an knorpeligen Kiemenbögen befestigt sind (Bild 1). Wenn der Fisch die Mundhöhle bei geschlossenen Kiemenspalten erweitert, entsteht im Mundraum ein Unterdruck gegenüber dem Schweredruck im äußeren Wasser (Bild 2). Als Folge strömt neues, sauerstoffhaltiges Atemwasser ein. Danach wird der Mund geschlossen, die Kiemendeckel pressen nach innen und gleichzeitig hebt sich der Boden der Mundhöhle.

Diese Vorgänge wirken zusammen ähnlich der Erzeugung eines Kolbendrucks. Auf diese Weise wird das Atemwasser durch die geöffneten Kiemendeckel gegen den Schweredruck des äußeren Wassers aus dem Mund gedrückt. Dabei fließt es an den Kiemen vorbei. Sie nehmen einen Teil des Sauerstoffs aus dem Wasser auf und lösen ihn im Blut. Zugleich geben sie das im Blut gelöste Kohlenstoffdioxid an das Wasser ab. Das Kohlenstoffdioxid steigt in Bläschen auf.

Wie kommt der Sauerstoff ins Wasser? In kleinen Bächen mit hoher Fließgeschwindigkeit, Wasserfällen und Wirbeln stammt der im Wasser gelöste Sauerstoff hauptsächlich aus der Vermischung des Wassers mit Luft. Das gilt auch für die offene stürmische See. In stehenden und langsam fließenden Gewässern sowie in Küstengewässern mit Meerestiefen bis zu 200 m stammt der Sauerstoff vor allem aus der Fotosynthese der Pflanzen unter Wasser.

Das Wasser kann jedoch umso weniger Luft aufnehmen, je höher seine Temperatur ist. Während einer Hitzeperiode kann in stehenden Gewässern die Sauerstoffversorgung der Fische problematisch werden.

Regulieren der Tauchtiefe durch Gas. Die mittlere Dichte der Muskeln, Gräten, inneren Organe und Eingeweide der Fische ist größer als 1 g/cm³. Ohne Schwimmbewegung müssten sie daher auf den Boden sinken. Fische verfügen über einen gasgefüllten Hohlraum, die Schwimmblase. Sie ist eine ideale Auftriebshilfe.

Bei einigen Fischen, wie Hecht, Karpfen und Rotfeder, steht die Schwimmblase zeitlebens durch einen Luftgang mit dem Maul in Verbindung. In anderen Fischen bildet sich diese Verbindung wenige Tage nach dem Schlüpfen zurück, sie haben eine geschlossene Schwimmblase. Dies gilt für Barsch, Stichling und viele Meeresfische. Das erste Gas gelangt bei Jungfischen in die Schwimmblase, wenn sie an der Oberfläche Luft schlucken.

Das Gesamtvolumen des Fisches hängt vom Füllungsgrad der Blase ab. Sie muss also in jeder Wassertiefe so gefüllt sein, dass die Gewichtskraft des vom Fischkörper verdrängten Wassers gleich seiner eigenen Gewichtskraft ist. Dann schwebt der Fisch.

Je tiefer er taucht, desto mehr drückt der Schweredruck des Wassers auf ihn und die Blase. Hierdurch würde sich das Volumen der Blase verkleinern und der Fisch würde immer tiefer sinken. Dem muss er entgegenwirken. Mit zusätzlichem Gas füllt der Fisch die Schwimmblase auf ihr ursprüngliches Volumen auf. Dazu dienen spezielle Hautabschnitte in der Schwimmblase, in denen das Blut die in ihm gelösten Gase abgeben kann.

Umgekehrt muss ein Fisch beim Auftauchen entsprechend der Abnahme des Schweredrucks auch den Gasdruck in seiner Blase vermindern. Ansons-

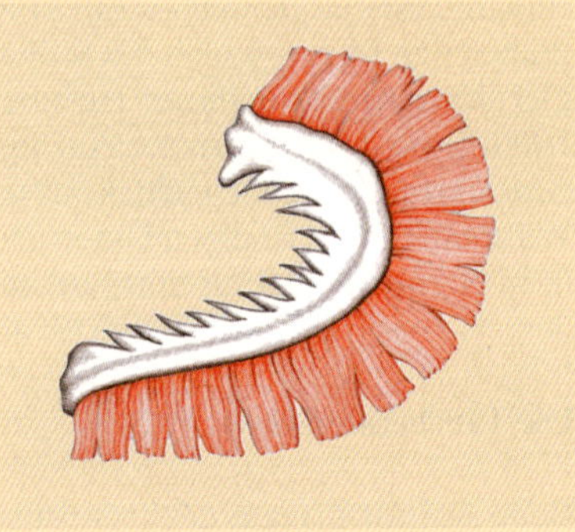

1

Schnitt durch Kiemen

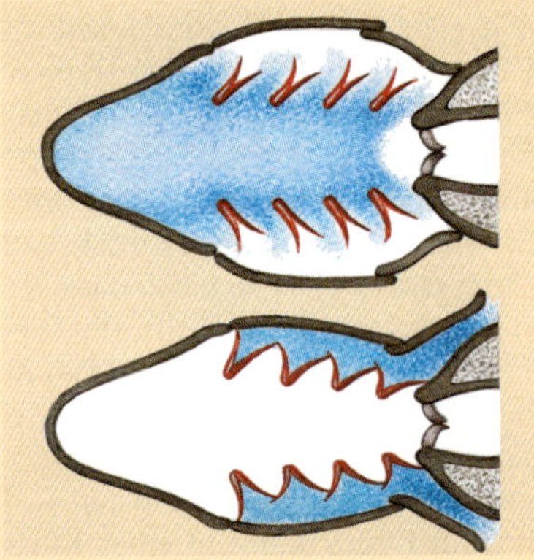

2

Strömung des Wassers durch Mundhöhle, Kiemenspalten und Kiemendeckel

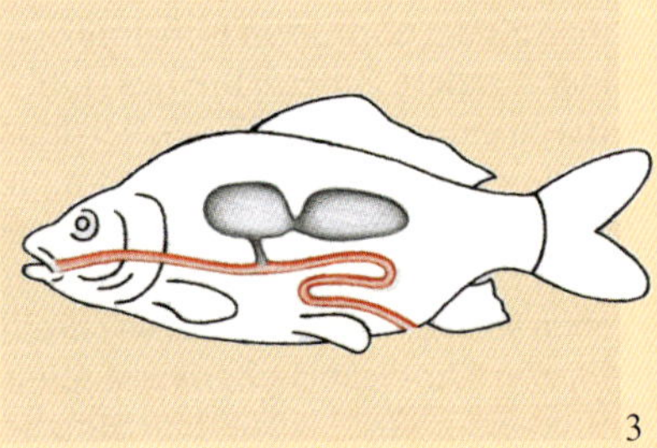

3

Beim Karpfen steht die Schwimmblase durch einen Luftgang mit dem Verdauungsapparat in Verbindung.

Schon gewusst?

In einem Liter Wasser können bei Atmosphärendruck etwa 17 cm³ Luft gelöst werden. Da sich Sauerstoff besser im Wasser löst als Stickstoff, beträgt der Sauerstoffanteil in der gelösten Luft 35% gegenüber 21% in der Atmosphäre. Dies ist für die Fische von großem Vorteil.

1

Gasaustausch zwischen Schwimmblase und Blut eines Fisches

ten würde die Blase durch das Nachlassen des äußeren Schweredrucks immer größer und der Fisch würde durch seinen eigenen Auftrieb ständig höher getragen. Damit die Schwimmblase ihr ursprüngliches Volumen behält, nimmt beim Aufsteigen das Blut wieder Gas aus der Schwimmblase auf.

Für eine solche Änderung des Füllungsgrades ist eine bestimmte Zeit erforderlich. So benötigt ein Kabeljau für ein Aufsteigen um 40 m aus einer Tiefe von 200 m etwa 1 Stunde, damit das Blut die erforderliche Menge von Gas aufnimmt. Werden Tiefseefische in den Netzen sehr schnell aus großen Tiefen gezogen, kann der Gasdruck in der Schwimmblase nicht schnell genug verringert werden. Als Folge drückt sie die Eingeweide aus dem Maul heraus oder platzt. In Binnengewässern ist dies häufig bei Barschen zu beobachten. Einem Karpfen oder Hecht macht ein schnelles Hochziehen nichts aus, sie pressen Gas aus der Blase durch den Luftgang ins Maul und „spucken" es aus.

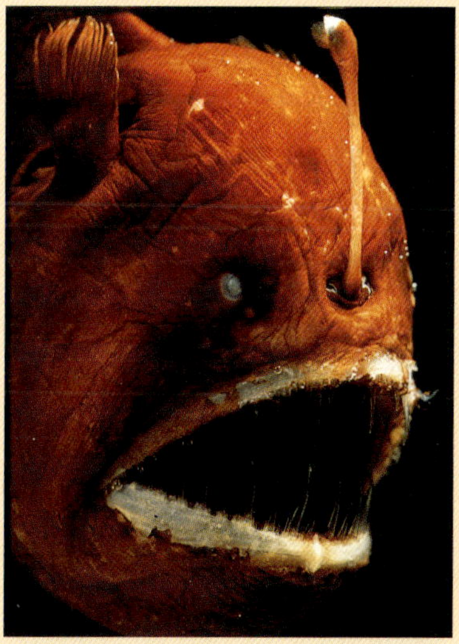
2

Die Tiefe ist ein Lebensraum für Spezialisten. Die Möglichkeiten der Schwimmblase zum Druckausgleich sind begrenzt. In der Tiefsee herrschen derart hohe Schweredrücke, dass die gasgefüllte Schwimmblase völlig zusammengedrückt würde. Viele Fische, die auf dem Meeresboden leben, haben daher gar keine Schwimmblase.

Unterhalb von 600 m Tiefe gibt es so gut wie kein Sonnenlicht mehr. Daher gibt es auch kein pflanzliches Leben. Tiefseefische sind daher in der Regel Raubtiere oder Aasfresser. Sie haben oft große Tastorgane und Körperteile, die Licht aussenden, um Beute anzulocken (Bilder 2 und 3).

3

AUFGABEN

1. Der Kopf eines Pottwals hat eine Masse von bis zu 10 t. In ihm sind etwa 2 t eines öligen Sekrets enthalten. Es kann eine kristalline Struktur annehmen, wodurch sich das Volumen verringert.
   Welche Rolle könnte das beim Tauchen des Pottwals bis in 2 500 m Tiefe spielen?
2. Stelle aus Nachschlagewerken eine Tabelle mit Tauchzeiten lungenatmender Säugetiere, Tauchenten und anderen Tauchvögeln zusammen!
3. Muss oder kann ein Fisch zur Änderung seiner Tiefe im Wasser die Füllung seiner Schwimmblase ändern? Begründe!

Projekt

Bau eines Heißluftballons

Im Handel gibt es verschiedene Modelle von Heißluftballons als Spielzeug zu kaufen. Sie enthalten auch eine genaue Bau- und Startanleitung. Man kann sich aber auch selbst Heißluftballons in verschiedenen Schwierigkeitsstufen bauen. Damit der Start eines eigenen Heißluftballons ein Erfolg wird, muss man vor Beginn des Baus eine Reihe von Fragen lösen.

Wie kann man Ballon mit heißer Luft füllen?
Am günstigsten wäre ein Propangasbrenner, doch hier besteht die Gefahr, dass der Ballon bereits vor dem Abflug verbrennt. Dies kann man vermeiden, indem man die Flamme mit einem alten Ofenrohr umgibt oder indem man eine leistungsstarke elektrischen Heizplatte verwendet.

Welche Gefahren könnten von dem Ballon ausgehen?
Um den Luftverkehr nicht zu gefährden, darf man in der Nähe von Flughäfen generell keine Heißluftballons starten. Unter dem Ballon darf kein Brenner befestigt sein, da die Brandgefahren beim Absturz oder Landen in größerer Entfernung nicht abzuschätzen sind.

Aus welchem Material soll der Ballon gebaut werden? Wo kann man dieses besorgen?
Die Flächendichte des Materials, darunter versteht man die Masse je $1\,m^2$ Material, sollte kleiner als $10\,g/m^2$ sein. Viele Folien und Papiersorten sind schwerer. Gewöhnliches Schreibpapier hat z. B. eine Flächendichte von $70\,g/m^2$.

Wovon hängen die Flugeigenschaften des Ballons ab?
Der Betrag der Auftriebskraft hängt besonders vom Volumen der verdrängten Luft und von der Temperaturdifferenz zwischen der heißen Luft im Ballon und der Luft in der Umgebung ab. Daher sollte man den Ballon nicht zu klein bauen. Und im Sommer ist ein Start in der Mittagshitze sicher ungünstig.

Wie lässt sich der Ballon stabilisieren, damit er nicht umkippt?
Dazu können am unteren Rand Büroklammern oder ein Ring aus leichtem Draht nützlich sein.

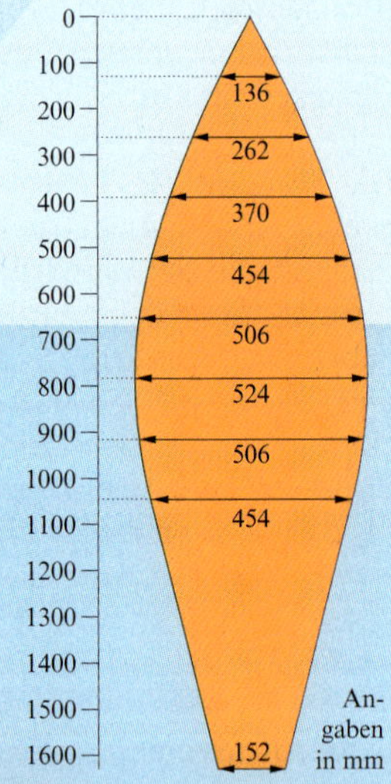

1

AUFTRAG
Baut einen Heißluftballon! Ihr könnt verschiedene Varianten ausprobieren:
Variante 1: Als Heißluftballon dient ein Folienbeutel für den Müllbehälter in der Küche oder ein größerer Kunststoffbeutel.
Variante 2: Ihr baut einen Ballon wie im Bild 2. Im oberen Bereich ähnelt er einer Kugel, im unteren einem Kegelstumpf. Er wird aus 6 Teilstücken zusammengesetzt. Die Maße für ein Teil sind im Bild 1 angegeben. Sie ergeben einen Ballon mit einem Durchmesser von etwa 1 m.
Wenn ihr Papier verwendet, so wird es geleimt (Masse des Leims berücksichtigen!). Folie kann z. B. mit einem Haushalts-Schweißgerät zusammengeschweißt werden. Wenn ihr den Ballon bemalen wollt, müsst ihr auch die Masse der Farbe berücksichtigen.

Experimentiert mit euren selbstgebauten Ballons. Versucht die Flugeigenschaften so zu verbessern, dass sie möglichst hoch und möglichst lange fliegen!

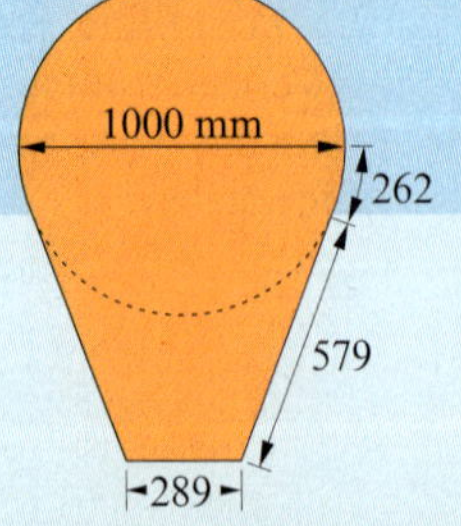

2

AUFGABEN

1. Warum erfordert es viel Kraft, einen leeren Eimer ins Wasser zu drücken?
2. Wie viel Wasser muss ein Paddelboot (mit einer Eigenmasse von 20 kg) mindestens verdrängen, damit es eine Person mit einer Masse von 80 kg tragen kann?
3. Ein Schiff fährt von der Ostsee über die Nordsee in den Atlantik. Dabei wird der Salzgehalt des Wassers immer größer. Wo taucht das Schiff am tiefsten und wo am wenigsten tief ein?
4. Warum schwimmt Eis im Wasser?
5. Der Raddampfer „Pillnitz“ der Sächsischen Dampfschifffahrtsgesellschaft auf der Elbe hat eine Masse von 231 t. Wie viel Kubikmeter Wasser muss er verdrängen, damit er schwimmen kann?
6. Wie erklärst du das wechselnde Aufsteigen und Absinken von Rosinen in einem Glas mit Mineralwasser?
7. Bestimme Volumen und Masse von einem gekochten Ei! Schwimmt, schwebt oder sinkt das Ei in
   a) stark salzigem Wasser ($\rho = 1{,}18\ \text{g/cm}^3$),
   b) schwach salzigem Wasser ($\rho = 1{,}06\ \text{g/cm}^3$),
   c) Süßwasser ($\rho = 1{,}00\ \text{g/cm}^3$)?
   Berechne jeweils die Gewichtskräfte und die Auftriebskräfte. Prüfe dein Ergebnis im Experiment nach!
8. Berechne die Auftriebskraft, die 1 m³ Helium in Luft erfährt! Wie viele 1-kg-Wägestücke könnte ein solcher Ballon in die Luft tragen?
9. Wie würde sich der Waagebalken im Bild 1 auf Seite 146 verhalten, wenn man unter der Glasglocke den Luftdruck erhöht?
10. a) Wodurch entsteht bei einem Heißluftballon die Auftriebskraft?
    b) Was muss der Ballonfahrer tun, wenn er aufsteigen oder sinken will?
    c) Warum starten Heißluftballons gewöhnlich früh morgens oder abends nach Sonnenuntergang?
    d) Erfordert eine Ballonfahrt im Winter weniger Brenngas als im Sommer?
11. Ein Aluminiumwürfel der Kantenlänge 20 cm ist in Wasser eingetaucht.
    a) Wie groß ist die Auftriebskraft, die auf ihn wirkt?
    b) Der Schweredruck im Wasser nimmt auf 10 cm Tiefe um etwa 1000 Pa zu. Berechne die Kräfte auf Deckfläche und Bodenfläche des Würfels, wenn sich über dem Würfel eine 1 m bzw. eine 10 m dicke Wasserschicht befinden!
    c) Ist die Auftriebskraft von der Tiefe abhängig?
12. Bild 1 zeigt einen Wetterballon. Er ist mit Wasserstoff gefüllt. Informiere dich darüber, wozu er dient und welche Höhen er erreicht! Worin unterscheidet er sich von einem Heißluftballon?

1

ZUSAMMENFASSUNG

Auftriebskraft
In allen Flüssigkeiten und in Luft wirkt auf alle Körper eine Auftriebskraft F_A.
Ursache der Auftriebskraft ist die Zunahme des Schweredrucks mit der Tiefe.

Archimedisches Gesetz
Die Auftriebskraft F_A ist gleich der Gewichtskraft F_G der vom Körper verdrängten Flüssigkeit.

Sinken, Schweben und Steigen
Ein Körper, der vollständig in eine Flüssigkeit eintaucht, sinkt, schwebt oder steigt.
Welche Bewegung der Körper ausführt, hängt allein von der Gewichtskraft F_G und der Auftriebskraft F_A ab:
$F_G > F_A$ – Sinken
$F_G = F_A$ – Schweben
$F_G < F_A$ – Steigen

2

In Windkanälen testen Konstrukteure von Flugzeugen, Hochgeschwindigkeitszügen und Pkw das Verhalten ihrer Fahrzeuge bei verschiedenen Geschwindigkeiten. Besonders wichtig ist die Frage, wie die Luft um die Fahrzeuge herum strömt, gleichmäßig oder verwirbelt? Hierfür gibt man in gleichen Abständen gefärbte Gase oder Nebel in den Wind hinein. Sie werden von der Luftströmung mitgerissen. Aus dem Verlauf dieser Nebelbänder beim Umströmen des Pkw werden Rückschlüsse auf die Fahreigenschaften und den Benzinverbrauch gezogen.

1

Strömungen und Stromlinien

Wandert man an einem Bach entlang, sieht man diesen an einigen Abschnitten ziemlich gleichmäßig dahin fließen. An anderen Stellen muss er größere Steine oder andere Hindernisse umfließen. Dabei strömt das Wasser schneller und hinter dem Hindernis verwirbelt es sich meist. Ähnliches kann man beim Rauch einer Räucherkerze beobachten. Wird die Luft nicht durch Sprechen oder Atmen verwirbelt, steigt der Rauch gleichmäßig auf. Hält man einen Teelöffel hinein, bilden sich Wirbel.

Wenn man Strömungen noch genauer untersuchen will, bemüht man sich, die Wege benachbarter Teilchen sichtbar zu machen und zu verfolgen. Dazu dienen in technischen Versuchsanstalten Windkanäle oder Strömungswannen.

In Zeichnungen werden diese Bahnen durch Linien dargestellt. Man nennt sie Stromlinien. Die Pfeilrichtung gibt die Strömungsrichtung an. Die Gesamtheit der Stromlinien ergibt das **Stromlinienbild** einer Strömung. Das ist ein Modell der Strömung.

2

Strömung um ein Auto

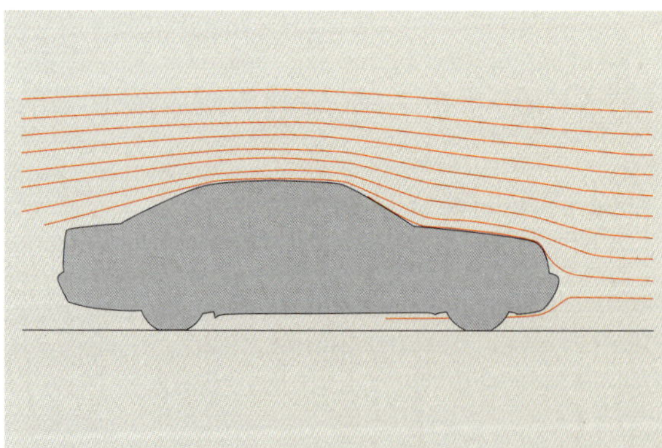

3

Stromlinienbild für die Strömung in Bild 2

An Gartenschläuchen befindet sich häufig eine Düse, mit der sich die Austrittsöffnung kleiner oder größer machen lässt. Eine Verkleinerung der Austrittsöffnung bewirkt, dass man mit dem Schlauch weiter spritzen kann. Die Geschwindigkeit des Wassers nimmt also in der Düse zu, wenn der Querschnitt verengt wird.
Angenommen, in einem Rohr fließt jede Sekunde 1 cm³ Wasser durch eine Querschnittsfläche von 1 cm² (Bild 2). Dann bewegt sich der Flüssigkeitszylinder jede Sekunde um einen Zentimeter nach rechts. Die Strömungsgeschwindigkeit beträgt 1 cm/s.

1

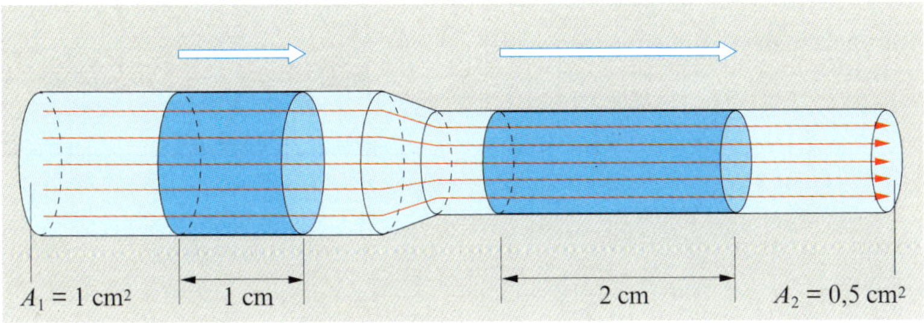

2

Hinter der Verengung des Rohres fließt ebenfalls jede Sekunde 1 cm³ Wasser durch den Rohrquerschnitt. Beträgt die Querschnittsfläche 0,5 cm², so muss sich der Flüssigkeitszylinder jede Sekunde um 2 cm nach rechts bewegen. Die Strömungsgeschwindigkeit beträgt also hier 2 cm/s.
Der Abstand der Stromlinien ist hinter der Verengung kleiner.

> Strömungen können mithilfe von Stromlinien dargestellt werden.
> Eine Vergrößerung der Strömungsgeschwindigkeit bedeutet eine Verkleinerung des Stromlinienabstandes.

Strömungswiderstand

Vom Skifahren, Rodeln und Radfahren ist bekannt, dass man eine größere Geschwindigkeit erreicht, wenn man dem Fahrtwind weniger Angriffsfläche bietet. Dann setzt die Luft der Bewegung des Körpers einen kleineren Widerstand entgegen. Diesen Widerstand nennt man Strömungswiderstand. Die Haltung und die Kleidung von Rodlern gibt einen Hinweis darauf, wovon der Strömungswiderstand eines Körpers abhängt.

3
Rennrodlerin

4
Freizeitrodler

In einem Experiment soll untersucht werden, wovon der Strömungswiderstand eines Körpers abhängt.

EXPERIMENT 1
Mit einem Gebläse werden verschiedene Körper angeströmt. Infolge des Luftstroms wird die Leiste fest gegen den Anschlag gedrückt. Das Stativ mit dem Kraftmesser wird so lange verschoben, bis sich die Leiste gerade von dem Anschlag zu lösen beginnt. Der Strömungswiderstand wird am Federkraftmesser abgelesen.
Die angeströmten Körper unterscheiden sich in der Größe der angeströmten Stirnfläche, der geometrischen Form der Stirnfläche, der Form des Körpers und der Rauigkeit seiner Oberfläche.
Der Strömungswiderstand der Körper wird nacheinander für unterschiedliche Strömungsgeschwindigkeiten der Luft gemessen.

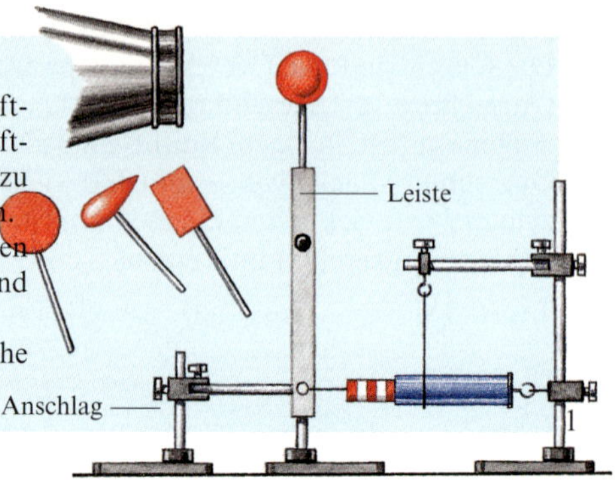

1

Aus den Messungen ist zu erkennen:

Der Strömungswiderstand ist umso größer,
– je größer die Strömungsgeschwindigkeit ist,
– je größer die Stirnfläche ist,
– je rauer die Oberfläche ist.

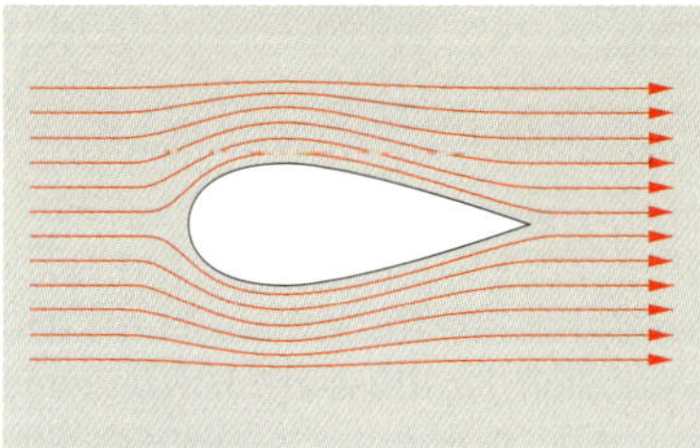
2
Stromlinienkörper

Genauere Messungen lassen erkennen: Wenn sich bei sonst gleichen Bedingungen die Strömungsgeschwindigkeit verdoppelt oder verdreifacht, dann vervierfacht bzw. verneunfacht sich der Strömungswiderstand.
Der Körper, der den kleinsten Strömungswiderstand hat, besitzt die Form des Körpers im Bild 2. Man nennt ihn Stromlinienkörper. Bei ihm umhüllen die Stromlinien den Körper ohne jegliche Unregelmäßigkeit.
Die folgende Übersicht zeigt die Abhängigkeit des Strömungswiderstands von der Form des Körpers an. Die Zahlen geben an, wievielmal größer der Strömungswiderstand des jeweiligen Körpers ist als der vom Stromlinienkörper. Dabei werden gleiche Stirnfläche, gleiche Geschwindigkeit und gleiche Rauigkeit der Körper vorausgesetzt.

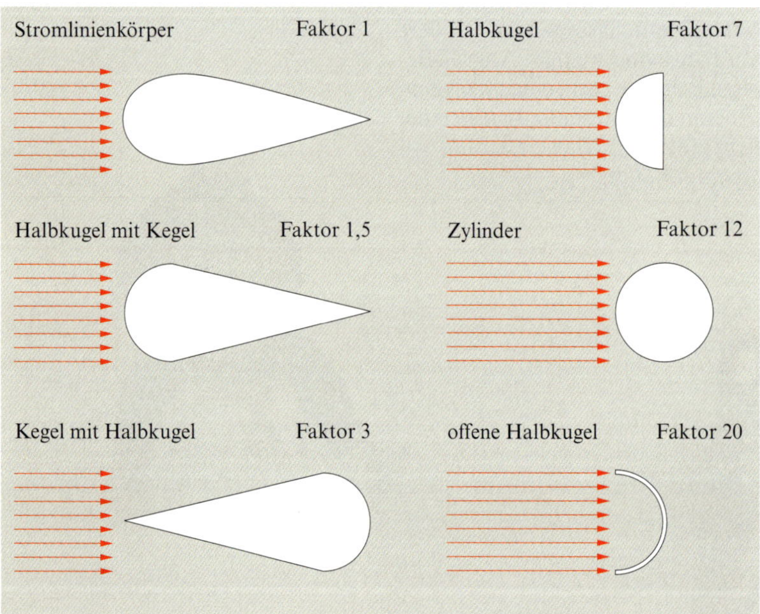

4

3
Auto mit extrem hohem Strömungswiderstand (1934)

5
Auto mit extrem niedrigem Strömungswiderstand (1998)

Druck in Strömungen

Wenn man im Sommer in der ganzen Wohnung Fenster und Türen weit nach hinten öffnet, strömt die Luft durch die ganze Wohnung hindurch. Obwohl die Luftströmung auf keine Tür und kein Fenster drücken kann, dauert es nicht lange und ein Fenster oder eine Tür schlägt zu. Wie ist das möglich?

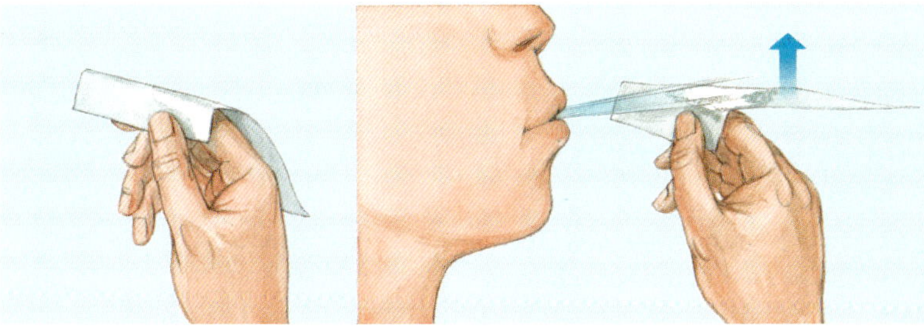

1

EXPERIMENT 2

1. Falte ein Blatt Papier und blase es über die Kante an!
2. Befestige an der hinteren Kante des Papiers einige Büroklammern und blase das Papier erneut an!

Das Blatt Papier wird in die Luftströmung hineingezogen und kann sogar noch eine kleine Last anheben. Woher stammt die Kraft dafür?

In der Luft werden Kräfte von Druckunterschieden verursacht. Deshalb soll der Druck in Luftströmungen genauer untersucht werden. Für diese Messung eignet sich eine selbst gebaute Scheibensonde.
Hierfür wird ein Trinkhalm luftdicht unter eine nicht zu steife, glatte Pappe geleimt (Bild 2).
Schließlich wird die Pappe mit einer Nadel durchstochen, sodass ein kleines Loch über dem Trinkhalm entsteht.
Zum Messen des Drucks in der Luft wird die Scheibensonde über einen Schlauch mit einem empfindlichen Manometer verbunden.

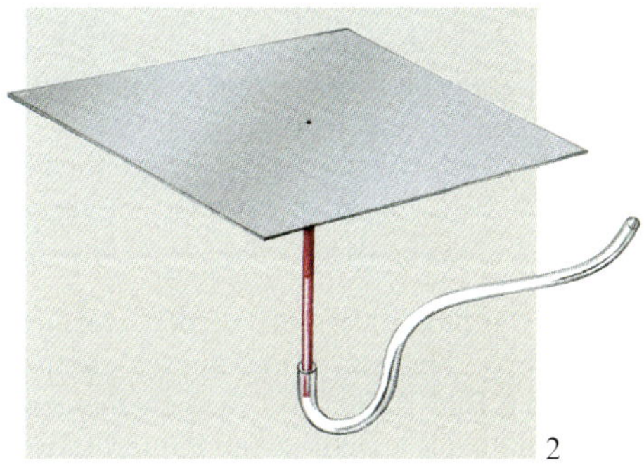

2

Scheibensonde für Druckmessungen

Von der ruhenden Luft weißt du, dass der Druck nach allen Seiten gleich stark wirkt. Ändert sich das, wenn die Luft zu strömen beginnt?

EXPERIMENT 3

Mit einem Gebläse wird eine gerade Luftströmung erzeugt. In diese Luftströmung wird die Scheibensonde so gehalten, dass die Richtung der Strömung erhalten bleibt.

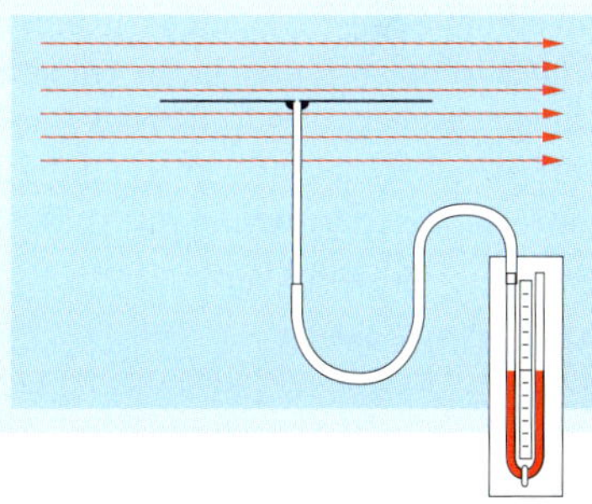

3

Aus der Anzeige des Manometers kann gefolgert werden:

In einer geraden Luftströmung ist der Druck gleich dem Luftdruck in der umgebenden ruhenden Luft.

Stößt eine Luftströmung auf ein Hindernis, muss sie ihre Richtung ändern. In einem Experiment soll untersucht werden, ob sich dadurch der Druck in der Strömung ändert. Zur Kennzeichnung der Form des Hindernisses, werden die von optischen Linsen bekannten Begriffe *konvex* und *konkav* benutzt.

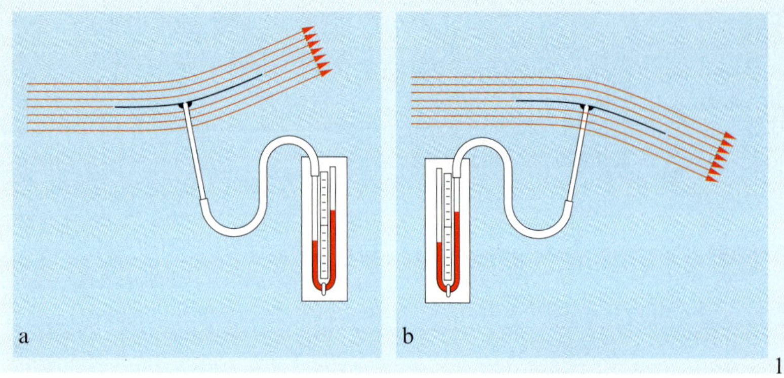

1

EXPERIMENT 4
1. Die Pappe der Scheibensonde wird bei horizontaler Vorderkante so verbogen, dass die Luft eine konkav gekrümmte Fläche umströmt.
2. Die Pappe der Scheibensonde wird bei horizontaler Vorderkante so verbogen, dass die Luft eine konvex gekrümmte Fläche umströmt.

Im Falle der konkav gekrümmten Fläche zeigt das Manometer einen Überdruck an, im Falle der konvex gekrümmten Fläche einen Unterdruck. Aus den Messungen kann geschlossen werden:

Zwingen Hindernisse eine Luftströmung zur Richtungsänderung, so ändert sich der Druck in ihr.
In der Luftströmung entsteht
- ein Überdruck, wenn sie eine konkav gekrümmte Fläche umströmt,
- ein Unterdruck, wenn sie eine konvex gekrümmte Flächer umströmt.

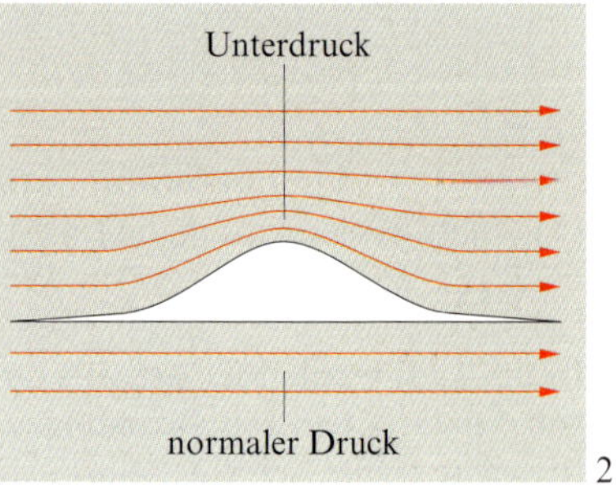

2

Damit kann erklärt werden, warum sich das Blatt Papier im Experiment 2 hebt. Die vom Mund ausgeblasene Luft strömt um das Papier ähnlich wie im Bild 1b die Luft die Scheibensonde umströmt. Folglich entsteht oberhalb des angeblasenen Papierblatts ein Unterdruck. In der ruhenden Luft unter dem Papier herrscht hingegen der normale Luftdruck. Dieser ist größer als der Unterdruck in der Luftströmung. Durch die Druckdifferenz ergibt sich eine Kraft, die das Papier nach oben drückt.
Da sich auf der einen Seite des Papiers ein Unterdruck bildet, während auf der anderen Seite der Luftdruck der Umgebung herrscht, spricht man auch von einem *Saugeffekt* oder von einem *Sog*. Solche Saugeffekte lassen auch offene Türen zuschlagen. Sie entstehen an der Tür durch den Druckunterschied zwischen dem Luftdruck der ruhenden Luft hinter der Tür und dem Unterdruck in der konvex um die Tür gerichteten Luftströmung.
Führt man Experiment 4 mit verschiedenen Strömungsgeschwindigkeiten durch, so stellt man fest:

Die Druckunterschiede an einem umströmten Körper sind umso größer, je größer die Strömungsgeschwindigkeit ist.

Im Straßenverkehr können Saugeffekte zu großen Gefahren führen. Ein schnell fahrendes Fahrzeug reißt viel Luft mit sich. Die Strömung dieser Luft hat dieselbe Richtung wie die Bewegung des Fahrzeugs. Gelangen Gegenstände in diesen Luftstrom verändern sich die Druckverhältnisse. Entsteht durch die Form des Gegenstandes ein Überdruck, wird der Gegenstand weggeschleudert. Entsteht dagegen ein Unterdruck, kann z. B. ein Radfahrer an den Lkw herangezogen werden, wenn dieser den Radfahrer in kleinem Abstand überholt.
Die Erzeugung eines Unterdrucks nutzt man auch im Bunsenbrenner (Bild 3). Das Brenngas strömt durch eine Verengung in das Brennrohr.

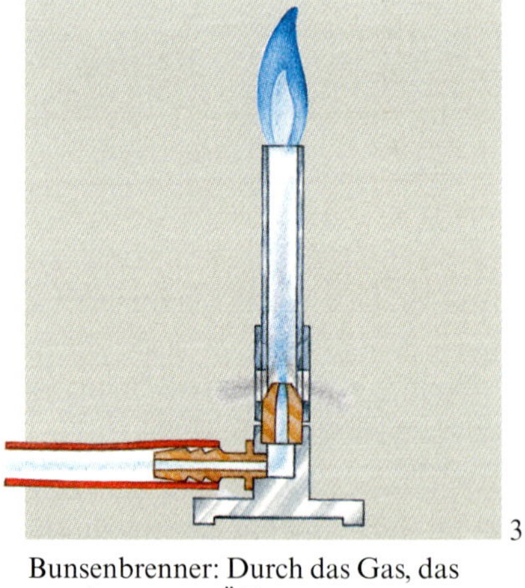

3

Bunsenbrenner: Durch das Gas, das aus einer engen Öffnung ausströmt, wird Luft angesaugt und mit dem Gas gemischt.

Dynamischer Auftrieb

Der Druckunterschied in Luftströmungen ist von großer Bedeutung für das Fliegen. Grundvoraussetzung für das Fliegen ist, dass die Flügel von Vögeln und Flugzeugen, die Kappen der Gleitschirme oder die Segel der Hängegleiter von Luft umströmt werden. So verschieden diese auch sind, haben sie doch einige Ähnlichkeit. Man bezeichnet sie allgemein als Tragflächenprofile oder noch kürzer als **Profile.** Sie sind nach oben gewölbt, vorn meist dicker und stärker gewölbt, hinten spitz auslaufend und schwächer gewölbt – insgesamt also asymmetrisch.

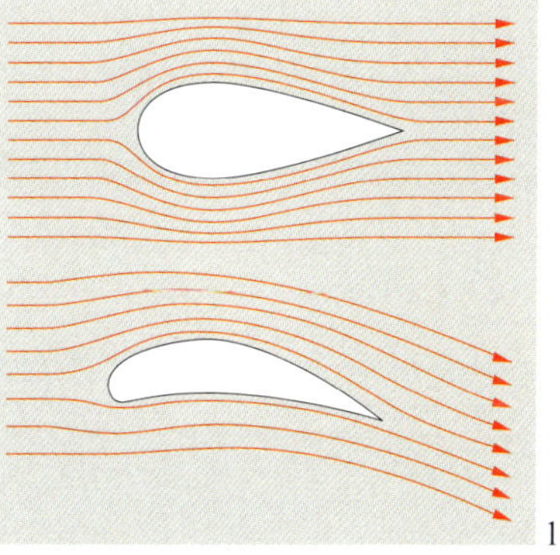
1

Stromlinienkörper und asymmetrisches Profil im Luftstrom

Bild 1 zeigt den Vergleich zwischen einem symmetrisch geformten Stromlinienkörper und einem asymmetrisch geformten Profil in einer Strömung. Die Stromlinien nehmen am asymmetrischen Profil einen besonderen Verlauf: Oberhalb des Profils verengen sie sich, unterhalb des Profils werden sie leicht aufgeweitet. Das bedeutet: Oberhalb des Profils strömt die Luft schneller als unterhalb. Außerdem wird die Strömung leicht nach unten umgelenkt.

Die obere Seite des Profils ist eine konvex gekrümmte Fläche. In der Luftströmung oberhalb des Profils herrscht ein Unterdruck. Die untere Seite ist konkav gekrümmt. In der Luftströmung unterhalb des Profils besteht ein Überdruck. Insgesamt wirkt daher auf das Profil eine nach oben gerichtete Kraft. Sie heißt dynamische Auftriebskraft F_A (Bild 2).

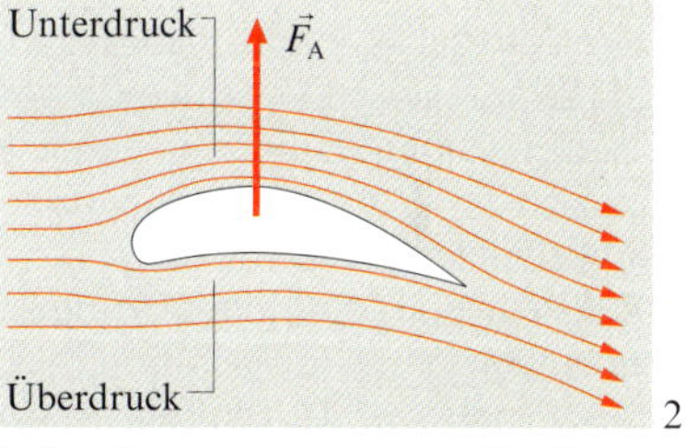

2

Luftströmungen erzeugen an Profilen eine dynamische Auftriebskraft F_A.

Diese dynamische Auftriebskraft kann man auch mit einfachen Mitteln untersuchen (Bild 3). Mithilfe ähnlicher Experimente haben die Physiker herausgefunden:

> Die dynamische Auftriebskraft F_A ist stets senkrecht zur Luftströmung gerichtet.

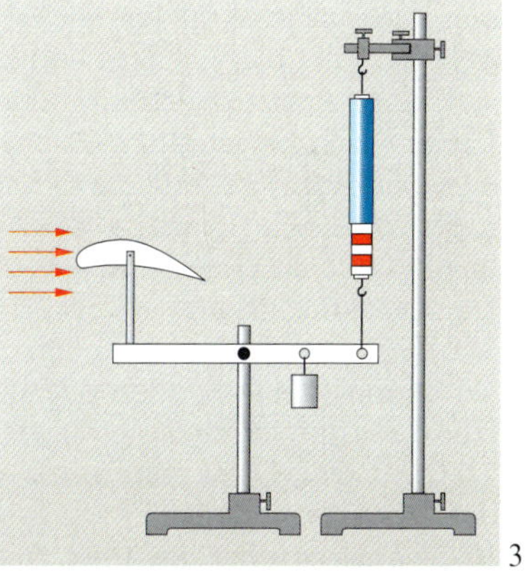
3

Die Auftriebskraft
- verdoppelt sich, wenn sich die Fläche des Profils verdoppelt,
- vervierfacht (verneunfacht) sich, wenn sich die Strömungsgeschwindigkeit verdoppelt (verdreifacht).

An einem Profil sind die Abweichungen des Unterdrucks und des Überdrucks vom äußeren Luftdruck relativ gering. Bei einem tonnenschweren Passagierflugzeug mit einer Reisegeschwindigkeit von etwa 800 km/h entsteht unter den Tragflächen ein Überdruck von „nur" etwa 1 % zum Luftdruck der ruhenden Luft. Auf der Oberseite des Profils erreicht der Unterdruck etwa 2 % vom Luftdruck der ruhenden Luft.

Am Boden wirkt die ruhende Luft auf jeden Quadratzentimeter der Tragfläche mit einer Kraft von 10 N. Anders ist das, wenn das Flugzeug beim Fliegen von der Luft umströmt wird.

An der Unterseite der Tragfläche wirkt dann auf jeden Quadratzentimeter eine Kraft von 10,1 N. An der Oberseite wirkt auf jeden Quadratzentimeter eine Kraft von 9,8 N.

Der Unterschied beträgt also 0,3 N je Quadratzentimeter Tragfläche. Jeder Quadratzentimeter der Tragfläche kann folglich eine Last von 30 g tragen. Für einen Quadratmeter ergibt das schon 300 kg!

4

An den Flügeln eines Mäusebussards (Bild 4) beträgt die Druckdifferenz etwa 0,03 % des Luftdrucks. Jeder Quadratzentimeter der Flügel kann daher etwa 0,3 g tragen.

Ein Blick in die Technik

Vom Start bis zur Landung

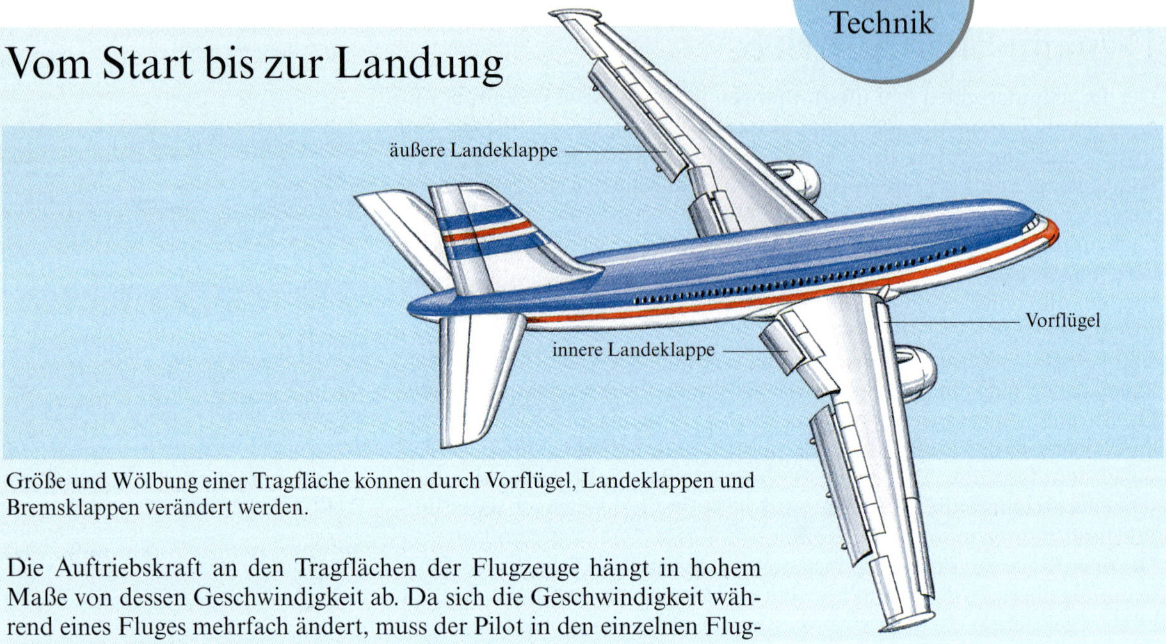

1

Größe und Wölbung einer Tragfläche können durch Vorflügel, Landeklappen und Bremsklappen verändert werden.

Die Auftriebskraft an den Tragflächen der Flugzeuge hängt in hohem Maße von dessen Geschwindigkeit ab. Da sich die Geschwindigkeit während eines Fluges mehrfach ändert, muss der Pilot in den einzelnen Flugphasen das Profil und die Größe der Tragflächen den jeweiligen Geschwindigkeiten anpassen.

Vor dem **Start** sind die Vorflügel vollständig und die Landeklappe etwa zu einem Viertel ausgefahren. Nach dem Lösen der Bremsen beginnt die Beschleunigung des Flugzeugs. Mit zunehmender Geschwindigkeit wächst auch die Auftriebskraft am Flügel. Bei einer Geschwindigkeit von etwa 300 km/h übertrifft sie die Gewichtskraft, das Flugzeug hebt ab.

Nach Erreichen einer Höhe von 10 000 m beginnt der **Streckenflug**. Hierbei muss die Auftriebskraft nur noch so groß sein wie die Gewichtskraft. Daher zieht der Pilot die Vorflügel und Landeklappen vollständig ein. Dadurch verkleinert sich auch der Strömungswiderstand des Flugzeugs.

Lange vor Erreichen des Ziels beginnt der **Sinkflug**. In diesem Abschnitt muss die Auftriebskraft etwas kleiner sein als die Gewichtskraft. Dazu reduziert der Pilot den Schub der Antriebe. Bis zum Ende des Sinkflugs vermindert sich die Geschwindigkeit auf etwa 500 km/h.

Der **Endanflug** beginnt aus etwa 1 000 m Höhe. Da sich bei einer weiteren Verminderung der Geschwindigkeit die Auftriebskraft zu sehr verkleinern würde, muss der Pilot die Größe und die Wölbung der Tragflächen so erhöhen, dass trotz verminderter Geschwindigkeit eine ausreichende Auftriebskraft entsteht. Dazu fährt er die Vorflügel und in mehreren Abschnitten die Landeklappen aus.

Beim **Aufsetzen** hat das Flugzeug noch eine Geschwindigkeit von etwa 250 km/h. Jetzt stellt der Pilot die Bremsklappen fast senkrecht auf. Sie unterstützen durch ihren großen Strömungswiderstand das Abbremsen des Flugzeugs.

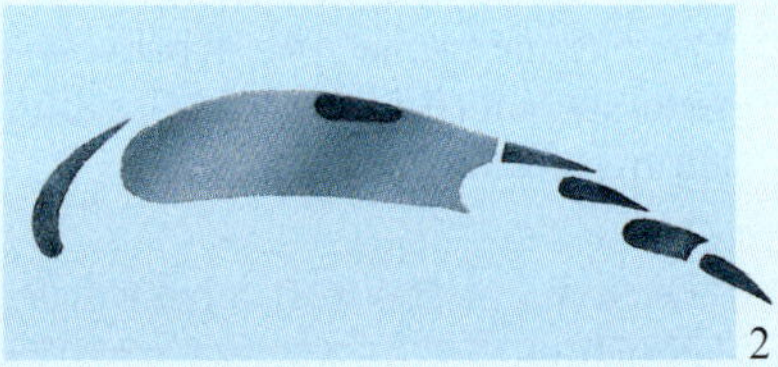

2

Start

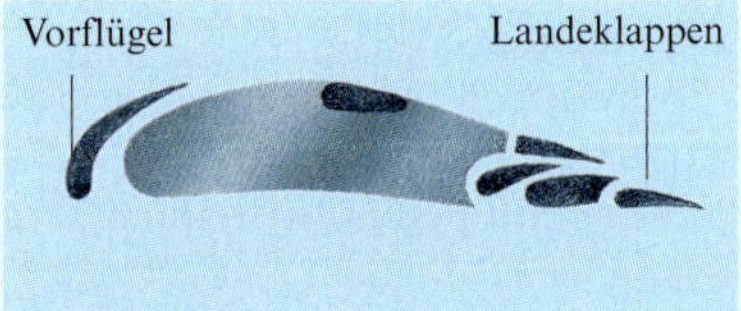

3

Streckenflug

4

Landung

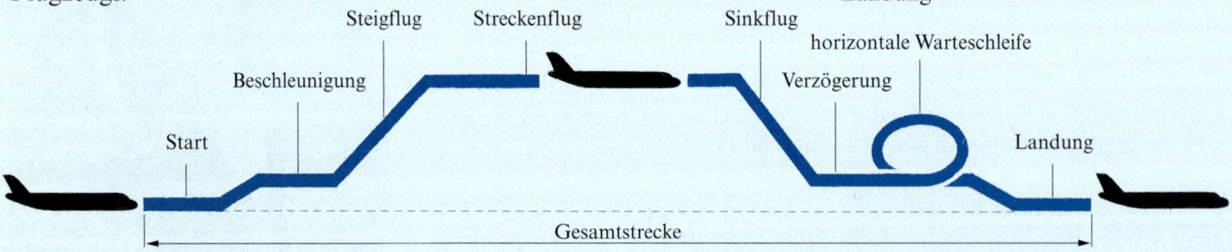

5

Abschnitte eines Reiseflugs

Der Traum vom Fliegen

1

Otto Lilienthal (1848–1896)

Viele Menschen bauten und erprobten schon vor Otto Lilienthal (1848–1896) Fluggeräte. Aber erst ihm gelangen weite Flüge. Lilienthal träumte bereits als Kind vom Fliegen. Diesem Traum blieb er ein Leben lang treu.

Zusammen mit seinem Bruder baute er mit 14 Jahren sein erstes Fluggerät. Es hatte eine Spannweite von 4 m. Damit hoffte er, den Schlag- und Gleitflug eines Vogels nachmachen zu können. Der Versuch war erfolglos. Mit 19 Jahren baute er ein zweites Gerät. Daran erkannte Lilienthal, dass die Muskelkraft des Menschen für einen Schlagflug nicht ausreicht. Deshalb interessierte ihn später nur noch der Gleitflug.

Nach der Schulzeit studierte Otto Lilienthal Maschinenbau. Während dieser Zeit traten Erprobungen von Fluggeräten in den Hintergrund.

Im Jahre 1887 übernahm Lilienthal in Berlin eine kleine Maschinenfabrik. Dank eines von ihm entwickelten Patents hatte er mit 42 Jahren genügend Zeit und Geld, um sich wieder seinem Traum vom Fliegen zuwenden zu können. Er führte systematische Messungen zum dynamischen Auftrieb und zum Luftwiderstand durch. Dabei wurde er auf die gute Eignung gewölbter Flügel aufmerksam.

Im Frühsommer 1891 gelangen ihm von einem 2 Meter hohen Sprungbrett im Garten seines Hauses Sprünge von sechs bis sieben Metern Weite. Im Sommer desselben Jahres erreichte er aus einer Absprunghöhe von 5 Metern bereits Flüge bis zu 25 Metern. Einen neuen Flugplatz fand er in der Nähe seines Wohnortes, in Berlin-Lichterfelde. Die dort vorhandenen Hügel hatten aber einen Nachteil, sie ließen nur Sprünge in Richtung Westen zu. Da Lilienthal nur gegen den Wind starten konnte, musste für einen Flug der Wind aus Westen wehen. Deshalb suchte Lilienthal schon bald nach einem besseren Platz, der Sprünge nach allen Richtungen erlaubt. Er sollte wenigstens 20 Meter hoch sein, nach allen Seiten abfallen sowie baum- und strauchlos sein. Zwischen Rathenow und Neustadt an der Dosse fand er solche Hügel in großer Anzahl.

Lilienthals „Normal-Segelapparat“ 1893

2

Seine Fluggeräte bestanden aus Weidenholz und Leinwand (Bild 2). Die Spannweite der Flügel betrug 7 m, ihre größte Tiefe 2,5 m. Die Flugapparate waren zusammenlegbar und mit einer Masse von 20 kg leicht zu transportieren. Beim Fliegen stützte sich Lilienthal mit seinen Armen auf das Fluggerät. Zum Ändern der Richtung verlagerte er den Schwerpunkt seines frei hängenden Körpers nach vorn, hinten, links oder rechts. Lilienthal erprobte mehrere Modelle, darunter auch Doppeldecker (Bild 3). Im Jahre 1893 gelangen ihm viele Flüge bis zu 300 Metern.

Im Alter von 48 Jahren stürzte Otto Lilienthal bei einer Flugvorführung ab und verletzte sich so schwer, dass er wenige Tage danach verstarb.

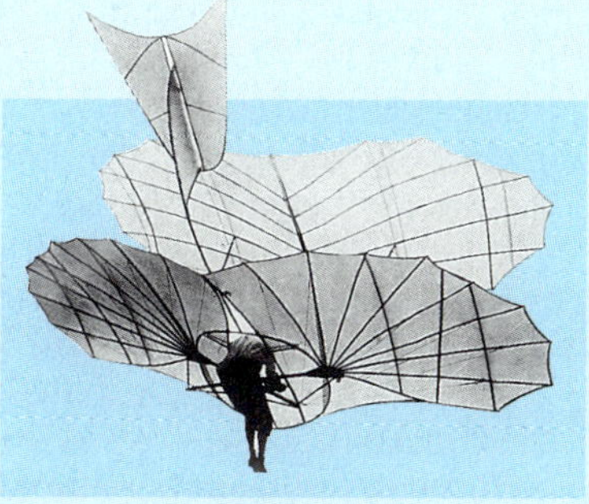

3

Lilienthals Doppeldecker 1895

AUFGABEN

1. Warum haben Bremsfallschirme meist die Form einer offenen Halbkugel?
2. Welchen Körpern in der Übersicht auf Seite 156 ähneln die Karosserien moderner Pkw? Warum wählte man diese Form aus?
3. Informiere dich über den „Widerstandsbeiwert" eines Pkw! Was bedeutet diese Zahl? Welche Eigenschaften des Pkw beeinflussen den Widerstandsbeiwert?
4. Halte zwei Blätter aus Papier im Abstand von etwa 2 cm voneinander. Blase zwischen ihnen hindurch! Erkläre den beobachteten Vorgang!
5. Auf welcher Seite des Daches fallen bei Sturm lockere Ziegel zuerst ab, auf der dem Wind zu- oder abgewandten Seite? Warum ist das so?

1

6. Stelle zwei brennende Kerzen nebeneinander und blase hindurch! Wie erklärst du deine Beobachtung?
7. Halte einen Löffel mit zwei Fingern und nähere die nach außen gewölbte Seite dem aus einem Hahn auslaufenden Wasserstrahl, sodass die Luftschicht zwischen Wasserstrahl und Löffel immer kleiner wird. Erkläre deine Beobachtung!
8. Erkläre, warum sich ein Schirm bei starkem Wind umklappt. Skizziere ein Stromlinienbild!
9. Zeichne das Stromlinienbild für ein symmetrisches Profil, das genau von vorn angeströmt wird. Erkläre, ob eine dynamische Auftriebskraft entsteht!
10. Erkläre a) mithilfe des Strömungswiderstandes und b) mithilfe der dynamischen Auftriebskraft die Wirkung des Seitenruders eines Flugzeugs!
11. Warum ist beim Start eines Flugzeugs die gesamte Heckflosse nach vorn unten geneigt?
12. a) Begründe, dass für die Strömung einer Flüssigkeit in einem Rohr gilt:
    $A_1 \cdot v_1 = A_2 \cdot v_2$!
    b) Warum gilt dies nicht unbedingt für strömende Gase?

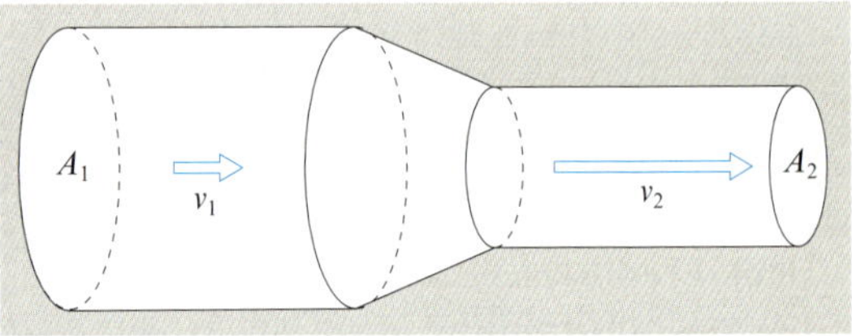

2

ZUSAMMENFASSUNG

Strömungen und Strömungswiderstand

Der Strömungswiderstand ist umso größer,
- je größer die Strömungsgeschwindigkeit ist,
- je größer die Stirnfläche ist,
- je rauer die Oberfläche ist.

In einer geraden Luftströmung ist der Druck gleich dem Luftdruck in der umgebenden ruhenden Luft.

Dynamische Auftriebskraft

In einer Strömung erhält ein Profil eine dynamische Auftriebskraft F_A. Diese ist stets senkrecht zur Strömung gerichtet.
Zwingen Hindernisse eine Luftströmung zur Richtungsänderung, so ändert sich der Druck in ihr. In der Luftströmung entsteht
- ein Überdruck, wenn sie eine konkav gekrümmte Fläche umströmt,
- ein Unterdruck, wenn sie eine konvex gekrümmte Flächer umströmt.

Die Druckunterschiede an einem umströmten Körper sind umso größer, je größer die Strömungsgeschwindigkeit ist.

Thermodynamik

Temperatur und Wärme begleiten uns jeden Tag. Viele Vorgänge in Natur und Technik hängen von der Temperatur ab und in jedem Gegenstand vollziehen sich Änderungen, wenn ihm Wärme zugeführt wird. Das haben sich die Menschen vielfältig zunutze gemacht: Nicht nur fahren die Autos mit erhitzten Gasen, sondern auch bei der Herstellung fast aller Dinge, die uns umgeben, spielen Erwärmung und Abkühlung eine große Rolle.

1

Die Physiker interessieren sich für das Verhalten von Körpern, die immer weiter abgekühlt werden. Manche werden bei tiefen Temperaturen magnetisch, bei anderen wird der elektrische Widerstand plötzlich sehr klein.
In diesem Labor werden extrem tiefe Temperaturen erzeugt. Dafür sind aufwendige und teure Maschinen erforderlich.
Wie tief lassen sich Körper abkühlen ... auf –100 °C, –1000 °C oder noch tiefer?

Temperaturmessung

Wenn eure Klasse Geld für das Klassenfest sammelt, dann bekommt ihr schnell 100 DM zusammen: 25 Schüler bringen jeweils 4 DM mit. Aber wenn ihr für den gemeinsamen Tee Wasser mit einer Temperatur von 100 °C benötigt, dann reicht es nicht, dass jeder eine Tasse Wasser von 4 °C in die Kanne gießt. Zwar wird dann genug Wasser in der Kanne sein, aber dieses Wasser wird eine Temperatur von 4 °C haben. Wir haben uns längst daran gewöhnt, dass für Temperaturen nicht ohne weiteres 1 + 1 = 2 gilt.
So wie man Volumen, Strecken und Massen addieren kann, so kann man sie auch messen: Der Inhalt einer Regentonne lässt sich zum Beispiel messen, indem die Tonne nach und nach mit einem 1-Liter-Messbecher leergeschöpft wird.
Ebenso könnte man eine Strecke von 1000 m messen, indem man eintausend 1-m-Stäbe aneinander fügt. Weil man aber Temperaturen nicht addieren kann, lässt sich eine Temperatur von 1000 °C nicht mit 10 Thermometern messen, von denen jedes nur bis 100 °C messen kann. Man benötigt ein Thermometer, dessen Skala mindestens bis 1000 °C reicht. Für sehr tiefe und für sehr hohe Temperaturbereiche müssen unterschiedliche Thermometer entwickelt werden.
Für Temperaturen zwischen etwa –20 °C und +150 °C benutzen wir Flüssigkeitsthermometer mit Alkohol oder Petroleum, wie sie schon im 18. Jahrhundert von Anders Celsius entwickelt wurden (Bild 2). Bis etwa 600 °C kann man mit Quecksilber gefüllte Flüssigkeitsthermometer verwenden.
Für andere Temperaturbereiche werden temperaturabhängige Eigenschaften von verschiedenen Stoffen genutzt (Bild 3):
– die Volumenänderung von Gasen (Gasthermometer),
– die Änderung des elektrischen Widerstandes einiger Metalle (Widerstandsthermometer),
– elektrische Eigenschaften von Metallkontakten (Thermoelemente),
– die Farbe spezieller Farbstoffe (Messfarben) und
– die Farbe glühender Metalldrähte (Strahlungspyrometer).

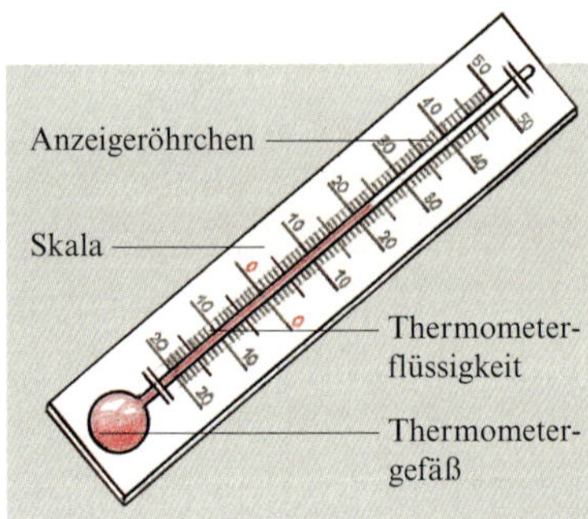

2

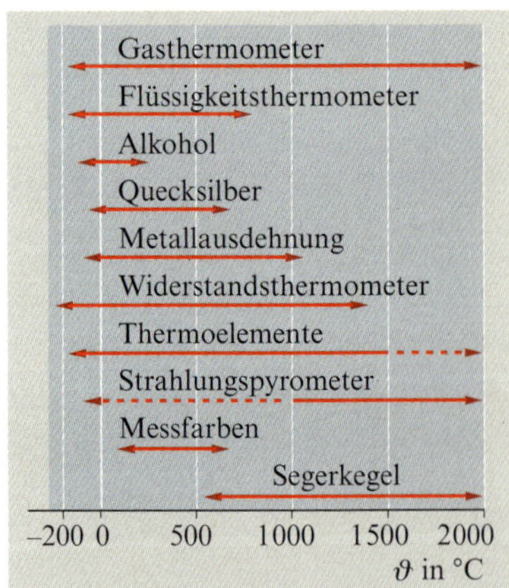

3

Die Kelvinskala der Temperatur

Die höchsten heute bekannten Temperaturen herrschen im Inneren unserer Sonne und vieler anderer Sterne. Auch in einem Kernfusionsreaktor muss diese Temperatur erreicht werden, denn dort laufen die gleichen Prozesse wie in der Sonne ab.

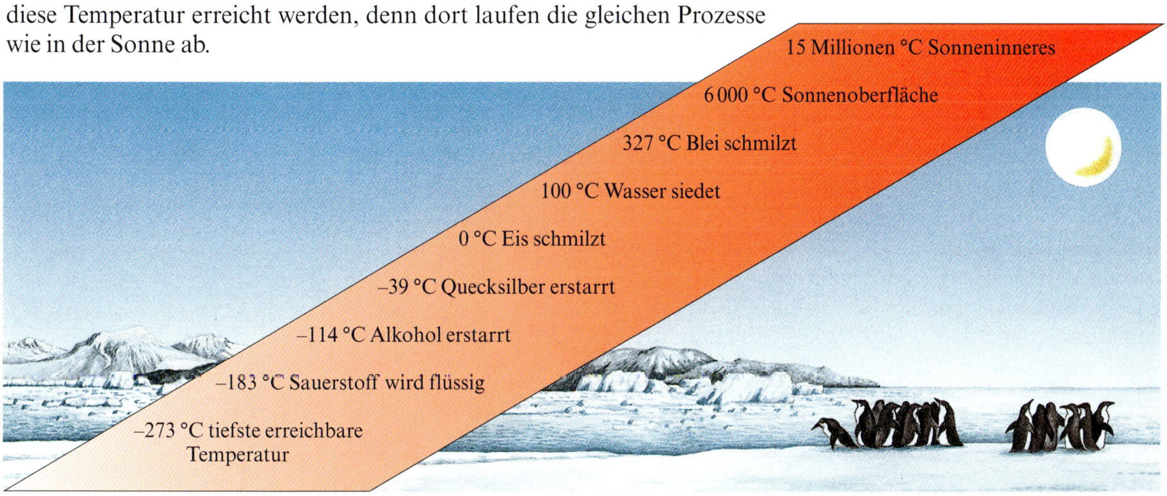

1

Die tiefste Temperatur, die heute technisch erzeugt werden kann, beträgt etwa –273 °C. Im Vergleich zur Sonnentemperatur scheint diese Temperatur gar nicht so fern von unserer normalen Umgebungstemperatur von 20 °C zu sein.
Kann man noch tiefere Temperaturen als –273 °C erreichen?

Schon vor mehr als 150 Jahren haben die Physiker entdeckt, dass es vermutlich eine untere Grenze für tiefe Temperaturen geben wird: Der Physiker LOUIS JOSEPH GAY-LUSSAC (1778–1850) hat beobachtet, dass sich eine abgeschlossene Menge Luft ausdehnt, wenn sie erwärmt wird, und dass sich ihr Volumen verringert, wenn sie abgekühlt wird (Bild 2).

Messungen ergaben:
Wird 1 l Luft von 0 °C auf 273 °C erwärmt, dann nimmt die Luft bei dieser Temperatur ein Volumen von etwa 2 l ein. Bei weiterer Erhöhung um wiederum 273 °C nimmt sie 3 l ein. (Dabei muss der Druck jeweils konstant gehalten werden.) Bei Abkühlung unter 0 °C nimmt das Volumen der Luft ab. Welches Volumen hat sie wohl bei –273 °C?
Würde die Volumenänderung bei Abkühlung ebenso verlaufen wie bei Erwärmung, dann hätte die Luft das Volumen null! Dies müsste dann die tiefste mögliche Temperatur, der *absolute Nullpunkt* sein, denn eine weitere Abkühlung wäre unmöglich.
Obwohl diese Überlegungen vor 150 Jahren noch Spekulation war, hat die Temperatur –273 °C (genauer –273,15 °C) schon damals einen neuen Namen erhalten: 0 K (null Kelvin) nach dem Physiker WILLIAM LORD KELVIN (1824–1907). Die Kelvinskala hat keine negativen Werte. Man kann sie als eine „um 273 Grad verschobene Celsiusskala" bezeichnen: Wasser gefriert bei +273 K, wir fühlen uns bei 293 K Raumtemperatur wohl und Wasser siedet bei 373 K.

Die Zahlenwerte bei Temperaturangaben auf der Kelvinskala sind um 273 höher als die auf der Celsiusskala.

2

In dieses Glasgefäß wurde zunächst mit einem Föhn heiße Luft geblasen. Danach wurde es schnell mit einer Gummihaut verschlossen und in einen Kühlschrank gestellt. Kann sich das Gasvolumen bei weiterer Abkühlung immer weiter verringern?

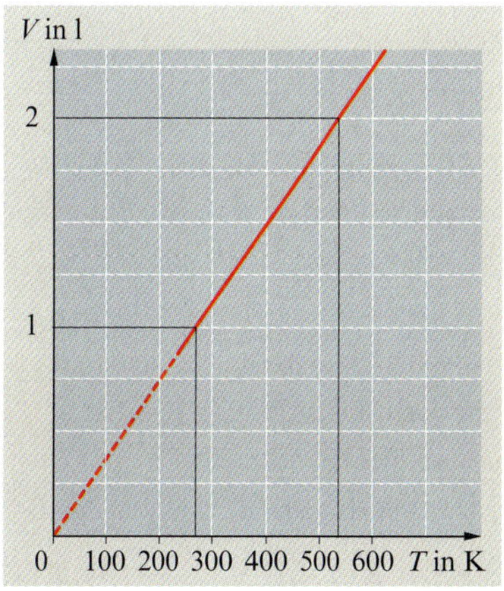

3

Angaben von Temperaturen und Temperaturdifferenzen. Für Temperaturen gibt es zwei Formelzeichen: Wird die Temperatur in °C angegeben so verwendet man das ϑ (also z. B. $\vartheta = 20\,°C$); wird die Temperatur in K angegeben, so verwendet man das T (also z. B. $T = 293\,K$).
Temperaturdifferenzen werden zumeist in K angegeben. Die Temperaturdifferenz $\Delta T = 1\,K$ ist genau so groß wie die Temperaturdifferenz $\Delta\vartheta = 1\,°C$.

Der absolute Nullpunkt. Der Physiker GAY-LUSSAC war noch überzeugt, den absoluten Nullpunkt der Temperatur durch dauerndes Abkühlen von Luft erreichen zu können. Luft wird jedoch schon bei etwa –183 °C flüssig und bei etwa –219 °C fest. Heute sind die Physiker davon überzeugt, dass der absolute Nullpunkt selbst mit dem Edelgas Helium nicht erreicht werden kann. Helium wird erst bei –269 °C, also bei 4 K, flüssig und unter normalem Luftdruck überhaupt nicht mehr fest.
Mit raffinierten Experimenten kommen die Physiker dem absoluten Nullpunkt aber sehr nahe: 0,000 0001 K gilt derzeit als Rekord. Allerdings ist es nicht nur schwierig, solche tiefen Temperaturen zu erreichen – auch ihre Messung ist nicht einfach. Um zu entscheiden, ob die Temperatur nun 0,000 000 2 K oder 0,000 000 3 K beträgt, reichen gewöhnliche Thermometer längst nicht aus.
Was macht die Physiker so sicher, dass es keine Temperatur von –1 K oder noch tiefer gibt?
Die Temperatur eines Körpers und die Bewegung seiner kleinsten Bausteine, seiner Moleküle und Atome, hängen eng miteinander zusammen: Je höher die Temperatur des Körpers ist, desto schneller ist die ungeordnete Bewegung seiner Teilchen. Die ungeordnete Bewegung der Teilchen eines Körpers heißt **thermische Bewegung**.

Schon gewusst?

Wenn das Symbol Δ vor dem Formelzeichen einer physikalischen Größe steht, wird ausgedrückt, dass diese Größe als **Differenz** zweier Größen gebildet wurde. Wird z. B. die Änderung einer Temperatur untersucht, so steht ΔT für die Differenz der Temperaturen am Ende und am Anfang des Prozesses: $\Delta T = T_{End} - T_{Anf}$.

Ein einfaches Experiment macht die thermische Bewegung am Beispiel des Wassers sichtbar:

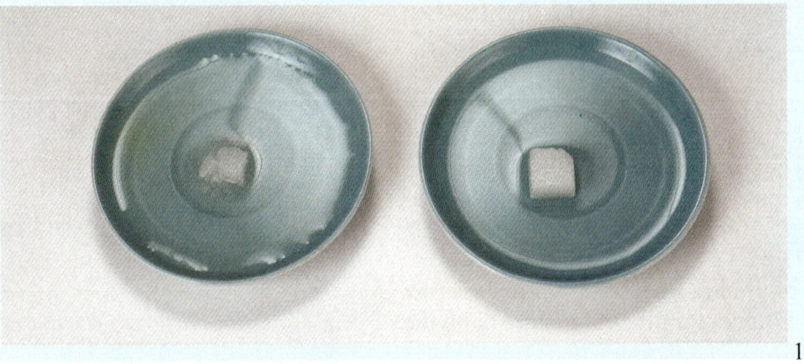
1

EXPERIMENT 1
Fülle auf eine Untertasse etwas heißes Wasser, auf eine zweite sehr kaltes Wasser. Lege in beide gleichzeitig je ein Stück Würfelzucker!
Welches Stück löst sich schneller auf?

Die „schnellen" Moleküle des heißen Wassers dringen schneller in den Zuckerkristall und lösen ihn schneller als die „langsameren" des kalten Wassers.

Wenn man einen Körper abkühlt, nimmt die thermische Bewegung seiner Teilchen ab. Die tiefste Temperatur wäre erreicht, wenn die Teilchen sich gar nicht mehr bewegen würden.

In einem Körper mit der Temperatur 0 K gäbe es keine thermische Bewegung seines Teilchen.

2

Verglichen mit 0 K ist es hier gemütlich warm.

Temperatur und kinetische Energie

Jeder Körper besitzt eine Masse, die wir meist an seiner Gewichtskraft bemerken. Eine Tafel Schokolade hat eine Masse von 100 g; jedes seiner 16 Stücke eine Masse von 6,25 g. Ebenso hat auch jedes einzelne Molekül der Schokolade eine bestimmte Masse. Diese ist allerdings sehr gering, denn die Anzahl der Moleküle der Schokolade ist sehr groß.
Angenommen, eine Tafel Schokolade hätte die Temperatur 0 K, die Moleküle wären in Ruhe. Fällt diese Schokolade vom Tisch, so nimmt ihre kinetische Energie zu, weil sie im Fallen immer schneller wird. Jedes einzelne Molekül der fallenden Schokolade trägt zur kinetischen Energie der Schokolade bei. Die kinetische Energie eines Moleküls hängt von seiner Masse und von seiner Fallgeschwindigkeit ab.
Bei Zimmertemperatur bewegen sich aber auch in der *ruhenden* Schokolade die Moleküle. Diese thermische Bewegung der Moleküle ist allerdings völlig ungeordnet. Dennoch besitzt jedes Molekül kinetische Energie, die wiederum von der Masse des Moleküls und seiner Geschwindigkeit abhängt.

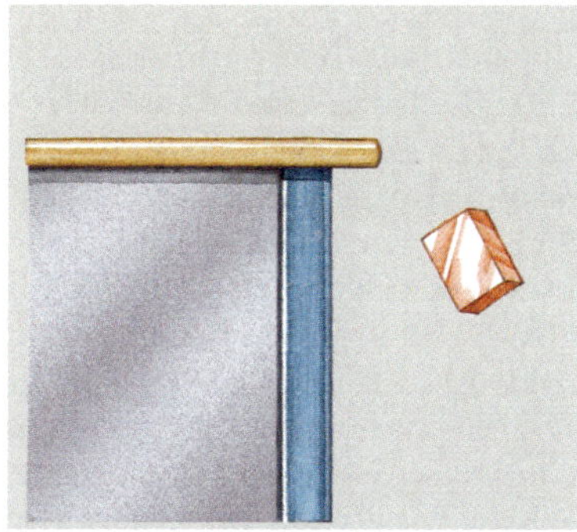

1 Die kinetische Energie des gesamten Körpers nimmt im Fallen zu. Die kinetische Energie der ungeordneten Teilchenbewegung ändert sich nicht.

Aufgrund seiner ungeordneten Bewegung besitzt jedes Teilchen eines Körpers eine bestimmte kinetische Energie. Die Summe dieser kinetischen Energien ist die thermische Energie des Körpers.

Und weil die ungeordnete Bewegung der Teilchen umso schneller ist, je heißer der Körper ist, gilt:

Je höher die Temperatur eines Körper ist, desto größer ist seine thermische Energie.

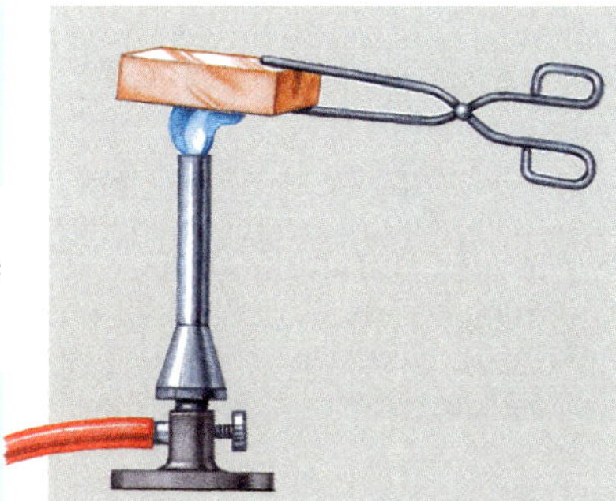

2 Die Energie der ungeordneten Teilchenbewegung wird größer. Die kinetische Energie des gesamten Körpers ändert sich nicht.

Die Bilder 1 und 2 zeigen zwei Möglichkeiten, die Energie eines Körpers zu erhöhen. In einem einfachen Experiment lässt sich zeigen, dass man die kinetische Energie, die durch Bewegung eines Körpers entsteht in thermische Energie umwandeln kann.

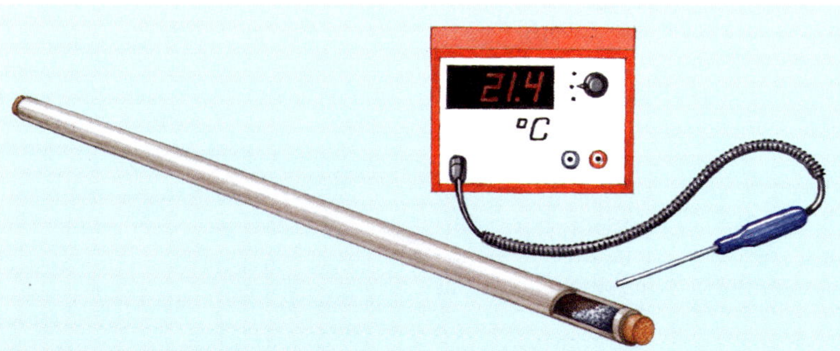

3

EXPERIMENT 2
Ein Papprohr, in dem sich viele Schrotkugeln befinden, wird auf beiden Seiten mit Stopfen verschlossen. Dann wird es etwa 50- bis 100-mal um 180° gedreht.
Anschließend wird die Temperatur der Schrotkugeln gemessen.

Die Temperatur der Schrotkugeln steigt um etwa 2 K an. Ihre kinetische Energie wird bei jedem Aufprall in kinetische Energie der ungeordneten Teilchenbewegung umgewandelt.

Beim Stoß zweier Körper und durch Reibung kann mechanische Energie in thermische Energie umgewandelt werden.

Ein Blick in die Natur

Gefühlte Temperatur

Ihr macht eine Bergwanderung, 12 °C zeigte das Thermometer an der Berghütte, die Sonne scheint, es weht ein leichter Wind. Den dicken Pullover hast du bald ausgezogen und du fühlst dich richtig wohl – nicht zu warm und nicht zu kalt. Da schiebt sich eine große Wolke vor die Sonne. Sofort wird dir kühler und bald ziehst du den Pullover wieder an.
Es hat sich eigentlich nicht viel geändert: Das Thermometer wird immer noch 12 °C anzeigen. Nur die Wärmestrahlung der Sonne fehlt und schon beginnst du zu frieren.
Die Sonne kommt wieder durch und ihr findet eine geschützte Mulde für eine Pause. Schon nach kurzer Zeit ist dir selbst im Hemd noch zu warm. Wieder hat sich am Wetter nicht viel geändert und noch immer würde das Thermometer 12 °C anzeigen. Nur der leichte Wind, der euch zuvor noch abgekühlt hat, fehlt in eurer Nische.
12 Grad empfindet man nicht immer als 12 Grad! Je nachdem, welche Witterungsbedingungen noch dazu kommen, kann uns diese Temperatur höher oder niedriger erscheinen.
Der Mensch ist eben kein Thermometer. Man kann ihn eher mit einem Ofen vergleichen. Allerdings mit einem ganz besonderen Ofen, der im Inneren immer genau dieselbe Temperatur haben muss, nämlich genau 37 °C. Schon eine Abweichung von 5 °C führt beim Menschen zu schweren Schäden oder sogar zum Tod. Deshalb muss die in den Muskeln und Gefäßen erzeugte Wärme dauernd abtransportiert, abgeleitet werden.
Und diese Temperaturregelung muss bei kräftiger Arbeit genauso exakt funktionieren wie im Schlaf, im heißen Sommer wie im kalten Winter. Eine tolle Leistung unseres Organismus!

Die Wärmeabgabe des Menschen muss über die Haut und durch die Kleidung reguliert werden. Dabei gilt:
- Je niedriger die Lufttemperatur ist, desto größer ist die Wärmeabgabe.
- Der Wind erhöht die Wärmeabgabe.
- Je höher die Luftfeuchtigkeit ist, desto geringer ist die Wärmeabgabe.
- Je dicker die Kleidung und je mehr Körperfläche damit bedeckt ist, desto geringer ist die Wärmeabgabe.
- Wenn die Sonne scheint, erwärmt sie uns zusätzlich von außen.

Erst wenn all diese Einflüsse richtig miteinander kombiniert werden, kann man vorhersagen, wie ein passend gekleideter Mensch dieses Wetter empfindet, kalt oder warm, vielleicht sogar heiß.
Im Wetterbericht wird deshalb manchmal nicht nur die Lufttemperatur angegeben, sondern auch die „gefühlte Temperatur". Sie wird mit einer komplizierten Formel aus den genannten und von der Wetterstation gemessenen Werten – Lufttemperatur, Sonneneinstrahlung, Windgeschwindigkeit und Luftfeuchtigkeit – berechnet.
Bei Angabe der gefühlten Temperatur werden die tatsächlichen Witterungsbedingungen mit derjenigen Temperatur verglichen, die in einer Standardumgebung herrschen müsste, um dasselbe Wärmegefühl zu haben. Die Standardumgebung ist ein tiefer Schatten bei einem leichten Windzug von 0,1 m/s. Außerdem wird vorausgesetzt, dass der Mensch sich etwas bewegt (Gehen mit 5 km/h) und sich angemessen kleidet.
Wenn es im Wetterbericht heißt „gefühlte Temperatur 15 °C", dann wird dir das Wetter angenehm sein, sofern du passend gekleidet bist. Im Winter solltest du eine warme Jacke tragen und im Sommer vielleicht ein T-Shirt.

1

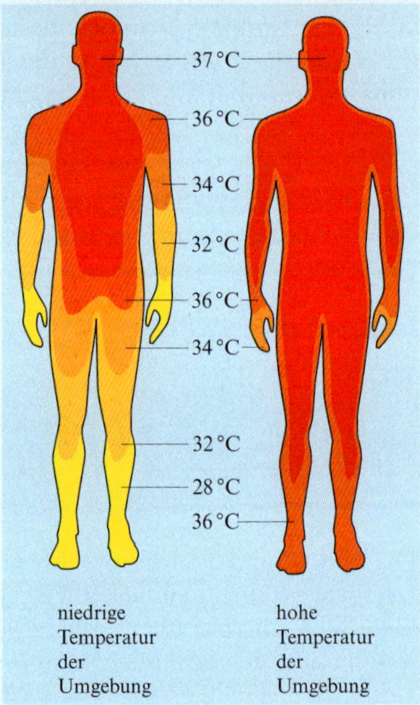

2

gefühlte Temperatur in °C	thermisches Empfinden	Belastung des Körpers
< –30	sehr kalt	extrem
–20 bis –30	kalt	stark
–5 bis –10	kühl	mäßig
+5 bis –5	leicht kühl	gering
+5 bis +17	behaglich	keine
+17 bis +20	leicht warm	gering
+20 bis +26	warm	mäßig
+26 bis +34	heiß	stark
> +34	sehr heiß	extrem

Hohe und tiefe gefühlte Temperaturen können zu einer Belastung des Körpers führen.

AUFGABEN

1. Eine Flüssigkeitsmenge hat eine Temperatur von 300 K. Wird die Flüssigkeitsmenge verdoppelt, so verdoppelt sich die Temperatur nicht.
   a) Nenne weitere physikalische Größen, die sich dabei nicht verdoppeln!
   b) Nenne physikalische Größen, die sich dabei verdoppeln!
2. Begründe, dass es eine tiefste Temperatur geben muss!
3. Müsste es nicht auch einen „absoluten Maximalwert" der Temperatur geben, so wie es den absoluten Nullpunkt gibt?
4. Nenne drei Beispiele, wo mechanische Energie in thermische Energie umgewandelt wird!
5. Ein Squashball wird vor Spielbeginn „warmgespielt".
   a) Welche Energieumwandlungen finden dabei statt?
   b) Wodurch wird sich ein warmer Sqashball von einem kalten unterscheiden?
6. Eine Kugel aus Knetmasse fällt auf den Boden. Was geschieht mit der kinetischen Energie? Vergleiche mit einer Stahlkugel, die auf den Boden fällt!
7. Nenne Temperatuskalen, bei denen eine Temperaturdifferenz von 1 Grad nicht einer Temperaturdifferenz von 1 °C entspricht!
8. Ein Bleiatom hat eine größere Masse als ein Kupferatom. Begründe, dass die Kupferatome sich bei gleicher Temperatur heftiger bewegen als die Bleiatome!
9. Ein Körper fällt von einem hohen Turm und wird dabei immer schneller. Alle seine Atome „fallen" dabei mit.
   Bedeutet dies, dass die Temperatur des fallenden Körper auch immer mehr ansteigt?
   Begründe deine Antwort!
10. Paula sagt: „Gestern waren es bei uns 30 Grad im Schatten." Christoph will sie übertrumpfen: „Bei uns waren es 38 Grad in der Sonne!"
    a) Erkläre, weshalb stets die Temperatur im Schatten angegeben wird!
    b) Welche Temperatur hat Christophs Thermometer tatsächlich angezeigt? Kann diese Temperatur auch mit der Farbe der Thermometerflüssigkeit zusammenhängen?

1

ZUSAMMENFASSUNG

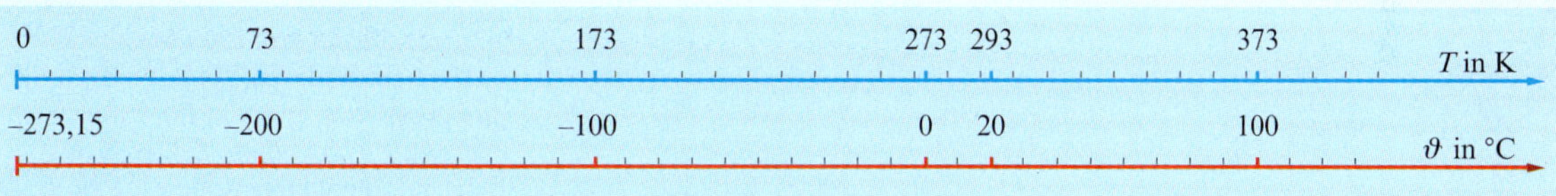

Die Kelvinskala der Temperatur beginnt am absoluten Nullpunkt.

Die Zahlenwerte bei Temperaturangaben auf der Kelvinskala sind um 273 höher als die auf der Celsiusskala.

Aufgrund seiner ungeordneten (thermischen) Bewegung besitzt jedes Teilchen eines Körpers eine bestimmte kinetische Energie. Die Summe dieser kinetischen Energien ist die thermische Energie des Körpers.

Am absoluten Nullpunkt würde die thermische Bewegung der Teilchen völlig verschwinden.

Beim Stoß zweier Körper und durch Reibung kann mechanische Energie in thermische Energie umgewandelt werden.

1

Wächst der Eiffelturm im Sommer? Die Sonne lässt nicht nur die Pflanzen wachsen. Auch der Eiffelturm in Paris „wächst", wenn es warm wird: Genaue Messungen seiner Höhe liefern an heißen Sommertagen andere Ergebnisse als an kalten Tagen im Winter: Der etwa 300 m hohe Turm ist im Hochsommer ein kleines Stück höher als im tiefen Winter.
Selbstverständlich wächst der Eiffelturm nicht wie eine Pflanze. – Und im nächsten Winter ist er wieder kleiner.
Um welchen Betrag ändert der Eiffelturm seine Höhe im Verlaufe eines Jahres?

Längenänderung fester Körper

Der Eiffelturm besteht aus vielen hundert Stahlstäben, die miteinander vernietet sind. Diese Stäbe werden an heißen Sommertagen von der Sonne kräftig erwärmt. Im Winter sind sie eiskalt. Weil sich jeder einzelne Stahlstab bei Erwärmung ausdehnt, wird auch der ganze Eiffelturm bei Erwärmung größer. Die Längenänderung von Metallteilen ist normalerweise recht klein, sie lässt sich aber mit einer besonderen Anordnung messen:

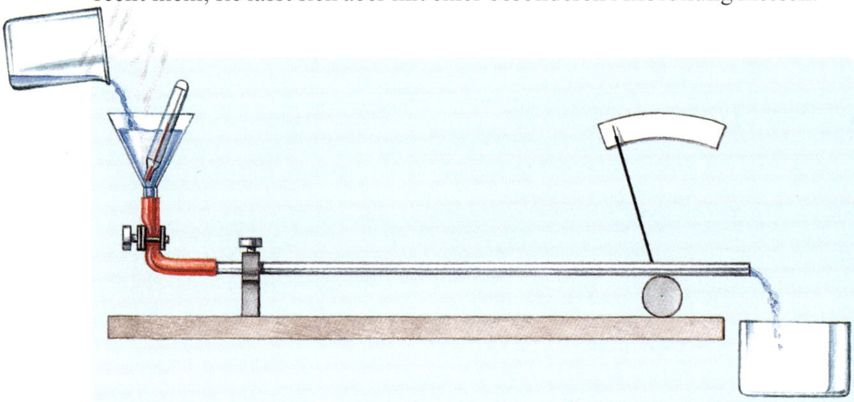

2

EXPERIMENT 1
Ein Stahlrohr von 1 m Länge wird an einem Ende fest eingespannt und liegt mit dem anderen Ende auf einer Walze, die mit einem Zeiger verbunden ist. Durch das Rohr wird Wasser geleitet, dessen Temperatur schrittweise erhöht wird. Nach jeder Temperaturerhöhung um $\Delta T = 10$ K wird die Längenänderung Δl abgelesen.

Bild 3 zeigt die Auswertung eines solchen Experimentes. Man erkennt einen proportionalen Zusammenhang zwischen Längenänderung Δl und Temperaturänderung ΔT: beispielsweise ergibt sich bei der doppelten Temperaturänderung ΔT eine doppelte Längenänderung Δl.

Der Abstand zwischen der Befestigung des Stahlrohres und der Walze im Experiment 1 betrug stets 1 m. Wird die Temperatur eines 1 m langen Stahlrohres um $\Delta T = 10$ K erhöht, verlängert es sich um $\Delta l = 0{,}12$ mm. Bei $\Delta T = 1$ K wird es sich um $\Delta l = 0{,}012$ mm verlängern.

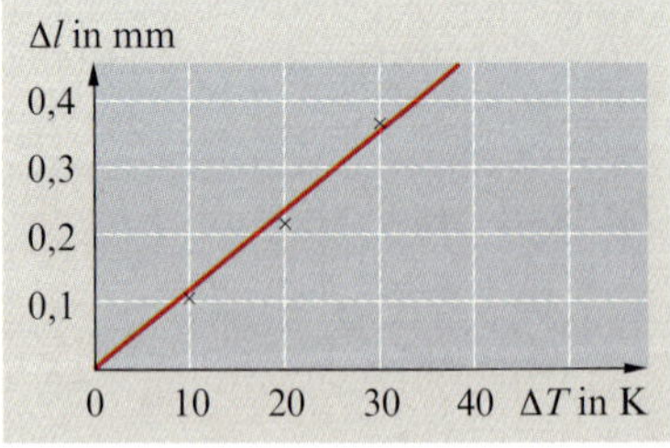

3

Die Längenänderung des Stahlrohres ist der Temperaturänderung proportional. Ähnliche Messungen zeigen, dass eine solche Proportionalität für viele andere Metalle und auch für Stein gilt. Für sehr hohe Temperaturen gibt es allerdings Abweichungen von der Proportionalität.
Ein 3 m langes Stahlrohr wird sich bei der Temperaturerhöhung um 1 K um $\Delta l = 3 \cdot 0{,}012$ mm = 0,36 mm verlängern. Die Längenänderung nimmt bei Erwärmung gleichmäßig zu.

> Die Längenänderung ist der Temperaturänderung und der Ausgangslänge l_0 proportional.

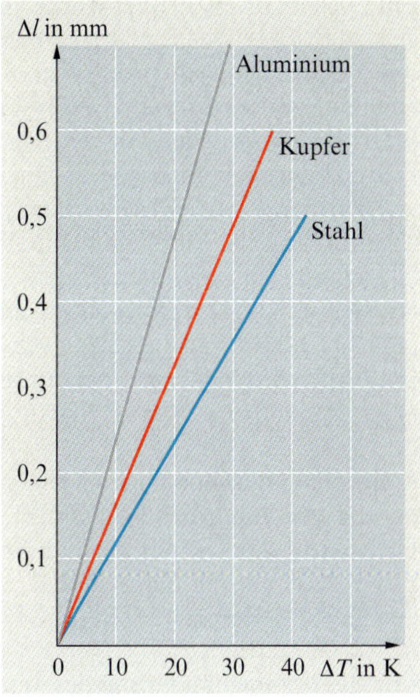

1

Jeder Abschnitt des Materials nimmt an der Längenänderung in gleichem Maße teil (Bild 1). Auch diese Überlegung kann durch Messungen bestätigt werden: Wird der halbe (oder viertel) Stab um dieselbe Temperaturänderung erwärmt, zeigt er auch nur die halbe (viertel) Längenänderung.
In einem Gedankenexperiment kann man die Teilung immer weiter fortsetzen bis zu den einzelnen Teilchen: Auch die Abstände zwischen den Teilchen müssen bei Temperaturerhöhung zunehmen. Und zwar im gleichen Verhältnis wie die Länge des ganzen Stabes. Wenn wir die thermische Längenänderung beobachten, „sehen" wir also zugleich die Abstandsänderung der Teilchen (Bild 2).

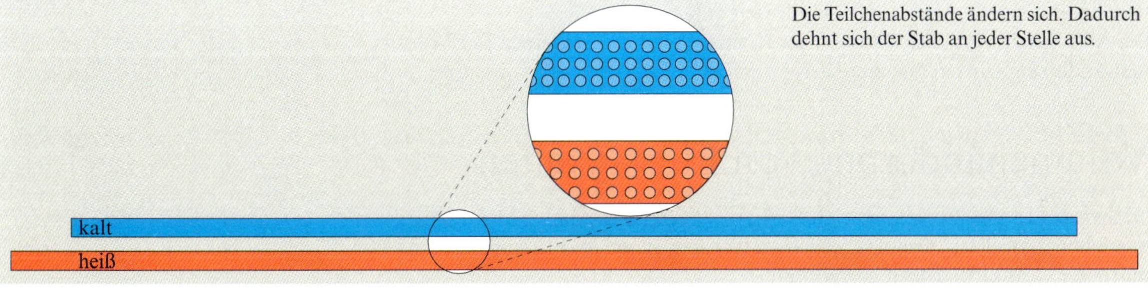

Die Teilchenabstände ändern sich. Dadurch dehnt sich der Stab an jeder Stelle aus.
2

Berechnung der Längenänderung. Die Längenänderung eines Stabes hängt auch vom Stoff ab, aus dem der Stab besteht. So ändert ein 1m langer Stab aus Kupfer bei einer Temperaturänderung von $\Delta T = 1$ K seine Länge um 0,017 mm.
Für jedes Material kann eine Stoffkonstante ermittelt werden, der sogenannte **lineare Ausdehnungskoeffizient** α. Seine Einheit ist 1/K.

> Für die Längenänderung eines Stabes Δl bei Erwärmung um ΔT gilt:
> $\Delta l = l_0 \cdot \alpha \cdot \Delta T$.

Beispiel
Angenommen, der stählerne Eiffelturm hätte im Winter bei –20 °C eine Höhe von 300,00 m. Wie hoch wäre er dann im Sommer bei +40 °C?

Gesucht: l
Gegeben: $l_0 = 300{,}00$ m
$\alpha = 0{,}000\,012\,\frac{1}{\mathrm{K}}$
$\Delta T = 60$ K

Lösung: $\Delta l = l_0 \cdot \alpha \cdot \Delta T$
$\Delta l = 300{,}00\ \mathrm{m} \cdot 0{,}000\,012\,\frac{1}{\mathrm{K}} \cdot 60\ \mathrm{K}$
$\Delta l = 0{,}22$ m
$l = l_0 + \Delta l = 300{,}22$ m

Ergebnis: Der Eiffelturm hätte im Sommer eine Höhe von 300,22 m.

Übrigens

Der lineare Ausdehnungskoeffizient von Stahl $\alpha_{\mathrm{Kupfer}} = \mathbf{0{,}000\,012\,\frac{1}{K}}$ bedeutet, dass sich ein **1 m** langer Stahlstab bei Temperaturerhöhung um **1 K** um **0,000 012 m** ausdehnt, also um 0,012 mm.

Lineare Ausdehnungskoeffizienten

Stoff	α in $\frac{1}{\mathrm{K}}$
Aluminium	0,000 024
Beton	0,000 012
Blei	0,000 031
Eisen, Stahl	0,000 012
Glas	0,000 008
Kupfer	0,000 017
Silber	0,000 020

Ein Loch im Blech. Früher wurden die Küchenherde mit brennendem Holz geheizt (Bild 1). Der Topf stand über einem Loch, das je nach Bedarf größer oder kleiner gemacht werden konnte. Dazu konnte man einzelne Ringe abnehmen oder einsetzen. Dehnt sich ein Loch in einem Blech bei Temperaturerhöhung aus oder wird es kleiner?
Würde man einen Eisenstab zu einem Kreis biegen, dann hätte dieser Kreis im Warmen einen größeren Umfang als im Kalten. Ebenso hat der erwärmte Ring einen größeren Durchmesser als der kalte. Ein Blech mit Loch kann man sich aus lauter Ringen zusammengesetzt denken, wie bei alten Küchenherden. Das ganze Blech, und damit auch jeder Ring, wird bei Temperaturerhöhung größer, also auch das Loch im Blech.
Ein Blech wird sich bei Temperaturerhöhung vergrößern, Länge und Breite nehmen zu, also wird seine Fläche größer.

1

Längenänderung und Volumenänderung. Ein Stab aus Metall wird bei Temperaturerhöhung nicht nur länger, er wir auch etwas dicker. Aber diese Dickenänderung ist nur klein im Vergleich zur Längenänderung.
Ein Würfel mit der Kantenlänge l_0 dehnt sich aber nach allen Seiten um den gleichen Betrag aus (Bild 2). Die Kanten des Würfels werden alle um $\Delta l = l_0 \cdot \alpha \cdot \Delta T$ länger.
Für die Volumenänderung des Würfels mit dem Anfangsvolumen V_0 gilt $\Delta V = V_0 \cdot \gamma \cdot \Delta T$ mit dem **Volumenausdehnungskoeffizienten** γ. Diese Gleichung gilt nicht nur für würfelförmige Körper, sondern für Körper beliebiger Gestalt. Auch γ hat die Einheit 1/K.
Bei Abkühlung wird das Volumen der Körper in der Regel kleiner. Die Volumenänderung wird in gleicher Weise berechnet wie bei der Erwärmung.

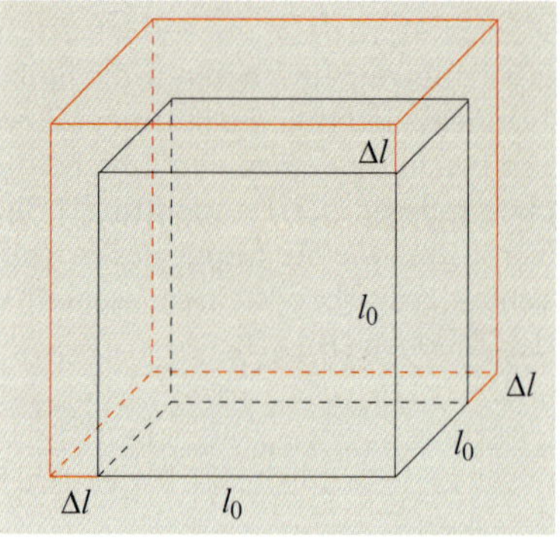

2

Volumenänderung von Flüssigkeiten

Nicht nur feste Stoffe dehnen sich bei Erwärmung aus. Auch Flüssigkeiten brauchen mehr Platz, wenn sie erwärmt werden. In jedem Flüssigkeitsthermometer wird diese Tatsache genutzt.
Was dehnt sich stärker aus, Wasser oder Glas?

EXPERIMENT 2
Fülle eine vorgewärmte Glasflasche randvoll mit etwa 80 °C heißem Wasser. Warte, bis Wasser und Glas abgekühlt sind und beobachte den Wasserstand!

Der Wasserspiegel in der Flasche sinkt bei Abkühlung. Würde man die Flasche wieder erwärmen, stiege der Wasserspiegel wieder an.
Ganz ähnlich wie das Loch im erwärmten Blech größer ist als im kalten, so nimmt auch das Innenvolumen eines Hohlkörpers, also z. B. einer Flasche oder eines Messzylinders, bei Temperaturerhöhung zu. Auch für diese Volumenänderung gilt $\Delta V = V_0 \cdot \gamma \cdot \Delta T$ mit dem Volumenausdehnungskoeffizienten γ.
Wenn also der Wasserspiegel im Experiment 2 bei Abkühlung gesunken ist, hat sich das Volumen des Wassers stärker verringert als das Innenvolumen der Flasche oder des Messzylinders. Tatsächlich gilt fast immer:

Flüssigkeiten ändern ihr Volumen bei Erwärmung stärker als feste Körper. Der Volumenausdehnungskoeffizient für Flüssigkeiten ist größer als der für feste Stoffe.

Volumenausdehnungskoeffizienten

Stoff	γ in $\frac{1}{K}$
Aluminium	0,000 072
Beton	0,000 036
Blei	0,000 093
Eisen, Stahl	0,000 036
Glas	0,000 025
Gold	0,000 042
Kupfer	0,000 051
Silber	0,000 060
Wolfram	0,000 012
Alkohol (Ethanol)	0,001 10
Glycerin	0,000 49
Petroleum	0,001 00
Quecksilber	0,000 18
Wasser (bei 18 °C)	0,000 18

Volumenänderung der Gase

Nicht nur feste Körper und Flüssigkeiten dehnen sich bei Erwärmung aus, sondern auch die Gase, beispielsweise die Luft.

EXPERIMENT 3
1. Besorge dir einen (billigen) Tischtennisball und drücke eine Beule hinein!
2. Erwärme etwas Wasser in einem Topf und lass den Ball mit der Beule nach unten darin schwimmen!
3. Wiederhole das Experiment mit einem Ball, in den du zuvor ein Loch gestochen hast. Tauche diesen erwärmten Ball mit dem Loch voran in kaltes Wasser!

1

Das warme Wasser hat den Kunststoff des Balles etwas erweicht und die Luft in ihm erwärmt. Dabei hat sich die Luft ausgedehnt und die Beule herausgedrückt.
Bei dem Ball mit Loch verschwindet die Beule nicht. Ein Teil der Luft entweicht durch das Loch. Wenn der Ball an Luft abkühlt, strömt wieder Umgebungsluft hinein. Wird der warme Ball jedoch in kaltes Wasser getaucht, „saugt" er statt Luft Wasser ein, und zwar umso mehr, je heißer er zuvor war.
Bei einer Temperaturdifferenz von 80 K füllt sich etwa 1/5 seines Volumens mit Wasser. Die Luft hatte sich bei Erwärmung um 80 K also sehr stark ausgedehnt.

Luft und alle anderen Gase dehnen sich bei Erwärmung erheblich mehr aus als Flüssigkeiten und feste Körper, wenn sie nicht in geschlossenen Gefäßen daran gehindert werden.

Schon gewusst?

Ein Würfel der Kantenlänge l_0 hat das Volumen $V_0 = l_0^3$. Bei Erwärmung um ΔT hat jede Kante die Länge $l = l_0 (1 + \alpha \cdot \Delta T)$.
Das Volumen beträgt nun $V = [l_0 (1 + \alpha \cdot \Delta T)]^3 = l_0^3 (1 + \alpha \cdot \Delta T)^3$
Weil $\alpha \cdot \Delta T$ eine sehr kleine Zahl ist, macht man nur einen sehr kleinen Fehler, wenn man $(1 + \alpha \cdot \Delta T)^3$ durch $(1 + 3\alpha \cdot \Delta T)$ ersetzt. Probiere dies einmal mit dem Taschenrechner aus!
Für die Volumenänderung ergibt sich bei Erwärmung um ΔT also:
$V \approx V_0 (1 + 3\alpha \cdot \Delta T)$ oder
$V = V_0 (1 + \gamma \cdot \Delta T)$. Es gilt: $\gamma \approx 3\alpha$.

Zustandsgleichung für das ideale Gas

Beim Aufpumpen eines Fahrradschlauches hast du sicher schon einmal bemerkt, dass die Luftpumpe warm, manchmal sogar heiß wird. Diese Erwärmung ist keine Folge der Reibung des kleinen Kolbens an der Rohrwand der Pumpe. Allein durch das Zusammenpressen wird die eingesperrte Luft in der Pumpe erwärmt.
In einem pneumatischen Feuerzeug (Druckluftfeuerzeug) lässt sich durch ruckhaftes Zusammenpressen eines Gemisches aus Luft und Alkohol sogar eine Entzündung bewirken (Bild 2). Dazu wird der Kolben kräftig nach unten geschlagen. Dabei steigt die Temperatur so sehr an, dass sich das Gasgemisch entzündet.

Druck, Volumen und Temperatur einer eingeschlossenen Gasmenge hängen eng miteinander zusammen und werden als **Zustandsgrößen** bezeichnet.
Weil es schwierig ist, die Veränderung von drei Zustandsgrößen gleichzeitig zu messen, soll in den folgenden Experimenten jeweils eine der Zustandsgrößen unverändert bleiben und der Zusammenhang der beiden anderen untersucht werden.

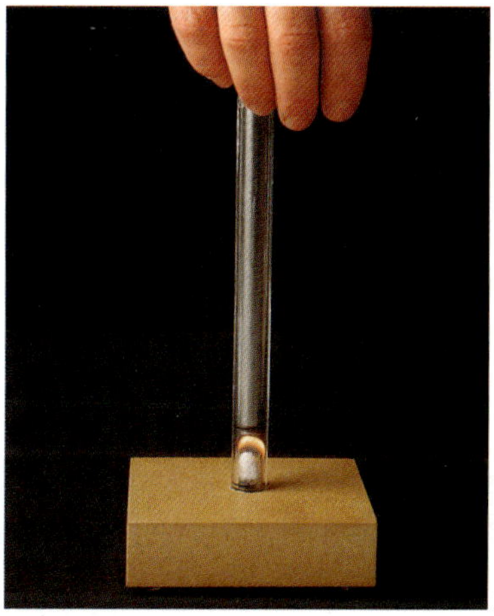
2
Pneumatisches Feuerzeug

Der Druck bleibt konstant. Wenn sich eine Gasmenge in einem Gefäß frei ausdehnen kann, dann wird der Druck im Inneren der Gleiche sein wie im Außenraum.

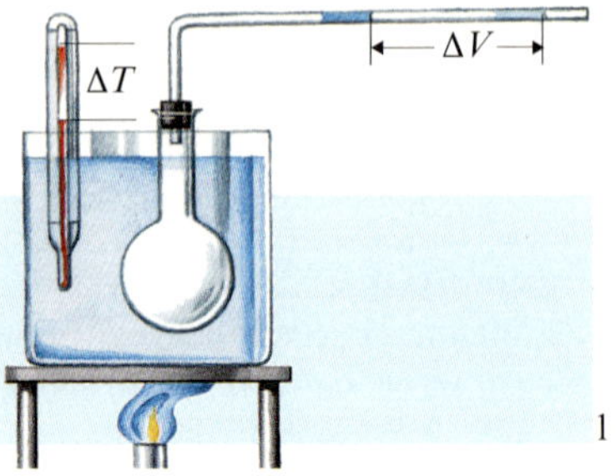

1

EXPERIMENT 4
Die Luft in einem Kolben wird durch einen Wassertropfen eingeschlossen. Der Kolben befindet sich in einem Wasserbad, dessen Temperatur allmählich erhöht wird. Die Messwerte für T und V werden in eine Tabelle eingetragen.

Werden die absolute Temperatur und das Volumen in ein Diagramm eingetragen, so stellt man fest: Alle Messwerte liegen ungefähr auf einer Geraden. Bei einer genauen Messung könnte man die Gerade nach tieferen Temperaturen verlängern. Die Gerade verläuft dann durch den Koordinatenursprung. Das muss auch so sein, denn auf diese Weise wurde ja der Nullpunkt der Kelvinskala festgelegt (siehe Seite 165).

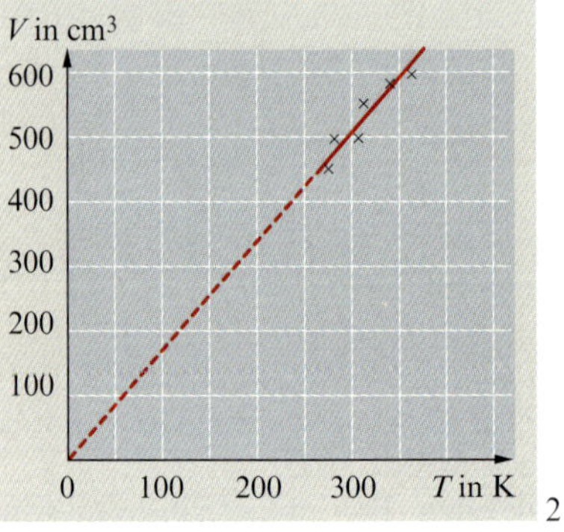

2

Wenn der Druck konstant bleibt, gilt für eine eingeschlossene Gasmenge: Das Volumen V und die Temperatur T sind einander proportional,
$V \sim T$ bzw. $\frac{V_1}{V_2} = \frac{T_1}{T_2}$.

Wird im Experiment 4 statt Luft ein anderes Gas im Glaskolben eingeschlossen, verhält sich dieses genauso wie Luft. Für alle Gase ergibt sich die gleiche Gerade: Bei der Temperaturerhöhung um 1 K nimmt das Volumen eines Gases um $V_0/273$ zu. Dabei ist V_0 das Volumen des Gases bei 0 °C.

Alle Gase haben denselben Volumenausdehnungskoeffizienten:
$\gamma = \frac{1}{273\ \text{K}}$.
Bei der Temperaturänderung ΔT ändert sich das Gasvolumen V_0 um $\Delta V = V_0 \cdot \gamma \cdot \Delta T$, sofern der Druck konstant bleibt.
V_0 ist das Volumen des Gases bei 0 °C.

Übrigens

Wie bei festen Körpern und Flüssigkeiten hängt auch bei Gasen die Volumenänderung ΔV vom Ausgangsvolumen V_0 ab. Die Gerade in Bild 2 gibt das Volumen an, das eine bestimmte Gasmenge bei verschiedenen Temperaturen einnimmt. Das Volumen einer größeren Gasmenge würde (bei gleichem Druck) durch eine steilere Gerade beschrieben.

Das Volumen bleibt konstant. Wird ein mit Luft oder einem anderen Gas gefüllter Behälter erwärmt, steigt der Druck im Inneren an. Im folgenden Experiment wird das Volumen des Gases nicht verändert.

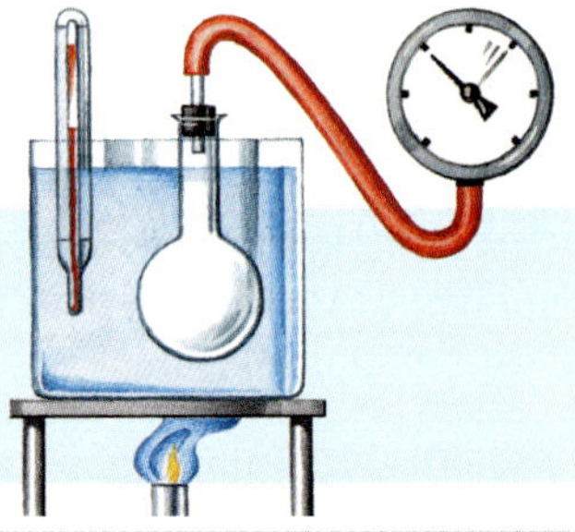
3

EXPERIMENT 5
Ein luftgefüllter Kolben befindet sich in einem Wasserbad, dessen Temperatur allmählich erhöht wird. Der Luftdruck im Inneren wird mit einem Manometer gemessen. Die Messwerte für T und p werden in eine Tabelle eingetragen.

Die Auswertung des Experimentes zeigt, dass der Druck linear ansteigt, wenn die Temperatur des Gases erhöht wird (Bild 4). Auch hier würde eine Verlängerung der Geraden durch den Koordinatenursprung verlaufen.

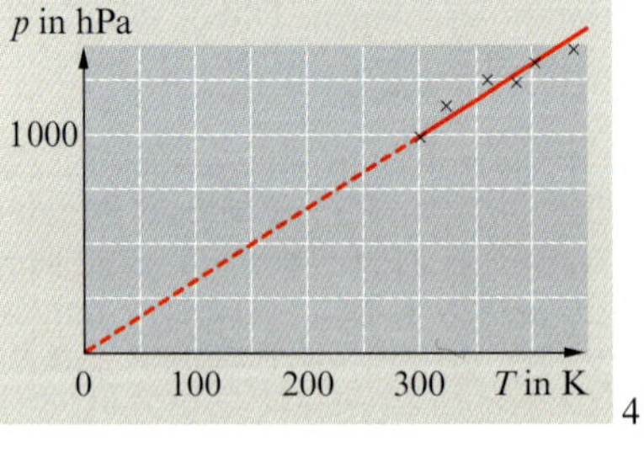

4

Wenn das Volumen konstant bleibt, gilt für eine eingeschlossene Gasmenge: Der Druck p und die Temperatur T sind einander proportional,
$p \sim T$ bzw. $\frac{p_1}{p_2} = \frac{T_1}{T_2}$.

Die Temperatur bleibt konstant. Wenn du sehr langsam den Kolben in die Luftpumpe drückst, wird sich die Pumpe kaum erwärmen. Auch das pneumatische Feuerzeug funktioniert nur bei sehr schnellem Zusammendrücken des Gases. Bei langsamem Zusammendrücken bleibt die Temperatur konstant und dann gilt das Gesetz von BOYLE und MARIOTTE (S. 130).

Wenn die Temperatur konstant bleibt, gilt für ein abgeschlossenes Gas: Der Druck p und das Volumen V sind umgekehrt proportional zueinander, $p \sim \frac{1}{V}$ bzw. $p_1 \cdot V_1 = p_2 \cdot V_2$.

1 Hier ändern sich Druck, Volumen und Temperatur zugleich.

Der Zusammenhang der drei Zustandsgrößen. Beim Pumpen mit der Fahrradpumpe bewirkt die Druckerhöhung nicht nur eine Volumenverringerung sondern zugleich eine Temperaturerhöhung (Bild 1).
Zu Beginn hat die Luft in der Pumpe
das Volumen V_1, die Temperatur T_1 und den Druck p_1.
Nach dem Einschieben des Kolbens hat die Luft
das Volumen V_2, die Temperatur T_2 und den Druck p_2.
Die Zustandsgrößen haben sich von V_1, T_1, p_1 nach V_2, T_2, p_2 verändert.

GEDANKENEXPERIMENT
Die Zustandsänderung der Luft in einer Luftpumpe wäre auch in zwei Schritten möglich.

1. Schritt: Das Volumen wird verringert, indem das Gas auf eine Zwischentemperatur T_z abgekühlt wird.
Dabei bleibt der Druck p_1 konstant.

$$\frac{V_1}{V_2} = \frac{T_1}{T_z} \quad \text{also} \quad T_z = T_1 \cdot \frac{V_2}{V_1} \quad (\textit{Gleichung a})$$

2. Schritt: Der Druck wird erhöht, indem die Temperatur erhöht wird.
Dabei bleibt das Volumen V_2 konstant.

$$\frac{p_1}{p_2} = \frac{T_z}{T_2} \quad \text{oder} \quad T_z = T_2 \cdot \frac{p_1}{p_2} \quad (\textit{Gleichung b})$$

Die Terme auf der rechten Seite der Gleichungen *a* und *b* müssen gleich sein. Daraus ergibt sich:

$$T_1 \cdot \frac{V_2}{V_1} = T_2 \cdot \frac{p_1}{p_2} \quad \text{bzw.} \quad p_1 \cdot \frac{V_1}{T_1} = p_2 \cdot \frac{V_2}{T_2}$$

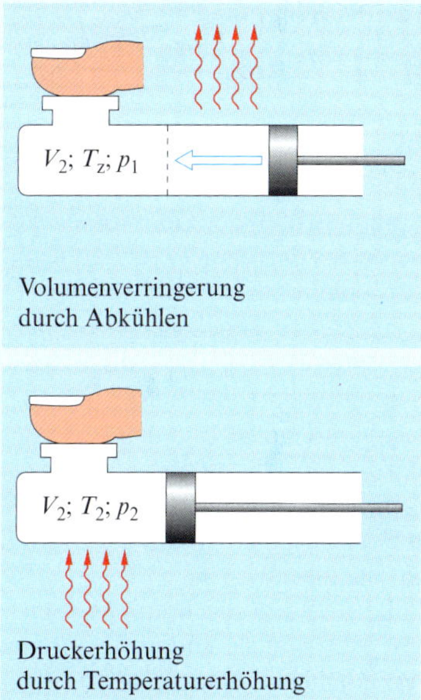

2

In dem Gedankenexperiment wurde beachtet, dass die Proportionalitäten zwischen zwei Größen jeweils nur dann gelten, wenn die dritte Größe konstant gehalten wird. Man gelangt zu einer Gleichung, die die experimentell gefundenen Proportionalitäten wiedergibt. Diese Gleichung heißt **Zustandsgleichung für das ideale Gas**.

Wird der Zustand einer Gasmenge mit dem Druck p_1, dem Volumen V_1 und der Temperatur T_1 verändert, so gilt für die neuen Zustandsgrößen p_2, V_2 und T_2:

$$p_1 \cdot \frac{V_1}{T_1} = p_2 \cdot \frac{V_2}{T_2} \quad \text{bzw. allgemein:} \quad p \cdot \frac{V}{T} = \text{konstant.}$$

Übrigens

Gase verhalten sich meistens wie das sogenannte **ideale Gas**:
1. Das Volumen der Teilchen ist klein im Vergleich zu ihren Abständen voneinander.
2. Zwischen den Teilchen gibt es keine Wechselwirkungen, außer im Augenblick des Zusammenstoßes.
3. Die Stöße zwischen den Teilchen und der Gefäßwand sind elastisch (wie bei Billardkugeln).

Ein Blick in die Technik

Vorsicht vor Volumenänderungen!

Auf dem Bau. Auf jeder Baustelle wird heute Beton benutzt, um schnell große und stabile Flächen herzustellen, beispielsweise Geschossdecken. Solche Decken bestehen nicht nur aus Beton – eine Mischung aus Sand und Zement, gebunden durch Wasser – sondern sie enthalten auch Eisengeflechte. Welche Aufgabe haben diese?

1

2

Belastung einer Tafel Schokolade

Wenn du eine eingepackte Tafel Schokolade durchbrichst, dann reißt das Papier auf der Außenseite der Krümmung. Dort herrscht großer Zug. Ähnlich geht es der Geschossdecke bei Belastung: Die Unterseite (also die Decke des darunter liegenden Raumes) dehnt sich. Diesen Zug hält reiner Beton nicht aus, er würde reißen. Daher werden Matten aus Stahlgeflecht in den Beton eingelegt. Sie können bei Belastung den Zug aushalten und außerdem verringern sie die Biegung der Decke.

Viele Bauwerke aus Beton, z. B. Brücken und Türme, werden im Sommer warm und im Winter kalt. Sie dehnen sich aus und ziehen sich wieder zusammen. Hätten Beton und Stahl nicht fast den gleichen Längenausdehnungskoeffizienten, würden bei Temperaturänderungen große Kräfte im Stahlbeton auftreten. Es käme zu Rissen und das Bauwerk würde nach und nach zerstört.

Während Stahl und Beton problemlos miteinander verbunden werden können, gibt es viele andere Kombinationen von Baumaterialien, bei denen stets ein Sicherheitsspielraum eingeplant werden muss, z. B. bei Aluminium und Glas.

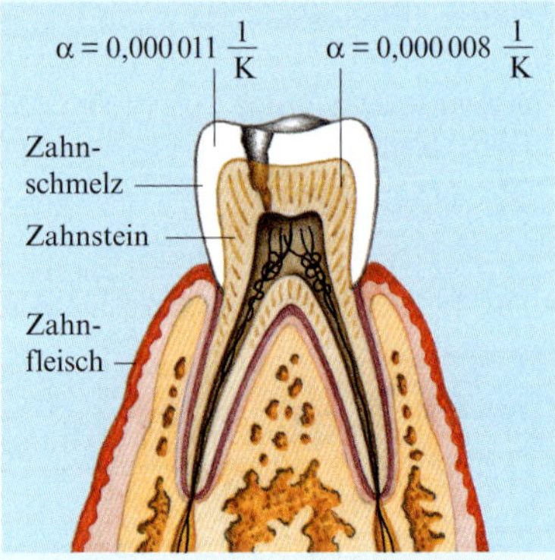

3

Beim Zahnarzt. Unsere Zähne haben eine feste Oberfläche aus Zahnschmelz, darunter befindet sich das Zahnbein. Zahnschmelz hat einen größeren Volumenausdehnungskoeffizienten als Zahnbein.

Hat der Zahn ein „Loch" ist die Oberfläche unterbrochen. Bei Temperaturänderung wird er sich nun wie ein Bimetall verhalten: Beim Eisessen kann der Zahn bis auf 16 °C abkühlen und wird sich dabei ein klein wenig nach außen biegen, das Loch „öffnen". Bei heißen Getränken kann der Zahn bis zu 43 °C warm werden und sich dabei nach innen biegen.

Hat der Zahn eine Füllung aus Amalgam ($\alpha_{Amal} = 0{,}000\,026 \cdot 1/K$) ändert auch diese ihr Volumen. Obwohl diese Bewegungen von Zahnrand und Füllung nur winzige Spalte zwischen Zahn und Füllung öffnen, kann sich die Füllung lockern und es können dort Bakterien eindringen.

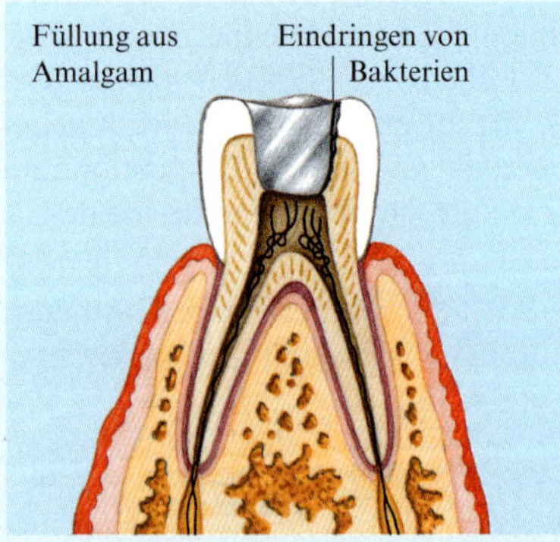

4

AUFGABEN

1. Abends knackt es manchmal geradezu unheimlich in der Zentralheizung: Wodurch kann dieses Knacken entstehen?
2. Begründe, dass Regenrinnen nur in Halteeisen eingelegt aber weder verschweißt noch angeschraubt werden!
3. In welche Richtung biegt sich ein Fernsehturm, wenn die Sonne scheint? (Übrigens nimmt dabei die Reichweite der Antenne in Richtung Sonne zu, in der Gegenrichtung ab.)
4. Überlege wo ihr im Haus Rohre habt, die mal heiß und mal kalt sind. Können sich diese ausdehnen und zusammenziehen?
5. Eine Eisenmutter sitzt fest auf einem Gewinde aus Kupfer. Sollte man heizen oder kühlen, damit sie sich leichter drehen lässt?
6. Informiere dich über die Technik des *Aufschrumpfens*. Erläutere dieses Verfahren anhand eines Beispiels!
7. Ein 2 m breites Glasfenster hat einen Rahmen aus Aluminium. Berechne die Längenänderung der beiden Materialien für einen Temperaturunterschied von 30 K! Welche Schlussfolgerung kannst du ziehen?
8. Die Fahrdrähte von Eisenbahnen bestehen aus Kupfer. Angenommen, ein einzelner Fahrdraht hat eine Länge von 500 m.
   a) Um welchen Betrag dehnt sich der Fahrdraht bei Erwärmung um 40 K aus?
   b) Wie wird das Problem der Ausdehnung technisch gelöst?
9. Wie muss bei einem Präzisions-Flüssigkeitsthermometer die Ausdehnung von Glas berücksichtigt werden?
10. Unterhalb von 4 °C dehnt sich Wasser bei Abkühlung aus. Begründe, dass der Volumenausdehnungskoeffizient von Wasser hier einen negativen Wert hat!
11. Ein 1-Liter-Gefäß aus Glas ist randvoll mit Alkohol gefüllt. Wie viel Flüssigkeit läuft bei einer Temperaturerhöhung um 30 K aus? Berücksichtige dabei auch die Ausdehnung des Gefäßes!
12. Bei einem Luftdruck von 1000 hPa wird ein luftdichter Gefrierschrank eingeschaltet. Die Temperatur innen sinkt von 20 °C auf –20 °C.
    a) Wie groß ist danach der Luftdruck im Inneren?
    b) Wie groß ist die Kraft auf die Tür (A = 0,5 m²) infolge des Druckunterschiedes? Könntest du die Tür öffnen?
13. Ein großer Heißluftballon enthält 4000 m³ Luft (T = 273 K). Welches Luftvolumen tritt bei einer Temperaturerhöhung um 10 K aus? Wie stark verringert sich dadurch die Masse des Ballons (Dichte von Luft bei 273 K: ϱ = 1,29 kg/m³)?
14. Ein Gas hat bei 300 K ein Volumen von 3 l und einen Druck von 2000 hPa. Es wird schnell auf 1,5 l zusammengedrückt ohne dass es Wärme abgeben kann. Der Druck steigt dabei auf das Dreifache an.
    Wie hoch ist die Temperatur des Gases nach dem Zusammendrücken?

ZUSAMMENFASSUNG

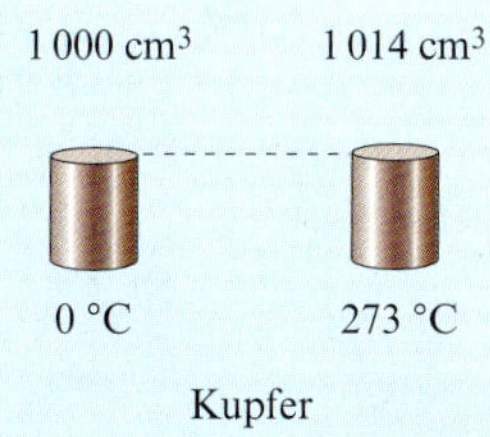

Längenänderung eines Stabes

$\Delta l = l_0 \cdot \alpha \cdot \Delta T.$

- l_0 Anfangslänge
- α linearer Ausdehnungskoeffizient des Stoffes
- ΔT Temperaturänderung $T_{End} - T_{Anf}$

Volumenänderung von festen oder flüssigen Körpern

$\Delta V = V_0 \cdot \gamma \cdot \Delta T$

- V_0 Anfangsvolumen
- γ Volumenausdehnungskoeffizient des Stoffes

Volumenänderung eines Gases

$\Delta V = V_0 \cdot \gamma \cdot \Delta T$

- V_0 Volumen des Gases bei 0 °C
- $\gamma = \frac{1}{273} \cdot \frac{1}{K}$ für alle Gase

Zustandsgleichung für das ideale Gas:

$p \cdot \frac{V}{T}$ = konstant

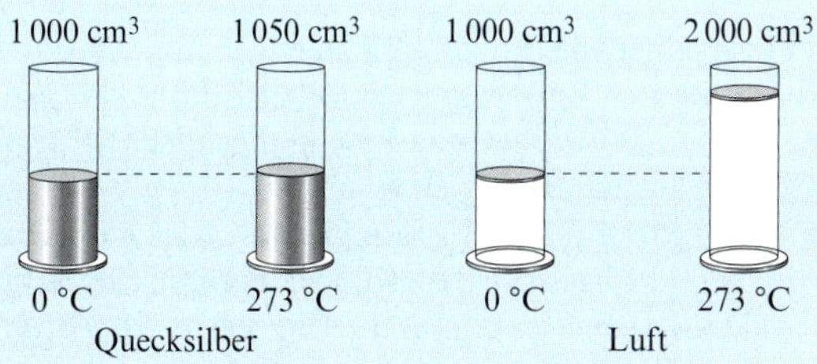

Warmes Wasser gehört zu den wichtigsten Dingen des täglichen Bedarfs: Wir duschen mit warmem Wasser, gießen den Tee mit siedendem Wasser auf und heizen unsere Wohnräume mit der Warmwasserheizung.

1

Auf unterschiedlichen Wegen zum selben Ziel

Wasser kann auf sehr unterschiedliche Weise erwärmt werden: In Bild 1 erwärmen Sonnenkollektoren auf dem Dach das Duschwasser, das Teewasser wird im elektrischen Wasserkocher erhitzt und die Gasflammen im Brenner der Zentralheizung erwärmen das Heizungswasser.

Tina hat sich verschiedene Möglichkeiten überlegt, wie sie die Temperatur einer Stahlkugel erhöhen kann:

2

3

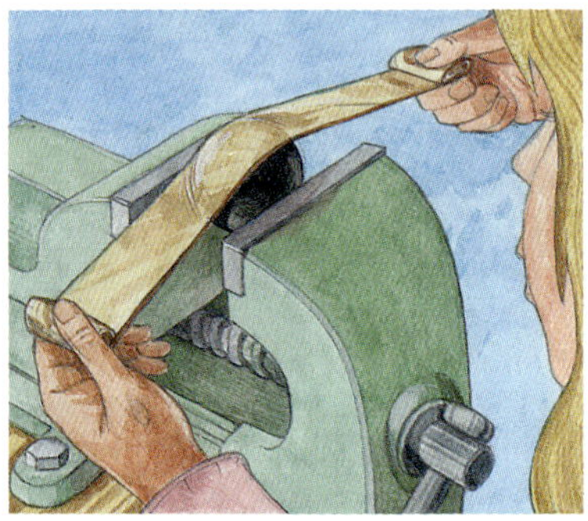

4

Sehr verschiedene Prozesse können hier zum selben Ziel führen, nämlich zur Änderung der Temperatur eines bestimmten Körpers um einen bestimmten Betrag. Dabei nimmt auch die thermische Energie des Körpers jeweils um den gleichen Betrag zu.
In den Bildern 2 und 3 ist dargestellt, wie dem Körper **Wärme** zugeführt wird. Im Bild 4 wird an dem Körper **mechanische Arbeit** verrichtet. Dadurch wird jedoch seine mechanische Energie nicht erhöht, nur seine thermische Energie nimmt zu.

Die Änderung der thermischen Energie des Körpers ist in den beiden ersten Fällen gleich der zugeführten Wärme; im dritten Fall ist sie gleich der verrichteten mechanischen Arbeit. Eine weitere Möglichkeit wäre es, die thermische Energie des Körpers gleichzeitig durch Zufuhr von Wärme und z. B. durch Reibungsarbeit zu erhöhen.

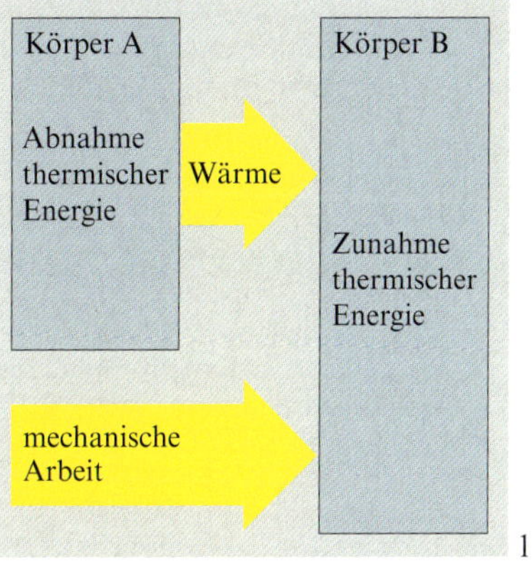

1

Durch die Zufuhr von Wärme oder das Verrichten von mechanischer Arbeit kann die thermische Energie eines Körpers geändert werden.

Der Unterschied zwischen Wärme und thermischer Energie. In der Mechanik wird unterschieden zwischen der Arbeit und der Energie. Die Energie kennzeichnet den Zustand eines Körpers (z. B. in welcher Höhe er sich befindet), die Arbeit kennzeichnet einen Prozess (z. B. um welche Höhendifferenz der Körper angehoben wird.)
Ähnlich verhält es sich mit den Begriffen thermische Energie und Wärme: Die thermische Energie kennzeichnet den Zustand eines Körpers. Die Wärme kennzeichnet eine Änderung der thermischen Energie, die z. B. dadurch entsteht, dass der Körper mit einem Körper anderer Temperatur in *thermischem Kontakt* ist. Der thermische Kontakt zwischen Körpern unterschiedlicher Temperatur bewirkt eine Wärmeübertragung durch Stöße von Teilchen. Auch durch Strahlung kann Wärme übertragen werden.

Thermische Energie

Manche physikalische Größen lassen sich auf einfache Weise messen, wie etwa die Länge, die Zeit oder die Masse. Auch Temperaturen kann man in vielen Fällen einfach mit dem Thermometer bestimmen. Wer allerdings glaubt, die thermische Energie eines Körpers einfach mit Waage und Thermometer bestimmen zu können, der kann eine Überraschung erleben:

EXPERIMENT 1

1. Erhitze 100 g Wasser (also 100 ml) bis zum Sieden. Gieße dieses Wasser in ein Becherglas mit 1 l Wasser. Miss vorher und nachher die Temperatur des Wassers im Becherglas!
2. Erhitze 100 g Bleischrot ebenfalls auf 100 °C, indem du es in einem Netz einige Zeit in siedendes Wasser hältst. Gib das Blei dann in ein Becherglas mit 1 l Wasser rühre eine Weile um. Miss vorher und nachher die Temperatur des Wassers im Becherglas!

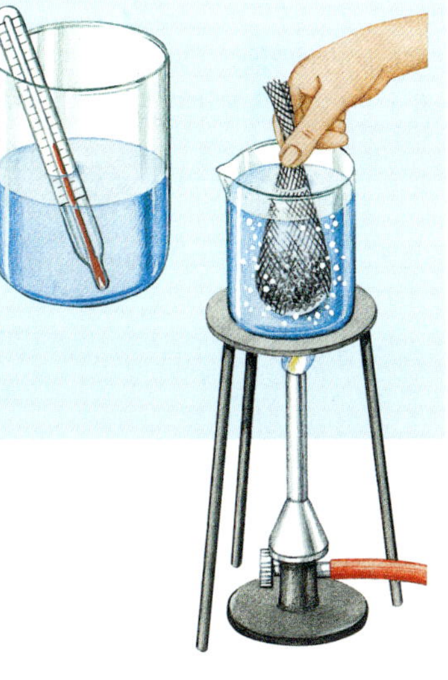
2

Mit 100 g siedendem Wasser wird eine Temperaturerhöhung von fast 6 °C erreicht. Die Temperaturerhöhung durch 100 g Blei von 100 °C ist kaum zu messen, sie beträgt nur etwa 0,2 °C!
Offensichtlich können 100 g Wasser mit einer Temperatur von 100 °C einen Gegenstand stärker erwärmen als 100 g Blei derselben Temperatur. Das Wasser hat mehr thermische Energie als das Blei.

Die thermische Energie eines Körpers hängt von seiner Masse, der Temperatur und von dem Material ab, aus dem er besteht.

Meistens geht die Zufuhr von Wärme mit einer Temperaturerhöhung des Körpers einher. Wenn man Wasser mit einem Gasbrenner erhitzt, wird seine thermische Energie erhöht, denn seine Temperatur steigt.

EXPERIMENT 2

1. Fülle ein Becherglas mit 1 l Wasser und miss die Temperatur. Erwärme das Wasser 5 min lang mit einem Gasbrenner. Miss jeweils im Abstand von einer Minute die Temperatur, notiere sie in einer Tabelle und zeichne ein Temperatur-Zeit-Diagramm!
2. Wiederhole das Experiment mit demselben Gasbrenner mit 0,5 l Wasser!
3. Wiederhole das Experiment mit 0,5 l Speiseöl!

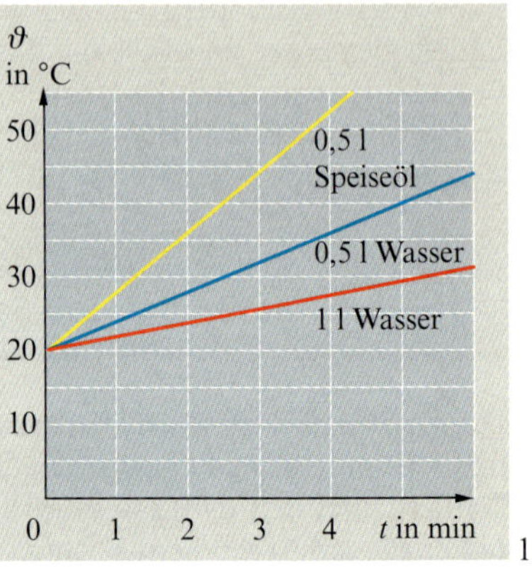

1

Die Temperatur des Wassers steigt gleichmäßig an: In der 2. Minute ist sie um 2 °C gestiegen, in der 3. Minute genauso viel und ebenso z. B. in der 5. Minute. Im zweiten Teil von Experiment 2 steigt die Temperatur in jeder Minute um 4 °C an, also doppelt so viel wie zuvor. Bei der halben Masse des Wassers wird für eine Temperaturerhöhung um 2 °C nur die halbe Wärme (also die halbe Zeit) benötigt. Es gilt:

Die einem Körper zugeführte Wärme Q ist proportional zur Temperaturerhöhung ΔT: $Q \sim \Delta T$.
Die für die Temperaturänderung ΔT erforderliche Wärme Q ist proportional zur Masse m des Körpers: $Q \sim m$.

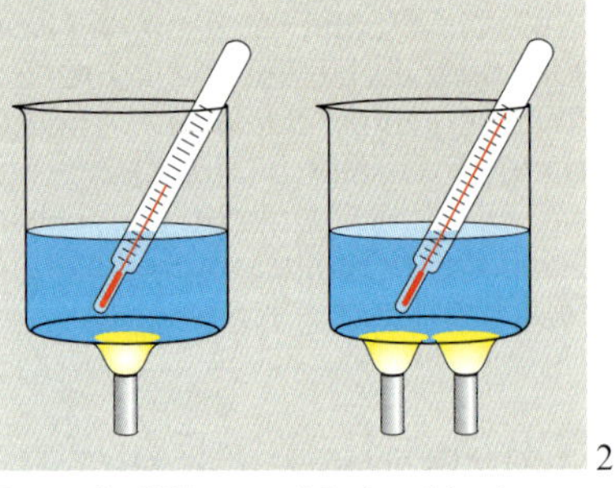
2

Doppelte Wärmezufuhr bewirkt doppelte Temperaturerhöhung

Im dritten Teil von Experiment 2 steigt die Temperatur des Speiseöls deutlich stärker an als bei der gleichen Menge Wasser. Dieselbe Wärme bewirkt bei verschiedenen Stoffen unterschiedliche Temperaturänderungen: Wenn man 1 kg eines bestimmten Stoffes um 1 °C (also 1 K) erwärmen will, so benötigt man dafür eine für den Stoff typische Menge an Wärme. Diese Wärme wird durch die **spezifische Wärmekapazität c** gekennzeichnet.

Die spezifische Wärmekapazität c eines Stoffes gibt an, wie viel Wärme notwendig ist, damit sich die Temperatur von 1 kg dieses Stoffes um 1 K erhöht.

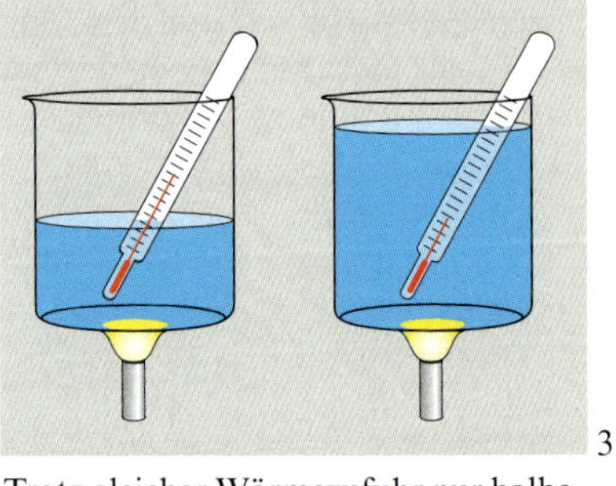
3

Trotz gleicher Wärmezufuhr nur halbe Temperaturerhöhung

Als Einheit der spezifischen Wärmekapazität wird $\frac{\text{kJ}}{\text{kg} \cdot \text{K}}$ verwendet.

Spezifische Wärmekapazitäten

Stoff	c in $\frac{\text{kJ}}{\text{kg} \cdot \text{K}}$	Stoff	c in $\frac{\text{kJ}}{\text{kg} \cdot \text{K}}$	Stoff	c in $\frac{\text{kJ}}{\text{kg} \cdot \text{K}}$
Aluminium	0,90	Keramik	0,85	Aceton	2,10
Beton	0,84	Kunststoffe	1,3 bis 2,1	Alkohol (Ethanol)	2,40
Blei	0,13	Kupfer	0,39	Glycerin	2,39
Diamant	0,50	Messing	0,38	Petroleum	2,00
Eisen	0,45	Porzellan	0,84	Quecksilber	0,14
Glas	ca. 0,8	Stein	ca. 0,75	Wasser	4,19
Graphit	0,78	Styropor	1,5		
Gold	0,13	Ziegel	0,84	Helium (p = konstant)	5,23
Holz	ca. 1,5	Zinn	0,23	Luft (p = konstant)	1,01

Mithilfe dieser Stoffkonstanten kann berechnet werden, welche Wärme Q einem Körper, der die Masse m hat, und dessen Stoff die spezifische Wärmekapazität c besitzt, zugeführt werden muss, damit sich seine Temperatur um $\Delta T = T_{End} - T_{Anf}$ erhöht. Wird ihm diese Wärme Q entzogen, erniedrigt sich seine Temperatur um denselben Betrag:

Durch Zufuhr der Wärme Q ändert sich die thermische Energie des Körpers um den Betrag $c \cdot m \cdot \Delta T$. Es gilt: $Q = c \cdot m \cdot \Delta T$

In dieser Gleichung kommen die experimentell gefundenen Proportionalitäten $Q \sim m$ und $Q \sim \Delta T$ zum Ausdruck. Es muss allerdings vorausgesetzt werden, dass sich der Aggregatzustand des Körpers nicht ändert.
Die spezifische Wärmekapazität von Wasser ist sehr groß im Verhältnis zu derjenigen von Blei. Dies ist der Grund, weshalb sich das Wasser im Experiment 1 fast gar nicht erwärmt:
Angenommen, zunächst hat das Wasser eine Temperatur von 20 °C und das Blei hat eine Temperatur von 100 °C. Wenn sich 100 g Blei um $\Delta T_{Blei} = 80$ K abkühlen würden, würde das Blei dabei eine Wärme von

$Q = 0{,}13 \frac{\text{kJ}}{\text{kg}} \cdot \text{K} \cdot 0{,}1\ \text{kg} \cdot 80\ \text{K} = 1{,}04\ \text{kJ}$ abgeben.

Mit dieser Wärme ließe sich aber die Temperatur von 1 kg Wasser nur um

$\Delta T = \dfrac{1{,}04\ \text{kJ}}{4{,}19 \frac{\text{kJ}}{\text{kg} \cdot \text{K}} \cdot 1\ \text{kg}} = 0{,}25\ \text{K}$ erhöhen.

Messungen mit dem Kalorimeter. Um die spezifische Wärmekapazität verschiedener Stoffe zu bestimmen, werden besondere Gefäße verwendet, sogenannte Kalorimeter (Bild 1). Das erwärmte Material, das fest, flüssig oder sogar gasförmig sein kann, wird in ein Wasserbad gegeben und die Temperaturänderung des Wassers wird gemessen. Ein Kalorimeter besteht aus einem mit Wasser gefüllten Becher, in dessen Mitte sich eine Kammer für den zu untersuchenden Stoff befindet. Mit einem Präzisionsthermometer wird die Temperaturänderung des Wassers gemessen.
Bei genauen Messungen muss berücksichtigt werden, dass sich ja nicht nur das Wasserbad, sondern auch die Innenwände des Kalorimeters erwärmen. Deshalb findet sich auf dem Kalorimeter eine Angabe über seine Wärmekapazität. Beträgt diese z. B. 60 J / K, so bedeutet dies: Bei einer Erwärmung des Wassers um 1 K nehmen die Innenwände des Kalorimeters eine Wärme von 60 J auf.

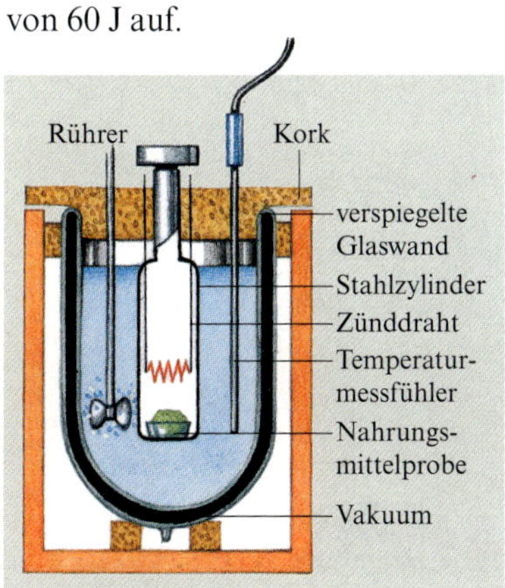

Bestimmung der Brennwerte von Nahrungsmitteln: Auch der Energiegehalt eines Nährstoffes kann mit einem Kalorimeter ermittelt werden. Der Nährstoff wird in einem besonderen Kalorimeter verbrannt. Die freiwerdende Wärme lässt die Temperatur des Wassers ansteigen. Aus dieser Temperaturerhöhung kann man den Energiegehalt des Nährstoffes errechnen.

Schon gewusst?

Weil beim Erwärmen von Flüssigkeiten Temperatur und thermische Energie gleichmäßig ansteigen, hat man bereits vor mehr als 200 Jahren für die Einheit der Energie festgelegt: „Um die Temperatur von 1 kg Wasser um 1 °C zu erhöhen, ist die Energie 1 Kilokalorie (1 kcal) nötig." Heute wird für die Energie die Einheit Kilojoule (kJ) benutzt. Für die Umrechnung der beiden Einheiten gilt: 1 kcal = 4,19 kJ.

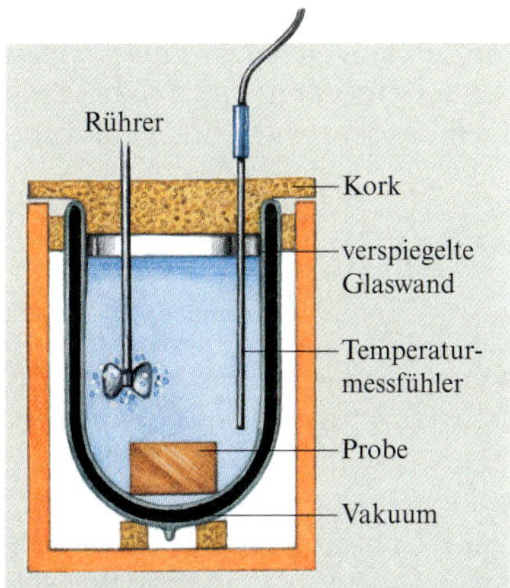

1

Energiegehalt von Nahrungsmitteln

Nahrungsmittel (100 g)	Energiegehalt in kJ
Butter	3 100
Schokolade	2 300
Zucker	1 700
Schnitzel	1 100
Roggenbrot	900
Pommes frites	800
Milchspeiseeis	530
Kartoffeln	300

Thermische Leistung

Wasser kann auf ganz verschiedene Weise erwärmt werden. Wenn es z. B. mit einem Gasbrenner 42 Sekunden dauert, 1 l Wasser um 10 K zu erwärmen, dann wird dem Wasser in dieser Zeit eine thermische Energie von 42 kJ zugeführt, pro Sekunde also 1 kJ. Der Gasbrenner hat also eine thermische Leistung von 1 kJ/s = 1 kW.

Die thermische Leistung gibt an, wie viel Wärme ein Körper in einer bestimmten Zeit abgibt. Die Einheit der Leistung ist Watt.

Die Wärme, die der Gasbrenner dem Wasser zuführt, entsteht bei der Verbrennung des Gases. Das Gas selbst besitzt chemische Energie, die bei der Verbrennung in Wärme umgewandelt wird. Die Wärme wiederum erhöht die thermische Energie des Wassers. Je mehr Gas pro Sekunde verbrannt wird, desto höher ist die thermische Leistung des Brenners.
Auf dem Typenschild eines Tauchsieders steht 800 W. Wenn er ebenfalls 42 s lang 1 l Wasser erwärmt, dann gibt er eine Energie von 42 s · 0,8 kJ/s = 33,6 kJ an das Wasser ab; dabei sollte die Temperatur des Wassers um

$$\frac{33{,}6\ \text{kJ}}{4{,}2\ \text{kJ/K}} = 8\ \text{K}$$ steigen.

Mit einem innen geschwärzten Gefäß kann die Wärmestrahlung der Sonne genutzt werden. Die thermische Leistung der Sonne ist unvorstellbar groß, jedoch gelangt nur ein kleiner Bruchteil davon auf die Erde. Im Hochsommer erreicht uns in Europa etwa 1 kW pro Quadratmeter. Mit einem Gefäß von 10 cm Durchmesser müsste man 1 l Wasser etwa 90 min beleuchten, um seine Temperatur um 10 K zu erhöhen; vorausgesetzt, die gesamte Wärme bleibt in dem Gefäß und wird nicht zwischenzeitlich nach außen geleitet.

Einige thermische Leistungen

Kerzenflamme	50 W
Mensch (in Ruhe)	100 W
Kaffeemaschine	800 W
Föhn	1 kW
Wasserkocher	2 kW
Herdplatte	1 kW bis 3kW
Backofen	4 kW
Heizung im Einfamilienhaus	10 kW
Sonne	$370 \cdot 10^{21}$ kW

1 Hier wird ein kleiner Teil der thermischen Leistung der Sonne genutzt.

Wärmeaustausch

Wenn ein Gegenstand schnell erwärmt werden soll, dann ist es am einfachsten, ihn mit einem wärmeren in Kontakt zu bringen: Deine kalten Hände hältst du an die warme Heizung, der Wasserkessel wird auf die heiße Herdplatte gestellt und durch Zugabe von heißem Wasser machst du das abgekühlte Badewasser wieder wärmer.
Auch beim Abkühlen ist der direkte Kontakt meist der schnellste Weg. Beispielsweise werden die frisch gekochten Eier unter kaltem Wasser „abgeschreckt", also abgekühlt und wenn das Badewasser zu heiß ist, lässt du kaltes Wasser zulaufen. Im folgenden Experiment soll untersucht werden was geschieht, wenn zwei Körper unterschiedlicher Temperatur in thermischen Kontakt gebracht werden.

EXPERIMENT 3

1. Fülle 0,5 l kaltes Wasser aus der Leitung in ein großes Becherglas und miss die Temperatur des Wassers. Erwärme 0,5 l Wasser auf 60 °C und mische es mit dem kalten Wasser. Miss anschließend die Temperatur!
2. Wiederhole das Experiment mit 0,25 l heißem und 0,5 l kaltem Wasser!
3. Erhitze ein Kupferstück auf 100 °C, indem du es in siedendes Wasser bringst. Gib das Kupferstück in 0,25 l kaltes Wasser, dessen Temperatur zuvor bestimmt wurde. Warte eine Weile ab und miss anschließend die Temperatur des Wassers!

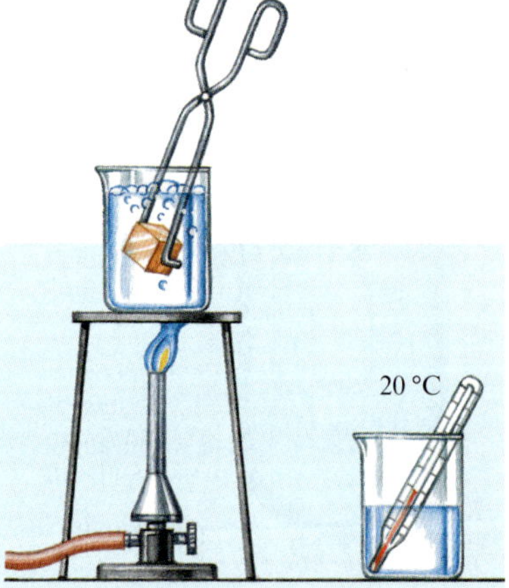

2

Werden zwei Flüssigkeiten miteinander gemischt, dann können sie sehr schnell ihren Temperaturunterschied ausgleichen (Bild 1). Hier ist der thermische Kontakt besonders eng. Auch der Kontakt zwischen einer Flüssigkeit und einem festen Körper ist sehr eng. Berühren sich zwei feste Körper, dann ist der thermische Kontakt meist nicht gut. Er ist umso besser, je größer die Berührungsfläche ist und je kräftiger sie zusammengepresst werden. Auch zwischen der Raumluft und einem Gegenstand in diesem Raum besteht ein thermischer Kontakt, denn die Luft berührt ja von allen Seiten den Gegenstand. War der Gegenstand zunächst wärmer als die Raumluft, so wird sich diese erwärmen. Und nach einiger Zeit werden beide dieselbe Temperatur haben; das kann allerdings einige Zeit dauern.
Beide Körper ändern ihre Temperatur so lange, bis sie die gemeinsame Temperatur T_{End} haben, die zwischen den Anfangstemperaturen liegt. Für zwei Körper, die keine Heizung oder Kühlmaschine enthalten und nicht mit weiteren in thermischem Kontakt sind, gilt:

1

> Sind zwei Körper mit anfangs unterschiedlicher Temperatur T_1 und T_2 hinreichend lange in thermischem Kontakt, dann haben beide dieselbe Temperatur T_{End}.

Die Temperaturänderungen sind ein Zeichen für die Wärmeabgabe (Temperaturerniedrigung) bzw. Wärmeaufnahme (Temperaturerhöhung) der Körper.
Da hier keine Wärme verloren geht und keine zusätzliche Wärme z. B. durch Verbrennung oder Reibung entsteht, gilt: Der Betrag der abgegebenen Wärme ist gleich dem Betrag der aufgenommenen Wärme.

> Bei der Mischung oder beim thermischen Kontakt wird vom wärmeren zum kälteren Körper Wärme übertragen. Für die abgegebene Wärme Q_1 und die aufgenommene Wärme Q_2 gilt:
> $Q_1 = -Q_2$ bzw. $Q_1 + Q_2 = 0$.

Übrigens

Gibt ein Körper Wärme ab,
so ist für ihn $T_{End} < T_{Anf}$ also
$\Delta T = T_{End} - T_{Anf} < 0$.
Die abgegebene Wärme trägt daher ein negatives Vorzeichen:
$Q_{ab} = c \cdot m \cdot \Delta T < 0$.

Nimmt ein Körper Wärme auf,
so ist für ihn $T_{End} > T_{Anf}$ also
$\Delta T = T_{End} - T_{Anf} > 0$.
Die abgegebene Wärme trägt daher ein positives Vorzeichen:
$Q_{auf} = c \cdot m \cdot \Delta T > 0$.

Weil die beim thermischen Kontakt ausgetauschte Wärme Temperaturänderungen bewirkt, ändern sich die thermischen Energien der beteiligten Körper entsprechend. Werden zwei Körper mit den Temperaturen T_1 und T_2 in thermischen Kontakt gebracht, dann ist die Abnahme der thermischen Energie des einen Körpers gleich der Zunahme der thermischen Energie des anderen.

Wärmetauscher. In einem Automotor entsteht durch die Verbrennung von Benzin oder Diesel thermische Energie. Diese Energie wird teilweise in mechanische Energie umgewandelt, um das Auto in Bewegung zu setzen. Ein großer Teil der Energie kann nicht für den Antrieb genutzt werden (vgl. S. 111). Diese Energie führt zu einer Erwärmung des Motors. Damit der Motor nicht zu heiß wird, ist er von Wasser umgeben, das die thermische Energie aufnimmt (vgl. S. 208). Das Wasser wird durch den Kühler geleitet und gibt dort die thermische Energie an die Luft ab, die durch den Kühler strömt. Auch die thermische Energie der warmen Luft in einem Haus muss nicht beim Lüften „aus dem Fenster geworfen“ werden. In einem Energiesparhaus wird nicht einfach das Fenster göffnet, sondern die Frischluft strömt durch ein Rohrsystem in das Haus. Die warme Abluft strömt durch dasselbe Rohrsystem und gibt thermische Energie durch die Rohrwände an die kühlere Zuluft ab (Bild 2).

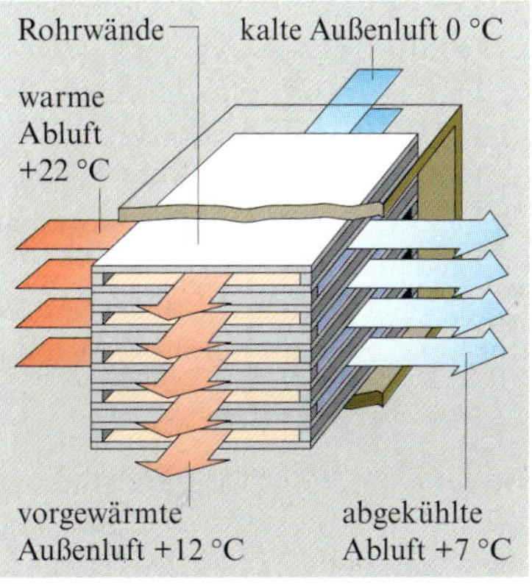

2

Projekt

Wenn die Wärme durch die Wand geht

Ein Deich soll bei Hochwasser ein tiefer liegendes Gebiet vor Überschwemmung schützen. Auch ein Deich, der aus wasserdurchlässigem Sand besteht, bleibt dicht, wenn er nur breit genug ist. Es wird dann nur wenig Wasser durch ihn hindurchsickern. Ist der Deich jedoch schmal, dann werden durch ihn – selbst wenn er dem Wasserdruck standhalten würde – pro Sekunde einige Liter Wasser hindurchsickern.
In ähnlicher Weise „sickert“ die Wärme durch eine Wand.

AUFTRAG 1
Besorgt euch einige quaderförmige Schachteln aus Styropor. Stellt für jede Schachtel eine Trennwand ungefähr gleicher Dicke aus Blech, Holz, Kunststoff, Styropor usw. her, die die Schachtel in zwei gleiche, wasserdichte Hälften teilt!
Arbeitet in Gruppen:
Fügt eine Trennwand in die Schachtel ein und füllt in eine Hälfte warmes Wasser von ca. 50 °C, in die andere Hälfte kaltes Wasser aus der Leitung. Verschließt die Schachtel mit einer Deckplatte aus Styropor, durch die auf jeder Seite ein Thermometer ins Wasser ragt. Messt 15-mal im Abstand von je 1 Minute die Temperatur auf beiden Seiten und fertigt ein Temperatur-Zeit-Diagramm an!
Vergleicht eure Ergebnisse!

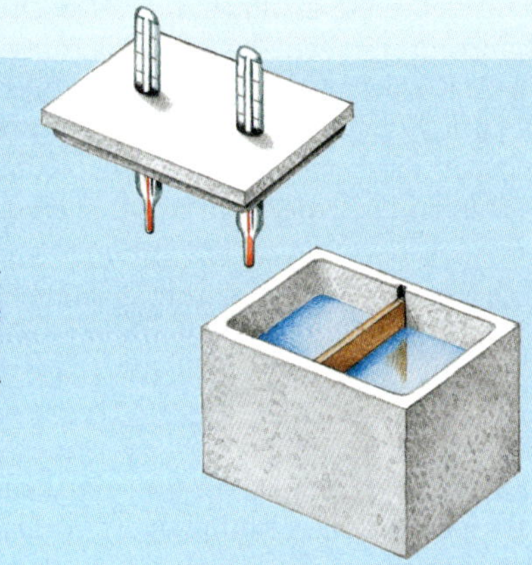

1

Die Diagramme zeigen, dass sich die Temperaturen in beiden Hälften ändern: Sie nähern sich einer gemeinsamen Endtemperatur. Wärme strömt durch die Trennwand vom wärmeren zum kälteren Wasser. Zunächst ist die Temperaturänderung pro Minute auf beiden Seiten groß, sie wird dann aber immer kleiner. Der **Wärmestrom** durch die Wand ist am Anfang groß. Wenn beide Seiten die gleiche Temperatur erreicht haben, wird keine Wärme mehr übertragen.
Außerdem ist zu beobachten, dass der Wärmestrom vom Material der Trennwand abhängt: Der Temperaturausgleich vollzieht sich bei einer Kupferplatte viel schneller als bei einer Styroporplatte. Das heißt, der Wärmestrom durch die Kupferplatte ist größer als durch Styropor.

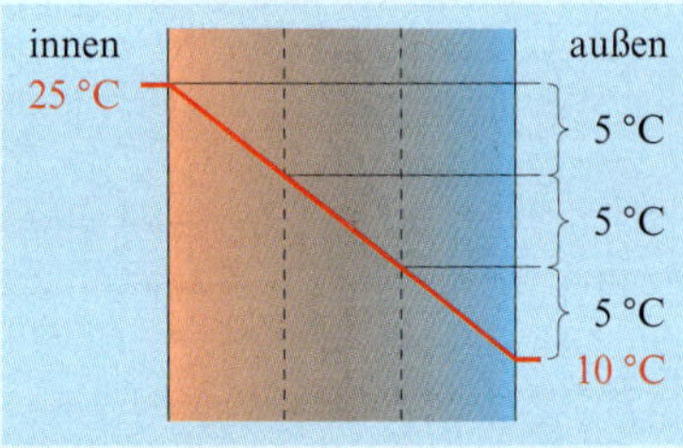

2

Temperaturprofil in einer Wand: Denkt man sich die Wand in einzelne dünne Schichten zerlegt, so herrscht an jeder Schicht der gleiche Temperaturunterschied.

Wenn man die unterschiedlichen Temperaturen auf beiden Seiten der Trennwand jeweils konstant hält, kann man den Wärmestrom genauer untersuchen. In entsprechenden Experimenten wurden folgende Beobachtungen gemacht:

1. Der Wärmestrom P_Q durch die Wand ist umso größer, je größer die Temperaturdifferenz ΔT der beiden Seiten ist.
2. Der Wärmestrom durch die Wand ist umso größer, je geringer die Dicke d der Wand ist.
3. Der Wärmestrom ist umso größer, je größer die Fläche A der Wand ist.
4. Der Wärmestrom hängt von dem Material ab, aus dem die Trennwand besteht.

Trennt eine Wand der Fläche A und Dicke d zwei Körper der Temperaturdifferenz ΔT, geht durch die Wand der Wärmestrom P_Q hindurch:

$$P_Q = \lambda \cdot A \cdot \Delta T \cdot \frac{1}{d},$$

wobei λ die Wärmeleitfähigkeit des Materials ist. Stoffe mit einer großen Wärmeleitfähigkeit λ sind gute Wärmeleiter. Als Einheit des Wärmestromes kann man J/s bzw. W verwenden.

Wärmeleitfähigkeiten

Stoff	λ in $\frac{W}{m \cdot K}$
Styropor	0,04
Porzellan	1,4
Glas	1,0
Eisen	80
Kupfer	400
Alkohol (Ethanol)	0,2
Wasser	0,6
Quecksilber	8,2
Luft	0,02

Messungen am Modellhaus. Mit dem elektrischen Strom, mit der Gasleitung und mit der Raumheizung gelangt ständig Energie in jedes Wohnhaus, in jede Wohnung. Etwa 77% dieser Energie wird für die Raumwärme benötigt. Leider gehen davon fast 70% durch die Wände hindurch verloren, die übrigen 30% durch die notwendige Lüftung. Mehr als 50% des Energieverbrauches im Haushalt geht als Wärmestrom durch die Wand. Es spart also Geld und wertvolle Rohstoffe, wenn dieser Wärmestrom verringert wird. Bild 1 zeigt, wo besonders viel Wärme nach außen strömt.
Mit einem Modellhaus könnt ihr die Wärmeleitfähigkeit verschiedener Baustoffe untersuchen.

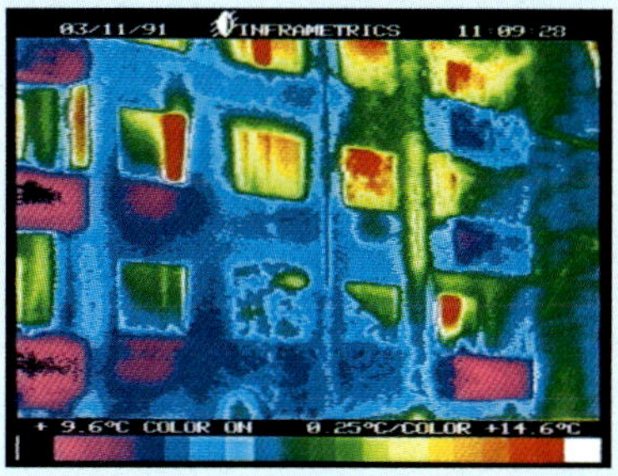

1

2

AUFTRAG 2
1. Fertigt aus Styroporplatten (Dicke ca. 2 cm) eine würfelförmige Kiste von 40 cm Kantenlänge; benutzt Spezialkleber. Deckel nicht ankleben!
2. Lasst euch im Baumarkt oder beim Glaser Deckel aus Spanplatte, Gipskarton und Glas zuschneiden. Besorgt eine passende Blechplatte als weiteren Deckel!
3. Verwendet als Heizung des Modellhauses eine kleine 25-W-Lampe. Die Zuleitung darf nur ein kleines Loch im Styropor hinterlassen!
4. Für die Messung der Innentemperatur des Modellhauses sind elektronische Thermometer besonders geeignet.

Beachtet bei den Messungen, dass alle Seiten des Modellhauses gleich frei stehen. Die warme Luft im Modellhaus sammelt sich „unter der Decke". Mit einem Propeller an einem Holzstab kann von außen die Innenluft verwirbelt werden.

AUFTRAG 3
1. Deckt das Modellhaus mit dem Styropordeckel ab!
2. Heizt so lange mit der Glühlampe, bis sich die Innentemperatur nicht mehr ändert. Lest diese ab und messt die Außentemperatur!
3. Berechnet die Wärmeleitfähigkeit des ganzen Styroporhauses mithilfe der Formel: $P_Q = \lambda_{Styropor} \cdot A \cdot \frac{\Delta T}{d}$! ($A$ ist die gesamte Fläche von Wänden, Deckel und Boden.)
4. Ersetzt den Styropordeckel durch die Glasplatte und verfahrt gemäß 2. und 3.!
5. Berechnet die Wärmeleitfähigkeit λ_{Glas}. Berücksichtigt, dass 5 Seiten des Hauses aus Styropor sind: $P_Q = P_{Styroporwände} + P_{Glaswand}$!
6. Bestimmt in der gleichen Weise die Wärmeleitfähigkeiten der anderen Deckel!

Besorgt euch im Baumarkt Unterlagen zur Wärmeleitfähigkeit verschiedener Baustoffe. Dort wird meistens der sogenannte k-Wert angegeben, der die Dicke d des Baumaterials bereits enthält: $k = \frac{\lambda}{d}$.
Vergleicht eure Messwerte mit den angegebenen k-Werten!

Übrigens

Deine Körpertemperatur beträgt etwa 37 °C. Auch an einem heißen Tag mit 27 °C muss sie konstant bleiben. Verbringst du diesen Tag in der Badeanstalt, dann trägst du – bis auf Badehose oder Badeanzug – nur ein etwa 5 mm dünnes „Luftkleid", das deine feinen Körperhaare bilden, indem sie die Luft „festhalten". Deine Körperoberfläche beträgt etwa 2 m². Mit diesen Werten ergibt sich der Wärmestrom, der deinen Körper dauernd verlässt, zu etwa 136 W. Wenn du im Winter bei 0 °C Kleidung von etwa 2 cm Dicke trägst, verlässt deinen Körper etwa der gleiche Wärmestrom wie in der Badeanstalt im Sommer!

Ein Blick in die Geschichte

Umrühren mit System

Vor mehr als 200 Jahren haben die Physiker bemerkt, dass verschiedene Körper bei Zufuhr von Wärme unterschiedliche Temperaturen erreichen. Für Messungen hat man damals die Erwärmung von Wasser als Vergleich benutzt. Daraus ergab sich die Einheit Kalorie (vgl. S. 181).
In dieser Zeit gelang es, Wärme in mechanische Arbeit umzuwandeln. JAMES WATT hat ab etwa 1785 die Entwicklung der Dampfmaschine weit vorangebracht: Aus Wärme wird Arbeit oder, wie wir heute auch sagen, aus thermischer Energie wird kinetische oder potenzielle Energie.
Der englische Physiker JAMES PRESCOTT JOULE begann etwa 1840 experimentelle Untersuchungen zur Umwandlung der Energie. Zu jener Zeit wusste man noch nicht, dass die Energie erhalten bleibt. Deshalb wurden für die verschiedenen Energieformen auch unterschiedliche Einheiten benutzt. JOULE interessierte die Frage: Mit welchem „Wechselkurs" wandeln sich die verschiedenen Energieformen ineinander um?
JOULE fand heraus, wovon die Wärmeabgabe eines stromdurchflossenen Leiters abhängt, und beschäftigte sich später mit der „Wärme-Erregung bei Reibung von Flüssigkeiten."

1
JAMES PRESCOTT JOULE (1818–1889)

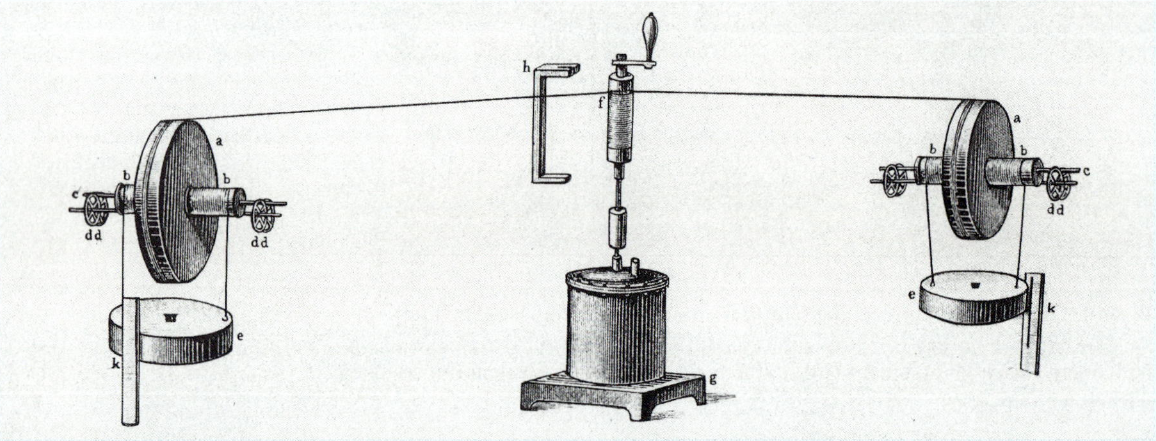
2

In einem zylinderförmigen Rührwerk (g) befanden sich feststehende Platten, drehbare Flügelräder und Wasser. Die Flügelräder wurden durch zwei herabsinkende Bleikörper (e) in Drehung versetzt und verrichteten an dem Wasser Reibungsarbeit. Dabei wurde das Wasser erwärmt. Da ein einmaliges Absinken der Bleiklötze nur eine sehr geringe Temperaturerhöhung des Wassers bewirkte, mussten die Bleiklötze mehrfach mit der Kurbel (f) wieder angehoben werden.
Die mechanische Arbeit der Bleiklötze berechnete JOULE nach der Gleichung $W = m \cdot g \cdot h$. Diese Arbeit musste nach Ansicht von JOULE vollständig in Wärme umgewandelt werden: $Q = c \cdot m \cdot \Delta T$. Daraus ermittelte JOULE den „Wechselkurs" zwischen mechanischer und thermischer Energie.
JOULE hat seine Experimentieranordnung mehrfach verbessert, um sicherzustellen, dass die mechanischen Arbeit der Bleiklötze vollständig in thermische Energie des Wassers umgewandelt wurde. Die Reibung im Rührwerk musste möglichst groß sein, damit die potenzielle Energie der Bleiklötze nicht in kinetische Energie umgewandelt wurde. Da die Experimente relativ lange dauerten, musste auch für eine gute Wärmeisolierung des Wassergefäßes gesorgt werden.

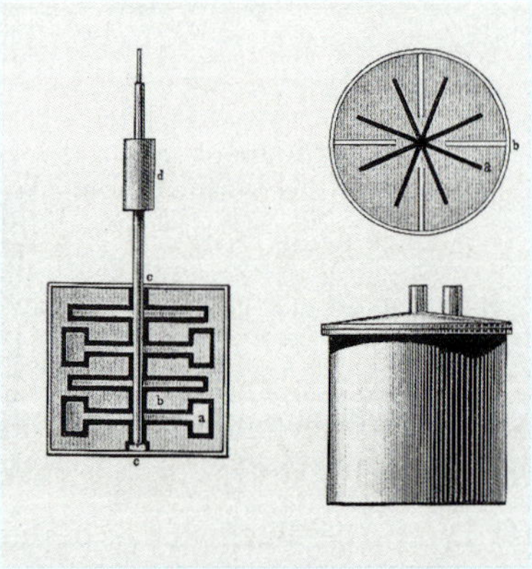
3
Schnitt durch das Rührwerk

AUFGABEN

1. Erläutere den Unterschied zwischen thermischer Energie und Wärme!
2. Nenne mehrere Möglichkeiten, die thermische Energie eines Körpers zu erhöhen!
3. 1 l Wasser wird mit einer bestimmten Wärmequelle erhitzt. Zeichne das Temperatur-Zeit-Diagramm. Zeichne auch den Verlauf der Kurven für 0,5 l und für 2 l Wasser ein, die mit derselben Wärmequelle erhitzt werden!
4. Eine Wärmflasche wird mit 1 l heißem Wasser gefüllt. Wie viel Wärme gibt sie beim Abkühlen um $\Delta T = 60$ K ab? Wie viele kg Ziegelsteine derselben Temperatur müsste man verwenden, um den gleichen Effekt zu erzielen? Wie viel Blei würde man brauchen?
5. Eisen fühlt sich oft viel kälter an als Holz gleicher Temperatur. Hat das mit der spezifischen Wärmekapazität der beiden Stoffe zu tun?
6. 500 g Wasser ($T = 293$ K) sollen in einem Glasgefäß ($m = 100$ g) zum Sieden gebracht werden.
   a) Wie viel Wärme ist hierfür erforderlich?
   b) Wie viel Wärme ist erforderlich, wenn ein Kupfergefäß der Masse 150 g verwendet wird?
7. Ein Wasserkocher hat eine Leistung von 1 750 W. Wie lange braucht er, um 1 l Wasser von 10 °C zum Sieden zu bringen?
8. In einem Kalorimeter werden 2 g einer Substanz verbrannt. Dabei erhöht sich die Temperatur des Wassers ($m = 800$ g) um 15 K.
   Bestimme den Heizwert der Substanz!
   a) Vernachlässige die Wärmekapazität des Kalorimeters!
   b) Berücksichtige eine Wärmekapazität des Kalorimeters von 60 J / K!
9. 200 g Wasser von 20 °C werden mit 200 g Wasser von 70 °C gemischt.
   a) Welche Endtemperatur ergibt sich?
   b) Wie viel Wärme wird zwischen den beiden Wassermengen ausgetauscht?
10. 250 g heißer Tee (80 °C, also 353 K) werden in einen Keramikbecher ($m = 300$ g, 20 °C, also 293 K) gegeben. Nach einiger Zeit stellt sich eine Temperatur von 68 °C ein (bei Vernachlässigung der Wärmeabgabe an die umgebende Luft).
    Zeige, dass die vom Wasser abgegebene Wärme betragsmäßig gleich der vom Becher aufgenommenen Wärme ist!
11. Ein Durchlauferhitzer erhöht die Temperatur des fließenden Wassers von 15 °C auf 60 °C.
    a) Welche thermische Leistung muss er besitzen, damit pro Minute 10 l heißes Wasser gezapft werden können?
    b) Welche Energie (in kW · h) gibt der Durchlauferhitzer pro Minute an das Wasser ab?
12. a) Vergleiche die Energien, die nötig sind, um 1 kg Wasser 1 m anzuheben bzw. um 1 K zu erwärmen!
    b) Wasser fließt in einem Bach 500 m in die Tiefe. Wie stark würde es sich erwärmen, wenn dabei die gesamte potenzielle Energie in thermische Energie umgewandelt würde?

ZUSAMMENFASSUNG

Durch die Zufuhr von Wärme oder das Verrichten von mechanischer Arbeit kann die thermische Energie eines Körpers geändert werden.

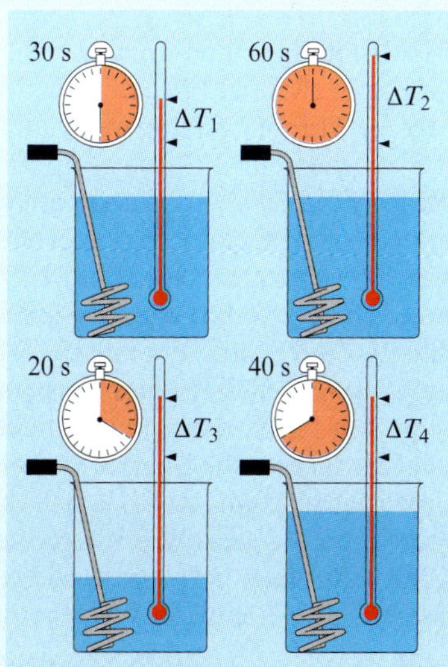

Durch Zufuhr oder Abgabe der Wärme Q ändert sich die thermische Energie des Körpers um den Betrag $c \cdot m \cdot \Delta T$.

$Q = c \cdot m \cdot \Delta T$
- c: spezifische Wärmekapazität des Stoffes, aus dem der Körper besteht; Einheit von c: kJ / (kg · K)
- m: Masse des Körpers
- ΔT: Temperaturdifferenz $\Delta T = T_{End} - T_{Anf}$

Die thermische Leistung gibt an, wie viel Wärme ein Körper in einer bestimmten Zeit abgibt.
Die Einheit der Leistung ist Watt.

Temperaturausgleich von zwei Körpern (ohne Beteiligung eines dritten):

$Q_1 = -Q_2$
- Q_1: Vom Körper 1 abgegebene Wärme
- Q_2: Vom Körper 2 aufgenommene Wärme

Auf der Insel Hawaii fließt die noch heiße Lava zischend ins Meer. Ein faszinierendes Naturschauspiel!
Lava ist flüssiges Gestein aus dem Erdinneren. Solange sie heißer als etwa 700 °C ist, fließt sie wie flüssiges Blei. Mit dieser Temperatur stürzt die Lava ins Meer und wärmt das Wasser an.
Die Lava erstarrt zu Klumpen, die auf den Grund sinken.
Durch dieses Erstarren wird das Wasser zusätzlich erwärmt – aber durch das Verdampfen wird es gleichzeitig gekühlt.
Was geschieht hier?

1

Wärme beim Schmelzen

Getränke werden oft mit Eiswürfeln gekühlt, die aus dem Eisfach kommen und dann im Glas schmelzen. – Warum gibt man nicht einfach etwas kaltes Wasser hinein?

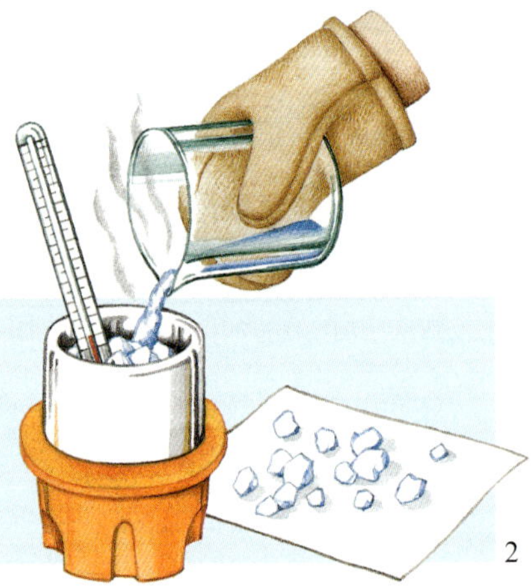

2

EXPERIMENT 1

1. Erhitze 100 g Wasser in einem Becherglas auf 90 °C!
2. Wiege 100 g trockenes zerstoßenes Eis ab, gib das Eis in ein Thermosgefäß und gieße das heiße Wasser dazu!
3. Warte ab, bis das gesamte Eis geschmolzen ist, rühre kurz um und miss die Temperatur!

Die Mischungstemperatur ist vielleicht niedriger, als du erwartet hast. Hätte man zweimal 100 g flüssiges Wasser von 0 °C bzw. 90 °C gemischt, so hätte die Mischungstemperatur mit Sicherheit bei 45 °C gelegen. – Wo ist im Experiment die Wärme geblieben?
Werden Eisstücke und Wasser gut gemischt, so stellt sich stets eine Temperatur von 0 °C ein. Führt man einem solchen Gemisch dann Wärme zu, so ändert sich seine Temperatur zunächst nicht. Nur das Eis schmilzt nach und nach. Erst wenn alles Eis geschmolzen ist, steigt die Temperatur an (Bild 3). Zum Schmelzen muss Wärme zugeführt werden. Die Wärme, die nur für das Schmelzen eines Körpers notwendig ist, heißt **Schmelzwärme**.
Wenn man das Experiment 1 mit heißem Wasser von 80 °C durchführt, dann reicht die thermische Energie des heißen Wassers gerade aus, um das Eis zu schmelzen, also um aus Eis von 0 °C Wasser von 0 °C werden zu lassen. Die Temperatur der gesamten Wassermenge beträgt am Ende 0 °C.
Damit kann man berechnen, wie viel Wärme notwendig ist, um 1 kg Eis zu schmelzen: Wenn 1 kg Wasser von 80 °C auf 0 °C abgekühlt wird, gibt es dabei die Wärme $Q = 4{,}19\,\frac{\text{kJ}}{\text{K}} \cdot 1\,\text{kg} \cdot 80\,\text{K} = 335\,\text{kJ}$ ab.

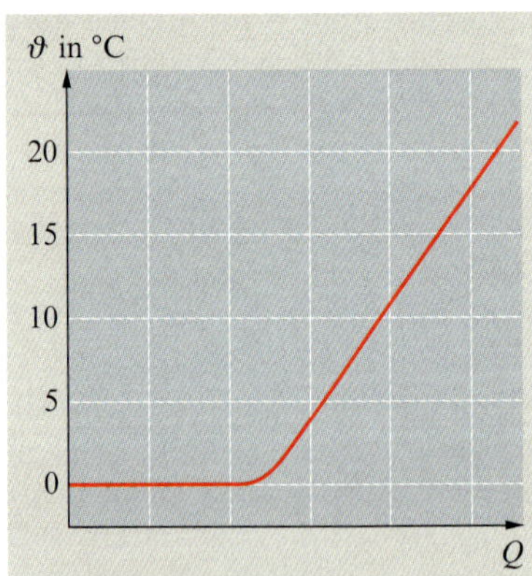

3

Trotz gleichmäßiger Wärmezufuhr kein gleichmäßiger Temperaturanstieg

Auch für alle anderen Stoffe kann ein solcher Wert gefunden werden, der angibt, wie viel Wärme erforderlich ist, um 1 kg dieses Stoffes zu schmelzen. Diese Stoffkonstante heißt **spezifische Schmelzwärme q_S**.

> Die spezifische Schmelzwärme q_S eines Stoffes gibt an, wie viel Wärme zugeführt werden muss, um 1 kg dieses Stoffes zu schmelzen.

Spezifische Schmelzwärme in $\frac{kJ}{kg}$	
Alkohol (Ethanol)	108
Aluminium	397
Blei	23
Eisen	277
Gold	64
Kupfer	205
Silber	105
Wasser (Eis)	335

Schmelzen und Erstarren. Während für das Schmelzen eines Körpers Energie aufgewandt werden muss, wird beim Erstarren eines Körpers Energie frei. Dies wird zum Beispiel von den Wein- und Obstbauern genutzt:
In manchen Jahren kommt es während der Obstbaumblüte im Frühjahr zu Nachtfrost. Wenn die Blüten einfrieren würden (also wenn die Flüssigkeit in den Blüten erstarren würde), käme es in einem solchen Jahr zu einem erheblichen Ernteausfall.
Um ein Einfrieren zu verhindern, werden bei drohendem Nachtfrost die Blüten mit Wasser besprüht. Beim Erstarren gibt das Wasser Wärme an die Blüten ab. Die Blüten werden geschützt.

> Die Wärme, die zum Schmelzen eines festen Körpers erforderlich ist, ist genauso groß wie die Wärme, die beim Erstarren der entstandenen Flüssigkeit wieder frei wird.

1
Beim Erstarren gibt das Wasser Wärme an die Blüten ab.

Wärme beim Verdampfen

Als es noch keine Kühlschränke gab, musste man sich anderweitig helfen, um Lebensmittel kühl zu halten. Eine Methode bestand darin, z.B. ein Gefäß mit Butter in ein größeres Gefäß aus Ton zu stellen, das mit Wasser gefüllt war. Durch die poröse Tonwand konnte das Wasser nach außen dringen und verdunsten. Die Butter blieb dadurch deutlich kühler als die Umgebung. Auch heute gibt es noch Weinkühler, die nach diesem Prinzip funktionieren (Bild 2).
Lebewesen müssen eine „Klimaanlage" haben, damit sich ihre Körpertemperatur nicht übermäßig erhöht. Wenn wir Sport treiben, fangen wir an zu schwitzen: Von unserer Haut verdunstet Wasser (Bild 3). Hunde können nicht schwitzen. Sie öffnen aber ihre Schnauze, die feuchte Zunge hängt weit heraus. Sie hecheln, um die Verdunstung zu beschleunigen (Bild 4).
Unter **Verdampfen** versteht man den Übergang eines Stoffes vom flüssigen in den gasförmigen Zustand. Der gasförmige Stoff wird auch als Dampf bezeichnet. **Verdunsten** ist eine besondere Form des Verdampfens: Bereits bei Umgebungstemperatur und ohne Wärmezufuhr bildet sich an der Oberfläche der Flüssigkeit Dampf.

2

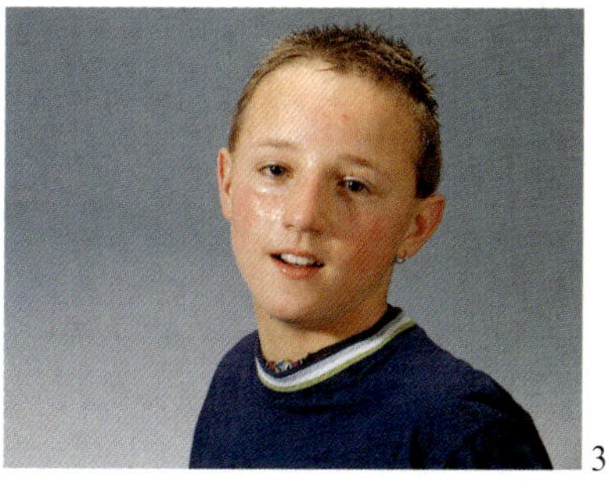
3

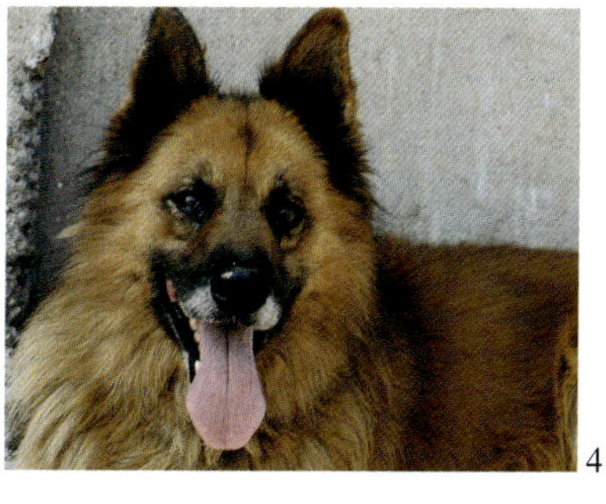
4

Für die Umwandlung einer Flüssigkeit in Dampf ist Wärme erforderlich. Diese wird **Verdampfungswärme** genannt. Wird von außen keine Wärme zugeführt, so wird die Verdampfungswärme von der Flüssigkeit selbst geliefert. Die Flüssigkeit kühlt sich dabei ab.
Wenn man Wasser gleichmäßig erwärmt, also mit einer Wärmequelle konstanter thermischer Leistung in Kontakt bringt, erhält man für die Temperatur Messergebnisse wie im Bild 1: Im Temperatur-Zeit-Diagramm liegen die Messwerte zunächst auf einer Geraden. Sobald das Wasser jedoch zu verdampfen beginnt, wird die Kurve flacher. Ein Teil der zugeführten Wärme wird für das Verdampfen benötigt. Und je stärker das Wasser verdampft, desto flacher wird die Kurve.
Bei 100 °C schließlich steigt die Temperatur nicht weiter an. Das Wasser siedet. Die gesamte zugeführte Wärme bewirkt ausschließlich ein weiteres Verdampfen des Wassers. Die Menge des Dampfes, die nun pro Zeit entsteht, richtet sich nach der thermischen Leistung der Wärmequelle. Bild 2 zeigt zwei Töpfe, die schon lange auf einem Herd stehen: in beiden herrscht die gleiche Wassertemperatur von 100 °C, aber der Schalter der einen Herdplatte steht auf „6", der Schalter der anderen nur auf „3".
Im folgenden Experiment soll die Verdampfungswärme einer Wassermenge bestimmt werden.

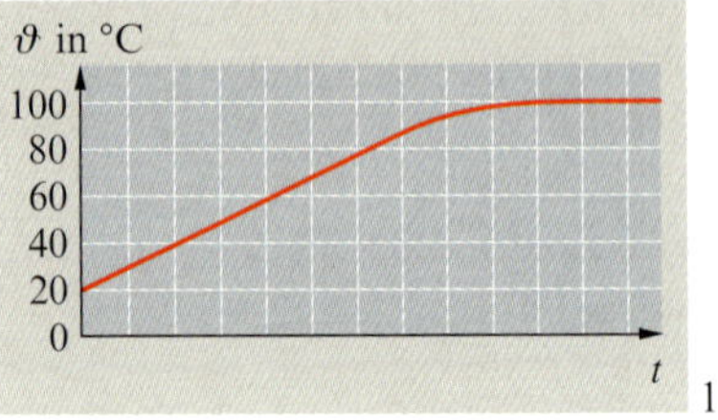

1

2

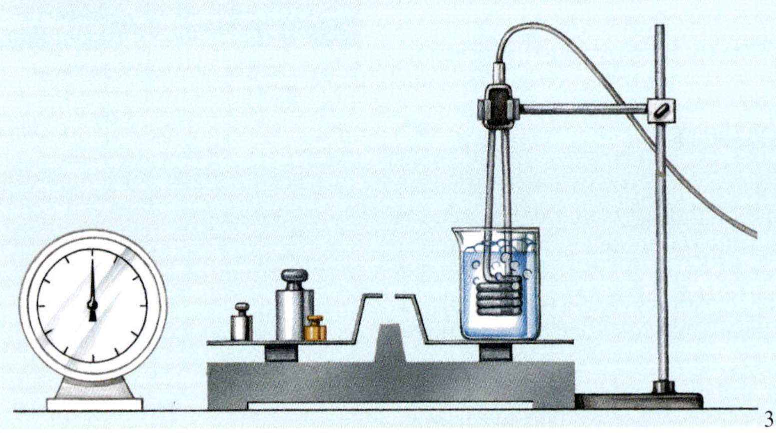
3

EXPERIMENT 2
Wasser wird in einem Becherglas erwärmt, das auf einer Waage steht. Als Wärmequelle wird ein 1 000-W-Tauchsieder verwendet. Wenn das Wasser siedet, wird die Waage genau austariert. Dann wird eine Stoppuhr eingeschaltet und ein 50-g-Wägestück von der Waage genommen.
Sobald 50 g Wasser verdampft sind – die Waage also wieder Gleichgewicht anzeigt –, wird die Uhr gestoppt.

Nach etwa 120 Sekunden sind 50 g Wasser verdampft. Der Tauchsieder hat dem Wasser in dieser Zeit eine Wärme von $Q = 1000\ \text{W} \cdot 120\ \text{s} = 120\ \text{kJ}$ zugeführt.

> Die spezifische Verdampfungswärme q_V eines Stoffes gibt an, wie viel Wärme zugeführt werden muss, um 1 kg dieses Stoffes zu verdampfen.

Spezif. Verdampfungswärme in $\frac{\text{kJ}}{\text{kg}}$	
Alkohol (Ethanol)	850
Aluminium	10 600
Blei	860
Eisen	6 300
Gold	1 600
Kupfer	4 800
Wasser	2 260

Verdampfen und Kondensieren. Bei manchen Espressomaschinen gibt es ein kleines Rohr, aus dem heißer Wasserdampf ausströmt (Bild 4). Damit kann man Milch aufschäumen und gleichzeitig stark erhitzen. Der Wasserdampf kondensiert in der kalten Milch und gibt dabei sehr viel Wärme an die Milch ab.

> Die Wärme, die 1 g Wasserdampf beim Kondensieren abgibt, ist genauso groß wie die Wärme, die erforderlich ist, um 1 g Wasser von 100 °C in Dampf von 100 °C umzuwandeln.

4

Ein Blick ins Innere der Flüssigkeiten

Fast alle festen Stoffe werden bei starker Erwärmung flüssig. Zwar machen Holz, Gummi und manche Kunststoffe eine Ausnahme, sie fangen an zu brennen. Aber Glas und Metalle wie Eisen, Kupfer und Aluminium werden oberhalb einer bestimmten Temperatur flüssig. Sie schmelzen. Selbst Stein quillt als flüssige Lava aus den Vulkanen.
Als Flüssigkeiten verhalten sich auch diese Stoffe wie gewöhnliche Flüssigkeiten, die du aus dem Alltag kennst: sie fließen (Bild 1), das heißt, sie füllen den gebotenen Raum aus und sie bilden eine ebene, horizontale Oberfläche; ganz anders als die festen Körper, die ihre eigene Gestalt beibehalten.
Obwohl sich das Verhalten der Stoffe beim Schmelzen stark ändert, ändert sich doch kaum deren Dichte ϱ: 1 kg flüssiges Eisen hat fast das gleiche Volumen wie festes Eisen. Das Gleiche gilt für fast alle Stoffe.

1

Stoff	im festen Zustand		im flüssigen Zustand	
	ϱ in g/cm³	ϑ in °C	ϱ in g/cm³	ϑ in °C
Alkohol (Ethanol)	0,85	–115	0,80	0
Aluminium	2,7	25	2,4	660
Blei	11,3	25	10,7	327
Eisen	7,9	25	7,2	1 538
Kupfer	9,0	25	8,0	1 085
Wasser	0,92	0	1,0	0

Daraus kann man schließen:

Der Abstand der Teilchen nimmt beim Übergang vom festen zum flüssigen Zustand nur wenig zu.

2

Wasser macht eine Ausnahme: Eis von 0 °C hat eine kleinere Dichte als Wasser von 0 °C, schwimmt also (Bild 2).

Anders als im festen Körper sind aber in der Flüssigkeit die Teilchen leicht gegeneinander verschiebbar, wie die Kaffeebohnen im Glas. Die Verschiebbarkeit ist jedoch abhängig von der Temperatur.

EXPERIMENT 3
Bohre in eine große durchsichtige Plastikflasche dicht über dem Boden ein Loch und klebe horizontal einen Trinkhalm wasserdicht ein
Miss die Dauer für das Auslaufen (a) von kaltem und (b) von warmem Wasser!

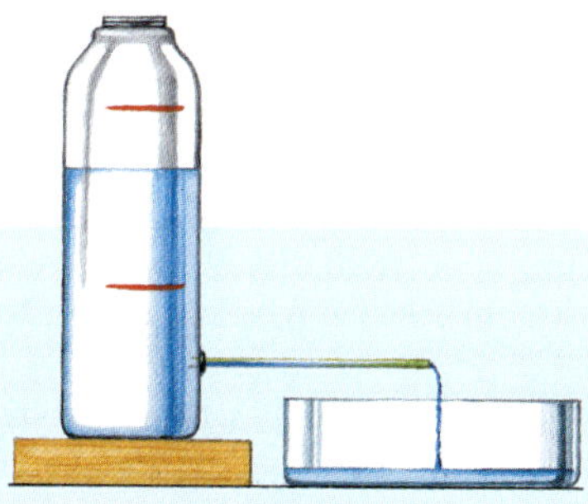
3

Das Experiment zeigt, dass warmes Wasser – bei sonst gleichen Bedingungen – schneller ausläuft als kaltes: Je höher die Temperatur, desto „flüssiger" wird Wasser. Dies gilt für viele Flüssigkeiten, z. B. auch für Öl und Spiritus.
Diese Beobachtung bedeutet für das Modell vom Aufbau der Stoffe:

Je höher die Temperatur einer Flüssigkeit ist, desto leichter lassen sich die Teilchen gegeneinander verschieben.

Schon gewusst?

Im Winter kann der Dieselkraftstoff im Tank so „zäh" werden, dass er sich nicht mehr zum Motor pumpen lässt.
Um dies zu verhindern, werden dem Kraftstoff andere Stoffe beigemischt.

Ein Blick ins Innere der Gase

Beim Schmelzen, also beim Übergang vom festen zum flüssigen Zustand, vergrößert sich das Volumen nur geringfügig. Aber beim Übergang vom flüssigen zum gasförmigen Zustand nimmt das Volumen sehr stark zu (falls nicht großer Druck herrscht). Unsere Luft besteht zu etwa 80% aus Stickstoff. Flüssiger Stickstoff hat eine Temperatur von unter –195 °C, denn das ist seine Siedetemperatur. Wenn man eine Tasse voll flüssigen Stickstoff in einen großen, luftleeren Müllbeutel schüttet, bläht sich dieser auf, als würde er gleich platzen: Aus 1 cm³ flüssigem Stickstoff werden bei Raumtemperatur etwa 650 cm³ gasförmiger Stickstoff.

1

EXPERIMENT 4
1. An einem durchsichtigen Einwegfeuerzeug wird der Flüssigkeitsstand mit einem wasserfesten Stift markiert.
2. Ein Messzylinder (250 ml) wird so in einen Eimer mit Wasser getaucht, dass der Messzylinder vollständig mit Wasser gefüllt ist und seine Öffnung nach unten zeigt. Das Feuerzeug wird im Wasser unter die Öffnung des Messzylinders gehalten. Das Ventil wird geöffnet, sodass die Gasblasen in den Messzylinder steigen. Es wird abgewartet, bis sich der Zylinder etwa zur Hälfte gefüllt hat.
3. Das Gasvolumen im Messzylinder wird bestimmt.
4. Der Flüssigkeitsstand im Feuerzeug wird erneut markiert und die Differenz zum ursprünglichen Volumen abgeschätzt.

2

Das brennbare Gas im Feuerzeug ist Butan. Butan siedet bei –0,5 °C , aber unter Druck bleibt es auch bei Raumtemperatur noch flüssig. Beim Ausströmen werden aus 1 cm³ flüssigem Butan etwa 200 cm³ gasförmiges Butan. Noch größer ist der Unterschied beim Verdampfen von Wasser: Aus 1 cm³ Flüssigkeit werden bei 100 °C etwa 1 600 cm³ Wasserdampf.
Beim Transport von Erdgas wird genutzt, dass das Volumen dieses Stoffes sich auf etwa 1/600 verkleinert, wenn wenn das Gas durch hohen Druck verflüssigt wird.Um wie viel nimmt der Abstand der kleinsten Bausteine eines Stoffes zu, wenn aus 1 cm³ Flüssigkeit 1000 cm³ Gas werden? In einem Gedankenexperiment kann man sich vorstellen, dass es nur einen Baustein pro cm³ Flüssigkeit gibt; der Abstand zu den Nachbarn beträgt dann 1 cm. Wird diese Flüssigkeit zum Gas, gibt es nur einen Baustein in 1 000 cm³, dessen Abstand zu den Nachbarn 10 cm wäre (Bild 4).

3

Zum Transport werden brennbare Gase unter hohem Druck verflüssigt.

Der Abstand der Teilchen eines Stoffes nimmt beim Wechsel vom flüssigen zum gasförmigen Zustand etwa um das 10fache zu.

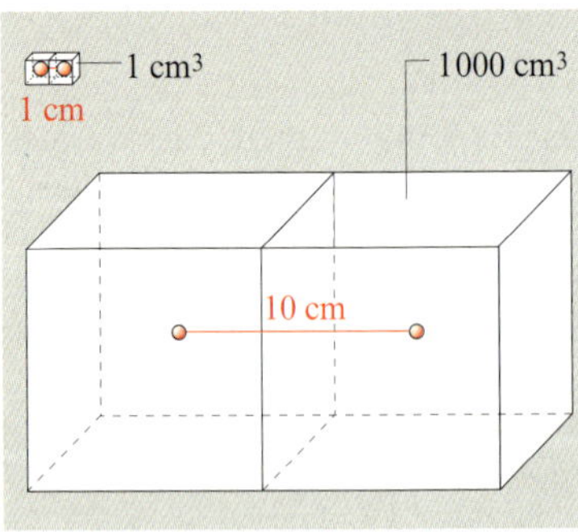

4

In der Flüssigkeit liegen die Teilchen „dicht gepackt“ beieinander. Dadurch üben sie stets abstoßende aber auch anziehende Kräfte aufeinander aus. Die Teilchen eines Gases befinden sich in einem so großen Abstand, dass sie nahezu unabhängig voneinander durch den Raum fliegen können.
Allerdings ist die Anzahl der Teilchen so riesig, dass sie dauernd zusammenstoßen: Unter Normalbedingungen stößt ein Luftmolekül etwa 7 000 000 000-mal pro Sekunde mit anderen Molekülen zusammen. Zwischen zwei Zusammenstößen legt es aber im Mittel nur eine Strecke von etwa 0,000 07 mm zurück.

Von Schuhgrößen und der kinetischen Energie der Moleküle

1

Was hat die Schuhgröße mit der kinetischen Energie der Moleküle gemeinsam? Eigentlich nur wenig! Aber lass dir trotzdem von allen Mitschülerinnen und Mitschülern ihre Schuhgröße sagen und trage die Häufigkeit der einzelnen Schuhgrößen in ein Diagramm ein.
Bild 2 zeigt die Verteilung der Häufigkeit der Schuhgrößen: Viele haben die Schuhgröße 40, nur ganz wenige haben 44 und ebenfalls nur einige noch die Schuhgröße 35. Als ihr in der 4. Klasse wart, war das anders, da war vermutlich die Schuhgröße 34 am häufigsten vertreten.

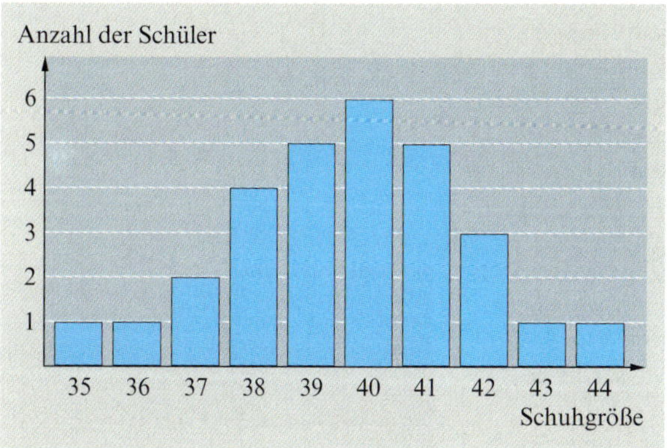

2

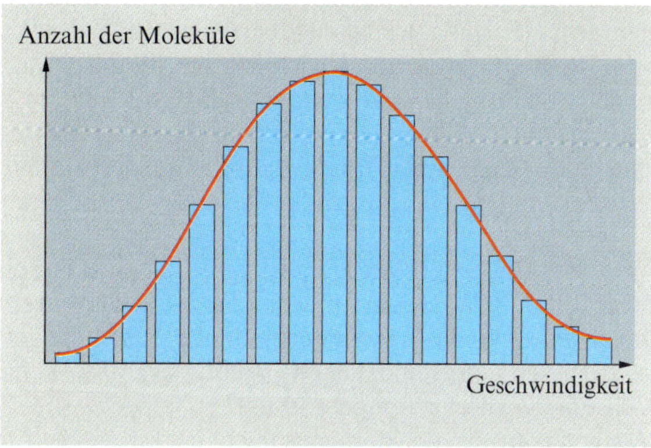

3

Jedes Molekül des Wassers in einem Becherglas hat als Folge seiner thermischen Bewegung eine bestimmte Geschwindigkeit (Bild 3). Aber nicht alle Moleküle haben die gleiche Geschwindigkeit, obwohl das Wasser genau *eine* Temperatur hat. Einige Moleküle sind schneller, einige sind langsamer.
Wird die Anzahl der Moleküle mit einer bestimmten Geschwindigkeit gegen diese Geschwindigkeit aufgetragen, ergibt sich eine **glockenförmige Verteilung**, ähnlich wie bei euren Schuhgrößen: Die meisten Moleküle haben eine mittlere Geschwindigkeit, einige sind langsamer, einige schneller und nur ganz wenige sind sehr schnell. Die kinetische Energie ist also nicht für alle Moleküle dieselbe.
Wird das Wasser erwärmt, so verschiebt sich das Maximum (die höchste Stelle) der Verteilung nach rechts, zu höheren Geschwindigkeiten (Bild 4). Nicht nur für Wasser, sondern für alle Flüssigkeiten und auch für feste Körper und Gase, gilt:

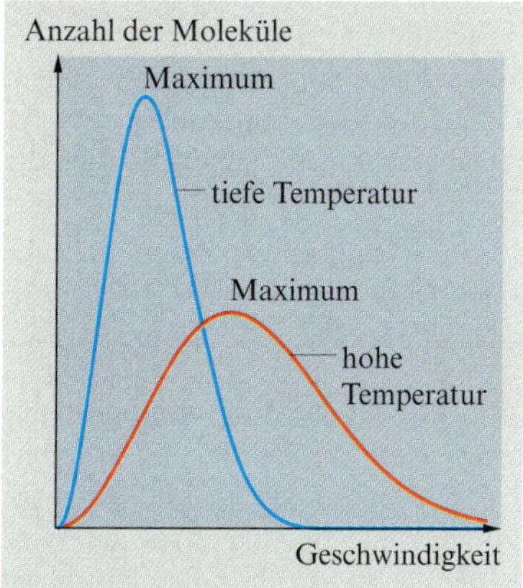

4

Bei Temperaturerhöhung verschiebt sich das Maximum der Verteilung.

Bei einer bestimmten Temperatur haben die Teilchen eines Körpers nicht alle dieselbe kinetische Energie.

Brown'sche Bewegung. Unter einem Mikroskop kann man beobachten, wie sich Aschekörnchen in der Luft langsam bewegen (Bild 5). Wenn alle Luftmoleküle dieselbe Geschwindigkeit hätten und stets gleichmäßig von allen Richtungen her gegen die Aschekörnchen stießen, so blieben die Aschekörnchen in Ruhe.
Aber die Geschwindigkeiten der einzelnen Luftmoleküle ändert sich ständig, ebenso ihre Bewegungsrichtung. Mal erfährt ein Aschekörnchen also mehr und heftigere Stöße von links, mal mehr von rechts usw.

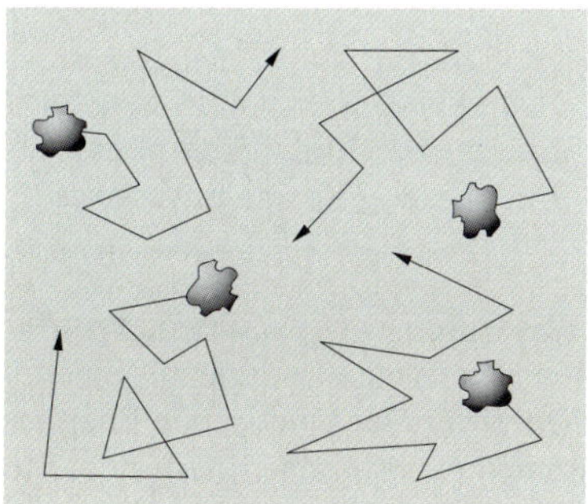
5

Kinetische Energie und Verdunsten

EXPERIMENT 5
Fülle zwei gleiche Bechergläser mit der gleichen Menge warmen Wassers von 40 °C bzw. 60 °C. Stelle sie auf die Waagschalen einer empfindlichen Balkenwaage. Stelle Gleichgewicht her und beobachte einige Zeit!
Was geschieht, wenn du Wasser mit 20 °C statt mit 40 °C nimmst?

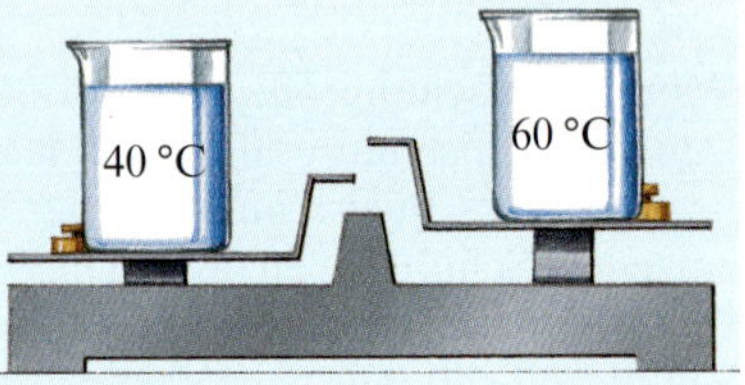

1

Warum wird die Seite mit dem wärmeren Wasser leichter? Die Moleküle mit der größten kinetischen Energie sind so schnell, dass sie – wenn sie gerade in der Nähe der Wasseroberfläche sind – das Wasser verlassen können. Die Kräfte zwischen den Molekülen, die das Wasser zusammenhalten, reichen nicht mehr aus, solch schnelle Moleküle zu halten: Das Wasser verdunstet. Je höher die Temperatur des Wassers, desto mehr Moleküle mit großer kinetischer Energie enthält es, desto mehr Wasser kann also verdunsten. Das Gleiche gilt für alle anderen Flüssigkeiten.

Wer zwei Gläser mit Wasser ins Regal stellt und nur eines davon abdeckt, stellt fest: Das Wasser im offenen Glas ist nach wenigen Tagen verdunstet. Im abgedeckten Glas verändert sich der Wasserspiegel kaum. Wie kommt es zu diesen unterschiedlichen Ergebnissen, obwohl das Wasser in beiden Gläsern die gleiche Temperatur hat?
Auch in dem abgedeckten Glas reicht die kinetische Energie einiger Moleküle aus, die Wasseroberfläche zu verlassen. Bald sind aber so viele Wassermoleküle im Luftraum über dem Glas, dass einige von ihnen wieder in das Wasser gelangen, also ein Teil des Dampfes kondensiert. Es bildet sich ein Gleichgewicht: Die Anzahl der Moleküle, die das Wasser verlassen, ist gleich der Anzahl der Moleküle, die wieder in das Wasser zurückkehren.

2

Ist der Raum über einer Flüssigkeit abgeschlossen, dann stellt sich mit der Zeit ein Gleichgewicht zwischen Verdunsten und Kondensieren ein.

Wie die Verdunstungskühlung funktioniert. Wenn beim Verdunsten die schnellsten Moleküle das Wasser verlassen, nehmen sie ihre kinetische Energie mit. Diese „fehlt" jetzt im Wasser. Und wenn dem Wasser von außen keine Wärme zugeführt wird, dann wird es mit jedem verdunsteten Molekül etwas kälter. Der Mittelwert der kinetischen Energie der Moleküle sinkt – und das bedeutet: die Temperatur sinkt.
Ähnlich ist es mit den Schuhen: Wenn die Schüler mit den größten Füßen die Klasse verlassen, wird der Mittelwert der restlichen Schuhgrößen kleiner.

3
Frischer Wind fördert das Verdunsten.

Beim Verdunsten von Flüssigkeit sinkt ihre Temperatur: Die thermische Energie der Flüssigkeit nimmt ab, da Moleküle mit hoher kinetischer Energie die Flüssigkeit verlassen.

Was würde wohl passieren, wenn es gelänge, die Moleküle mit der geringsten kinetischen Energie aus einem Stoff zu entfernen? – Dann würde der Mittelwert der kinetischen Energien der zurückbleibenden Moleküle, also auch die thermische Energie des Stoffes ansteigen: Die Temperatur müsste also steigen.

Übrigens

Wenn sich in einer Wolke Tröpfchen bilden, verliert der Wasserdampf seine „langsamsten" Moleküle. Die Temperatur des restlichen Wasserdampfes und der Luft werden dabei etwas erhöht.

Wasser auf dem Mond?

Was wäre wohl passiert, wenn die Astronauten einen offenen Topf mit Wasser auf den Mond gestellt hätten? Auf dem Mond gibt es keine Lufthülle, keine Atmosphäre. Der Bereich über der Mondoberfläche ist völlig leer, dort ist ein Vakuum.

EXPERIMENT 6
Ein Becherglas mit Wasser von 60 °C wird unter eine Glasglocke gestellt. Mit einer Pumpe wird Luft aus der Glocke herausgesaugt.

1

Das Wasser beginnt nach kurzer Zeit zu sieden, obwohl seine Temperatur nur 60 °C beträgt. Im Vakuum würde das Wasser sogar schon bei Raumtemperatur sieden. Auch das Wasser auf dem Mond würde schnell verdampfen. Wenn man den Luftdruck über einer Flüssigkeit vergrößert, fängt sie dagegen erst bei einer höheren Temperatur an zu sieden.

Je größer der Druck auf die Oberfläche einer Flüssigkeit ist, desto höher ist die Siedetemperatur dieser Flüssigkeit.

In jedem Schnellkochtopf wird dieses physikalische Gesetz genutzt: In fest verschlossenen und druckfesten Töpfen steigt die Siedetemperatur auf etwa 120 °C. Bei dieser Temperatur garen die meisten Lebensmittel sehr viel schneller als bei 100 °C. Durch die verkürzte Garzeit kann der Energiebedarf vermindert werden.

2
Im Dampfdrucktopf kann mit über 100 °C gekocht werden.

Schmelzen und Lösen fester Körper

Wird ein fester Körper erwärmt, so geraten seine Teilchen in immer heftigere Schwingungen. Bei höheren Temperaturen gibt es dann an der Oberfläche des Körpers Teilchen, die sich aus dem Verband der Nachbarn lösen und eine Flüssigkeit bilden. Dabei werden „feste Bindungen" zwischen den Teilchen aufgebrochen. Hierzu ist Wärme erforderlich – nämlich die Schmelzwärme.
Hat ein Körper seine Schmelztemperatur erreicht, so bewirkt eine Wärmezufuhr lediglich das Aufbrechen der Bindungen. Die thermische Energie der Teilchen nimmt dabei nicht zu, aber die Teilchen werden leichter gegeneinander verschiebbar.

Kältemischungen. Wird Salz in Wasser gelöst, so sinkt die Temperatur ab. Zum Aufbrechen der Bindungen im Salzkristall ist Energie erforderlich. Sie wird dem Wasser entzogen. Bringt man Salz und Eis zusammen, so entsteht eine breiige Flüssigkeit. Die Energie für das Lösen der Salzkristalle wird dem Gemisch entzogen. Obwohl die Temperatur sinkt, bleibt die Mischung flüssig, denn die Schmelztemperatur einer Salzlösung liegt deutlich unter 0 °C.
Auf manchen vereisten Straßen wird im Winter Salz gestreut. Die zum Schmelzen erforderliche Energie wird der Luft und dem Untergrund entzogen. Die Salzlösung kann von der Straße abfließen.

Schon gewusst?

Nur wenn eine Rakete schnell genug ist, kann sie die Erde gegen die Schwerkraft verlassen. Die Moleküle der Luft sind aufgrund ihrer thermischen Bewegung sehr schnell. Ihre Geschwindigkeit reicht jedoch nicht zum Verlassen der Erde.
Die Schwerkraft auf dem Mond beträgt nur 1/6 der Schwerkraft der Erde. Dort reicht die thermische Geschwindigkeit von Gasmolekülen, um den Mond zu verlassen. Darum hat der Mond keine Lufthülle.

Wasser, Wind und Wetter

1

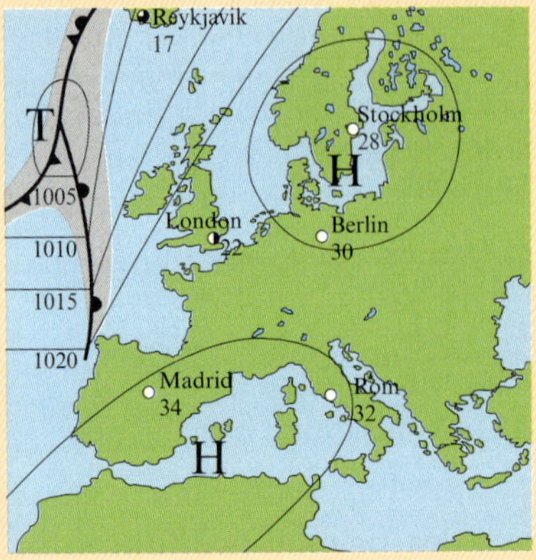

2

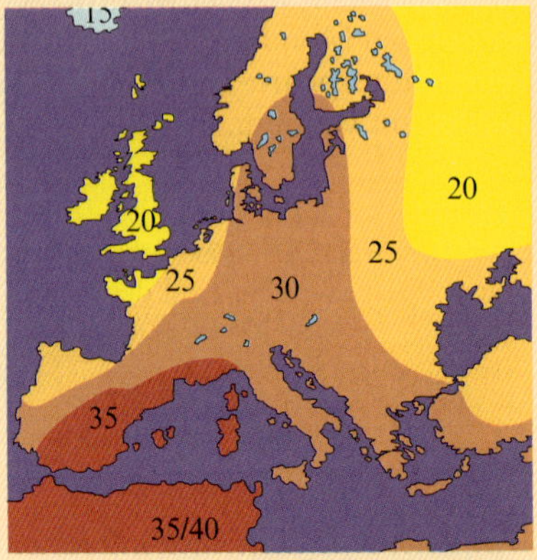

3

Alle Nachrichtensendungen enden mit dem Wetterbericht. Vielleicht heißt es auch heute: „Ein Tief über England bringt warme Luft und Regen." In bewegten Satellitenbildern sieht man Wolken über Europa hinweg ziehen. Landwirte und Gärtner freuen sich über den Regen. Die Urlauber an der Ostsee wünschen sich eher Sonnenschein. Ein „Hoch über Skandinavien" würde ihnen sonniges und trockenes Wetter bringen.
Manchmal aber wird über das Wetter direkt in den Nachrichten berichtet: Sintflutartige Regenfälle führen zu Überschwemmungen oder wochenlange Hitzeperioden vernichten die Ernte und lösen eine Hungerkatastrophe aus. In manchen Jahren – so auch in den Jahren 1982/83 und 1997/98 – hängen solche Katastrophenmeldungen miteinander zusammen: El Niño hat uns dieses Klima beschert.

4

Die Sonne macht das Wetter

Die Sonne ermöglicht nicht nur das Leben auf der Erde, sie bedroht es manchmal auch. Sie macht das **Wetter**, so nennt man die täglichen atmosphärischen Erscheinungen in einer Region, also etwa in Sachsen. Die Sonne ist aber auch für das **Klima**, den Zusammenhang der Wettererscheinungen auf der ganzen Erde, verantwortlich. Das Wetter, das wir täglich beobachten, spielt sich nur in der relativ dünnen Schicht der Atmosphäre ab, der Troposphäre. Sie hat eine Dicke von etwa 10 km. Oberhalb der Troposphäre befindet sich die Stratosphäre mit der Ozonschicht (Bild 5).
In der Troposphäre nimmt die Temperatur nach oben hin ab (etwa 7 °C pro Kilometer) in der Ozonschicht dagegen nimmt sie zu. Der Grund dafür ist, dass in der Ozonschicht ein Teil der Sonnenstrahlung absorbiert wird und thermische Energie entsteht.
Die von den oberen Schichten „gefilterte" Sonnenstrahlung kann aber die Luft der Troposphäre nahezu ungehindert durchdringen.
Scheint die Sonne einige Zeit über einem Landstrich, so erwärmt sich nicht nur die Erde sondern auch die Luft darüber. Denn die Luft nimmt Wärme von der Erde auf. Die erwärmte Luft steigt wie ein Heißluftballon in die Höhe. Ein gleichmäßiger Luftstrom kann dabei entstehen, in dem Bussarde stundenlang kreisen können und den Segelflieger nutzen, um Höhe zu gewinnen.
Wenn Luft nach oben steigt, muss am Boden neue Luft nachströmen, denn ein „Luftloch" kann nicht entstehen. Aus allen Richtungen weht am Boden Wind zum Fuß der aufsteigenden Luft.

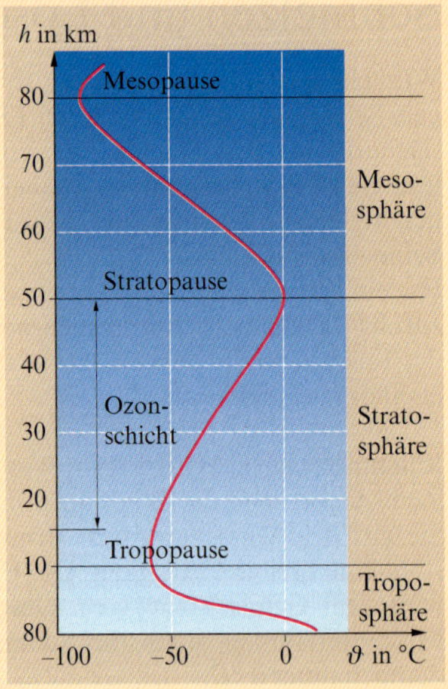

5
Temperaturverlauf in der Atmosphäre: Die Stratosphäre wird von oben geheizt, die Troposphäre von unten.

Wie entsteht unser Wetter?

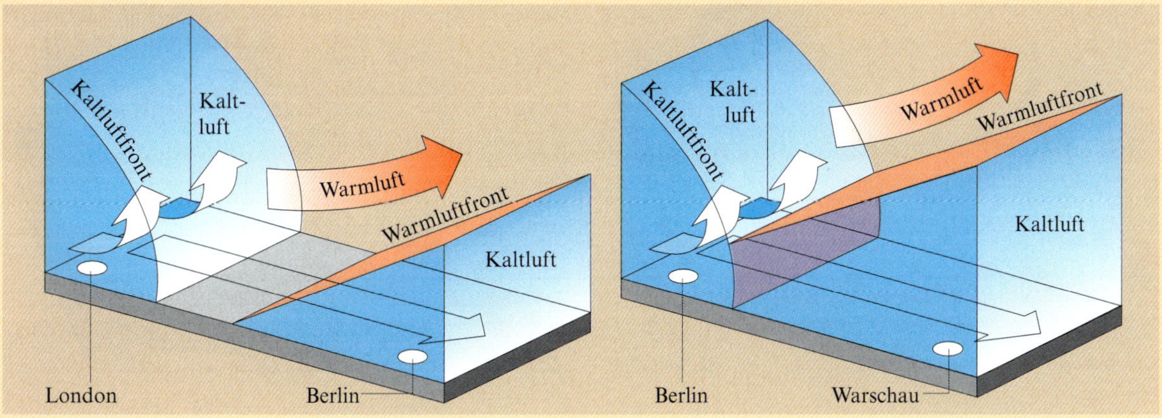

1

Auf der Nordhalbkugel der Erde weht in unseren Breiten meist der Wind von West nach Ost, also vom Atlantik über Nordeuropa nach Asien, weiter über Nordamerika zum Atlantik. In dieser Westwindzone strömt der Wind nicht einfach geradeaus: Landmassen, Gebirge und hohe Meereswellen stören die Strömung der Luft. Es entstehen Wellen und Wirbel.

Was ist ein Tief? In einem Luftwirbel, der sich entgegen dem Uhrzeigersinn dreht, strömt (auf der Nordhalbkugel) die Luft hinein; in seinem Zentrum herrscht niedriger Luftdruck (**Tief** ***T***). Die Luft kann nicht im Zentrum bleiben. Sie steigt auf, kühlt dabei ab – der Wasserdampf in der Luft kondensiert und bildet Wolken. Weil der Wind zur Mitte des Tiefs weht, treibt er oft unterschiedlich warme Luftmassen zusammen (Bild 1). Wenn die Kaltluftfront die Warmluft auf der Warmluftfront in die Höhe schiebt, entstehen Wolken, die Dauerregen bringen. Wenn sich einige Stunden oder Tage später die Kaltluft unter die Warmluftfront schiebt, gibt es heftige Winde und kräftige Schauer. Wie im Bach ein Wirbel mit dem Wasser „schwimmt", so wandert der Tiefdruckwirbel Richtung Ost: Das Tief zieht über uns hinweg.

Was ist ein Hoch? Bei einem Luftwirbel, der sich im Uhrzeigersinn dreht, strömt (auf der Nordhalbkugel) die Luft heraus; in seinem Zentrum herrscht hoher Luftdruck (**Hoch** ***H***). Weil in seinem Zentrum kein Loch entstehen kann, strömt Luft aus der Höhe herab, erwärmt sich dabei und Wolken lösen sich auf, die Sonne kann scheinen.
Im Sommer verspricht ein stabiles Hoch über Skandinavien wolkenlosen Himmel und warme Winde von Osten.
Im Winter wehen die Winde dann auch von Ost; dort ist es aber eiskalt. Das Winterhoch bringt zwar Sonne doch zugleich klirrenden Frost.

Oft bekommt ein Tief ein Hoch „zu packen": Am Boden strömt dann die Luft vom Hoch ins Tief und in der Höhe fließt sie vom Tief zum Hoch zurück. Daraus kann für längere Zeit ein stabile Strömung entstehen, ja diese Strömung kann das Tief und das Hoch sogar verstärken, also sich selber antreiben.
Wenn wir einen schönen Sommer haben, liegt das oft an einem Hoch über Skandinavien, das mit einem Tief über Island „zusammenarbeitet."

AUFGABEN

1. Beschreibe den Unterschied zwischen einem Hoch- und einem Tiefdruckgebiet!
2. Warum schiebt sich eine Kaltluftfront meist unter die Warmluftfront? Warum regnet es dann?
3. Welchen Weg hat das Tief in Bild 2 auf Seite 196 vermutlich genommen?
4. Informiere dich in Nachschlagewerken über verschiedene Wolkenarten. Beschreibe die Wolken und gib an, welches Wetter sie ankündigen!
5. Beschreibe, wie sich die Temperatur in der Atmosphäre mit der Höhe ändert! Warum ist es am Boden und in der Ozonschicht besonders warm?
6. Im Gebiet nördlich der Alpen gibt es häufig Föhn. Beschreibe, wie er entsteht (Bild 2)!

2

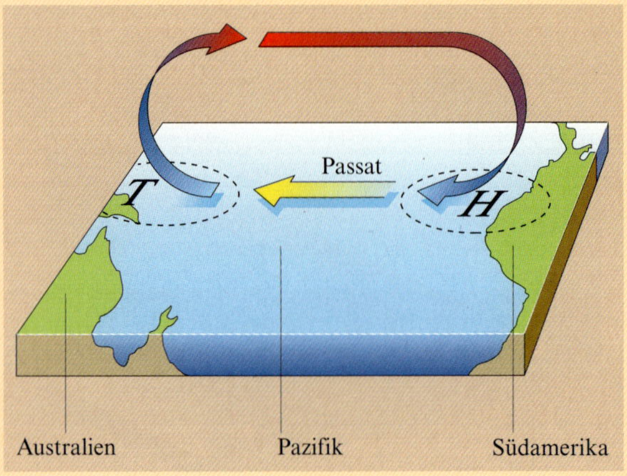

1

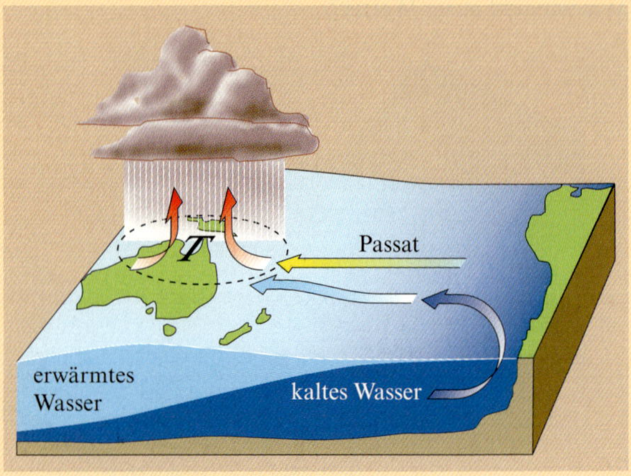

2

El Niño: Das Klima spielt verrückt

Die Wettermaschine über dem Pazifik. Ein Kreislauf riesigen Ausmaßes entsteht praktisch jedes Jahr über dem Pazifik. Über Südostasien, in der Höhe des Äquators – Indonesien, Philippinen, Papua-Neuguinea – entwickelt sich ein gewaltiges Tiefdruckgebiet. Über der Ostküste von Südamerika entsteht zugleich ein riesiges Hochdruckgebiet. Im Tief steigt die feuchtwarme Luft auf und bewegt sich in fünf bis zehn Kilometern Höhe Richtung Osten. Auf diesem Weg kühlt sich die Luft ab und sinkt an der Küste Südamerikas im Hoch nieder. Dort wird sie von dem von Ost nach West wehenden Passatwind erfasst und fließt über den Pazifik zurück nach Westen. Diese Strömung (Bild 1) bildet eine riesige und stabile Walze über dem Pazifik.

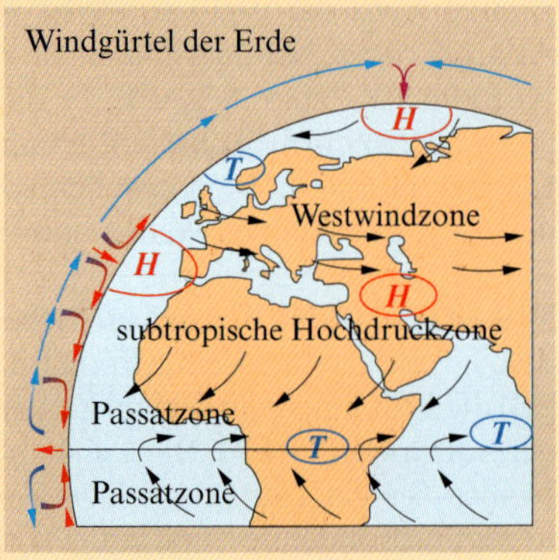

3

Die Passatwinde sind beständige Winde, in Richtung Westen. Sie sind eine Folge der starken Erwärmung am Äquator und der Rotation der Erde in Richtung Ost.

Der kräftige Passatwind schiebt die oberen Wasserschichten des Pazifik in Richtung Australien (Bild 2). Dadurch wird das kalte Tiefenwasser des Pazifik an der Küste Südamerikas an die Oberfläche getrieben. Die Wassertemperatur liegt dort nur bei etwa 20 °C – ziemlich kühl für tropische Regionen! Über dem Kaltwassergebiet sinkt die Luft ab, die Wolkenbildung wird verhindert, die Küstenregion Südamerikas ist sehr trocken.
Wasserbewegungen wie im Pazifik kannst du auch im Urlaub an der See bemerken: Hat der Wind einen Tag lang vom Meer aufs Land geweht, ist das Wasser am Strand recht warm. Der Wind hat das von der Sonne gewärmte Wasser herangeschoben. Weht es jedoch einige Zeit vom Land zum Meer, dann wird das warme Oberflächenwasser weggeschoben und von unten strömt das spürbar kühlere Tiefenwasser zum Strand.

Wenn die Wettermaschine nicht mehr läuft. In manchen Jahren sind die Tiefs und Hochs über dem Pazifik nur schwach. Wenn dann gleichzeitig die Passatwinde nachlassen, kommt die riesige Walze zum Stillstand. In der Zeit vor Weihnachten wird dann in Südamerika schrecklich spürbar, dass das kalte Tiefenwasser ausbleibt: El Niño (span.: das Christkind) ist da.

4

Warmes Wasser bei Peru, keine Durchmischung des Pazifikwassers

Die Folgen im Wasser. Wie ein Deckel liegt nun das im Sommer aufgeheizte Wasser auf dem kälteren Wasser, es gibt keine Durchmischung von unten nach oben mehr. Das sauerstoffreiche und deshalb nährstoffreiche Tiefenwasser wird nicht mehr vor der Küste von Südamerika an die Oberfläche gespült. Die Fische und Kleintiere des Meeres müssen tief tauchen, um Nahrung zu finden.

Sardellen, die sonst wenige Meter unter der Oberfläche leben, müssen in 120 m Tiefe absteigen. An der Küste Perus leben die Menschen hauptsächlich vom Fischfang (Bild 1). Die peruanischen Fischer erreichen die Sardellen nicht mehr mit ihren Netzen.
Die Jacobsmuschel findet in dieser Situation hervorragende Lebensbedingungen vor und vermehrt sich gewaltig. Viele Fischer werden daher zu Tauchern und ernten die Muscheln. Auch Tintenfische mögen Jacobsmuscheln und vermehren sich mehr als sonst. Die Nahrungsketten dieser Regionen geraten völlig durcheinander. Mit dem warmen Wasser kommen auch Raubfische und Schwimmkrabben in die Region, die die Netze der Fischer zerstören.

1

Die Folgen für das Wetter. Wenn das Wasser im Pazifik nicht mehr durchmischt wird, gerät auch das Wetter durcheinander. Das ungewöhnlich warme Wasser vor Peru wärmt die Luft. Feucht und warm steigt sie auf und lässt große Tiefs entstehen. Durch die Regenfälle entsteht in der Wüste plötzlich Leben (Bild 2). Oft regnet es aber an der Küste Südamerikas so heftig, dass es zu katastrophalen Überschwemmungen kommt.

Auch Australien und Südostasien bekommen El Niño zu spüren. Bei normalen Wetterlagen entsteht nördlich von Australien das große Tief, das den Regen bringt. Durch den Rückstrom über den Pazifik bilden sich den ganzen Sommer lang immer neue Tiefs und versorgen die Region mit regelmäßigen Regengüssen. Bei El-Niño-Klima ist der Strom unterbrochen, der Nachschub aus dem Osten bleibt aus. Die Folge: Dürrekatastrophen in Australien.

2
Die Wüste lebt.

3
Überschwemmung in Südamerika

4
Dürre in Australien

AUFGABEN

1. a) Beschreibe die Wetterverhältnisse im Pazifikraum in einem normalen Jahr!
   b) Begründe, dass die Küstenregion im Westen Südamerikas sehr trocken ist!
   c) Wie unterscheiden sich die Wassertemperaturen an der südamerikanischen und an der australischen Küste?
2. Nenne drei wichtige Auswirkungen des El-Niño-Klimas!
3. Normalerweise wird das Wasser im Pazifik ständig umgewälzt. Beschreibe die Wasserschichtung in einem El-Niño-Jahr! Welche Folgen ergeben sich aus der veränderten Situation für die Lebewesen im Wasser und für die Küstenbewohner in Südamerika?

Ein Blick in die Technik

Thermische Energie unterwegs

Der Kühlschrank. Noch nie hat jemand beobachtet, dass sich das Badezimmer abkühlt und dafür das Badewasser immer heißer wird. Von allein wird dies nie geschehen. Alle Erfahrung lehrt uns: Die thermische Energie geht stets vom wärmeren zum kälteren Körper über. Dieser Grundsatz der Wärmelehre wird täglich in jeder Küche durchbrochen: Der Kühlschrank kühlt die Lebensmittel in seinem Innenraum ab und erwärmt zugleich seine Rückwand, also auch die Küche.
An der Rückseite des Kühlschranks befindet sich eine Maschine, in der ein elektrischer Motor eine Kühlflüssigkeit im Kreis herumpumpt. Die Flüssigkeit entzieht den Lebensmitteln im Innenraum thermische Energie, indem sie verdampft. In den „Kühlrippen" an der Rückseite des Kühlschrankes kondensiert der Dampf wieder und gibt dabei Energie ab. Die Kühlrippen haben eine höhere Temperatur als die Raumluft.

1

① Die Kühlflüssigkeit gelangt durch eine Verengung in den Verdampfer. Dabei wird der Druck stark vermindert. Unter diesem niedrigen Druck beginnt die Flüssigkeit auch unterhalb von 0 °C schon zu sieden.

④ Beim Kondensieren wird Wärme an die Umgebung abgegeben.

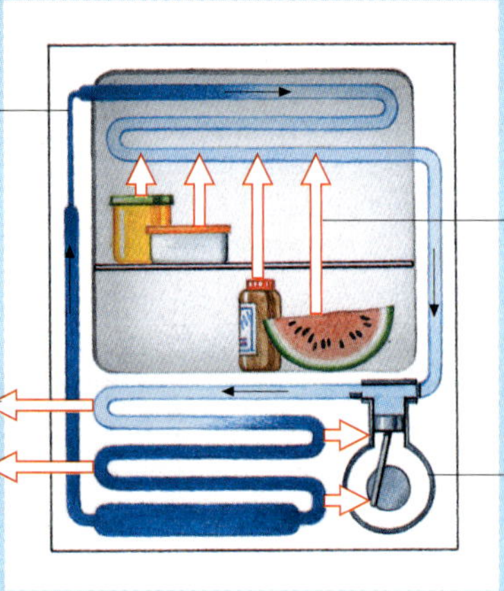

② Die zum Verdampfen der Kühlflüssigkeit erforderliche Wärme wird der Flüsigkeit selbst und dem Kühlfach entzogen.

③ Der Dampf wird abgesaugt und in einem Kompressor stark zusammengedrückt. Bei diesem hohen Druck liegt die Siedetemperatur weit über 0 °C. Der Dampf kondensiert.

2

Das Wärmerohr. Mit einem Wärmerohr wird die Wärme sehr wirkungsvoll und selbst bei geringen Temperaturdifferenzen vom warmen zum kalten Ende geleitet. Die Wärmeleitfähigkeit ist mehr als 1 000-mal so groß wie die von Silber oder Kupfer!

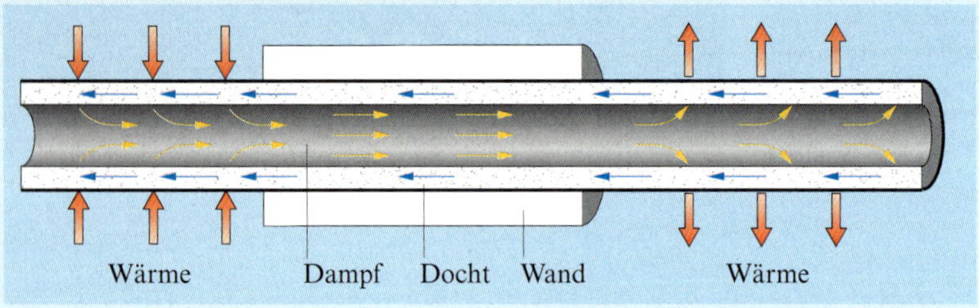

3

Wärmerohre gibt es für Temperaturen zwischen –200 °C und über 2 000 °C. Bei sehr hohen Temperaturen werden als Dochtmaterial Wolfram-Wolle und als Transportmittel Metalle wie Blei oder Silber verwendet.

Im geschlossenen Rohr aus Glas, Keramik, Kupfer oder Stahl befindet sich eine Flüssigkeit, die auf der heißen Seite verdunstet. Der Dampf strömt durch das Rohr zum kühleren Ende. Dort kondensiert er und gibt Kondensationswärme ab.
Der Rücktransport der Flüssigkeit geschieht durch Kapillarwirkung: An der Innenseite des Rohres befindet sich ein Docht, der die Flüssigkeit zum heißen Ende leitet.

AUFGABEN

1. Um im Winter einen Keller frostfrei zu halten, kann man ein paar Eimer Wasser hineinstellen. Wie funktioniert diese Methode?
2. Fülle nur ganz wenig Wasser in eine leere Getränkedose und bringe es zum Sieden. Stecke anschließend die Dose mit der Öffnung nach unten in Wasser (verwende dazu eine Grillzange). Erkläre deine Beobachtung!
3. Erhitze langsam Öl in einer Pfanne. Nimm die Pfanne von Zeit zu Zeit vom Herd und neige sie ein wenig. Welche Eigenschaft des Öls verändert sich beim Erhitzen? Erkläre deine Beobachtung!
4. a) Beschreibe, wie man in einem Experiment erkennen kann, dass zum Schmelzen eines Stoffes Wärme erforderlich ist!
   b) Erkläre mithilfe des Teilchenmodells, dass zum Schmelzen eines Stoffes Wärme erforderlich ist!
5. Ein Eiswürfel (m = 20 g) wird in ein Getränk gegeben. Seine Anfangstemperatur betrug –10 °C. Nach dem Schmelzen beträgt die Mischungstemperatur +10 °C. Wie viel thermische Energie hat der Eiswürfel dem Getränk entzogen? Die spezifische Wärmekapazität von Eis beträgt 2,1 J/(g · K).
6. Nenne je ein Beispiel, wo ausgenutzt wird, dass beim Kondensieren und beim Erstarren eines Stoffes Wärme abgegeben wird!
7. Begründe anhand des Teilchenmodells, dass die Temperatur einer Flüssigkeit beim Verdunsten niedriger wird!
8. Begründe, dass man in einem Raum, in dem Wäsche getrocknet wird, gut lüften sollte!
9. Im Winter siehst du draußen oft deinen „Atem“. Warum siehst du ihn im Sommer nicht?
10. Berechne die Wärme, die erforderlich ist, um die Temperatur von 1 l Wasser von 0 °C auf 100 °C zu erhöhen!
    Wie viel Wasser lässt sich mit dieser Wärme verdunsten? Wie viel Eis lässt sich mit dieser Wärme schmelzen?
11. Auf Europas höchstem Berg, dem Montblanc (ca. 4 800 m), siedet Wasser bereits bei etwa 83 °C.
    a) Gib eine Begründung dafür!
    b) Was würde jemand erleben, der auf dem Montblanc Gemüse kochen wollte?
    Was könntest du ihm empfehlen?
12. An allen Schnellkochtöpfen gibt es ein Ventil. Beschreibe, wozu es dient!
13. Jemand behauptet: „Wenn es im Sommer in der Küche zu warm ist, kann man den Kühlschrank aufmachen – und nach ein paar Stunden ist die Küche angenehm klimatisiert.“
    Begründe, dass dies nicht funktionieren kann!

ZUSAMMENFASSUNG

Schmelzen und Verdampfen
Zum Schmelzen eines festen Körpers und zum Verdampfen einer Flüssigkeit ist Wärme erforderlich.

Erstarren und Kondensieren
Beim Erstarren einer Flüssigkeit und beim Kondensieren eines Gases wird Wärme frei.

Verdunsten
Beim Verdunsten einer Flüssigkeit verlassen Teilchen mit hoher kinetischer Energie die Flüssigkeit. Die mittlere kinetische Energie der Teilchen in der Flüssigkeit wird dadurch kleiner, die Temperatur sinkt.

Siedetemperatur und Druck
Je größer der Druck auf die Oberfläche einer Flüssigkeit ist, desto höher ist die Siedetemperatur der Flüssigkeit.

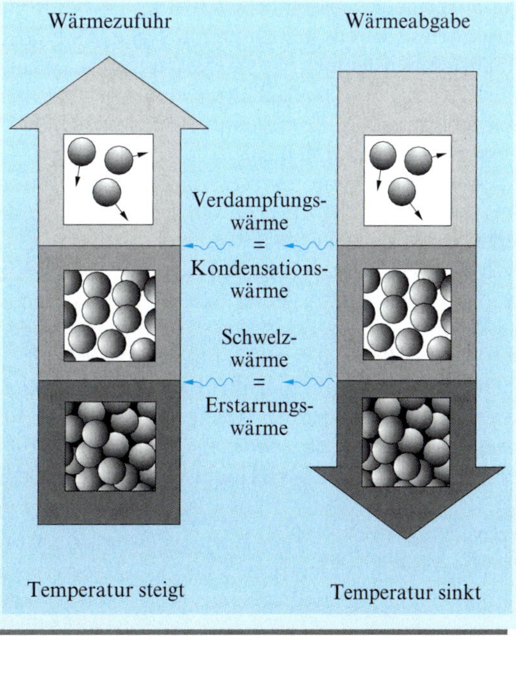

Wer an einem Kraftwerk mit dampfenden Kühltürmen vorbei kommt, hat bestimmt schon einmal gedacht: „Schade um diese Wärme, die da verloren geht. Warum kann man sie nicht besser nutzen?“
Dort wo Wohnungen in der Nähe sind, werden diese tatsächlich mit „Fernwärme“ aus dem Kraftwerk versorgt.
Dennoch sind Kühltürme wichtig: Sie sorgen dafür, dass die Temperatur am Ausgang der Turbinen des Kraftwerkes möglichst niedrig ist. Der Wirkungsgrad des Kraftwerkes wird dadurch erhöht.

1

Es geht nichts verloren

Wenn ein Stein nach unten fällt, verliert er potenzielle Energie, denn seine Höhe nimmt ab. Unmittelbar vor dem Aufprall auf den Boden (Höhe null) hat der Stein seine größte Geschwindigkeit. Deshalb ist hier seine kinetische Energie am größten, seine potenzielle Energie jedoch gleich null: Die potenzielle Energie am Startpunkt ist vollständig in kinetische Energie umgewandelt worden. Und wo bleibt diese Energie, wenn der Stein auf den Boden aufschlägt und liegen bleibt?
Wenn Staubteilchen oder winzige Steine aus dem Weltraum auf die Erde treffen, erhitzen sie sich bei Eintritt in die Lufthülle der Erde stark. Meist verglühen sie bereits in mehreren Kilometern Höhe. Ihre hellen Spuren am Nachthimmel nennen wir Sternschnuppen. Wenn allerdings ein großer Meteorit die Erdoberfläche erreicht, entstehen beim Aufprall sehr hohe Temperaturen. Große Gesteinsmengen werden hochgeschleudert, werden flüssig oder verdampfen gar.
Auch wenn ein Stein nur aus 1 m Höhe herbfällt, wird er beim Aufprall etwas erwärmt. Allerdings erhöht sich die Temperatur des Bodens und des Steins dabei so wenig, dass wir davon nichts spüren.
Energie kann verschiedene Formen annehmen. Viele Experimente haben zu der Überzeugung geführt, dass Energie niemals neu entstehen oder verschwinden kann. James Prescott Joule hat gezeigt, dass dies auch für die Umwandlung von mechanischer Energie in thermische Energie gilt (siehe S. 186). Außerdem kann man keine Maschine konstruieren, die ohne Energiezufuhr von außen ständig in Bewegung ist und dabei auch noch Energie abgibt: Ein *Perpetuum mobile* ist nicht möglich (siehe S. 114). Diese Erfahrung wird im **Ersten Hauptsatz der Thermodynamik** ausgedrückt:

2

Einschlagkrater eines Meteoriten in Australien

Bei keinem Vorgang kann Energie neu entstehen oder vernichtet werden. Potenzielle und kinetische Energie können vollständig in thermische Energie umgewandelt werden.

Arbeit verrichten durch Abkühlen?

Ob das wohl möglich wäre: Ein heißes Stück Eisen wird in kaltes Wasser gegeben. Das Wasser erstarrt zu Eis und das Eisen fängt an zu glühen? – Bei einem solchen Vorgang könnte die Energie von Eisen und Wasser erhalten bleiben, aber trotzdem wurde so etwas noch nie beobachtet.
Ebenso hat noch niemand gesehen, dass ein Stein sich von selbst abkühlt und dadurch nach oben springt – obwohl auch dies nach dem Gesetz der Energieerhaltung möglich wäre.
Die Physiker sind sich sehr sicher, dass ein solcher Vorgang nie passieren wird und haben als **Zweiten Hauptsatz der Thermodynamik** formuliert:

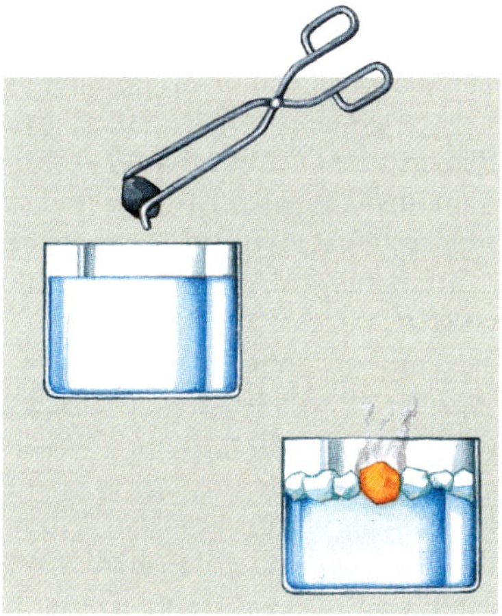
1

Wärme geht niemals direkt von einem kälteren Körper zu einem wärmeren Körper über. Es gibt keinen Vorgang, der nichts weiter bewirkt, als die Abkühlung eines Gegenstandes und die entsprechende Hebung einer Last.

Es gibt aber eine Spielzeug-Ente, die diesem Hauptsatz zu widersprechen scheint: Im Bauch der Ente befindet sich eine farbige Flüssigkeit (Alkohol oder Ether) die bei Zimmertemperatur verdunstet.

EXPERIMENT 1
1. Stelle ein passendes Trinkglas vor die Ente und lass sie „trinken". Beobachte ihre Bewegung genau!
2. Stülpe ein großes Gefäß aus Glas über die Ente und das Trinkglas und beobachte!

2

- Sobald die Ente ihren Schnabel in das Wasser getaucht hat, saugt sich der Filz am Kopf voll Wasser (Bild 3).
- Das Wasser verdunstet und kühlt den Kopf.
- Im kühlen Kopf kondensiert der Alkoholdampf, der Druck sinkt.
- Aus dem Bauch steigt Flüssigkeit auf. Der Schwerpunkt verschiebt sich, die Ente „nickt" und trinkt erneut.

3

Ist die trinkende Ente nicht doch ein besonderes Perpetuum mobile, eine Maschine, die nur aus Abkühlung Bewegung erzeugt?
Sobald das Aquarium einen abgeschlossenen Raum um die Ente schafft, nippt diese nicht mehr lange von dem Wasser. Das Wasser am Kopf kann nicht mehr verdunsten, denn im Aquarium entsteht schnell ein Gleichgewicht von verdunstendem Wasser und kondensierendem Wasserdampf. Die trinkende Ente bewirkt also mehr als nur Abkühlung: Sie braucht die Umgebung, die den Wasserdampf aufnimmt und wegtransportiert. Selbst die trinkende Ente kann nicht „ohne äußere Hilfe" thermische Energie in mechanische Energie umwandeln. Sie braucht einen kühlenden Luftzug.

Der Zweite Hauptsatz der Thermodynamik trifft eine Aussage über die mögliche Richtung von Vorgängen: Wenn zwei Körper eine unterschiedliche Temperatur besitzen, so geht von selbst Wärme nur vom wärmeren zum kälteren Körper über. Dabei lässt sich ein Teil der Wärme z. B. in mechanische Arbeit umwandeln.
Eine Umkehrung der Richtung, also eine Wärmeübertragung vom kalten zum warmen Körper ist nur bei Energiezufuhr von außen möglich.

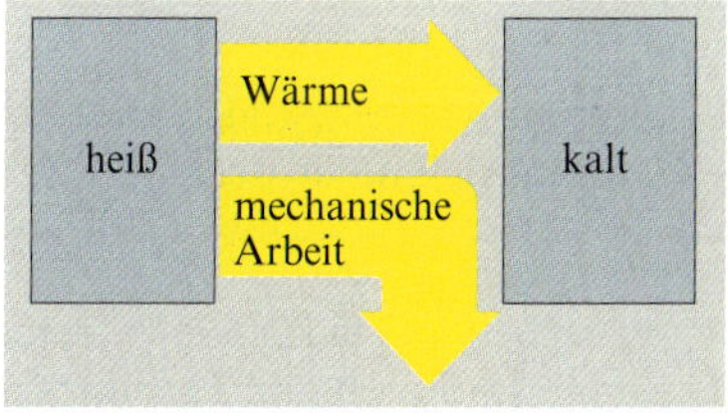

4

Wärmekraftmaschinen

Täglich begegnen dir Maschinen, die aus thermischer Energie kinetische Energie erzeugen: Jedes Auto wird von einem Motor angetrieben, in dem Benzin oder Dieselkraftstoff verbrannt wird. Diese thermische Energie bewegt die Kolben im Zylinder und schließlich dreht sie die Räder.
In allen Wärmekraftmaschinen kann nur ein Teil der thermischen Energie in mechanische Energie umgewandelt werden. Der Rest wird teilweise noch genutzt, um den Innenraum des Autos zu erwärmen, ist aber für weitere Nutzung verloren.
Weil der Nutzen bei diesen Maschinen stets kleiner ist als der Aufwand, ist ihr Wirkungsgrad η stets kleiner als 1 (siehe S. 111).

Dampfmaschinen. Die ersten Wärmekraftmaschinen waren Dampfmaschinen. In ihnen verrichtete heißer Wasserdampf mechanische Arbeit. Bild 1 zeigt das Prinzip von einer Dampfmaschine nach JAMES WATT.

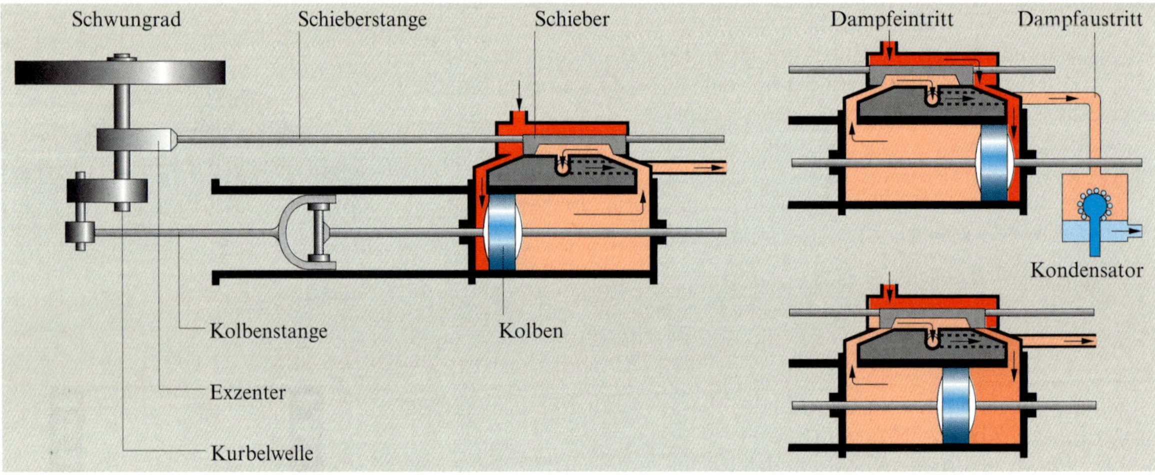

1

Dampfeintritt und -austritt werden durch einen Schieber gesteuert. Die Schieberbewegung ist der Kolbenbewegung entgegengerichtet. Der Kolben wird abwechselnd nach links und rechts gedrückt.
Der Schieber schließt den Einlass, wenn eine bestimmte Menge heißer Dampf in den Zylinder geströmt ist. Dieser Dampf dehnt sich aus und kühlt sich dabei ab. Seine thermische Energie nimmt ab, thermische Energie wird in mechanische Arbeit umgewandelt. Es ist aber nicht möglich, die gesamte thermische Energie des Dampfes in mechanische Arbeit umzuwandeln. Dazu müsste der Dampf auf eine Temperatur von 0 K abgekühlt werden.
Der Wirkungsgrad einer Dampfmaschine hängt nicht nur davon ab, wie heiß der Dampf beim Einlass ist, sondern auch davon, mit welcher Temperatur er die Maschine wieder verlässt. Daher ist es wichtig, den austretenden Dampf im Kondensator zu kühlen.

Je größer die Temperaturdifferenz zwischen Einlass und Auslass einer Dampfmaschine ist, desto größer ist ihr Wirkungsgrad.

Entsprechendes gilt für alle Wärmekraftmaschinen, also auch für alle Verbrennungsmotoren und Turbinen in den Kraftwerken.

2

JAMES WATT (1736–1819)

Der Ottomotor

Verglichen mit den schweren Dampfmaschinen des 19. Jahrhunderts sind die heutigen Benzinmotoren äußerst kleine und leichte Wärmekraftmaschinen mit einer großen Leistung. Nach ihrem Erfinder NIKOLAUS OTTO (1832–1891) werden sie auch Ottomotoren genannt.
Im Ottomotor wird ähnlich wie in einer Dampfmaschine ein Kolben durch den Druck eines erhitzten Gases bewegt. Allerdings ist das Gas hier nicht Wasserdampf, sondern das heiße Gas entsteht beim Verbrennen eines Gemisches aus Benzin und Luft.

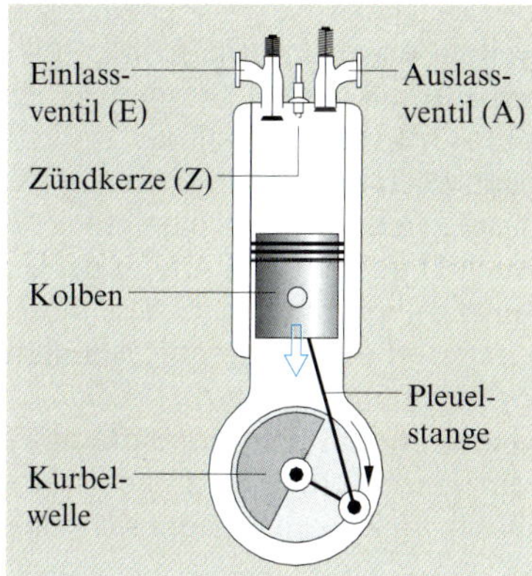

1

Arbeitsweise des Viertakt-Ottomotors. Ein Viertaktmotor arbeitet in vier Schritten, die nacheinander ablaufen. Diese Schritte werden Takte genannt.
Die Vorgänge wiederholen sich jeweils nach 4 Takten. Bei einem Viertakt-Ottomotor unterscheidet man folgende Takte:

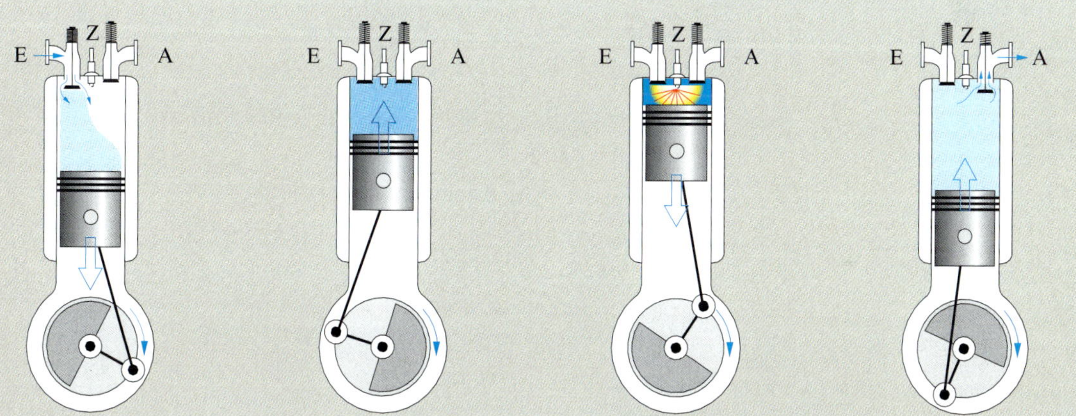

2

1. Takt:
Ansaugen des Benzin-Luft-Gemisches

Der Kolben bewegt sich in Richtung der Kurbelwelle. Dadurch entsteht im Zylinder ein Unterdruck. Das Einlassventil ist geöffnet. Durch das Ventil wird das Benzin-Luft-Gemisch angesaugt, das im Vergaser erzeugt wird.

2. Takt:
Verdichten des Benzin-Luft-Gemisches

Beide Ventile sind geschlossen. Der Kolben bewegt sich in Richtung der Zündkerze, bis das Volumen des Gases auf etwa 1/10 des ursprünglichen Volumens verkleinert ist. Dabei steigt die Temperatur des Gases auf etwa 500 °C.

3. Takt (Arbeitstakt):
Zünden und Verbrennen des Gemisches, Ausdehnen der Verbrennungsgase

Mit der Zündkerze wird ein Funke erzeugt, der das Benzin-Luft-Gemisch entzündet. Beim explosionsartigen Verbrennen steigt die Temperatur auf über 2 000 °C, der Druck nimmt stark zu. Der Kolben wird in Richtung der Kurbelwelle gedrückt.

4. Takt:
Ausschieben der Verbrennungsgase

Das Auslassventil wird geöffnet. Der Kolben bewegt sich zurück und schiebt die Verbrennungsgase aus dem Zylinder.

Danach schließt sich wieder der 1. Takt an.

In den meisten Autos gibt es Ottomotoren mit vier Zylindern. In den einzelnen Zylindern laufen gleichzeitig die unterschiedlichen Takte ab: In zwei Zylindern bewegen sich die Kolben in Richtung der Zündkerze, in den beiden anderen in Richtung der Kurbelwelle. Im ersten Paar wird angesaugt bzw. verbrannt, im zweiten Paar wird zur selben Zeit verdichtet bzw. ausgeschoben. Auf diese Weise läuft der Motor „rund" (siehe S. 208).

Übrigens

Die Leistung eines Motors wird häufig noch in „Pferdestärken" also in PS angegeben. Für die Umrechnung gilt: 1 PS = 0,736 kW.

Der Dieselmotor

Der Ingenieur RUDOLF DIESEL (1858–1913) hat vor etwa 100 Jahren eine weitere Wärmekraftmaschine entwickelt, deren Wirkungsgrad noch etwas höher ist als der des Ottomotors. Seine Idee bestand darin, das Kraftstoff-Luft-Gemisch noch stärker zu verdichten als im Ottomotor. Ähnlich wie beim pneumatischen Feuerzeug (S. 173) wird dabei das Gemisch so heiß, dass es sich von selbst entzündet.
Auch Dieselmotoren sind in der Regel Viertaktmotoren. Im Unterschied zum Ottomotor hat der Dieselmotor keine Zündkerze. Außerdem wird der Kraftstoff nicht angesaugt, sondern durch eine Einspritzdüse direkt in den Zylinder eingespritzt.
Der Kraftstoff wird eingespritzt, wenn die Luft schon stark verdichtet und sehr heiß ist. Der Kraftstoff verbrennt sofort (*Selbstzündung*) und der Druck im Zylinder erhöht sich schlagartig.

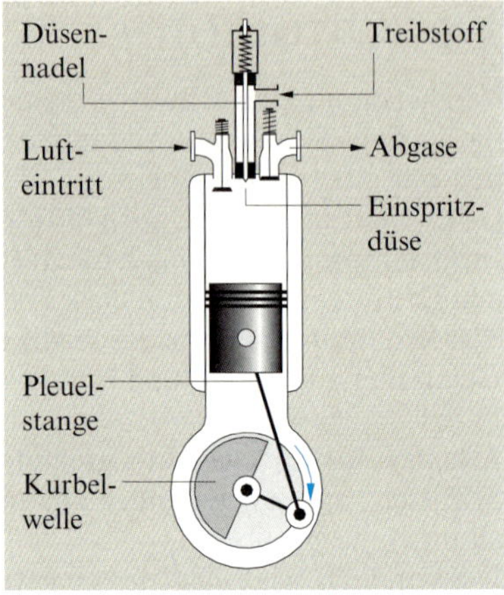

1

1. Takt:
Ansaugen von Luft

2. Takt:
Verdichten der Luft

3. Takt (Arbeitstakt):
Einspritzen von Kraftstoff, Selbstzündung und Ausdehnen der Verbrennungsgase

4. Takt:
Ausschieben der Verbrennungsgase

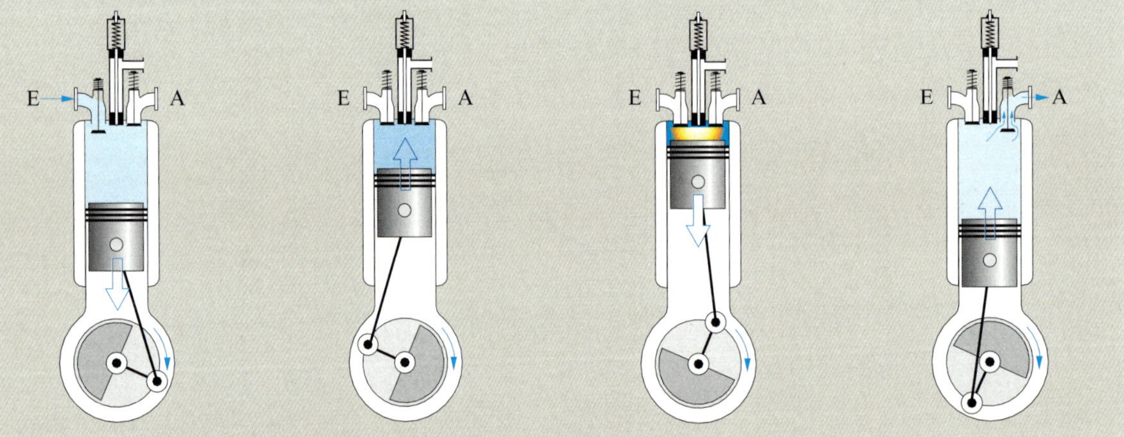

2

Der Kolben bewegt sich in Richtung der Kurbelwelle. Dadurch entsteht im Zylinder ein Unterdruck. Das Einlassventil ist geöffnet. Luft strömt in den Zylinder ein.

Beide Ventile sind geschlossen. Der Kolben bewegt sich zurück, bis das Volumen der Luft auf etwa 1/20 des ursprünglichen Volumens verkleinert ist. Dabei steigt die Temperatur des Gases auf etwa 800 °C.

Der Kraftstoff wird eingespritzt und entzündet sich. Beim Verbrennen steigt die Temperatur auf über 2 000 °C.
Der Kolben wird in Richtung der Kurbelwelle gedrückt.

Das Auslassventil wird geöffnet. Der Kolben bewegt sich zurück und schiebt die Verbrennungsgase aus dem Zylinder.

Danach schließt sich wieder der 1. Takt an.

Weil in einem Dieselmotor die Luft viel stärker komprimiert wird als im Ottomotor, müssen Dieselmotoren stabiler gebaut werden. Früher hatten Dieselmotoren daher eine wesentlich größere Masse als Ottomotoren gleicher Leistung.
Aus diesem Grund wurden sie nur zum Antrieb größerer Fahrzeuge, wie Lastkraftwagen, Lokomotiven oder Schiffe, genutzt.
Inzwischen ist es aber gelungen, immer leichtere Modelle zu konstruieren, sodass Dieselmotoren heute auch in Kleinwagen wirtschaftlich eingesetzt werden können.

Schon gewusst?

Dieselmotoren haben nicht nur einen höheren Wirkungsgrad als Benzinmotoren. Die Herstellung von Dieselkraftstoff aus Rohöl (Erdöl) ist auch mit weniger Aufwand verbunden als die von hochwertigem Benzin. Dieselkraftstoff wird auch als Heizöl verwendet.

Strahltriebwerk

Die ersten Motorflugzeuge wurden mit Ottomotoren angetrieben, die unseren Automotoren ähnlich sind. Solche Motoren sind jedoch nicht für große Verkehrsflugzeuge geeignet, die eine große Schubkraft benötigen.
Ottomotoren mit einer hohen Leistung sind sehr schwer. Strahltriebwerke mit einer gleichen Leistung können viel leichter gebaut werden. Außerdem sind Ottomotoren, die einen Propeller antreiben, nicht für die heute üblichen Geschwindigkeiten von 800 km/h bis 1000 km/h geeignet.
Auch in Strahltriebwerken wird ein Treibstoff verbrannt (häufig das sogenannte Kerosin). Der entstehende hohe Druck wird dabei oft in zweifacher Weise genutzt:

- Die heißen Verbrennungsgase treten mit großer Geschwindigkeit nach hinten aus und bewirken dadurch, dass das Flugzeug nach vorn gedrückt wird (Prinzip von Kraft und Gegenkraft).
- Die Verbrennungsgase treiben eine Turbine an, die mit einer Luftschraube (Bläser oder Propeller) verbunden ist. Die Luftschraube erzeugt einen nach hinten gerichteten Kaltluftstrom.

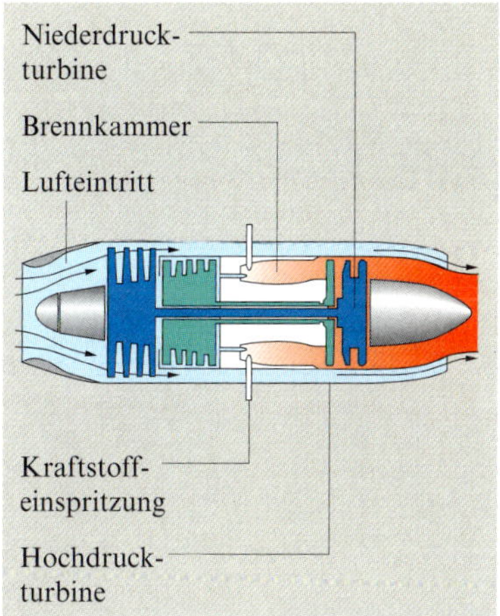

1

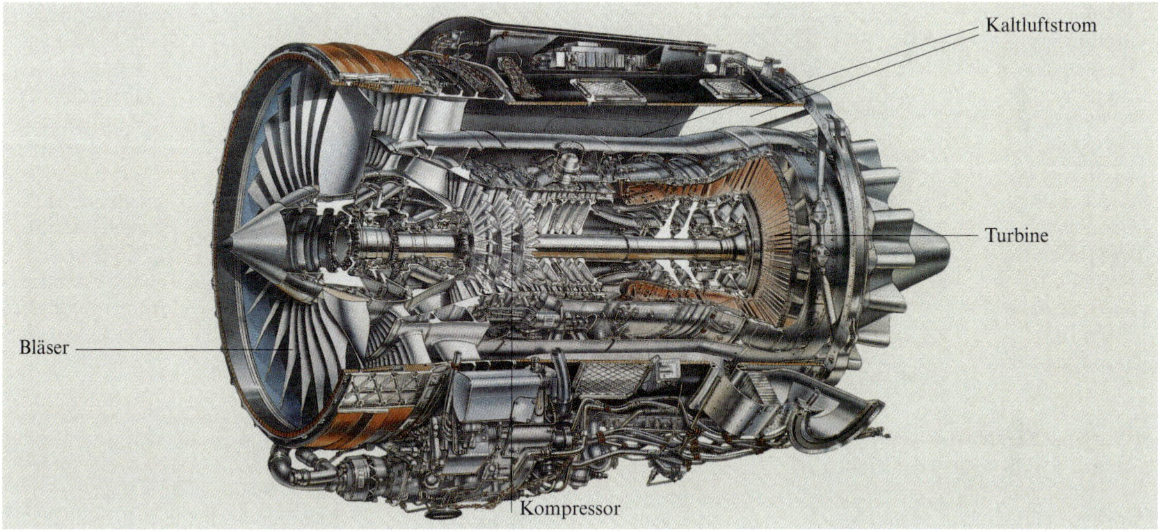

2

Schnitt durch ein Zweistromtriebwerk

Der Bläser presst Luft nach hinten. Ein Teil der Luft gelangt in den Kompressor; dort wird sie verdichtet. Anschließend gelangt sie in die Brennkammer, wo kontinuierlich Treibstoff verbrannt wird. Die Verbrennungsgase treiben zunächst die Hochdruckturbine an, die mit dem Kompressor verbunden ist. Dahinter wird die Niederdruckturbine angetrieben, die mit dem Bläser verbunden ist. Die Schubdüse bewirkt eine weitere Erhöhung der Austrittsgeschwindigkeit. Dabei werden Druck und Temperatur des Gases vermindert.
Im Kaltluftstrom wird eine etwa 5- bis 8-mal so große Luftmenge nach hinten bewegt, wie im Strom der heißen Verbrennungsgase. Der Kaltluftstrom dient auch zur Kühlung der heißen Triebwerksteile.

Bei einem Turboprop-Triebwerk (Bild 3) verläuft der Kaltluftstrom außerhalb des Triebwerkes. Hier wird von der Turbine ein Propeller angetrieben. Solche Triebwerke arbeiten bei mittleren Fluggeschwindigkeiten von 400 km/h bis 800 km/h besonders wirtschaftlich.

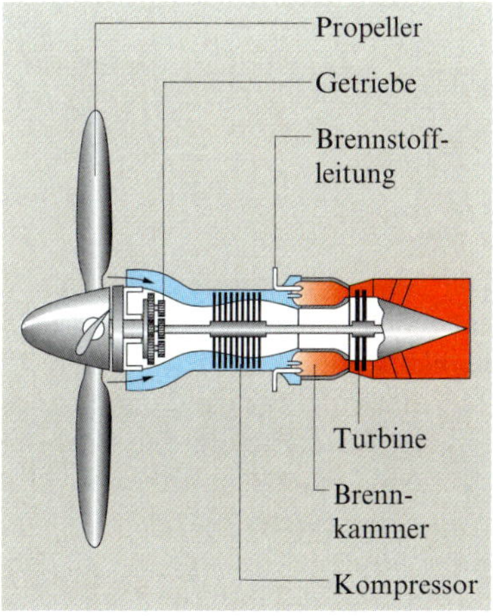

3

Ein Blick in die Technik

Rund um den Motor

Der **Kolben** bewegt sich im **Zylinder** auf und ab. Die Abdichtung zwischen Kolben und Zylinderwand besorgen die **Kolbenringe**.

Die **Nockenwelle** steuert das Öffnen und Schließen der **Ventile** in den einzelnen Takten. Die Ventile werden von straffen Federn geschlossen und von Kipphebeln geöffnet.

Mit der **Steuerkette** (dem Zahnriemen) wird die Nockenwelle angetrieben.

Mithilfe von **Bandriemen** (Keilriemen) werden die Pumpe für das Kühlwasser, die Lichtmaschine (also der „Dynamo" des Autos) und der Ventilator für die Kühlung des Motors angetrieben.

Im **Kühlkreislauf** befindet sich Wasser mit besonderen Zusatzstoffen, die verhindern, dass das Wasser im Winter gefriert. Mit dem heißen Kühlwasser kann auch der Innenraum des Wagens beheizt werden.

Pleuel und **Kurbelwelle** wandeln die Auf- und Abbewegung der Kolben in eine Drehbewegung. **Ausgleichsmassen** an der Kurbelwelle verhindern, dass die Kurbelwelle durch die Kolbenbewegung ungleichmäßig belastet wird.

In der **Ölwanne** befindet sich das Schmieröl, das die Reibung zwischen den bewegten Teilen vermindert. Am **Ölpeilstab** kann der Ölstand abgelesen werden.

Das **Schwungrad** hat eine große Masse. Es trägt dazu bei, dass der Motor gleichmäßig läuft.

Die **Kupplung** bildet den Anschluss zum Getriebe. Das Getriebe sorgt für die richtige Übersetzung der Motordrehzahl auf die Drehzahl der Räder.
Mit der Kupplung können Motor und Getriebe getrennt werden. Beim Anfahren stehen Räder und Getriebewelle zunächst still, während sich die Kurbelwelle schon dreht. Beim „Einkuppeln" wird die Drehung der Kurbelwelle allmählich an die Getriebewelle weitergegeben.

Die Abgase des Autos. Bei der Verbrennung von Benzin bzw. Diesel entstehen hauptsächlich Kohlenstoffdioxid (CO_2) und Wasserdampf. Kohlenstoffdioxid ist für unsere Umwelt nicht giftig, aber es trägt zum Treibhauseffekt bei und damit zu einer Erwärmung der Atmosphäre.
Bei der Verbrennung entstehen aber auch noch sehr schädliche Stickstoffoxide, Kohlenstoffmonooxid und es bleiben unverbrannte Kohlenwasserstoffe zurück. Daher müssen die Abgase durch einen sogenannten **Katalysator** geleitet werden, wo diese Schadstoffe teilweise in Kohlenstoffdioxid, Wasserdampf und Stickstoff umgewandelt werden können.

Eine Tankfüllung von 50 l Benzin führt durchschnittlich zu folgenden Schadstoffmengen:

Stickstoffoxide und Kohlenwasserstoffe	0,3 kg
Kohlenstoffmonooxid	0,9 kg
Kohlenstoffdioxid	120 kg

Vom Dampf zum Diesel

Dass man mit Dampf etwas in Bewegung setzten kann, wusste man schon in der Antike – aber genutzt wurde diese Entdeckung damals noch nicht. Schwere Arbeiten wurden durch Tiere verrichtet, oder Sklaven wurden dazu gezwungen.

Die ersten nutzbaren Wärmekraftmaschinen kamen im 18. Jahrhundert auf. Die von James Watt gebauten Maschinen führten zu einer schnellen Entwicklung der Industrie. Der Einsatz von Dampfmaschinen lohnte sich jedoch nur in großen Fabriken. In Bergwerken und Großbetrieben der Textilindustrie konnten viele Maschinen von einer einzigen Dampfmaschine angetrieben werden. Es wurde Tag und Nacht gearbeitet, die Dampfmaschine lief im Dauerbetrieb.

Kleine Betriebe benötigten kleine Motoren, die man je nach Bedarf schnell an- und auch wieder abschalten konnte. Um das Jahr 1850 begannen die Entwicklungsarbeiten an einem kleineren Motor, der mit dem Gas aus der Gasleitung arbeiten sollte. Im Jahre 1876 baute der deutsche Techniker Nikolaus Otto einen solchen Motor und stellte ihn mit großem Erfolg 1878 auf der Pariser Weltausstellung vor.

Obwohl die nach ihm benannten Ottomotoren heute fast ausschließlich zum Antrieb von Fahrzeugen Verwendung finden, war das nicht das Ziel Ottos. In seiner Fabrik baute er feststehende Gasmotoren zum Antrieb von Spinn- und Webmaschinen, Drehbänken, Sägen usw.

Der Nachteil der Gasmotoren bestand darin, dass diese zwar relativ leicht waren, aber dennoch nicht überall eingesetzt werden konnten. Gaswerke und Gasleitungen gab es fast nur in größeren Städten. Deshalb bemühten sich die beiden Ingenieure Gottlieb Daimler und Wilhelm Maybach (1846–1929), zwei Angestellte im Betrieb von Otto, um die Weiterentwicklung des Gasmotors.

Das Ziel Daimlers war es, dass jeder Motor sein eigenes kleines „Gaswerk" hatte. In diesem „Vergaser" sollte aus Petroleum (und später Benzin) und Luft ein brennbares „Gas" hergestellt werden.

Otto war nicht an dieser Weiterentwicklung seines Gasmotors zu einem Benzinmotor interessiert, weil seine Gasmotoren sehr gefragt waren. Deshalb gründeten Daimler und Maybach eine eigene Werkstatt. Im Jahre 1883 lief ihr erster Motor. 1885 bauten sie das erste Motorrad der Welt. Dieser „Petroleum-Reitwagen", ein Fahrrad mit einem 0,5-PS-Motor, brachte es auf eine Geschwindigkeit von 12 km/h.

Im gleichen Jahr baute der deutsche Ingenieur Carl Benz (1844–1929) seinen ersten brauchbaren „Motorkutschwagen", mit dem seine Frau die erste größere Tour von Mannheim nach Pforzheim unternahm.

Doch schon bevor die ersten Automobile über die Straßen rollten, beschäftigte sich Rudolf Diesel mit dem Wirkungsgrad von Verbrennungsmotoren. Er wollte bewusst die Gesetze der Thermodynamik anwenden, um wirtschaftliche Maschinen zu konstruieren. 1894 brachte er seinen ersten Motor zum Laufen, 1897 erreichte eine verbesserte Version mit einer Leistung von 26 PS bereits einen Wirkungsgrad von 20%.

Das war zwar Weltrekord, aber die Ausführung des Motors war noch zu plump und zu schwer, um für einen mobilen Einsatz auf Schiffen oder Eisenbahnen eingesetzt zu werden. Außerdem gab es im Dauerbetrieb immer wieder Schwierigkeiten mit der Kraftstoffzufuhr und den Dichtungen der Zylinder. In den 20er Jahren wurden Leistungen von 25 000 PS und mehr erreicht. Der Wirkungsgrad der Dieselmotoren konnte auf 35% gesteigert werden. Heute liegt er bei 40%.

Nikolaus Otto (1832–1891)

Gottlieb Daimler (1834–1900)

Der Motorkutschwagen von Carl Benz aus dem Jahre 1885

Ein Blick in die Technik

Antrieb durch heiße Luft

Bereits 1816 erfand der schottische Kirchenminister ROBERT STIRLING einen Motor, der wie die Dampfmaschine aus Wärme mechanische Arbeit machte. In jenen Jahren war es häufig zu Explosionen von Dampfkesseln gekommen. STIRLINGS „Heißluftmotor“ benötigte jedoch keinen Dampf. Beim Stirlingmotor genügt es, wenn das eine Ende des Zylinders mithilfe eines beliebigen Brennstoffes geheizt und das andere gekühlt wurde.
Trotz seiner Vorteile hat sich der Stirlingmotor lange Zeit nicht durchsetzen können. Aber angesichts der begrenzten Reserven von Kohle, Öl und Gas gibt es seit einigen Jahren neue Erfolg versprechende Versuche, das Prinzip des Stirlingmotors zu nutzen.
Im Stirlingmotor ist eine bestimmte Gasmenge (Luft oder Helium) eingeschlossen. Ein Verdrängerkolben schiebt das Gas abwechselnd von der heißen Seite des Motors zur kalten. Befindet sich das Gas auf der heißen Seite, wird es dort erhitzt, erhöht den Druck im Motor und verschiebt deshalb einen zweiten Kolben, den *Arbeitskolben*, nach außen. Befindet sich das Gas auf der kalten Seite, kühlt es sich ab; Volumen und Druck werden verringert und der äußere Luftdruck schiebt den Arbeitskolben wieder nach innen.
Durch eine Kurbelwelle sind Verdrängerkolben und Arbeitskolben so miteinander verbunden, dass die Arbeitsschritte nacheinander ablaufen. Das Schwungrad treibt den Verdrängerkolben an und gleicht ruckhafte Bewegungen des Motor aus.

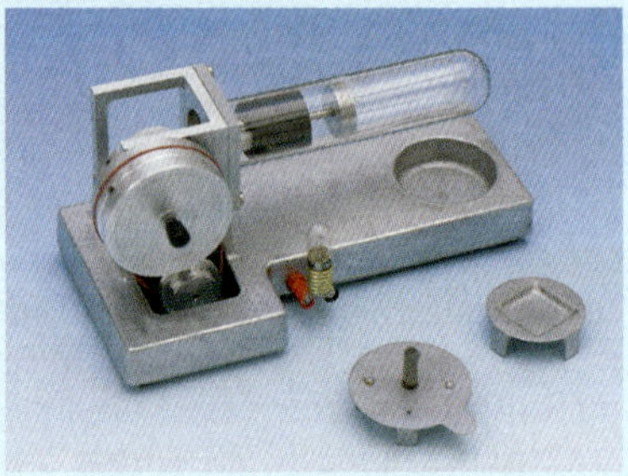
1
Modell eines Stirlingmotors

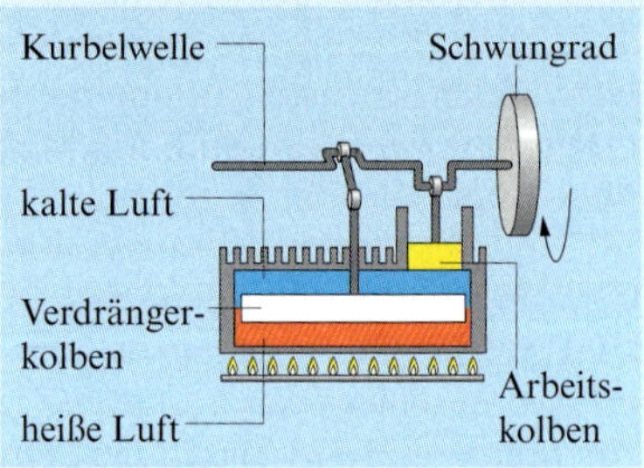

2

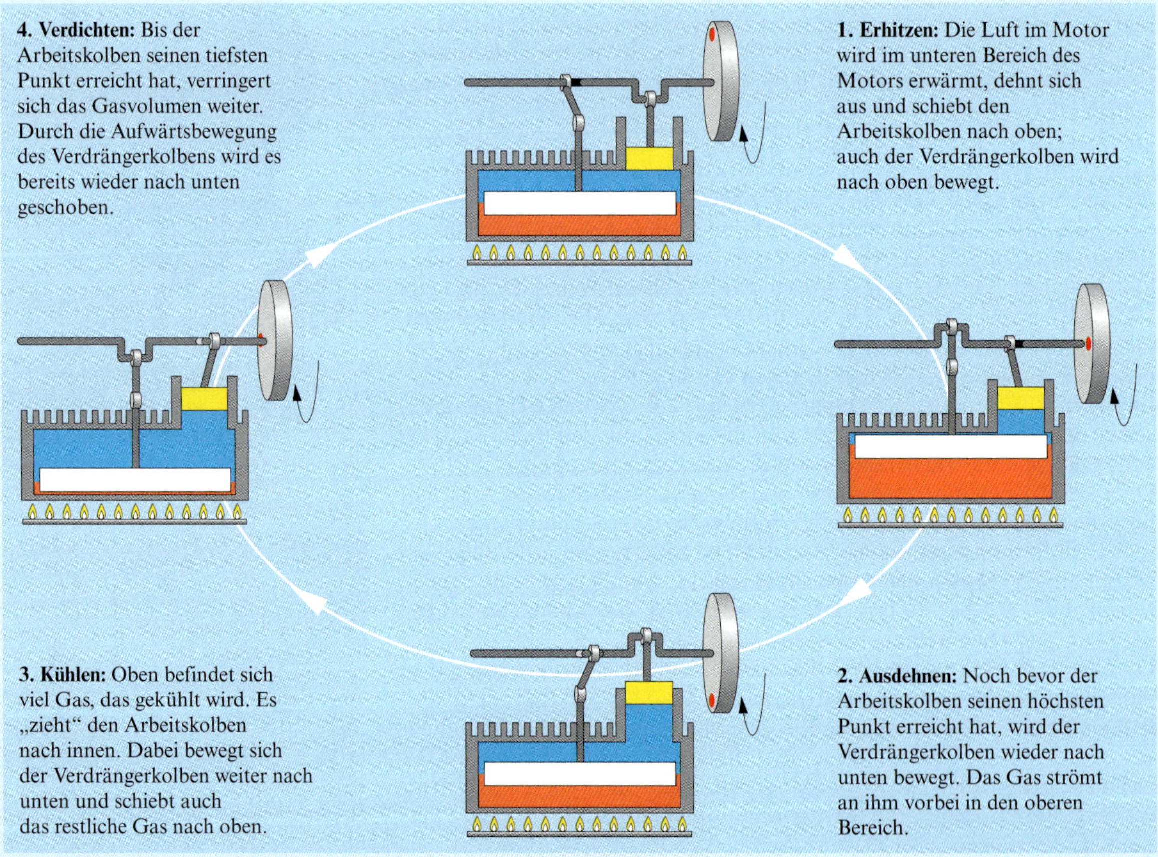

3

AUFGABEN

1. Beschreibe verschiedene Möglichkeiten, mithilfe von thermischer Energie Bewegungen von Körpern zu erzeugen!
2. Schildere einen (unmöglichen) Vorgang, der nach dem Ersten Hauptsatz der Thermodynamik möglich wäre, nach dem Zweiten jedoch nicht!
3. Begründe, dass bei einer Dampfmaschine der Temperaturunterschied zwischen einströmendem und ausströmendem Dampf sehr wichtig ist!
4. Jemand erwärmt vor deinen Augen Wasser. Er behauptet, er habe die Energie aus der Umgebung in dem Topf gesammelt. Was meinst du dazu?
5. Anna hat ein neues Spielzeug (Bild 1). Sie behauptet: „Die Energie der ersten Kugel wird immer vollständig auf die letzte übertragen und umgekehrt." Woran erkennst du, dass das nicht ganz stimmt?

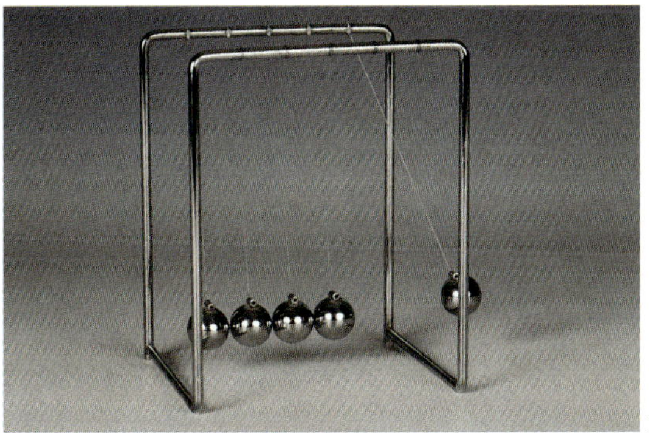
1

6. Beim Kühlschrank wird Wärme von einem kälteren Körper zu einem wärmeren Körper transportiert. Begründe, dass der Zweite Hauptsatz der Thermodynamik dabei nicht verletzt wird!
7. Informiere dich in einem Nachschlagewerk zum Thema „industrielle Revolution"! Welche Rolle spielten dabei die Wärmekraftmaschinen?
8. Begründe die Bezeichnung „Arbeitstakt" für den 3. Takt des Viertaktmotors!
9. Ottomotoren werden häufig als Vierzylindermotoren gebaut.
   a) Welche Vorteile hat ein Vierzylindermotor gegenüber einem Einzylindermotor?
   b) Wie laufen die unterschiedlichen Takte in einem Sechszylindermotor ab?
10. Ottomotoren werden oft mit einem „Vergaser" ausgerüstet, Dieselmotoren dagegen mit einer „Einspritzpumpe". Was bewirken diese Geräte in dem jeweiligen Motor?
11. Begründe, dass Dieselmotoren früher nur in großen Fahrzeugen eingesetzt wurden!
12. Nenne Vorteile des Dieselmotors gegenüber dem Benzinmotor! Gibt es auch Nachteile?
13. Welche Funktion haben die Ventile in Verbrennungsmotoren? Beschreibe ihre Stellung in den einzelnen Takten!

ZUSAMMENFASSUNG

Erster Hauptsatz der Thermodynamik
Bei keinem Vorgang kann Energie neu entstehen oder vernichtet werden. Potenzielle und kinetische Energie können vollständig in thermische Energie umgewandelt werden.

Zweiter Hauptsatz der Thermodynamik
Wärme geht niemals direkt von einem kälteren Körper zu einem wärmeren Körper über. Es gibt keinen Vorgang, der nichts weiter bewirkt, als die Abkühlung eines Gegenstandes und die entsprechende Hebung einer Last.

Wirkungsgrad von Wärmekraftmaschinen
Je größer die Temperaturdifferenz zwischen Einlass und Auslass einer Wärmekraftmaschine ist, desto größer ist ihr Wirkungsgrad.

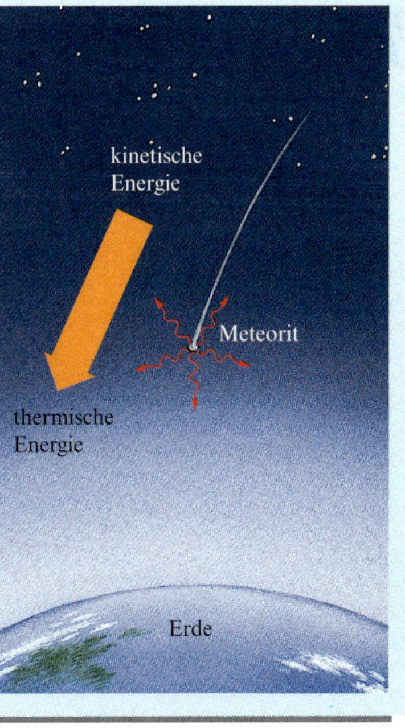

Wenn nur die Leistung zählt ...

①

Der Radrennfahrer muss die Kraft *F* aufbringen. *F* muss genauso groß sein wie *F'*, denn er und sein Fahrrad werden mit der Kraft *F'* bergab gezogen. Anderenfalls wird er langsamer.

F: Formelzeichen für die physikalische Größe Kraft (stets *kursiv* gedruckt)

N: Einheit der Größe Kraft, benannt nach dem Physiker ISAAC NEWTON. Sie ist eine zusammengesetzte Einheit:
$$1\,\text{N} = 1\,\frac{\text{kg}\cdot\text{m}}{\text{s}^2}$$

Zu jeder Einheit muss ein Verfahren angegeben werden, wie sie bestimmt werden soll: Eine Kraft von 1 N erhöht die Geschwindigkeit eines frei beweglichen Körpers der Masse 1 kg in jeder Sekunde um 1 m/s.

120: Zahlenwert. Er gibt an, um welchen Faktor die Kraft *F* größer ist als 1 N.

②

Der Fahrer fährt in diesem Bergabschnitt mit größerer Geschwindigkeit *v* als seine Konkurrenten.

v: Formelzeichen für die Geschwindigkeit, eine Größe die aus den physikalischen Größen Strecke (oder Länge) *s* und Zeitabschnitt *t* gebildet wird:
$$v = \frac{s}{t}$$

km/h: Die Einheit der Geschwindigkeit setzt sich aus den Einheiten der Länge und der Zeit zusammen. Strecken oder Längen messen Physiker meist in Meter (m): 1 km = 1000 m.
Zeiten werden meist in Sekunden (s) angegeben: 1 h = 60 min = 60 · 60 s = 3 600 s.

9 km/h: Die Umrechnung von einer Einheit (hier km/h) in eine andere (m/s) erfolgt durch Einsetzen:
$$9\,\frac{\text{km}}{\text{h}} = 9\cdot\frac{1\,\text{km}}{1\,\text{h}} = 9\cdot\frac{1\,000\,\text{m}}{3\,600\,\text{s}}$$
$$= 9\cdot 0{,}278\,\frac{\text{m}}{\text{s}} = 2{,}5\,\frac{\text{m}}{\text{s}}$$

③

Der Fahrer bringt die notwendige Kraft *F* auf und ist dabei schneller unterwegs als seine Konkurrenten: Er bringt eine große Leistung *P* auf.

P: Formelzeichen für die Größe Leistung.

W: Die Einheit der Leistung ist Watt (W). Sie ist eine zusammengesetzte Einheit:
$$\mathbf{1\,W = 1\,\frac{kg\cdot m\cdot m}{s\cdot s\cdot s}}$$

Diese Einheiten lassen sich unterschiedlich zusammenfassen, z. B. so:
$$\mathbf{1\,W = 1\,\frac{kg\cdot m}{s^2}\cdot 1\,\frac{m}{s}}$$

$1\,\frac{\text{kg}\cdot\text{m}}{\text{s}^2} = 1\,\text{N}$ ist die Einheit der Kraft *F*, $1\,\frac{\text{m}}{\text{s}}$ die Einheit der Geschwindigkeit *v*.
Die entsprechende Größengleichung für die Leistung $P = F\cdot v$ kann man so interpretieren:
Wird ein Körper, auf den dauernd in Wegrichtung eine Kraft *F* wirkt, mit der Geschwindigkeit *v* bewegt, so wird dabei die Leistung
$\boldsymbol{P = F\cdot v}$ aufgebracht:

$$P = 120\,\text{N}\cdot 2{,}5\,\frac{\text{m}}{\text{s}} = 300\,\text{W}$$

… denken Physiker nicht nur an „Energie pro Zeit“

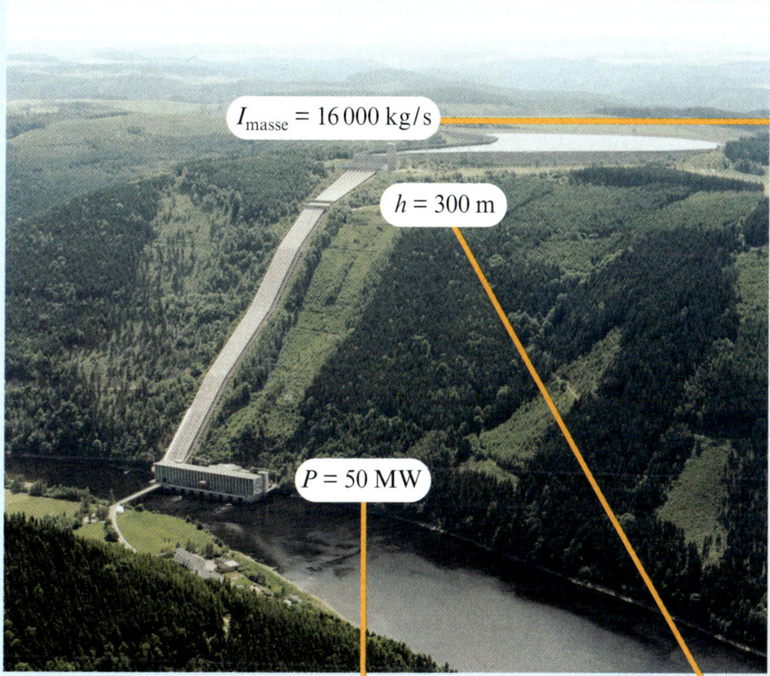

④

Pro Sekunde strömen 16 m³ Wasser am Fuße des Pumpspeicherwerkes durch eine Turbine.

I_{masse}: Formelzeichen für den Massenstrom durch die Turbine. Diese physikalische Größe gibt hier an, wie viel Masse m des Wassers je Zeitabschnitt t durch die Turbine strömt:

$$I_{masse} = \frac{m}{t}.$$

$\frac{kg}{s}$: Einheit für den Massenstrom I_{masse}

1 m³ enthält 1000 l und 1 l Wasser hat die Masse 1 kg. Daraus folgt für die Masse von 16 m³ Wasser:

$$m = 16\,m^3 \cdot 1\,\frac{kg}{l} = 16 \cdot 1000 \cdot 1\,\frac{kg}{l} = 16\,000\,kg$$

Diese Masse strömt jede Sekunde durch die Turbine. Der Massenstrom beträgt also:
$I_{masse} = 16\,000\,\frac{kg}{s}$.

⑤

Das Wasser fällt aus 300 m Höhe herab. Oben hat es viel potenzielle Energie E_{pot}.

E_{pot}: Jede Wassermenge der Masse m hat eine bestimmte potenzielle Energie E_{pot}, die von der Höhe h über dem Turbinenhaus abhängt. Die potenzielle Energie ergibt sich als Produkt der Größen Masse m, Fallbeschleunigung g und Höhe h: $E_{pot} = m \cdot g \cdot h$.

J: Einheit der Energie:

$$1\,J = 1\,N \cdot m = 1\,\frac{kg \cdot m^2}{s^2}$$

g: Die Fallbeschleunigung beträgt in Europa

$$g = 9{,}81\,\frac{N}{kg} = 9{,}81\,\frac{kg \cdot m}{kg \cdot s^2} = 9{,}81\,\frac{m}{s^2}$$

U_{schwer}: Was wäre, wenn dasselbe Wasser nicht aus 300 m, sondern nur aus 150 m herabstürzen würde? – Die potenzielle Energie pro Masse E_{pot}/m wäre dann nur halb so groß. Diese Größe E_{pot}/m wird auch Schwerepotenzial U_{schwer} genannt:

$$U_{schwer} = \frac{E_{pot}}{m} = g \cdot h$$

Einheit des Schwerepotenzials:

$$1\,\frac{J}{kg} = 1\,\frac{N \cdot m}{kg} = 1\,\frac{m^2}{s^2}$$

Für h = 300 m ist

$$U_{schwer} = 9{,}81\,\frac{m}{s^2} \cdot 300\,m = 2\,943\,\frac{m^2}{s^2}.$$

⑥

Das herabstürzende Wasser gibt eine große Leistung P an die Turbine ab.

P: Formelzeichen für die Größe Leistung

W: Die Einheit der Leistung ist eine zusammengesetzte Einheit:

$$\mathbf{1\,W = 1\,\frac{kg \cdot m \cdot m}{s \cdot s \cdot s}}$$

Diese Einheiten lassen sich unterschiedlich zusammenfassen, z. B. so:

$$\mathbf{1\,W = 1\,\frac{kg}{s} \cdot 1\,\frac{m^2}{s^2}}$$

Die umgruppierten Einheiten lassen sich den Größen Massenstrom I_{masse} und Schwerepotenzial U_{schwer} zuordnen. Die entsprechende Größengleichung für die Leistung lautet:
$\boldsymbol{P = I_{masse} \cdot U_{schwer}}$

Daraus ergibt sich als Leistung für eine Turbine des Kraftwerkes:

$$P = 16\,000\,\frac{kg}{s} \cdot 2\,943\,\frac{m^2}{s^2} = 47\,880\,000\,W \approx 50\,MW$$

Register

Quellennachweis der Abbildungen

AEG Aktiengesellschaft, Frankfurt a. M.: 49/3. AKG, Berlin: 38/1. Ako-Ismet Elektrogeräte GmbH & Co. KG, Kissleg: 46/1. Amerikanische Botschaft, Berlin: 113/2. Archiv Hoyer, Galenbeck: 159/4. Archiv VWV, Berlin: 8/4, 64/2, 129/2, 134/3, 139/4, 142/1, 155/4, 161/1, 186/1-3, 204/2. Ballonhafen, Berlin: 147/1-2. BAM, Berlin: 185/1. Bayer AG, Leverkusen: 8/5. Bayerisches Staatsministerium für Ernährung, Landwirtschaft und Forsten, München: 116/1. Benetton Sportsystem GmbH, Unterschleißheim: 105/1. Berliner Tief- und Verkehrsbau GmbH, Berlin: 176/1. Biocomfort, Esslingen: 70/1. BMW AG, München: 156/3, 156/5. BMW Rolls-Royce GmbH, Oberursel: 207/2. Brunswick GmbH, Eschborn: 106/4. Bundesbahndirektion, Nürnberg: 100/3. Canon Euro-Photo GmbH, Willich: 104/4. CMA, Bonn: 120/2. DaimlerChrysler AG, Stuttgart: 21/1, 21/4-5, 154/1-2, 209/1-3. DEA Mineraloel AG, Hamburg: 20/5, 107/3. Deutsche Bahn AG, Berlin: 100/2. Deutsche Goodyear GmbH, Köln: 21/3. Deutscher Wetterdienst, Meterologisches Observatorium, Lindenberg: 153/1. Deutsches Museum, München: 49/1-2, 49/4, 67/1-5, 72/2, 76/1, 77/2, 114/2-3, 142/2. dpa, Berlin: 8/3, 8/7, 27/2, 100/1, 102/2, 155/3, 212/1. DURACELL® GmbH, Köln: 104/3. Emsa-Werke Wulff GmbH & Co., Emsdetten: 107/2. Michael & Patricia Fogden, Bristol: 199/2. Forschungszentrum Jülich: hinteres Vorsatz. Haux-Life-Support GmbH, Karlsbad: 149/2. Helwett Packard, Böblingen: 42/3. IBM Deutschland GmbH, Stuttgart: 94/2. icaré, Universität Stuttgart: Einband. Impulsa GmbH, Elsterwerda: 42/4. IZE, Frankfurt/M.: 119/1. J. A. Becker & Söhne, Neckarsulm: 136/1. JVC Deutschland GmbH, Friedberg: 42/2. Kaiser KWO Kabel Energie GmbH & Co., Berlin: 45/2. Kässbohrer Geländefahrzeuge GmbH, Senden: 134/2. Kraftwerk Isar GmbH, Essenbach: 117/2. Helga Lade Fotoagentur Berlin: 24/1, 26/1, 30/2, 31/2, 41, 56/2, 110/2, 118/1, 124/1, 127, 151/2, 162/1, 166/3, 168/1, 170/1, 188/1, 189/1, 196/4, 199/4. Leybold-Didactic GmbH, Hürth: 47/3, 210/1. Liebherr - Werk Elingen GmbH, Elingen: 26/4. Lipp GmbH, Tannhausen: 121/2. maquette Hellige GmbH, Freiburg i. Br.: 71/2. Maritius, Bildagentur, Mittenwald: 138/1. Medtronic, Düsseldorf: 71/3. Messer Griesheim GmbH: 192/3. Metallbau Grasdorf GmbH, Holle: 135/4. NASA: 14/2-3, 16/1. Oelker, J., Radebeul: 118/2. OKAPIA, Bildarchiv, Berlin: 151/3, 199/1. OSRAM, München: 47/2. Papierfabrik Albdruck: 42/5. Philips GmbH, Hamburg: 94/1. Phywe Systeme GmbH, Göttingen: 35/2, 43/5, 60/2, 65/1, 79/1. Piaget, La Côte-Aux-Fées, Schweiz: 107/1. Poseidon Tauchprodukte GmbH, Kiel: 148 (5). Preussen Elektra, Hannover: 110/1. R. Stahl Fördertechnik GmbH, Künzelsau: 78/2. Reebock Deutschland GmbH, Oberhaching: 8/2. Rheinbraun AG, Köln: 117/1. Robert Bosch GmbH, Stuttgart: 50/1. RWE Energie AG, Essen: 7, 43/3, 82/2, 119/2. Sächsische Dampfschifffahrt, Dresden: 144/1. Schindler Aufzügefabrik GmbH, Berlin: 30/1. Schott Glas, Mainz: 45/3. Siemens AG, München: 106/3, 126/1, 178/1. Siemens KWU, Erlangen: 51/3. Sonnenschein GmbH, Büdingen: 43/4. Superbild, Internationale Bildagentur, Berlin: 119/4, 199/3, 202/2, hinteres Vorsatz. Thyssen Krupp Stahl, Duisburg: 122/1, 163. Titanic. Inc.: 149/1. Ufop, Bonn: 99, 121/1. VEAG, Berlin: 202/1, 213/1. Volkswagen AG, Wolfsburg: 9/2, 50/3, 82/3, 208. Werner, M.-G., Pulsnitz: 50/2. Wilke, H.-J., Dresden: 46/3. ZARM, Bremen: 16/4. Alle anderen Fotos: Bildart Photos, Hohen Neuendorf.

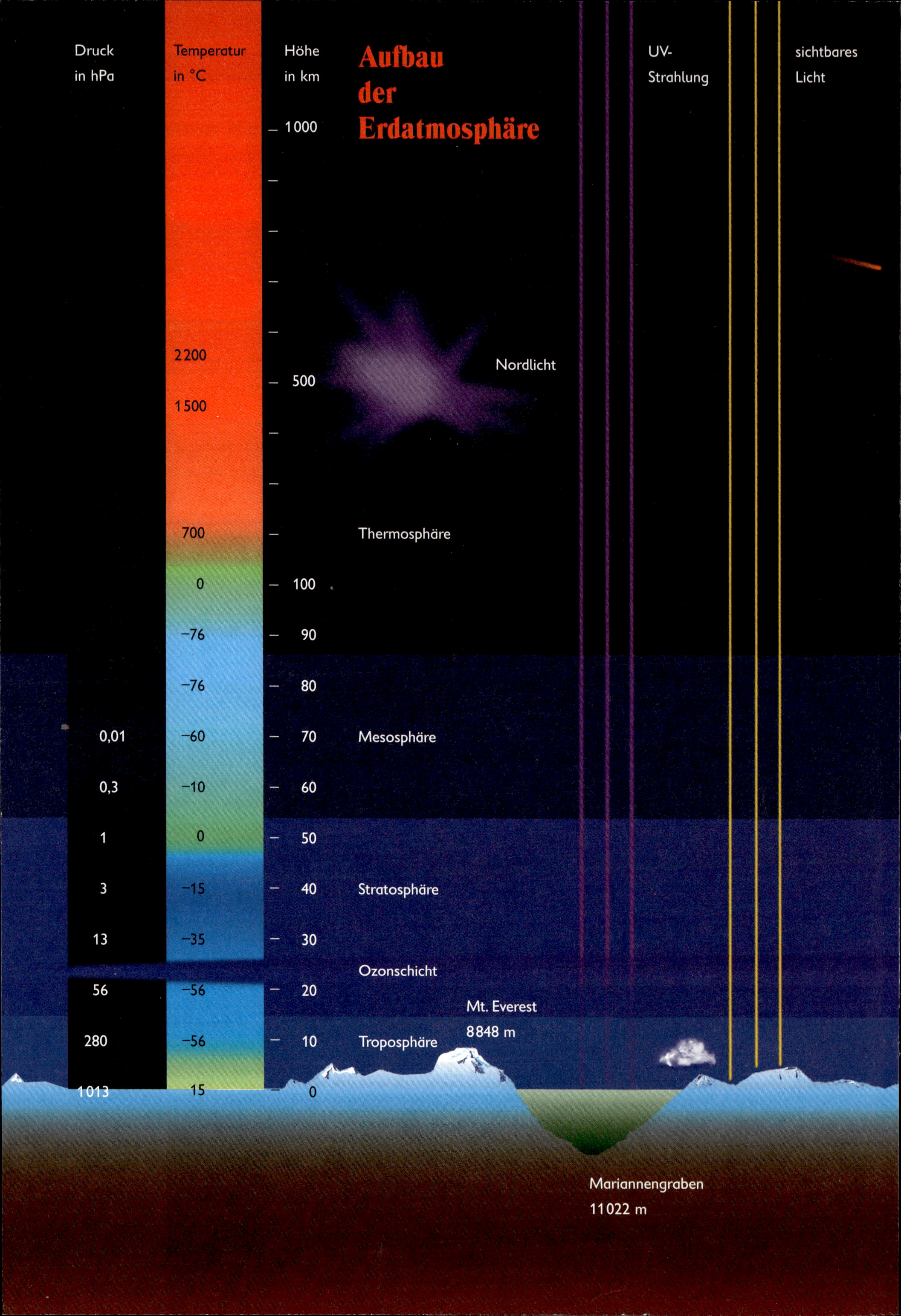

Aufbau der Erdatmosphäre
Druck in hPa
Temperatur in °C
Höhe in km
UV-Strahlung
sichtbares Licht
1000
2200
500
1500
Nordlicht
700
Thermosphäre
0
100
-76
90
-76
80
0,01
-60
70
Mesosphäre
0,3
-10
60
1
0
50
3
-15
40
Stratosphäre
13
-35
30
Ozonschicht
56
-56
20
Mt. Everest
8848 m
280
-56
10
Troposphäre
1013
15
0
Mariannengraben
11022 m